高等学校规划教材

建筑工程测量

（配套有实训教材）

主　编　王国辉
副主编　岳崇伦　马　莉　廖国维

中国建筑工业出版社

图书在版编目（CIP）数据

建筑工程测量（配套有实训教材）/王国辉主编．—北京：中国建筑工业出版社，2015.12（2022.12重印）
高等学校规划教材
ISBN 978-7-112-18873-4

Ⅰ.①建… Ⅱ.①王… Ⅲ.①建筑测量-高等学校-教材 Ⅳ.①TU198

中国版本图书馆 CIP 数据核字（2015）第 306679 号

本书根据内容的不同划分为项目和任务。项目一到项目八介绍了测绘学基本知识、测量的基本工作、测量仪器的使用及大比例尺地形图的测绘；项目九、项目十讲述了地形图应用和测设的基本工作；项目十一到项目十五着重论述了工业与民用建筑、道路、桥梁、隧道、管道工程的测量内容。为了加强学生实践能力的培养，本教材配有《建筑工程测量实训》教材，编写中紧密结合《工程测量规范》GB 50026—2007 和教材内容体系，力争做到实用、够用、易教易学。实训教材分为两个模块：模块一 建筑工程测量实训指导；模块二 建筑工程测量实训报告。

模块一 建筑工程测量实训指导，分为五个部分。第一部分：测量实训须知；第二部分：建筑工程测量课间实验指导，共设有 19 个基本的课间测量实验项目可供各学校进行课间实验选择；第三部分：建筑工程测量习题指导；第四部分：建筑工程测量综合实训指导（1～2 周任选）；第五部分：附录，主要进行一些常用的电子仪器的简介和使用说明。

模块二 建筑工程测量实训报告，分为三个部分。第一部分：课间实验报告，包括相应的课间测量实验的记录、计算表格与思考题；第二部分：习题练习册。第三部分：综合实训报告，包含各种实训记录、计算表格及实习报告模板。

在编写内容上体现先易后难、循序渐进，便于学生的理解、掌握和自学；考虑到相关学校的差异，各学校可以根据本校的实训场地和设备情况自行选择实训项目。

本书立足于高等院校教学需求，结合现代测量技术的发展，并与实际工程密切结合；在内容上突出指导性、理论性与实践性、适用性相融合；充分体现了与时俱进的风格和特点。

本教材可供高等学校建筑工程、城市规划、市政工程、工程管理、道路与桥梁工程、房地产与土地管理等相关专业使用。同时，也可供相关专业的工程技术人员参考。

责任编辑：仕 帅 吉万旺 王 跃
责任设计：董建平
责任校对：陈晶晶 刘 钰

高等学校规划教材
建筑工程测量（配套有实训教材）
主编 王国辉
副主编 岳崇伦 马 莉 廖国维
*
中国建筑工业出版社出版、发行（北京海淀三里河路 9 号）
各地新华书店、建筑书店经销
北京红光制版公司制版
北京建筑工业印刷厂印刷
*
开本：787×1092 毫米 1/16 印张：34 字数：786 千字
2016 年 2 月第一版 2022 年 12 月第七次印刷
定价：**75.00** 元
ISBN 978-7-112-18873-4
（28153）

建筑工程测量是测绘科学的一个重要分支，是建筑工程各个阶段不可或缺的应用科学。本教材以培养"厚基础、宽口径、强能力、勇创新"的工程技术人才为指导，结合现代测绘科学技术的发展趋势，在测绘学的定义中突出了对测量信息的应用；在论述空间点位的表示方法中增加了我国 2000 地心坐标系统的内容；在述及测量和测设的基本工作中，密切结合现代测绘仪器，例如数字水准仪、全站仪、GPS 等，简要地介绍了测量新仪器的构造、测量原理及其使用方法；增加了数字地形图测绘方法及相关绘图软件的使用；在工程测量部分涵盖了建筑、道路、桥梁、隧道和管道等工程从勘测设计到竣工验收和运营管理各阶段的测量工作。特别是在公路、铁路的工程测量中，加入了全站仪测量、GPS 测量和利用数字地形图获取测设资料的内容。在教材编写中力求既能体现传统测量的基本理论和方法，又能展示现代测绘科学技术的研究成果，并将现代科学技术与工程实际需求密切结合，满足了现代工程建设需要以及与时俱进的风格和特点。本教材可供高等学校建筑工程、城乡规划、市政工程、工程管理、道路与桥梁工程、房地产与土地管理等相关专业使用。同时，也可供相关专业的工程技术人员参考。

本书根据内容的不同划分为项目和任务。项目一到项目八介绍了测绘学基本知识、测量的基本工作和测量仪器的使用及大比例尺地形图的测绘；项目九、项目十讲述了地形图应用和测设的基本工作；项目十一到项目十五着重论述了工业与民用建筑、道路、桥梁、隧道和管道工程的测量内容。为了加强学生实践能力的培养，本教材配有《建筑工程测量实训》教材，其分为两部分内容，一部分为实训指导，一部分为实训报告，可方便教师和学生使用。

全书由王国辉教授、马莉教授、廖国维高级工程师统稿，白大茹副教授负责插图绘制，岳崇伦老师负责组织编写和协调工作。各项目及编写人员分别为：项目一（王国辉）、项目二（马莉）、项目三（黄佳宾）、项目四（吴海涛）、项目五（余金艳）、项目六（吴海涛）、项目七（岳崇伦，GPS 内容由吴海涛编写）、项目八（马莉）、项目九（岳崇伦）、项目十（陈运贵）、项目十一（王国辉、廖国维）、项目十二（王国辉、马莉）、项目十三（王国辉、陈运贵）、项目十四（王国辉）、项目十五（王国辉）。

本书在编写过程中得到广东工业大学张兴福、魏德宏、余旭老师的热心帮助和支持，在此表示衷心的感谢！

由于作者水平所限，书中疏漏、错误和不足恳请广大师生和读者批评指正。

编者

2015 年 10 月

项目一　建筑工程测量概述

【知识目标】 地球空间点位的表示方法；测量工作的主要内容；测量工作应遵循的基本原则。

【能力目标】 地面点的平面坐标与高程的表示方法，测量的基本工作和应遵循的基本原则。

任务一　测绘学的任务及作用

建筑工程测量是测绘学的重要组成部分。测绘学是研究地球的形状、大小以及空间物体的形状、大小、位置、方向和分布，并对这些空间位置信息进行采集、加工处理、储存、管理和使用的科学。按照研究范围、研究对象以及研究方法的不同，测绘学可以分为多个分支学科。

大地测量学：研究和测定地球的形状、大小和地球重力场，以及建立地球表面广大区域控制网的理论和技术的科学。大地测量学又分为几何大地测量学、物理大地测量学和卫星大地测量学（或空间大地测量学）。几何大地测量学，是用几何观测量（长度、方向、角度、高差），研究和解决大地测量学科中的问题。物理大地测量学，是用重力等物理观测量，研究和解决大地测量学科中的问题。卫星大地测量学，是用人造卫星，研究和解决大地测量学科中的问题。

摄影测量与遥感学：研究利用摄影或遥感技术获取目标物体的影像数据，从中提取几何的或物理的信息，并用图形、图像和数字形式表达的科学。根据获得像片方式和研究目的的不同，摄影测量学又分为航空摄影测量学、地面摄影测量学、水下摄影测量学和航天（卫星）摄影测量学等。

地图制图学：研究利用测量采集、计算所得到的成果资料，编制各种模拟和数字地图的理论、原理、工艺技术和应用的科学。它是用地图图形反映自然界和人类社会各种现象的空间分布、相互联系及其动态变化。其主要的研究内容包括地图投影学、地图编制、地图整饰、印刷等。目前，数字地图以及地理信息系统已广泛地被人们所应用。

海洋测量学：以海洋水体和海底为研究对象所进行的测量以及海图编制工作的理论、技术和方法。主要包括海洋航道测量、海洋大地测量、海底地形图测量、海洋专题测量等内容。

工程测量学：研究工程建设和自然资源开发中的勘察、设计、施工和管理各阶段所进行的控制、地形测绘、施工放样和变形监测的理论和技术的科学。

建筑工程测量是工程测量的一个分支，是研究建筑工程建设各个阶段测量工作的理论和技术的科学。

随着科学技术的迅速发展，光电技术、卫星定位技术和计算机技术的应用已为测绘科学带来一场全新变革。随着全站仪、电子水准仪和GPS等新型测量仪器设备的研发和使用，传统的测量模式正在向数字化、自动化、程序化方向发展；利用卫星影像、合成孔径激光雷达采集地球空间信息，研究地球或其他星体表面的形态变化以及球体内部的矿藏资源是当前的热点课题；无人机和卫星摄影测量正逐渐揭开人类无法到达区域的神秘面纱；地球空间信息采集、加工处理正向多源信息融合方向迈进，其应用领域越来越宽广；测绘学分支学科的划分将越来越模糊，将以新的理念进行定义和诠释。

测绘学在工程建设中的主要内容包括测定和测设两个方面。测定是指使用测量仪器和工具，按照一定的方法进行测量和计算，得到点和物体的空间位置，或把地球（或其他空间星体）的表面形态测绘成地形图，为经济建设、规划设计、科学研究和国防建设提供依据。测设是指把图纸上设计好的建筑物、构筑物，通过测量标定于实地的工作。

测绘科学的应用范围很广，在国民经济和社会发展规划中，首先要有地形图和地籍图，才能进行各种规划及地籍管理，可见测绘信息是最重要的基础信息之一。在国防建设中，军事测量和军用地图是现代大规模、诸兵种、协同作战不可或缺的重要保障。根据地球形状、大小的精确数据和相关地域的重力场资料，精确测算出发射点和目标点的坐标、方位、距离，才能保证远程导弹、空间武器、人造卫星或航天器精确入轨，随时校正轨道或命中目标。空间科学技术研究、地壳形变、地震预报以及地极周期性运动的研究等都需要应用测绘科学所采集的信息。此外，在陆地、海底资源勘探及开采等方面都需要测量提供资料和指导。

测绘学在城乡建设和环境保护中有着广泛的应用。在规划设计阶段，要测绘各种比例尺的地形图，供城镇规划、工厂选址、管线及交通道路选线以及平面和立面位置设计使用。在施工阶段，要将设计好的建筑物、构筑物的平面位置和高程在实地测设标定出来，并指导施工。竣工后，还要测绘竣工图，供日后扩建、改建和维修之用。此外，还要对某些重要的建筑物进行变形观测，以保证建筑物安全使用。

综上所述，可以看出测量工作贯穿于经济建设和国防建设的各个领域，贯穿于工程建设的始终。因此，测量工作是建筑工程、道路工程、桥梁工程、工程管理等专业必备的专业基础。掌握测量工作的测、算、绘、用的基本技能，以便灵活运用所学测量知识更好地为其专业工作服务。

任务二　地面点位的表示方法

一、地球的形状与大小与测量基准的建立

要研究地球的形状、大小以及空间物体的形状、大小、位置、方向和分布，如何表达地球空间点的位置呢？测量工作主要是在地球表面上进行，而地球是一个赤道稍长、南北极稍扁的椭球体。地球自然表面极不规则，有高山、丘陵、平

原和海洋，要确定和表示地球空间点的位置需要建立一些基准。我们知道地球上最高的是珠穆朗玛峰，海拔 8844.43m，最低的是马里亚纳海沟，低于海水面达 11022m。但是，这样的高低起伏，相对于地球半径 6371km 而言还是很微小的。考虑到海洋面积约占整个地球表面的 71%，陆地面积约占 29%，故而人们习惯上把海水面所包围的地球实体看作地球的形体，依此确定测量工作的基准依据，进而确定地球空间点的位置。

由于地球的自转运动，其表面的质点同时受到地球引力和离心力的双重作用，这两个力的合力称为重力，重力的方向线称为铅垂线。铅垂线是野外测量工作采集信息的基准线。

假想自由静止的水面将其延伸穿过岛屿与陆地，而形成的连续封闭曲面称之为水准面。水准面是受地球重力影响而形成的重力等位面，其特点是处处与铅垂线方向垂直。通常将与水准面相切的平面称为水平面。由于水面可高可低，所以水准面有无数个。在众多的水准面当中，人们将与平均海水面吻合并穿过岛屿向大陆内部延伸而形成的闭合曲面称之为大地水准面。大地水准面是野外测量工作的基准面。

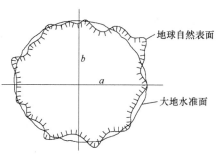

图 1-1　地球自然表面、大地水准面

由于地球内部质量分布的不均匀，引起铅垂线的方向产生不规则变化，导致大地水准面成为一个复杂的曲面（图 1-1），无法用数学公式表达，故在这个不规则的曲面上处理测量数据很不方便。因此，需要用一个在形体上与大地水准面所包围的形体非常接近，并可用数学公式表述的几何形体——地球椭球来代替地球的形状（图 1-2）作为测量计算工作的基准面。地球椭球是一个椭圆绕其短轴旋转而成的形体，故又称其为旋转椭球。旋转椭球由长半径 a（或短半径 b）和扁率 α 所确定。

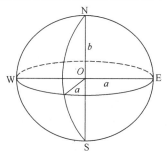

图 1-2　旋转椭球

我国建立和使用的"1980 年国家大地坐标系"，大地原点在陕西省泾阳县永乐镇，所采用的椭球元素为：长半径：$a = 6378140m$；扁率：$\alpha = 1 : 298.257$；其中：$\alpha = \dfrac{a - b}{a}$。

由于地球椭球的扁率很小，当测区范围不大时，可近似地把地球椭球作为圆球，其平均半径 R 为：

$$R = (2a + b)/3 \approx 6371km$$

二、地面点位的表示方法

地面点的空间位置通常用地面点到大地水准面的铅垂距离及其在投影面上的

坐标表示，也就是由地面点的高低位置和在投影面上的位置构成三维坐标。此外，还可用地心坐标表示其三维空间位置。

1. 地面点的高程

地面点的高低位置又称为高程，也就是地面点到基准面的铅垂距离。由于基准面的不同，高程又分为绝对高程和相对高程。绝对高程是指地面点到大地水准面的铅垂距离，又称海拔。在图 1-3 中 A、B 两点的绝对高程分别为 H_A、H_B。相对高程是指地面点到某一假定水准面的铅垂距离，又称为假定高程，当个别地区引用绝对高程有困难时使用。例如图 1-3 中 A、B 点的相对高程分别为 H'_A、H'_B。两地面点间的绝对高程或相对高程之差称为高差，地面上 A、B 两点之间的高差 h_{AB} 为：

$$h_{AB} = H_B - H_A = H'_B - H'_A \tag{1-1}$$

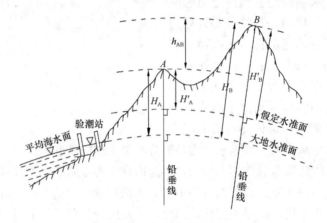

图 1-3　地面点的高程

由此可见，两点间的高差与高程起算面无关。

由于潮汐、风浪等因素影响，海水面的高低位置时刻在变化，是个动态的曲面。我国在青岛设立验潮站，长期观察和记录黄海海水面高低位置的变化，取其均值作为大地水准面高程为零的位置，并将其引测到水准原点。现在，我国采用"1985 高程基准"，青岛水准原点的高程为 72.260m，并以此为基准测算到全国各地。1987 年以前使用的 1956 年高程基系统的水准原点高程为 72.289m，国家测绘局颁发〔1987〕198 号文件通告废止。

除此之外，还有一些地方高程系统。在利用旧的高程系统和地方高程系统下的高程测量成果时，要注意高程系统的统一和换算。

2. 地面点在投影面上的坐标

地面点在投影面上的位置通常用球面坐标、平面坐标。球面坐标常用地理坐标，平面坐标常用高斯平面直角坐标和独立的平面直角坐标。

（1）地理坐标

用经度、纬度表示地面点在椭球面上的位置称为地理坐标。地理坐标又按坐标所依据的基准线和基准面的不同分为天文坐标和大地坐标两种。

1）天文坐标

天文坐标又称天文地理坐标，用天文经度λ和天文纬度φ表示地面点在大地水准面上的位置。如图1-4所示，NS为地球的自转轴（或称地轴），N为北极，S为南极。过地球表面任一点与地轴NS所组成的平面称为该点的子午面，子午面与地面的交线称为子午线，亦称经线。P点的天文经度λ，是P点所在子午面NPKSO与首子午面NGMSO（即通过英国格林尼治天文台的子午面）所成的二面

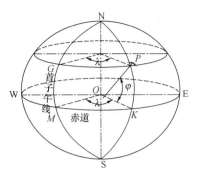

图1-4　天文坐标

角。经度自首子午线起向东或向西度量，经度从0°起算至180°，在首子午线以东者为东经，以西者为西经。垂直于地轴的平面与球面的交线称为纬线。其中，垂直于地轴的平面并通过球心O与球面相交的纬线称为赤道。经过P点的铅垂线与赤道平面的夹角，称为P点的纬度，常以φ表示。由于铅垂线是引力线与离心力的合力，所以地面点的铅垂线不一定经过地球中心。纬度从赤道向北或向南自0°起算至90°，分别称为北纬或南纬。

2）大地坐标

大地坐标又称为大地地理坐标，用大地经度L和大地纬度B表示地面点在旋转椭球面上的位置。在图1-5中P′是地面点，P是其在参考椭球面上的位置，P′点的大地经度L就是P点所在子午面NPSO和首子午面NGSO所夹的二面角；P′点的大地纬度B就是过P点的法线与参考椭球赤道面所成的交角。

天文经纬度是用天文测量的方法直接测定，大地经纬度是根据大地测量所测得的数据推算而得到的。地面上一点的天文坐标和大地坐标之所以不同，是因为依据的基准面和基准线不同。天文坐标依据的是大地水准面和铅垂线，大地坐标依据的是旋转椭球面和法线。

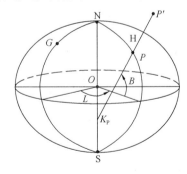

图1-5　大地坐标

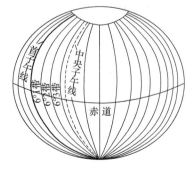

图1-6　投影分带

（2）平面直角坐标

地理坐标是球面坐标，不便于直接应用于工程建设。所以，工程建设中通常采用高斯平面直角坐标和独立的平面直角坐标。

1）高斯平面直角坐标

高斯平面直角坐标系是按高斯横椭圆柱投影的方法建立的，简称高斯投影。

首先，将野外采集、计算得到的点位数据按一定的方法改化到参考椭球面上；再将参考椭球面按一定经差划分成若干投影带（图1-6）；然后将参考椭球装入横向椭圆柱筒中进行保角投影（图1-7a），让每个投影带的中央子午线与柱面相切，将每个投影带投影到柱面上，最后沿柱面母线剪开、展平得到各点的平面直角坐标（图1-7b）。

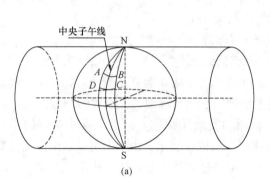
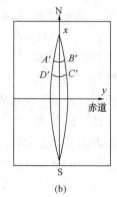

(a)   (b)

图 1-7　高斯投影

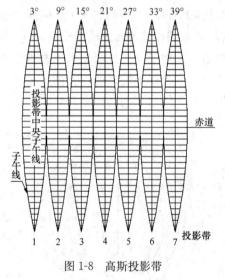

图 1-8　高斯投影带

投影带的划分是从首子午线（通过英国格林尼治天文台的子午线）起，自西向东每隔经差6°划分一个投影带（称为六度带），将整个地球划分成经差相等的60个带，如图1-6所示。带号从首子午线起自西向东编，用阿拉伯数字1、2、3、……60表示。位于各带中央的子午线称为各投影带的中央子午线。第一个六度带的中央子午线的经度为3°，任一投影带的中央子午线的经度 L_0，可按下式计算：

$$L_0 = 6° N - 3° \qquad (1-2)$$

式中　N——投影带的号数。

反之，若已知地面某点的经度 L，要计算该点所在统一6°带编号的公式为：

$$N = \mathrm{Int}\left(\frac{L}{6}\right) + 1 \qquad (1-3)$$

式中　Int——取整函数。

高斯投影属于正形投影，即投影后角度大小不变，长度会发生变化。投影时椭圆柱的中心轴线位于赤道面内并且通过球心，使地球椭球上某六度带的中央子午线与椭圆柱面相切，在椭球面上的图形与椭圆柱面上的图形保持等角的条件下，将整个六度带投影到椭圆柱面上，如图1-7（a）所示。然后，将椭圆柱沿着通过南北极的母线剪开并展成平面，便得到六度带的投影平面，见图1-7（b）。中央子午线经投影展开后是一条直线，其长度不变形；纬圈 AB 和 CD 投影在高斯平面直角坐标系统内仍为曲线（$A'B'$和$C'D'$）；赤道经投影展开后是一条与中央子午线成正交的直线。以中央子午线的投影作为纵轴，即 x 轴；赤道投影为横轴，即 y 轴；两直线的交点作为原点，则组成高斯平面直角坐标系统。按照一定经差进行投影后，便得到如图 1-8 所示若干个投影带的图形。

我国位于北半球，x 坐标均为正值，而 y 坐标值有正有负。在图 1-9（a）中，$y_A = +165080\text{m}$，$y_B = -307560\text{m}$。为避免横坐标出现负值，我国规定把高斯投影坐标纵轴向西平移 500km。坐标纵轴西移后 $y_A = 500000 + 165080 = 665080\text{m}$，$y_B = 500000 - 307560 = 192440\text{m}$，见图 1-9（b）。

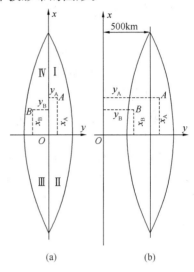

为了区分不同的投影带，还应在横坐标值前冠以两位数的带号。例如，A 点位于第 19 带内，则其横坐标 y_A 为 19665080m。

高斯投影中，离中央子午线近的部分变形小，离中央子午线越远变形越大，两侧对称。在大比例尺测图和工程测量中，有时要求投影变形更小，可采用三度分带投影法。

图 1-9　高斯平面直角坐标

它是从东经 $1°30'$ 起，每经差 $3°$ 划分一带，将整个地球划分为 120 个带（图 1-10），每带中央子午线的经度 L_0' 可按下式计算：

$$L_0' = 3°n \tag{1-4}$$

式中　n——三度带的号数。

若已知某点的经度为 L，则该点所在 $3°$ 带的带号为 $n = \dfrac{L}{3}$（四舍五入）。

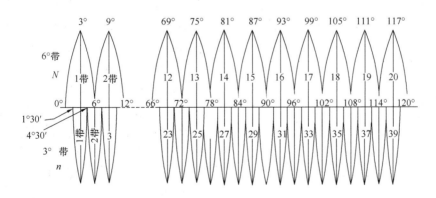

图 1-10　$3°$、$6°$ 带投影

【例题 1-1】已知某点的大地经度为 $124°54'$，则该点各在 $6°$ 带和 $3°$ 带的哪一带？

【解】$6°$ 带带号：$N = \dfrac{L}{6}$（取整）$+ 1 \Rightarrow \dfrac{124.9}{6} = 20.8 + 1 \Rightarrow 20 + 1 = 21$ 带

$$3°带带号：n = \frac{L}{3}（四舍五入）\Rightarrow \frac{124.9}{3} = 41.6 \Rightarrow 42 带$$

我国采用的 1980 西安坐标系和 54 年北京坐标系均是按照高斯平面直角坐标投影原理建立的，不同的是椭球参数和大地原点不同。我国地处东经 74°~135°，6°带在 13~23 带之间，3°带在 25~45 带之间。

在测量坐标系中，纵轴为 x 轴，横轴为 y 轴，象限按顺时针方向编号（图 1-11），这与数学上的规定是不同的，目的是为了定向方便，而且可以将数学中的公式直接应用到测量计算中。

2）独立的平面直角坐标系

大地水准面虽然是曲面，但当测区半径小于 10km 时，可用测区中心点 a 的切平面来代替曲面作为投影面。此时，地面点投影在投影面上的位置可用独立的平面直角坐标来确定。为了使测区内各点坐标均为正值，一般规定原点 O 选在测区的西南角，南北方向为纵轴 x 轴，向北为正，向南为负；以东西方向为横轴 y 轴，向东为正，向西为负，如图 1-12 所示。

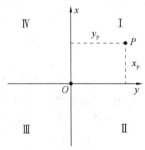
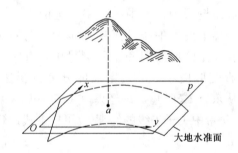

图 1-11　测量坐标系　　　　图 1-12　独立平面直角坐标系

3. WGS-84 坐标系与 2000 国家大地坐标系

WGS 英文含义是世界大地坐标系，它是美国国防局为 GPS 导航定位于 1984 年建立的地心坐标系，1985 年投入使用。WGS-84 坐标系的原点为地球质心，Z 轴指向 BIH（国际时间局）1984.0 定义的协议地球极（CTP）方向，x 轴指向 BIH1984.0 的零度子午面和 CTP 赤道的交点，y 轴与其他两轴构成右手正交坐标系（图1-13），尺度采用引力相对论意义下局部地球框架下的尺度。其采用的参考椭球参数 $a = 6378137m$，$\alpha = 1/298.257223563$。

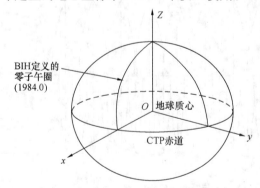

图 1-13　WGS-84 地心坐标系统

2000 国家大地坐标系是在 WGS-84 坐标系基础上建立的地心坐标系，国家测绘总局于 2008 年 6 月 18 日颁布，7 月 1 日开始执行。原点为地球质心，Z 轴指向历元 2000.0 的地球参考极，X 轴指向格林尼治参考子午面与地球赤道面（历元 2000.0）的交点，Y 轴与 Z

轴、X 轴成右手正交坐标系，尺度采用引力相对论意义下局部地球框架下的尺度。其采用参考椭球参数 $a=6378137\text{m}$，$\alpha=1/298.257222101$。

WGS-84 坐标系、2000 国家大地坐标系、1980 西安坐标系和 54 年北京坐标系均可根据相互关系（转换参数）进行坐标转换。

任务三　地球曲率对测量工作的影响

在平面直角坐标系中，水准面是一个曲面，把曲面上的图形投影到水平面上，总会产生一定的变形。如果把水准面当作水平面看待，其产生的变形不超过测量和制图的容许误差范围时，可在一定范围内用水平面代替水准面，从而大大简化测量和绘图工作。

一、用水平面代替水准面对距离的影响

在图 1-14 中，A、B、C 是地面点，它们在大地水准面上的投影点分别是 a、b、c，用该区域中心点的切平面代替大地水准面后，地面点在水平面上的投影点分别是 a、b' 和 c'。设 A、B 两点在大地水准面上的距离为 D，在水平面上的距离为 D'，两者之差为 ΔD，即用水平面代替水准面所引起的距离差异。将大地水准面近似地看作半径为 R 的球面，则有：

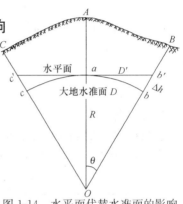

图 1-14　水平面代替水准面的影响

$$\Delta D = D' - D = R(\tan\theta - \theta) \tag{1-5}$$

已知 $\tan\theta = \theta + \dfrac{1}{3}\theta^3 + \dfrac{2}{15}\theta^5 + \cdots$，因 θ 角很小，只取其前两项代入式（1-5），得：

$$\Delta D = R\left(\theta + \frac{1}{3}\theta^3 - \theta\right)$$

因 $\theta = \dfrac{D}{R}$，故：

$$\Delta D = \frac{D^3}{3R^2} \tag{1-6}$$

$$\frac{\Delta D}{D} = \frac{D^2}{3R^2} \tag{1-7}$$

式中　$\dfrac{\Delta D}{D}$——相对误差，用 $\dfrac{1}{M}$ 表示，M 越大，精度越高。

取地球半径 $R=6371\text{km}$，以不同的距离 D 代入式（1-6）和式（1-7），得到表 1-1 所列结果。

水平面代替水准面对距离的影响　　　　　　　　　　表 1-1

距离 D（km）	距离误差 ΔD（cm）	相对误差 $\dfrac{\Delta D}{D}$
10	0.8	1/120 万
25	12.8	1/19 万
50	102.7	1/4.9 万
100	821.2	1/1.2 万

从表 1-1 所列结果可以看出，当 $D=10\text{km}$ 时，所产生的相对误差为 1：120万。在测量工作中，要求距离丈量的相对误差最高为 1：100 万，一般丈量仅为 1/2000～1/4000。所以，在 10km 为半径的圆面积之内进行距离测量时，可以把水准面当作水平面看待，而不必考虑地球曲率对距离的影响。

二、用水平面代替水准面对高程的影响

在图 1-14 中，地面点 B 的高程应是铅垂距离 bB，若用水平面代替水准面，则 B 点的高程为 $b'B$，两者之差 Δh，即为对高程的影响，由几何知识可知：

$$\Delta h = bB - b'B = ob' - ob = R\sec\theta - R = R(\sec\theta - 1) \tag{1-8}$$

将 $\sec\theta$ 按级数展开为：

$$\sec\theta = 1 + \frac{\theta^2}{2} + \frac{5}{24}\theta^4 + \cdots$$

已知 θ 值很小，仅取前两项代入式（1-8），考虑 $\theta = \dfrac{D}{R}$，

故有：

$$\Delta h = R\left(1 + \frac{\theta^2}{2} - 1\right) = \frac{D^2}{2R} \tag{1-9}$$

用不同的距离代入式（1-9），可得表 1-2 所列结果。从表中可以看出，用水平面代替水准面对高程的影响是很大的，当距离为 1km 时，就有 8cm 的高程误差，这是绝对不容许的。由此可见，即使距离再短也不能以水平面作为高程测量的基准面，应顾及地球曲率对高程的影响。

水平面代替水准面对高差的影响　　　　　　　　　表 1-2

D（km）	0.2	0.5	1	2	3	4	5
Δh（cm）	0.31	2	8	31	71	125	196

任务四　测量工作概述

一、基本概念

地球表面的形态和物体是复杂多样的，通常在测量工作中将其分为地物和地貌两大类。地面上自然或人工形成的物体称为**地物**，如河流、道路、房屋等。地面高低起伏的形态称为**地貌**，如高山、丘陵、平原等。

图 1-15 为部分地面地物、地貌的透视图，测区内有房屋、山丘、河流、小桥和道路等。在该区域测绘地形图时，首先选定一些具有控制意义的点，如图 1-15中的 1、2、3、4、5、6 点，用较精密的仪器和较精确的方法测量相邻两点间的水平距离 D、高差和相邻两条边所构成的水平角 β，再根据已知数据计算出它们的坐标和高程。测算这些点的坐标和高程的测量工作叫做控制测量，这些点叫做控制点。然后，在控制点上安置仪器（如 1 点），测定地物特征点（地物轮廓线的转折点）和地貌特征点（地面坡度的变化点）相对于控制点的水平距离、高差，测定测站与特征点和测站点与相邻控制点所成直线构成的水平角度，则可得到特征点的空间位置。最后，将地物特征点绘成地物图形，将地貌特征点勾绘

成等高线，绘出如图 1-16 所示的地形图。地物和地貌的特征点统称为碎部点，地形图测绘又叫**碎部测量**。

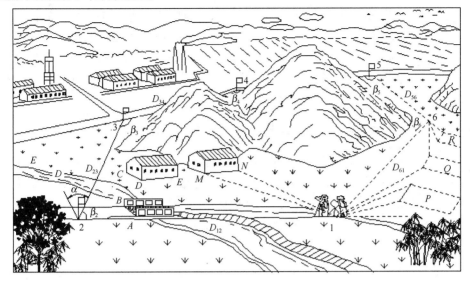

图 1-15　局部地形透视图

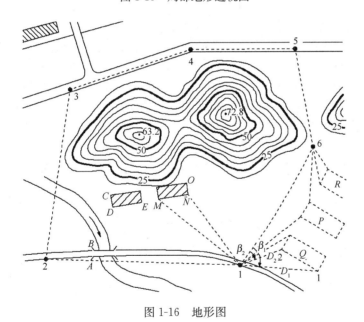

图 1-16　地形图

二、测量工作的程序和原则

测绘地形图时，要先进行控制测量，再进行碎部测量。当测区范围较大时，应首先要进行整个测区的控制测量，然后再进行局部区域的控制测量；控制测量精度要由高等级到低等级逐级布设。因此，测量工作应遵循的程序和原则是"**先控制后碎部**"、"**从整体到局部**"、"**由高级到低级**"。这样，可以减少误差积累，保证测图精度，又可以分组测绘，加快测图进度。同时，测量工作还必须遵循

"**步步有检核**"的原则,即"此步工作未做检核不进行下一步工作"。遵循这些原则,可以避免错误发生,保证测量成果的正确性。

测量工作的程序和原则,不仅适用于测定,而且也适用于测设。若欲将图1-16中设计好的建筑物 P、Q 测设标定于实地,也必须先在施工现场进行控制测量,然后在控制点上安置仪器测设它们的特征点。测设建筑物特征点的工作也叫碎部测量,也必须遵循"先控制后碎部"、"从整体到局部"、"由高级到低级"和"步步有检核"的原则,以防出错。

三、确定地面点位的基本要素和测量的基本工作

无论是控制测量,还是碎部测量,其实质都是确定地面点的位置。在传统的测量概念中,地面点间的相互位置关系,通常是根据它们之间的水平角、水平距离和高程来确定的,故将它们称之为确定地面点位的基本要素。因此,测量的基本工作就是高程测量、水平角测量和水平距离测量。

习　题

1. 测绘学的主要工作内容包括哪两部分,有何区别?
2. 何谓大地水准面? 何谓铅垂线? 它们在测量工作中的作用是什么?
3. 何谓绝对高程和相对高程? 两点之间绝对高程之差与相对高程之差有无差异?
4. 高斯平面直角坐标系是如何建立的?
5. 测量工作中的平面直角坐标系与数学上的笛卡平面直角坐标系有哪些异同?
6. 用水平面代替水准面,对距离、高程有何影响?
7. 测量工作应遵循哪些原则? 其目的是什么?
8. 测量工作的实质是什么? 在传统的测量概念中,测量的基本工作有哪些?
9. 某地的经度为 $118°43'$,试计算它所在的 $6°$ 带和 $3°$ 带号,相应 $6°$ 带和 $3°$ 带的中央子午线的经度是多少?
10. 我国某地一点的平面坐标 $x=23456.789m$,$y=21023456.789m$,该点所在 $6°$ 投影的带号为多少? 该点到赤道和到投影带中央子午线的垂直距离分别为多少?

项目二 水 准 测 量

【知识目标】水准测量原理，DS₃水准仪构造及其使用；水准测量外业实施和内业数据处理；自动安平水准仪及数字水准仪的基本特点。

【能力目标】水准仪的基本操作，水准测量外业实施和内业数据处理。

测量地面点高程的工作称为高程测量，其测量方法有水准测量、三角高程测量、GPS 高程测量和物理高程测量。其中，水准测量精度最高，广泛应用于高程控制测量和工程建设的施工测量中。

任务一 水准测量的基本原理

水准测量的基本原理就是利用水准仪提供的一条水平视线测得两点间的高差，进而由已知点的高程求得未知点高程。

如图 2-1 所示，设已知点 A 的高程为 H_A，欲求未知点 B 的高程 H_B，需测定 A、B 两点之间的高差 h_{AB}。在 A、B 两点之间安置一台水准仪，并在 A、B 两点上分别竖立水准尺。当仪器视线水平时，在 A、B 两点所立的水准尺上分别读得读数 a 和 b，则 A、B 两点的高差为：

$$h_{AB} = a - b \tag{2-1}$$

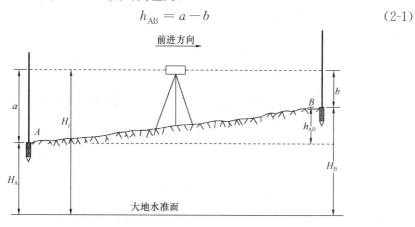

图 2-1 水准测量原理

如果水准测量前进方向是由 A 到 B，如图 2-1 中的箭头所示，则称 A 点为后视点，其水准尺读数 a 为后视读数；则称 B 点为前视点，其水准尺读数 b 为前视读数。因此，高差等于后视读数减去前视读数。如果 $a > b$，高差为正，表明 B 点高于 A 点；若 $a < b$，则高差为负，表明 B 点低于 A 点；若 $a = b$，则二点同高。

由图 2-1 可以看出，未知点 B 的高程 H_B 为：

$$H_B = H_A + h_{AB} \tag{2-2}$$

B 点的高程 H_B 也可以通过仪器的视线高程 H_i 求得，即：

视线高程 $\qquad\qquad H_i = H_A + a \tag{2-3}$

B 点高程 $\qquad\qquad H_B = H_i - b \tag{2-4}$

式（2-2）是直接利用高差 h_{AB} 计算 B 点高程，称为高差法，常用于水准点高程的计算。式（2-4）是利用仪器视线高程 H_i 计算 B 点高程，称为仪高法。利用仪高法可以在同一个测站测出若干个前视点的高程，该方法常用于断面测量和高程检测。

任务二　DS₃型水准仪及水准尺

水准测量所使用的仪器和工具有水准仪、水准尺和尺垫。水准仪的类型很多，按其精度可分为 DS₀₅、DS₁、DS₃ 和 DS₁₀ 四个等级。在工程测量中，最常用的是 DS₃型微倾式水准仪。"D"和"S"分别为"大地测量"和"水准仪"的"大"和"水"汉语拼音的首字母，其下标的数值为用该类仪器进行水准测量每千米往返测高差中数的中误差，以毫米计。DS₀₅、DS₁ 等水准仪属精密水准仪，DS₃、DS₁₀ 水准仪为普通水准仪。本任务主要介绍 DS₃ 微倾式水准仪。

一、水准仪的基本结构

图 2-2 所示为 DS₃型微倾式水准仪，主要由望远镜、水准器和基座三部分构成。

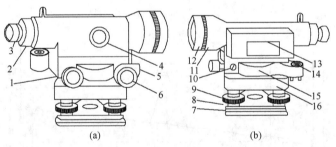

(a)　　　　　　　　　　　(b)

图 2-2　DS₃型水准仪

1—微倾螺旋；2—分划板护罩；3—目镜；4—物镜对光螺旋；5—制动螺旋；6—微动螺旋；7—底板；8—三角压板；9—脚螺旋；10—弹簧帽；11—望远镜；12—物镜；13—管水准器；14—圆水准器；15—连接小螺栓；16—轴座

1. 望远镜

望远镜具有放大目标成像和扩大视角的功能，用以看清远近距离不同目标，并在水准尺上读数。DS₃ 微倾式水准仪望远镜的构造主要由物镜、目镜、调焦透镜和十字丝分划板所组成，如图 2-3 所示。

物镜和目镜多采用复合透镜组。物镜固定在物镜筒前端，其作用是使目标的成像落在十字丝板的前后。调焦透镜通过物镜调焦螺旋可以沿着光轴在镜筒内前

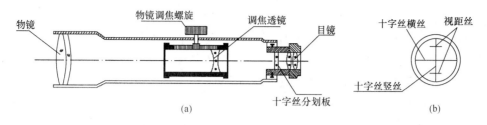

图 2-3 望远镜构造

后移动，使目标的成像面与十字丝平面重合。十字丝分划板是由平板玻璃圆片制成的，通过分划板座固定在望远镜目镜端。十字丝分划板上刻有两条互相垂直的刻划线，竖直的称为竖丝，用于瞄准目标。横向中间的称为中丝，用于读取尺读数。在中丝的上下还对称地刻有两条与中丝平行的短横线，是用来测定距离的，称之为视距丝。目镜放大十字丝和目标的成像，并借助十字丝的中丝在水准尺上读取读数。

十字丝交点与物镜光心的连线，称为视准轴，也就是视线。水准测量是在视准轴水平时，通过十字丝的中丝来截取水准尺上的刻划并读数。

从望远镜内看目标影像的视角与肉眼直接观察该目标的视角之比，称为望远镜的放大率。DS$_3$级水准仪望远镜的放大率一般为 28 倍。

2. 水准器

水准器有管水准器和圆水准器两种。管水准器用来指示视准轴是否精确水平，圆水准器用来反映仪器竖轴是否竖直。

（1）管水准器

管水准器又称为水准管，是一内壁磨成纵向圆弧形的封闭玻璃管，管内装酒精和乙醚的混合液，内有一个气泡（图 2-4）。由于气泡较轻，故恒处于管内最高位置。

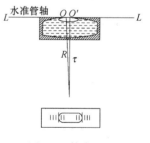

图 2-4 管水准器

水准管上一般刻有间隔为 2mm 的分划线，分划线的对称中心 O，称为水准管零点（图 2-4）。通过零点作水准管纵向剖面的纵向弧线的切线称为水准管轴（图 2-4 中 LL）。当水准管的气泡中点与水准管零点重合时，称为气泡居中。这时，水准管轴 LL 处于水平位置，视线水平。水准管圆弧长 2mm 所对的圆心角 τ，称为水准管分划值，可表示为：

$$z'' = \frac{2}{R} \times \rho'' \qquad (2-5)$$

式中 $\rho'' = 206265''$；

R——水准管圆弧半径，以"mm"为单位。

式（2-5）说明圆弧的半径 R 越大，角值 τ 越小，则水准管灵敏度越高。可见，水准管分划值的大小反映了仪器置平精度的高低。DS$_3$ 水准仪水准管的分划值一般为 $20''/2$mm。

为便于准确判别气泡的居中情况，微倾式水准仪在水准管气泡的正上方安装了一组中间带有 V 形槽口的屋形反射棱镜，如图 2-5（a）所示，水准管气泡两端各一半的影像通过屋形棱镜的反射，使气泡影像转到 V 形玻璃斜面上，再通过正对 V 形槽口的三角反射棱镜最终将两个半像反射在望远镜旁的符合气泡观察窗中。若气泡的半像错开，则表示气泡不居中，如图 2-5（b）所示。这时，应耐心仔细地转动微倾螺旋，使气泡的两个半像相一致。若气泡两端的半像吻合时，就表示气泡居中，如图 2-5（c）所示。微倾螺旋可调节望远镜在竖直面内微小仰俯，使水准管气泡居中。这种能精确观察气泡居中情况的水准器称为符合水准器。

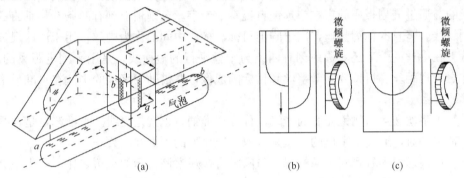

图 2-5　符合水准器

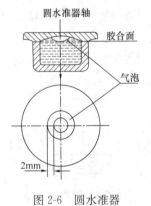

图 2-6　圆水准器

（2）圆水准器

圆水准器是一个圆柱形的玻璃盒子，如图 2-6 所示，圆水准器顶面内壁是球面，球面中央刻有小圆圈，圆圈的中心为水准器的零点。通过零点所作的球面法线为圆水准器轴，当圆水准器气泡居中时，该轴处于竖直状态，表明仪器竖轴竖直。气泡中心偏移零点 2mm，轴线所倾斜的角值，称为圆水准器的分划值。DS_3 水准仪圆水准器的分划值一般为 $8'/2mm$。由于它的精度较低，故只用于仪器的粗略整平。

3. 基座

基座的作用是支撑仪器的上部并与三脚架连接。它主要由轴座、脚螺旋、底板和三角压板构成，如图 2-2 所示。

二、水准尺和尺垫

1. 水准尺

水准尺是水准测量所使用的标尺，它的质量好坏直接影响水准测量的精度，其基本要求是尺长稳定，分划准确。常用的水准尺有双面尺和塔尺两种，采用不易变形且优质干燥木材或铝合金制成，如图 2-7 所示。

双面水准尺（图 2-7a）多用于三、四等水准测量。其长度为 3m，两把尺为一对。双面水准尺的两面均有刻划，一面为黑白相间称为黑面，另一面为红白相间称为红面，两面最小刻划均为 1cm，并在分米处注记。两面尺的黑面尺底均由零开始，而红面尺底刻划一把由 4.687m 开始至 7.687m，另一把由 4.787m 开始至 7.787m。利用黑、红面尺底零点之差（4687 或 4787）可对水准测量读数进行检核。塔尺（图 2-7b）多用于等外水准测量，其长度有 3m 和 5m 两种，用两节或三节套接在一起。

2. 尺垫

尺垫是仅仅在转点处放置以供立水准尺使用，起到临时传递高程的作用。它由生铁铸成，一般为三角形，中央有一突起的半球体，下方有三个脚爪，如图 2-8 所示。使用时，将尺垫脚爪牢固地踩入土中，以防下沉和移位，然后将水准尺立于尺垫上部突起的半球体顶面用以保持水准尺尺底高度不变。

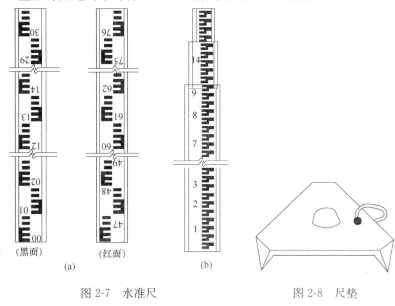

（黑面） （红面）
(a)   (b)

图 2-7 水准尺   图 2-8 尺垫

任 务 三 水 准 仪 的 使 用

水准仪的使用包括仪器的安置、粗略整平、瞄准水准尺、精确整平和读数等操作步骤。

一、安置水准仪

打开水准仪三脚架，将其分开支在地面上，脚架腿与地面呈六七十度，高度与观察者身高相适应，三脚架头大致水平。检查脚架腿是否安置稳固，脚架伸缩螺旋是否拧紧，然后打开仪器箱取出水准仪，置于三脚架平台上，通过平台下的连接螺旋将仪器牢固地固定在三脚架上。

二、粗略整平

粗略整平是借助圆水准器的气泡居中，使仪器竖轴大致铅直，从而使视准轴大致水平。首先，前后左右摆动一个架腿使气泡接近居中位置，再以相反方向旋转脚螺旋①和②，如图 2-9（a）所示，让气泡在与两脚螺旋连线平行的方向上移动到中间位置，如图 2-9（b）所示的 b 位置；最后，转动脚螺旋③使气泡居中。在整平的过程中，气泡的移动方向与左手大拇指运动的方向一致。

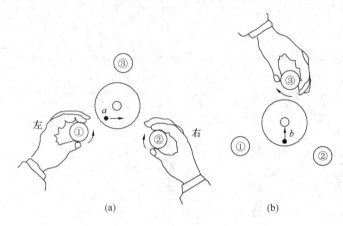

图 2-9　圆水准器的整平

三、瞄准水准尺

瞄准水准尺有以下几个步骤：（1）目镜调焦：将望远镜对着明亮的背景，转动目镜调焦螺旋直到十字丝清晰为止；（2）粗略瞄准：松开制动螺旋，转动望远镜，使镜筒上部的缺口、准星、水准尺成一条直线，拧紧制动螺旋；（3）物镜调焦：从望远镜中观察并转动物镜调焦螺旋，使水准尺成像清晰；（4）精确瞄准：转动微动螺旋使十字丝的竖丝对准水准尺。

精确瞄准水准尺后，让眼睛在目镜端上下微动，若看到十字丝与尺像有相对运动，说明存在十字丝视差（图 2-10）。产生视差的原因是尺像与十字丝平面不重合。由于视差的存在会影响到读数的准确性，应予以消除。消除的方法是重新进行物镜调焦，直到眼睛上下移动时读数不变为止（图 2-10）。

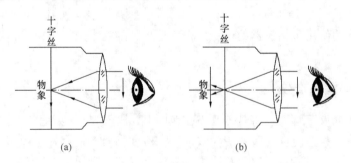

图 2-10　视差现象
（a）没有视差现象；（b）有视差现象

四、精平与读数

精平（即精确整平）是调节微倾螺旋使管水准气泡精确居中，目的是使视准轴水平，从而读取正确的尺读数。眼睛观察位于目镜左边的气泡符合观察窗的水准管气泡，右手缓慢地转动微倾螺旋使气泡两端的影像相吻合，表明气泡已精确居中，视线处于水平位置。此时即可用十字丝的中丝在竖立的水准尺上读数。DS$_3$级水准仪的望远镜成像有正像和倒像两种，成像为倒像时，在视场内，尺面注记数字从上往下由小到大地增加。若成像为正像时，在视场内，注记数字从下往上由小到大地增加。读尺时，首先读出中丝在水准尺刻划处位置到尺底间隔的米、分米和厘米数值，

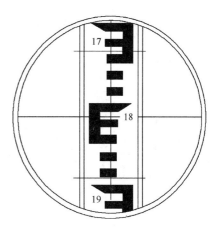

图 2-11　水准尺读数

再估读出不到一个厘米的毫米数，然后报出全部读数。如图 2-11 所示的读数为 1.817m。读完数后，还需再检查气泡影像是否仍然吻合，若发生了移动需再次精平，重新读数。

精平和读数虽然是两项不同的操作步骤，但是在水准测量的实施中，却通常将两项不同的操作视为一个整体，即精平后马上读数，再检查气泡是否准确居中，这样才能保证读数正确。

任务四　等外水准测量外业

我国国家水准测量依精度要求不同分为一、二、三、四等，一等精度最高，四等最低。四等以下的水准测量一般称为等外水准测量或五等。等级水准测量对所用仪器、工具以及观测、计算方法都有特殊要求，但和等外水准测量比较，由于基本原理相同，因此基本工作方法也有许多地方相同。本项目只讲述等外水准测量的方法，等级水准测量则在控制测量项目介绍。

一、水准点和水准路线

1. 水准点

用水准测量方法测定的高程控制点称为水准点，简记为 BM。水准点有永久性和临时性两种。等级水准点需按规定要求埋设永久性固定标志，图 2-12 所示为国家三、四等水准点，一般用石料或钢筋混凝土制成，深埋到地面冻结线以下，在标石的顶面设有用不锈钢或其他不易锈蚀的材料制成的半球状标志，半球顶面为水准点的高程位置。有些水准点也可设置在稳定的墙上，称为墙上水准点，如图 2-13 所示。普通水准点一般为临时性的，可以在地上打入木桩，也可在建筑物或岩石上用红漆画一临时标志标定点位即可。

2. 水准路线的布设形式

在水准点之间进行水准测量所经过的路线称为水准路线。单一水准路线的布设形式有闭合水准路线、附合水准路线及支水准路线。此外，还有水准网。水准

路线可以从整体上检核水准测量成果的准确性。

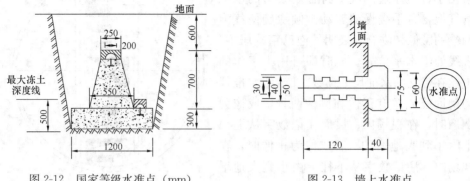

图 2-12　国家等级水准点（mm）　　　　　图 2-13　墙上水准点

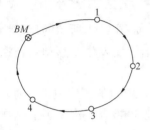

图 2-14　闭合水准路线

（1）闭合水准路线

如图 2-14 所示，从已知水准点 BM 出发，沿待定高程点 1、2、3、4 进行水准测量，最后仍回到原水准点 BM 所组成的环形路线，称为闭合水准路线。该路线具有严密的检核条件。从理论上讲，闭合水准路线各测段高差代数和应等于零，即 $\Sigma h_{理} = 0$。

（2）附合水准路线

如图 2-15 所示，从高级水准点 BM_1 出发，沿各待定高程点 1、2、3、4 进行水准测量，最后测至另一高级水准点 BM_2 所构成的水准路线，称为附合水准路线。该路线具有严密的检核条件。从理论上讲，附合水准路线各测段高差代数和应等于终、始两点的高程之差，即 $\Sigma h_{AB理} = H_B - H_A$。

（3）支水准路线

如图 2-16 所示，从一个已知水准点 BM_1 出发，沿待定高程点 1、2 进行水准测量，其路线既不附合也不闭合，称为支水准路线。支水准路线无检核条件，必须往返观测才能检核。

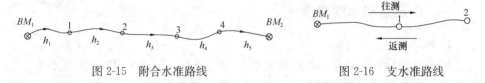

图 2-15　附合水准路线　　　　　图 2-16　支水准路线

二、　水准测量的外业工作

1. 连续水准测量的外业实施

实际工作中，若两点相距较远或高差较大，或有障碍物阻挡视线，需要连续多次安置仪器才能测得两点间的高差。此时，需要在两点间设置若干个测站和立尺点进行连续的水准测量。在图 2-17 中，水准点 A 的高程已知为 H_A，B 为高程待测点，Ⅰ、Ⅱ、Ⅲ、Ⅳ等为测站序数，TP_1、TP_2 等为转点。转点是在水准测量中起传递高程作用的临时立尺点，无须计算出其高程。

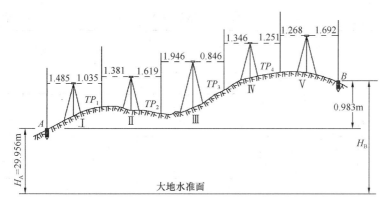

图 2-17 连续水准测量外业

在连续水准测量中分别把仪器安置在各测站上，在每一测站上读取的后视读数和前视读数分别为 a_1、b_1，a_2、b_2，……，a_n、b_n，则各测站测得的高差分别为：

$$h_1 = a_1 - b_1$$
$$h_2 = a_2 - b_2$$
$$\cdots\cdots$$
$$h_n = a_n - b_n$$

将各等式左边相加，得：

$$h_{AB} = h_1 + h_2 + \cdots\cdots + h_n = \sum_{i=1}^{n} h_i \qquad (2\text{-}6)$$

将各等式相加，得：

$$h_{AB} = \sum_{i=1}^{n} a_i - \sum_{i=1}^{n} b_i \qquad (2\text{-}7)$$

则 B 点的高程为 $H_B = H_A + h_{AB}$。式（2-7）常用作高差计算检核。

2. 观测步骤与记录

（1）在起始点 A 上竖立水准尺作为后视，在地面坚固且安全的位置安置水准仪，安置水准仪的位置称之为测站（如图 2-17 中的测站Ⅰ），在路线前进方向适当位置设置转点 TP_1，安放尺垫，在尺垫上竖立水准尺作为前视。注意前、后视距（仪器到前视尺和后视尺的距离）要大致相等。

（2）将仪器粗略整平，瞄准后视水准尺，消除视差，精确整平，用十字丝中丝读取后视读数 a_1 并记入观测手簿（表 2-1）。

（3）转动望远镜，瞄准前视尺，消除视差，精确整平，用十字丝中丝读取前视读数 b_1，记入手簿并计算本站高差。

以上为第一测站的基本操作及计算。

（4）TP_1 点前视水准尺位置不动，变作后视，将仪器搬到测站Ⅱ，在适当位置设置 TP_2 并竖立水准尺，重复（2）、（3）步骤操作，获得后视读数 a_2、前视读数 b_2。

各测站以此类推，一直测到终点 B 为止。

水准测量观测手簿 表 2-1

测站	测点	水准尺读数 (mm)		高 差 (m)		高 程 (m)	备 注
		后视读数	前视读数	+	−		
Ⅰ	A TP_1	1485	1035	0.450		29.956	
Ⅱ	TP_1 TP_2	1381	1619		0.238		
Ⅲ	TP_2 TP_3	1946	0846	1.100			
Ⅳ	TP_3 TP_4	1346	1251	0.095			
Ⅴ	TP_4 B	1268	1692		0.424	30.939	
计算校核		$\Sigma a = 7426$	$\Sigma b = 6443$	$\Sigma + 1.645$	$\Sigma - 0.662$	30.939 −29.956	
		$\Sigma a - \Sigma b = 0.983$		$\Sigma h = 0.983$		0.983	

三、水准测量的校核

1. 计算检核

为保证高差计算的正确性，应在每页手簿下方进行计算检核。由式（2-7）可以看出，各测站观测高差的代数和应等于所有后视读数之和减去所有前视读数之和。如表 2-1 中的：

$$\Sigma h = +1.645 + (-0.662) = +0.983\text{m}$$

$$\Sigma a - \Sigma b = 7.426 - 6.443 = +0.983\text{m}$$

两种方法计算结果相等，即 $\Sigma h = \Sigma a - \Sigma b$，说明高差计算结果正确无误。此外，还应对未知点 B 的计算高程进行检核，即 $H_B - H_A = h_{AB}$。

2. 测站检核

各站测得的高差是推算待定点高程的依据，若其中任何一测站所测高差有误，则全部测量成果就不能使用。因此，还需对每一站的实测高差进行测站检核。测站检核通常采用变动仪器高法或双面尺法。

（1）变动仪器高法。在同一测站上以不同的仪器高度安置两次仪器，测得两次高差。两次安置仪器的高度变化值应不小于 10cm，两次测得的高差之差不超过容许值（如等外水准测量为 ±6mm），取其平均值作为该测站的观测高差，否则重测。利用变动仪器高法进行水准测量观测的记录，计算格式见表 2-2 水准测量观测手簿。

（2）双面尺法。在同一测站上仪器高度不变，分别用水准尺的黑面和红面进行观测。利用前、后视的黑面和红面读数，分别算出两个高差。如果两次高差之差不超过容许值（例如，四等水准测量容许值为 ±5mm），取其平均值作为该测站观测结果，否则重测。详见高程控制测量。

3. 成果检核

测站检核只能检核一个测站的观测高差是否正确。由于水准路线由若干测站构成，各测站观测时的外界条件不同，如风力、温度、大气折光以及仪器、尺垫下沉等因素的变化引起的测量误差在一个测站上反映不明显，但多个测站误差的积累可能会超过规定的限差，所以必须进行成果检核。成果检核就是将水准路线的高差闭合差与其允许值比较，若高差闭合差小于允许值，则测量成果满足精度要求，否则，重新测量。所谓高差闭合差，即实测高差与高差理论值之差，其计算形式因水准路线不同而异。

水准测量观测手簿（变动仪器高法） 表 2-2

日期_____ 天气_____ 仪器_____ 观测_____ 记录_____

测站	测点	水准尺读数（mm） 后视（a）	水准尺读数（mm） 前视（b）	高差（m）	平均高差（m）	高程（m）	备注
Ⅰ	A	1485 1596				29.956	
	TP_1		1035 1145	+0.450 +0.451	+0.450		
Ⅱ	TP_1	1381 1500					
	TP_2		1619 1740	−0.238 −0.240	−0.239		
Ⅲ	TP_2	1946 1821					
	TP_3		0846 0722	+1.100 +1.099	+1.100		
Ⅳ	TP_3	1346 1494					
	TP_4		1251 1398	+0.095 +0.096	+0.096		
Ⅴ	TP_4	1268 1398					
	B		1692 1824	−0.424 −0.426	−0.425	30.938	
	Σ	15.235	13.272	+1.963	+0.982	+0.982	
计算校核		$\frac{1}{2}(\Sigma a-\Sigma b)=0.982$		$\frac{1}{2}\Sigma h=0.982$			

任务五　水准测量内业计算

水准测量的外业观测结束后，应对各测段（两水准点之间的测量）的野外记录手簿进行认真检查，确认无误后，算出水准路线各段实测高差，画出草图，随后在计算表格中进行高差闭合差的计算与调整，最后计算各点的高程。这项工作称为水准测量的平差计算，由于通常在室内进行，又称为内业计算。

一、高差闭合差及其限差的计算

由于测量误差的存在，使得水准路线的实测高差与其理论值存在差异，其差值即为高差闭合差。不同形式的水准路线，高差闭合差的计算方法不同。

1. 闭合水准路线的高差闭合差

各测段观测高差的代数和 $\sum h_{测}$ 应等于零，如果不等于零，即为高差闭合差：

$$f_h = \sum h_{测} \tag{2-8}$$

2. 附合水准路线的高差闭合差

各测段观测高差的代数和 $\sum h_{测}$ 应等于路线两端已知水准点 A、B 的高程之差 $H_B - H_A$，如果不相等，其差值则为附合水准路线的高差闭合差，即：

$$f_h = \sum h_{测} - (H_B - H_A) \tag{2-9}$$

3. 支水准路线的高差闭合差

沿支线测得往测高差 $\sum h_{往}$ 与返测高差 $\sum h_{返}$ 的绝对值应大小相等、符号相反，如果不相等，其差值即为高差闭合差，亦称较差，即：

$$f_h = |\sum h_{往}| - |\sum h_{返}| \tag{2-10}$$

不同等级的水准测量，高差闭合差的限值也不相同，等外水准测量高差闭合差的容许值规定为：

$$\left. \begin{array}{l} 平地：f_{h容} = \pm 40 \sqrt{L}(mm) \\ 山地：f_{h容} = \pm 12 \sqrt{n}(mm) \end{array} \right\} \tag{2-11}$$

式中　L——水准路线的总长度（km）；

n——测站总数。

若 $|f_h| \leqslant |f_{h容}|$，则测量成果合格，否则，应找出问题，重新观测。

二、闭合差的调整

高差闭合差的调整是将闭合差反号按各测段长度或测站数成比例计算高差改正数，然后将其加到相应的实测高差上，得到改正后高差。按测站数比例计算改正数的公式为：

$$v_i = -\frac{f_h}{\sum n} \times n_i \tag{2-12}$$

按测段长度计算改正数的公式为：

$$v_i = -\frac{f_h}{\sum L} \times L_i \tag{2-13}$$

式中　v_i——第 i 测段的高差改正数；

$\sum n$——水准路线测站总数；

n_i——第 i 测段的测站数；

$\sum L$——水准路线的全长；

L_i——第 i 测段的路线长度。

各测段高差改正数的总和应与高差闭合差数值相等、符号相反，即：

$$\sum v_i = -f_h \qquad (2-14)$$

由于计算中舍入误差的存在，在数值上改正数的总和可能与闭合差存在一微小值，此时可将这一微小值强行分配到测站数较多或路线较长的测段。

三、计算各测段改正后的高差

各测段实测高差与其相应改正数的代数和就是改正后的高差：

$$h_{i\text{改}} = h_i + v_i \qquad (2-15)$$

各测段的改正后高差的总和应等于相应的理论值，否则，要检查改正后高差的计算。

四、计算待定点高程

根据改正后高差和已知点高程，按顺序逐点推算各点的高程。若 i 为已知点，$(i+1)$ 为未知点，两点间的改正后高差为 $h_{i\text{改}}$，则有：

$$H_{i+1} = H_i + h_{i\text{改}} \qquad (2-16)$$

最后，推算出的已知点高程应与相应的已知值相等。否则，应对高程计算进行检核。

【例题 2-1】 某附合水准路线测量数据如图 2-18 所示，A 点的高程 $H_A = 20.321\text{m}$，B 点的高程 $H_B = 23.884\text{m}$，1、2、3 为高程待定点，$h_1 = +1.485\text{m}$、$h_2 = +2.083\text{m}$、$h_3 = -1.637\text{m}$、$h_4 = +1.596\text{m}$ 为各测段高差观测值，$n_1 = 5$、$n_2 = 6$、$n_3 = 4$、$n_4 = 5$ 为各测段测站数。

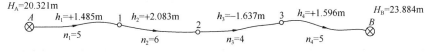

图 2-18 附合水准路线略图

【解】 (1) 将图 2-18 中的已知数据及观测数据，填入表 2-3 相应的栏目内。

(2) 计算高差闭合差和闭合差容许值：

$$f_h = \sum h_{\text{测}} - (H_B - H_A)$$
$$= 3.527 - (23.884 - 20.321) = -36\text{mm}$$

设为山地，闭合差的容许值为：

$$f_{h\text{容}} = \pm 12\sqrt{n} = \pm 12\sqrt{20} = \pm 53.7\text{mm}$$

由于 $|f_h| < |f_{h\text{容}}|$，高差闭合差在允许范围内，说明观测成果的精度符合要求。

(3) 闭合差的调整和改正后高差的计算。

本例是按测站数来计算改正数的，各测段的改正数为：

$$v_i = -\frac{f_h}{\sum n} \times n_i$$

第一测段的改正数为 $v_1 = -\dfrac{f_h}{\sum n} \times n_1 = -\dfrac{0.036}{20} \times 5 = -0.009\text{m}$。

将各测段改正数凑整至毫米填写在表 2-3 相应栏内，并检核改正数之和是否与闭合差相等且符号相反。

改正后的高差按 $h_{i改} = h_i + v_i$ 计算并填入表 2-3 相应栏内。各测段改正后的高差应满足 $\sum h_{i改} = H_B - H_A$，据此对改正后高差进行计算检核。

水准测量内业成果处理　　　　　　　　　　　　表 2-3

测段编号	点名	测站数	实测高差 (m)	改正数 (mm)	改正后高差 (m)	高程 (m)	备注
1	2	3	4	5	6	7	8
1	A	5	+1.485	9	+1.494	20.321	已知点
2	1	6	+2.083	11	+2.094	21.815	
3	2	4	−1.637	7	−1.630	23.909	
4	3	5	+1.596	9	+1.605	22.279	
	B					23.884	已知点
Σ		20	+3.527	36	+3.563		

辅助计算

$f_h = -36\text{mm}$

$f_{h容} = \pm 12\sqrt{n} = \pm 12\sqrt{20} = \pm 53.7\text{mm}$

$|f_h| < |f_{h容}|$

$n = 20$　　　　$-\dfrac{f_h}{n} = 1.8\text{mm}$

（4）计算待定点高程。

用改正后高差和已知点高程按顺序逐点推算各点的高程，如 1 点高程为：

$$H_1 = H_A + h_{A1改} = 20.321 + 1.494 = 21.815\text{m}$$

依次类推，求出所有待定点的高程，最后推算出的 B 点高程应与其已知高程相同，说明高程计算正确。

闭合水准路线的平差计算与附合水准路线不同之处在于起点和终点是同一点，计算方法和过程基本一致。

支水准路线若闭合差满足要求，则将往、返测得的高差绝对值取平均值，冠以往测符号。

任务六　DS₃型微倾式水准仪的检验与校正

根据水准测量原理，水准仪只有准确地提供一条水平视线，才能测出两点间的正确高差。为此，微倾式水准仪主要轴、线间（图 2-19）应满足以下几何关系：

（1）圆水准器轴 $L'L'$ 应平行于仪器竖轴 VV；

（2）十字丝的中丝应垂直于仪器竖轴 VV；

（3）管水准轴 LL 应平行于视准轴 CC。

一、圆水准器轴平行于仪器竖轴的检验与校正

1. 检验方法

调整脚螺旋使圆水准器气泡居中，然后将望远镜绕竖轴旋转 $180°$，如果气泡仍居中，则说明圆水准轴与仪器竖轴平行；如果气泡偏离，则说明 $L'L'$ 与 VV 不平行，两轴必然存在交角 δ，需要校正。图 2-20（a）、（b）为两轴不平行时，转动望远镜 $180°$前、后的示意图，转动前 $L'L'$ 轴处于竖直位置，VV 轴偏离竖直方向 δ 角，转动后 $L'L'$ 轴与转动前比较倾斜了 2δ 角。

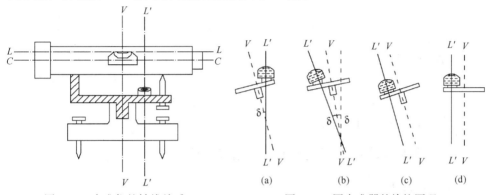

图 2-19　水准仪的轴线关系　　　　图 2-20　圆水准器的检校原理

2. 校正方法

圆水准器底部的构造如图 2-21 所示。校正时，应先松开中间的固定螺栓（有的水准仪没有），用校正针拨动校正螺栓，使气泡向零点方向移动偏离量的一半，此时 $L'L'$ 轴与竖直方向的倾角由 2δ 变为 δ，$L'L'$ 与 VV 变成平行关系，如图 2-20（c）所示。然后，调整脚螺旋，使气泡居中，这时圆水准器轴平行于仪器竖轴且处于铅垂位置，如图 2-20（d）所示。

此项校正，需反复进行，直至仪器旋转到任意位置，圆水准器气泡皆居中为止。最后，拧紧固定螺栓。

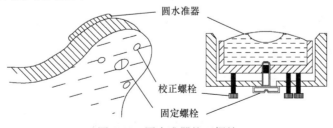

图 2-21　圆水准器校正螺栓

二、十字丝横丝垂直于仪器竖轴的检验与校正

1. 检验方法

整平仪器后，用十字丝横丝的一端瞄准远处一目标点 M，如图 2-22（a）所

示，然后用微动螺旋使 M 点移动到横丝的另一端，若 M 点与横丝没有发生偏离，如图 2-22（b）所示，则说明横丝垂直于竖轴。如果 M 点与横丝发生偏离，如图 2-22（c）所示，则需要校正。

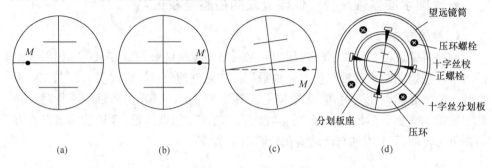

图 2-22　十字丝横丝的检验

2. 校正方法

取下目镜端的十字丝分划板护罩，如图 2-22（d）所示，松开四个压环螺栓，微微转动十字丝分划板座，使 M 点对准中丝即可。此项校正需反复进行，直到 M 点不再偏离中丝为止。最后，拧紧压环螺栓。

三、管水准轴平行于视准轴的检验与校正

1. 检验方法

如图 2-23（a）所示，在平坦的地面上选定相距约 $80\sim100\mathrm{m}$ 的 A、B 两点，打入木桩或放置尺垫。用钢尺丈量 A、B 距离，定出 AB 的中点 C。

（1）在 C 点处安置水准仪，用变动仪器高法测出 A、B 两点的高差，若两次测定的高差之差不超过 $3\mathrm{mm}$，则取两次高差的平均值 h_{AB} 作为最后结果。由于距离相等，若视准轴与管水准轴不平行，两轴在同一竖直平面内投影存在一个 i 角，所产生的前、后视读数误差 Δ 也相等，在计算高差时可以抵消，故高差 h_{AB} 不受视准轴误差的影响，即：

$$h_{AB} = a_1 - b_1 = (a+\Delta)-(b+\Delta) = a-b$$

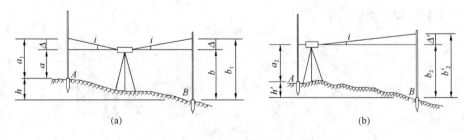

图 2-23　管水准轴平行于视准轴的检验

（2）在距 A 点略大于 $2\mathrm{m}$ 处安置仪器，精平后又分别读得 A、B 点水准尺读数为 a_2、b_2'（图 2-23b）。此时，由于后视距较小，i 角的影响可以忽略不计，计算出的高差为 $h_{AB}' = a_2 - b_2'$，若 $h_{AB}' = h_{AB}$，则说明管水准轴平行于视准轴，不需

要校正。若 $h'_{AB} \neq h_{AB}$，则两次设站观测所获得的高差之差为：

$$\Delta h = h'_{AB} - h_{AB}$$

i 角的计算公式为：

$$i = \frac{\Delta h}{D_{AB}} \rho''$$

式中 $\rho'' = 206265''$。

对于 DS$_3$ 型水准仪来说，i 角值不得大于 $20''$，如果超限，则需要校正。

2. 校正方法

根据图 2-23 可以计算出 B 点水准标尺上正确读数为 $b_2 = a_2 - h_{AB}$。旋转微倾螺旋，用十字丝中丝对准 B 点尺上的正确读数 b_2，此时视准轴处于水平位置，而管水准气泡却不再居中。先用校正针稍稍松动管水准器一端的左（或右）校正螺栓（图 2-24 所示），再用校正针拨动上或下校正螺栓，将水准管的一端升高或降低，使气泡的两个半像符合。该项校正工作需反复进行，直到 B 点水准尺的实际读数与正确读数的差值不大于 3mm 为止。最后，拧紧校正螺栓。

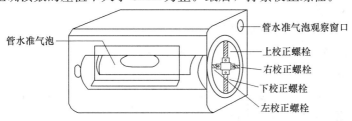

管水准气泡
管水准气泡观察窗口
上校正螺栓
右校正螺栓
下校正螺栓
左校正螺栓

图 2-24　管水准器的校正

任务七　水准测量的误差来源及消减办法

水准测量的误差来源包括仪器误差、观测误差和外界条件影响三个方面。在水准测量作业中应根据误差产生的原因，采取措施，找出防止和减小各类误差的方法，提高水准测量的观测精度。

一、仪器误差

1. 视准轴与水准管轴不平行的误差

这项误差虽然经过检验和校正，但两轴仍会残留一个微小的 i 角。因此，水准管气泡居中时，视线仍会有微小倾斜。观测时保持前、后视距相等，可消除或减少 i 角误差的影响。

2. 水准尺的误差

水准尺刻划不准确、尺底磨损、弯曲变形等都会给读数带来误差，因此应对水准尺进行检验，不合格的尺子不能使用。

二、观测误差

1. 整平误差

水准管居中误差主要与水准管分划值及人眼的分辨率有关。设水准管分划值

为 τ，通常人判断气泡居中误差约为 $\pm 0.15\tau$，采用符合水准器时，气泡居中精度约提高一倍，即 $\pm 0.15\tau / 2$，气泡居中误差为：

$$m_{居} = \pm \frac{0.15\tau''}{2\rho''} \cdot D \tag{2-17}$$

式中 D——水准仪到水准尺的距离；

$\rho'' = 206265''$。

为减少整平误差的影响，应限制视距长度。

2. 读数误差

在水准尺上估读毫米数的误差，与人眼的分辨能力、望远镜的放大倍率以及视线长度有关，通常按下式计算：

$$m_V = \frac{60''}{V} \cdot \frac{D}{\rho''} \tag{2-18}$$

式中 V——望远镜的放大倍率；

$60''$——人眼分辨的极限；

$\rho'' = 206265''$；

D——水准仪到水准尺的距离。

为减少读数误差的影响，应限制视距长度。

3. 视差影响

当存在视差时，十字丝平面与水准尺影像不重合，会给读数带来较大误差，因此必须通过重新对光予以消除。

4. 水准尺倾斜的影响

水准尺倾斜将使尺上读数增大，如水准尺倾斜 $3°$，在水准尺上 1.5m 处读数时，将会产生 2mm 的误差，因此，在观测过程中，应严格保持水准尺竖直状态。

三、外界条件引起的误差

1. 仪器下沉

由于仪器下沉，使视线降低，从而引起高差误差。若采用"后、前、前、后"的观测程序，可减弱其影响。

2. 尺垫下沉

如果在转点发生尺垫下沉，将使下一站后视读数增大，这将引起高差误差。采用往返观测的方法，取观测成果的中数，可以减弱其影响。

3. 地球曲率及大气折光影响

用水平视线代替大地水准面在尺上读数产生的误差为 C，如图 2-25 所示，则：

$$C = \frac{D^2}{2R} \tag{2-19}$$

实际上由于大气折光，视线并非是水平的，而是一条曲线，曲线的曲率半径为地球半径的 7 倍，其折光量的大小对水准读数产生的影响为：

$$r = \frac{D^2}{2 \times 7R} \tag{2-20}$$

大气折光与地球曲率的综合影响称之为球气差，为：

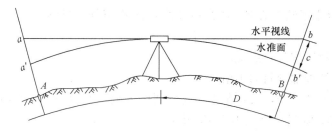

图 2-25 地球曲率及大气折光影响

$$f = C - r = \frac{D^2}{2R} - \frac{D^2}{14R} = 0.43\frac{D^2}{R} \tag{2-21}$$

如果前、后视距相等，则由上式计算的球气差相等，地球曲率及大气折光的影响将得到消除或减少。同时，还可以消除调焦引起的误差。故而，观测时要做到前、后视距大致相等。

4. 温度变化的影响

温度的变化不仅引起大气折光的变化，而且当烈日照射水准管时，由于水准管本身和管内液体温度的升高，气泡向着温度高的方向移动，而影响仪器整平，产生气泡居中误差，因此，观测时应给仪器撑伞遮阳。

任务八 自动安平水准仪简介

自动安平水准仪是用设置在望远镜内的自动安平补偿装置代替了微倾式水准仪的水准管和微倾螺旋。观测时，只需将圆水准器进行粗略整平，就可直接读取读数。和微倾式水准仪相比，该仪器操作简便，提高了观测效率，具有明显的优越性。

一、自动安平原理

图 2-26（a）所示为望远镜视准轴水平时情况；当望远镜视准轴倾斜了一个小角 α 时，如图 2-26（b）所示，由水准尺上的 a 点过物镜光心 O 所形成的水平

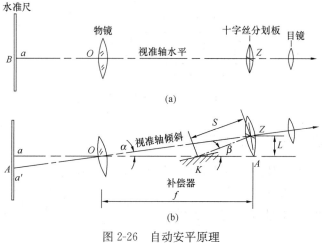

图 2-26 自动安平原理

线，不再通过十字丝中心 Z，而在距 Z 为 L 的 A 点处，显然：

$$L = f \cdot \alpha \qquad (2-22)$$

式中　f——物镜的等效焦距；

　　　α——视准轴倾斜的小角。

在图 2-26（b）中，若在距十字丝分划板 S 处，安装一个补偿器 K，使水平光线偏转 β 角，通过十字丝中心 Z，则：

$$L = S \cdot \beta \qquad (2-23)$$

故有：

$$f \cdot \alpha = S \cdot \beta \qquad (2-24)$$

这就是说，式（2-24）的条件若能得到满足，虽然视准轴有微小倾斜，但十字丝中心 Z 仍能读出视线水平时的读数 a，从而达到自动补偿的目的。

二、自动安平补偿器

自动安平补偿器的种类很多，但一般都是采用特殊材料制成的金属丝悬吊一组光学棱镜组成的方法，借助重力的作用达到视线自动补偿的目的。补偿器起作用的最大容许倾斜角称为补偿范围，视准轴的倾斜角在这个范围内补偿器才能起作用。自动安平水准仪的补偿范围一般为正负 $8'\sim 11'$，而圆水准器的分划值 $8'/2\text{mm}$，因此只要将自动安平水准仪粗平，补偿器就起作用。

补偿器包括固定屋脊棱镜、悬吊直角棱镜和空气阻尼器三部分，相当于一个钟摆（图 2-27），因此开始时会有晃动，表现为十字丝相对于水准尺影像的移动，$1\sim 2\text{s}$ 后将渐渐稳定，这时就可以读数了。

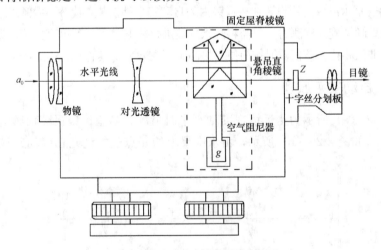

图 2-27　自动安平补偿器原理图

三、自动安平水准仪的使用

自动安平水准仪的使用与普通水准仪类似，安置好仪器后，首先将圆水准气泡居中，然后瞄准水准尺，等待 $2\sim 4\text{s}$ 之后就可读数、记录了，无须进行精平操作。有的自动安平水准仪配有一个补偿器检查按钮，确认补偿器能正常工作再读数。

任务九 精密水准仪

一、精密水准仪的构造

精密水准仪（precise level）主要用于国家一、二等水准测量、精密工程测量和变形观测。例如，建筑物的沉降观测、大型桥梁工程的施工测量和大型精密设备安装测量等。

精密水准仪的原理和构造（图2-29）与一般水准仪类似，也由望远镜、水准部和基座三部分组成。其不同点在于能够精密地整平视线和精确读取读数。为此，在结构上应满足：

（1）水准器具有较高的灵敏度。如 DS_1 水准仪的管水准器 τ 值为 $10''/2mm$。

（2）望远镜具有良好的光学性能。如 DS_1 水准仪望远镜的放大倍数为38倍，望远镜的有效孔径47mm，视场亮度较高。十字丝的部分中丝刻成楔形，能较精确地切准水准尺的分划。

（3）具有光学测微器装置。可直接读取水准尺一个分格（1cm或0.5cm）的1/100单位（0.1mm或0.05mm），提高读数精度。

（4）视准轴与水准管轴之间的联系相对稳定。精密水准仪均采用钢构件，并且密封起来，受温度变化影响小。

（5）配套的专用水准尺，尺身用铟钢制造。

二、精密水准仪及其读数原理

图2-28为徕卡新N3微倾式精密水准仪，其每千米往返测高差中数的中误差为±0.3mm。为了提高读数精度，精密水准仪上设有平行玻璃板测微器。其工作原理如图2-29所示。

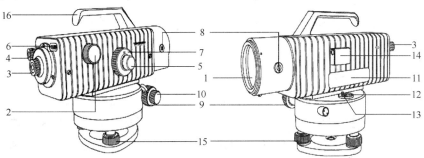

图 2-28　徕卡新 N3 微倾式精密水准仪

1—物镜；2—物镜调焦螺旋；3—目镜；4—管水准气泡；5—微倾螺旋；6—微倾螺旋行程指示器；7—平行玻璃测微螺旋；8—平行玻璃旋转轴；9—制动螺旋；10—微动螺旋；11—管水准器照明窗口；12—圆水准器；13—圆水准器校正螺栓；14—圆水准器观察装置；15—脚螺旋；16—手柄

平行玻璃测微器由平行玻璃板、传动杆、测微轮、测微分划尺及测微螺旋等构件组成。平行玻璃板安装在望远镜物镜前，其旋转轴与平行玻璃板的两个面相

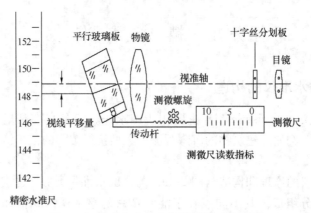

图 2-29　精密水准仪光学测微器工作原理

平行，并与望远镜视准轴相正交。平行玻璃板与测微尺间用带有齿条的传动杆连接，当旋转测微螺旋时，传动杆带动平行玻璃板绕其旋转轴作俯仰倾斜。视线经过倾斜的平行玻璃板时产生上下平行移动，可以使原来并不对准尺上某一分划的视线能够精确对准某一分划，从而读到一个整分划读数（图中的 148cm 分划），

而视线在尺上的平行移动量则由测微尺记录下来，测微尺的读数通过光路成像在测微尺读数窗内。

平行玻璃板测微器的最大视线平移量为 1cm 或 5mm，对应于测微尺上的 100 个分格，则测微尺上 1 个分格等于 0.1mm 或 0.05mm，可估读到 0.01mm。

三、精密水准尺

精密水准仪必须配有专用的精密水准尺。精密水准尺一般是在木质尺身中央的凹槽内镶嵌了一根因瓦合金钢带。钢带的零点端固定在尺身上，另一端用弹簧牵引着，这样就可以使因瓦合金钢带不受尺子伸缩变形的影响。带上标有刻划，数字标在木尺上，见图 2-30。

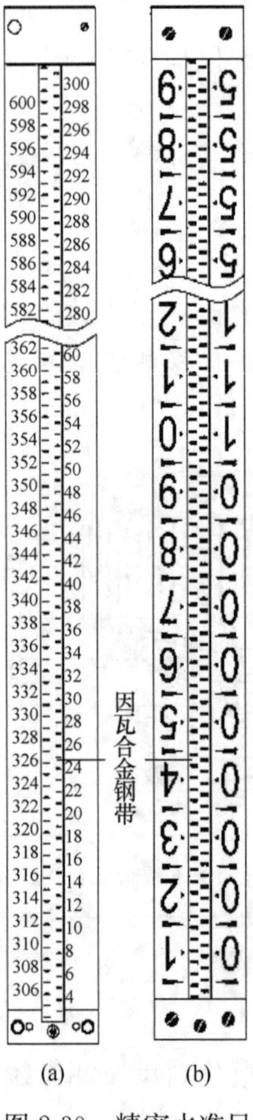

精密水准仪尺上的分划注记形式一般有 10mm 和 5mm 两种。10mm 分划的精密水准尺如图 2-30（a）所示，尺身上刻有左右两排分划，右边为基本分划，左边为辅助分划。基本分划的数字注记从 0 到 300cm，右边一排分划为辅助分划，数字注记基辅差或尺常数从 300cm 到 600cm，基本分划与辅助分划的零点相差一个常数 301.55cm，这一常数称为基辅差或尺常数。用以检查读数中是否存在读数错误。

5mm 分划的精密水准尺如图 2-30（b）所示，尺身上两排均是基本分划，其最小分划值为 10mm，但彼此错开 5mm。尺身一侧注记米数，另一侧注记分米数。

图 2-30　精密水准尺

四、精密水准仪的操作

精密水准仪的操作与普通水准仪的操作基本相同，不同之处是用光学测微器测出不足一个分格的数值。在仪器精确整平后，十字丝中丝往往不恰好对准水准尺某一个整分划数，这时需要旋转测微轮使视线上下平行移动，使十字丝的楔形丝正好对称地夹住一个整分划数，如图2-31所示。

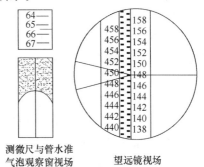

被对称夹住的整分划线读数为 148 (cm)，然后从测微器读数显微镜中读出尾数值为 655 (0.655cm)，其末位5为估读数 0.05mm，全部读数为148.655cm。

总起来说，精密水准仪的操作流程为：粗平—瞄准基本分划—精平—测微—读数—瞄准辅助分划—精平—测微—读数。

精密水准仪读数由尺上读数（三位）加测微窗上读数（三位）组成。图2-31中水准尺读数为148cm，测微器读数为0.655cm，则整个读数为1.48655m。

图 2-31 精密水准仪的读数方法

任务十 数字水准仪简介

数字水准仪（Digital Level），又叫电子水准仪（Electronic Level）或者数字电子水准仪（Digital Electronic Level），中华人民共和国国家计量检定规程《水准仪》JJG 425—2003 中，将应用光电数码技术使水准测量数据采集、处理、存储自动化的水准仪命名为数字水准仪。

一、数字水准仪特点

数字水准仪的望远镜光学部分和机械结构与光学自动安平水准仪基本相同，只是在望远镜光路中增加了调焦发送器、分光镜和补偿器监视、探测器 CCD（Charge Coupled Device 电荷耦合器件）四个部件，采用编码水准尺（coding level staff）和图像处理系统构成光机电、图像获取与处理一体化的水准测量系统。与光学水准仪相比，电子水准仪的特点是：

（1）自动读数、自动存储。无任何人为误差(读数误差、记录误差、计算误差等)。

（2）精度高。实际观测时，视线高和视距，都是采用大量条码分划图像经处理后获得，因此削弱了标尺分划误差的影响。

（3）速度快、效率高。实现自动记录、检核、处理和存储，可实现水准测量从野外数据采集到内业成果计算的内外业一体化。只需照准、调焦和按键就可以自动观测，减轻了劳动强度，与传统仪器相比可以缩短测量时间。

（4）数字水准仪是设置有补偿器的自动安平水准仪，当采用普通水准尺时，电子水准仪当作自动安平水准仪使用。

二、数字水准仪原理

数字水准仪将标尺的条码作为参考信号保存在仪器内。测量时，数字水准仪利用CCD探测器获取目标标尺的条码信息，再将测量信号与仪器已存贮的参考信号进行比较，便可求得水平视线的水准尺读数和视距值。

1. 数字水准仪内部结构概述

数字水准仪内部结构如图 2-32 所示。各部分作用如下：调焦发送器的作用是测定调焦透镜的位置，由此计算仪器至水准尺的概略视距值；补偿器监视的作用是监视补偿器在测量时的功能是否正常；分光镜的作用是将经由物镜进入望远镜的光分离成红外光和可见光两个部分，红外光传送给探测器 CCD 作标尺图像探测的光源，可见光源穿过十字丝分划板经目镜供观测员观测水准尺。探测器 CCD 的作用是将水准尺上的条码图像转化为电信号并传送给微处理器，信息经处理后即可求得测量信息。CCD 探测器是组成数字水准测量系统的关键部件，作为一种高灵敏度光电传感器，在条码识别、光谱检测、图像扫描、非接触式尺寸测量等系统中得到广泛的应用。

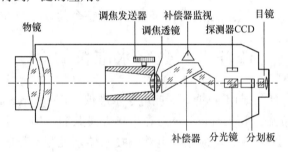

图 2-32   数字水准仪结构示意图

数字水准仪的关键技术是数字图像识别处理与编码标尺设计，属专利保护，即不同厂家的产品具有不同的数字图像识别算法和不同的编码标尺设计。目前，世界上主要有三种不同数字水准仪编码标尺图像识别算法，即相关法（瑞士徕卡）、几何位置法（德国蔡司）、相位法（日本拓普康）。

2. 相关法基本原理

徕卡数字水准仪将 CCD 上的所获得的信号（测量信号）与其事先存储在仪器内的参考信号按相关方法进行比较，当两信号处于最佳相关位置时，即获得标尺读数和视距读数。相关法需要优化两个参数，也就是水准仪视线在标尺上的读数（参数 h）和仪器到标尺的距离（参数 d），这种变化属二维（h 和 d）离散相关函数。

为求得相关函数峰值，需要在整个尺子上搜索。这样一个大范围内的搜索计算量太大，较为费时。因此，采用了粗相关和精相关两个运算阶段来完成此项工作。由于仪器到标尺的距离不同，水准尺条码在探测器上成像的大小也不同，因此，粗相关一个重要的内容就是用调焦发送器求得概略视距值，将测量信号的图像缩放到与参考图像大致相同的大小，即距离参数 d 由粗相关确定。然后再按一定的步长完成精相关的运算工作，求得图像对比的最大相关值 h，即水平视准轴在水准尺上的读数。同时，求得准确的视距值 d。

三、数字水准仪简介

数字水准仪的出现解决了水准测量数字化读数的难题，标志着大地测量从精密光机仪器到光机电、数字图像获取与处理等技术一体化的高科技产品的进步。自 20 世纪 90 年代初，瑞士徕卡公司生产出第一代产品 NA2000 以来，目前国外已经有瑞士徕卡公司、德国蔡司公司、美国天宝公司、日本拓普康公司、日本索佳公司生产多种型号的电子水准仪，国内有北京博飞公司的 DAL 数字水准仪、广州南方测绘仪器公司的数字水准仪 DL-301 等。图 2-33 为徕卡 DNA03 数字水准仪仪和条形码水准尺。

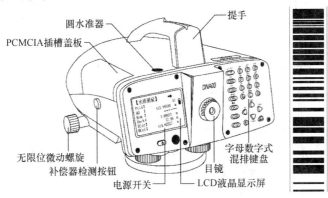

图 2-33　徕卡 DNA03 电子水准仪和条形码水准尺

下面简要介绍徕卡数字水准仪 DNA03 的主要特点，详细操作请参阅操作手册。徕卡 DNA03 的主要技术参数为：望远镜放大倍率 24×，采用磁性阻尼补偿器，补偿范围为 ±10′，补偿精度 ±0.3″；每千米往返测高程精度为 ±1.0mm（标准水准尺），有标准测量程序，数据记录为内存 6000 个测量数据或 1650 组测站数据（BF）/ PCMCIA 卡（闪存，SRAM，可达 32MB）。

徕卡数字水准仪机载软件可以完成单一高差的水准测量，也可以完成线路水准测量并进行线路平差，还能进行已知高程的放样测量。水准测量数据按作业存储，作业类似于目录。存储的数据可以拷贝、修改和删除。一项作业数据存储在两个存储区：（1）测量存储区：测量成果和编码；（2）已知点存储区：已知点和放样点。

线路水准测量程序有 BF、aBF、BFFB、aBFFB 和单程双转点等几种方式，其具体含义见表 2-4。

线路水准测量观测方法的含义　　　　　　　　　　　　　　　　　表 2-4

方　法	奇数站	偶数站
BF（后前）	BF	BF
aBF（交替 BF）	往测 BF，返测 FB	往测 FB，返测 BF
BFFB（后前前后）	BFFB	BFFB

续表

方 法	奇数站	偶数站
aBFFB（交替 BFFB）	往测 BFFB，返测 FBBF	往测 FBBF，返测 BFFB
BF/BFFB 单程双转点	左右线均按照 BF/BFFB 测量	

对于精密水准测量而言，望远镜视场的中心区应当无任何遮挡，视场边缘允许部分标尺被遮挡，标尺的被遮挡容许长度与仪器到标尺的距离有关，表 2-5 列出了徕卡数字水准仪允许视场边缘标尺被遮挡的长度。

视场内编码长度要求　　　　　　　　　　　表 2-5

距 离	编码长度	容许遮挡
0～10m	100%	0%
10～50m	80%	20%
50～90m	70%	30%
90～10m	60%	40%

四、数字水准仪使用注意事项

由于数字水准仪的测量是采集标尺条形码图像并进行处理来获取标尺读数的，因此图像采集的质量直接影响到测量成果的精度。如果在测量中能注意到以下的事项，则会大大提高水准测量成果质量和测量工作效率。

（1）精确地调焦，多次观测取平均值。

（2）遮挡的影响。虽然对标尺少量的遮挡不会影响到测量结果，但如果要求精度较高时，建议尽可能减少对标尺的遮挡。

（3）逆光背光的影响。若标尺处于逆光或有强光对着目镜时测量，可使用物镜遮光罩。强烈的阳光下应该打伞。

（4）仪器振动的影响。安置时踩紧三脚架，测量时轻按测量键，才能使仪器稳定。

（5）i 角的检校。电子 i 角的检校可以通过机内程序完成，光学 i 角的变化不会影响到数字水准测量的精度，但补偿精度是对数字水准测量有影响的，高精度测量前应先对电子 i 角进行检校。

（6）在测量中，前、后视距应尽量相等，减少仪器的调焦误差。

（7）标尺的影响。观测时要保持条码标尺的清洁并使标尺竖直，否则会影响到测量的精度。

（8）望远镜视线距地面高度不应小于 0.5m，以使地面大气折射对视线影响最小。

习 题

1. 水准仪上的圆水准器和管水准器各起什么作用？

2. 何谓视准轴？何谓视差？产生视差的原因是什么？怎样消除视差？

3. 水准测量中前、后视距相等可消除哪些误差？

4. 何谓转点？转点在水准测量中起什么作用？

5. 水准仪有哪些轴线？各轴线间应满足哪些几何条件？

6. 简述水准仪使用的步骤。

7. 自动安平水准仪有何特点？精密水准仪有何特点？

8. 数字水准仪有何特点？

9. 设 A 点为后视点，B 点为前视点，A 点高程为 36.678m，当后视读数为 1.048m，前视读数为 1.747m 时，问高差 h_{AB} 是多少？B 点比 A 点高还是低？B 点高程是多少？试绘图说明。

10. 水准测量观测数据已填入表 2-6 中，试计算各测站的高差和 B 点的高程，并进行计算检核。

水准测量观测手簿   表 2-6

测站	测点	水准尺读数（m）		高 差（m）		高 程（m）	备 注
		后视	前视	＋	－		
1	A	1.465				10.985	
	TP_1		1.162				
2	TP_1	1.850					
	TP_2		1.467				
3	TP_2	1.357					
	TP_3		1.918				
4	TP_3	1.950					
	B		1.473				
计算校核							

11. 请完成表 2-7 的附合水准路线观测成果整理，求出各点高程。

水准测量内业成果处理   表 2-7

测段编号	点名	测站数	实测高差（m）	改正数（mm）	改正后高差（m）	高程（m）	备 注
1	A	5	＋1.224			10.000	
	1						
2		2	＋1.427				
	2						
3		4	－1.783				
	3						
4		5	＋1.825				
	B					12.670	
Σ							
辅助计算	$f_h =$ $n =$ $\qquad -\dfrac{f_h}{n} =$ $f_{h容} = \pm 12\sqrt{n}\,\text{mm} =$						

12. 设仪器安置在相距 80m 的 A、B 两点连线的中点，测得 A 尺读数＝1.568m，B 尺读数 ＝1.786m。把仪器搬至 A 点附近，测得 A 尺读数＝1.238m，B 尺读数＝1.5470m。仪器的 i 角是多少？如要校正，A 尺上的正确读数应为多少？

13. 图 2-34 为一闭合水准路线概略图，其中 BM 为已知水准点，各测段水准高差观测值、路线长度及已知水准点高程值均标注在图上，请计算 1、2、3 和 4 各点的高程。闭合差限差计算公式采用式（2-11）。

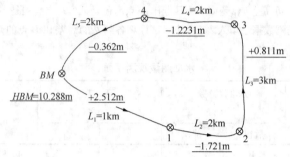

图 2-34　闭合路线概略图

项目三 角 度 测 量

【**知识目标**】水平角和竖直角的测量原理，角度测量误差与消减措施。
【**能力目标**】水平角的观测与计算，竖直角的观测与计算。

角度测量是测量工作的基本内容之一，角度包括水平角和竖直角。在确定地面点的空间位置时，通常根据点之间的水平距离和水平角推算未知点的平面坐标；根据两点之间的水平距离（或斜距）、竖直角等元素推算两点间的高差。测量角度的仪器是经纬仪和全站仪。

任务一 水平角及其测量原理

水平角是由一点出发的两方向线在同一水平面上投影的夹角，也是它们所在竖直平面的二面角，其变化范围在 $0°\sim$ 360°之间。在图 3-1 中，A、B、C 为地面上高度不同的三点，B 为测站点，A、C 为目标点，则空间直线 BA、BC 所构成的水平角即为两直线在水平面 H 上投影所形成的 $\angle A_1 B_1 C_1$。在 B 点的铅垂线上水平放置一个度盘（有 $0°\sim360°$ 刻划的圆盘），度盘的圆心 O 位于 B 点的铅垂线上，通过 BA、BC 各作一个竖直平面，这两个竖直平面在度盘上截得的读数分别为 a 和 c，则所求水平角 β 为：

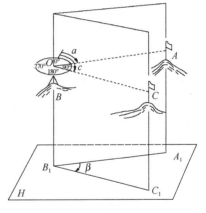

图 3-1 水平角测量原理

$$\beta = c - a \tag{3-1}$$

由测角原理可以看出，测角仪器的构造应满足以下要求：观测水平角时，测角仪器的水平度盘中心应位于测站点的铅垂线上，并能使之水平；为了瞄准不同方向、不同高度的目标，测角仪器的望远镜应该既能水平方向转动又能高低俯仰；当望远镜瞄准目标后，能读取水平度盘读数。

任务二 学经纬仪的构造和使用

我国经纬仪的型号和种类很多，按测角精度分为 DJ_{07}、DJ_1、DJ_2、DJ_6 等。D 和 J 分别为"大地测量"的"大"和"经纬仪"的"经"字汉语拼音的第一个字母；下标数字 07、1、2、6 表示仪器的精度等级，即"一测回方向值的观测中误差"，以秒为单位，数字越小，精度越高。按度盘的刻划方式和读数方法的不同分为光学经纬仪和电子经纬仪，如图3-2。

图3-2　光学经纬仪和电子经纬仪

一、光学经纬仪的构造

各种光学经纬仪的构造基本相同，图3-3所示为DJ₆光学经纬仪，其基本构造主要由照准部、水平度盘和基座组成。

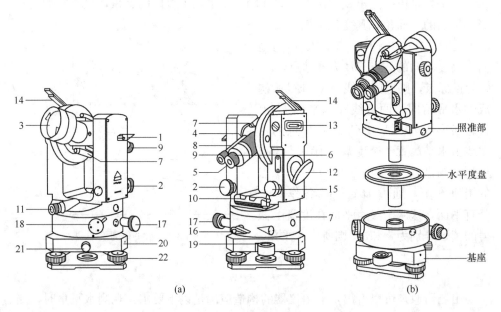

(a)　　　　　　　　　　(b)

图3-3　DJ₆光学经纬仪的构造

1—望远镜制动螺旋；2—望远镜微动螺旋；3—物镜；4—物镜调焦螺旋；5—目镜；6—目镜调焦螺旋；7—粗瞄准器；8—度盘读数显微镜；9—度盘读数显微镜调焦螺旋；10—照准部管水平器；11—光学对中器；12—度盘照明反光镜；13—竖盘指标管水平器；14—竖盘指标管水平器观察反射镜；15—竖盘指标管水平器微动螺旋；16—水平方向制动螺旋；17—水平方向微动螺旋；18—水平度盘变换手轮与保护盖；19—圆水平器；20—基座；21—轴套固定螺旋；22—脚螺旋

1. 照准部

照准部可以绕竖轴转动，用于瞄准远近不同、高低不同和方向不同的目标。由望远镜、竖轴、横轴、U形支架、照准部水准管、竖直度盘和读数装置等组成。

横轴安装在 U 形支座上，望远镜和竖直度盘可以绕横轴旋转，其转动由垂直制动螺旋和微动螺旋（又称望远镜制、微动螺旋）控制。

竖轴插入基座的轴套内，照准部可以绕竖轴水平方向转动，其转动由水平制动螺旋和微动螺旋（又称照准部制、微动螺旋）控制。

照准部水准管用于精确整平仪器，当其气泡居中时，水平度盘水平、竖直度盘竖直。

2. 水平度盘

水平度盘用来测量水平角，它是一个圆环形的光学玻璃盘，圆盘的边缘上刻有从 0°~360° 的分划，按顺时针方向注记。水平度盘密闭于照准部的下方，与照准部分离，照准部转动时，水平度盘不会随之转动。

若需改变水平度盘的位置，可以通过经纬仪上的配盘手轮来实现。首先固定照准部，拨动配换手轮，将水平度盘的读数配置成需要的数值。为防止观测的过程中碰动配盘手轮，度盘配置完毕应立即关上护盖。

3. 基座

经纬仪的基座主要由轴套、脚螺旋、连接板、圆水准器、轴套固定螺旋等组成。脚螺旋和圆水准器用于整平仪器；轴套固定螺旋用于将仪器固定在基座上，旋松该螺旋，可以将照准部连同水平度盘一起从基座中拔出，平时应将该螺旋旋紧。

基座上还装有光学对中器，用于对中，使仪器的竖轴与测站点的铅垂线重合。

二、光学经纬仪的读数装置与读数方法

根据读数装置结构和读数方法不同，读数设备有分微尺测微器、单平板玻璃测微器和双光楔对径符合读数三种类型。

1. 分微尺读数装置及读数方法

分微尺测微器是目前大多数 DJ_6 光学经纬仪采用读数装置，其结构简单，读数方便，精度较高。采用分微尺读数装置的经纬仪，水平度盘和竖直度盘均刻划为 360 格，每格的角度为 1°，其读数设备是由一系列光学零件所组成的光学系统。当照明光线通过一系列的棱镜和透镜将水平度盘和竖直度盘的分划显示在读数显微镜窗口内时，其中的一个透镜上有两个测微尺，每个测微尺上均刻划为 60 格，并且度盘上的一格在宽度上刚好等于测微尺 60 格的宽度。这样，60 格的分微尺就对应度盘上 1°，每格的角度值就为 1′，可估读到 0.1′（或 6″ 的倍数）。每 10 小格注有数字，表示 10′ 的倍数。

读数时，落在分微尺上的度盘刻划线为读数指标，度数由度盘分划注记读出，小于 1° 的数值是分微尺零刻划线至该度盘刻划线间的数值，秒值由不足分微尺一个格值估计读出。

分微尺测微器的显微镜读数窗口内的 "H"（或 "—"）表示水平度盘读数，"V"（或 "⊥"）表示竖盘读数，如图 3-4 所示的水平度盘的读数为 179°56.0′，

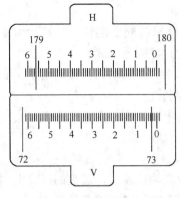

图 3-4　分微尺读数法

即 179°56′00″，竖直度盘的读数为 73°02.5′，即 73°02′30″。

2. 单平板玻璃测微器及读数方法

平板玻璃测微器的读数装置，如图 3-5 所示。玻璃度盘被刻划为 720 格，每格的角度值为 30′，顺时针注记。当度盘刻划影像移动 1 格也即 0.5°或 30′时，对应于测微尺上移动 90 格，则测微尺上 1 格所代表的角度值为 30×60″÷90 ＝20″，当度盘分划影像移动一个分划值 30′时，测微尺也正好转动 30′。

照明光线将水平盘、竖盘和平板玻璃测微尺经过一系列的棱镜、透镜成像在读数显微镜窗口，如图 3-6 所示。中间和下部分别是竖直度盘和水平度盘的刻划和注记，上面是测微尺的刻划和注记。当水平度盘刻划影像不位于双指针线中央时，这时的读数为 15.5°＋a，a 的大小可以通

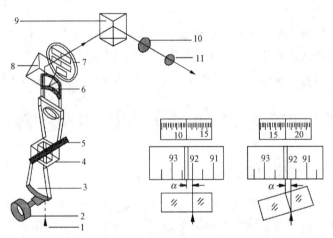

图 3-5　平板玻璃测微器

1—度盘读数光线；2—测微螺旋；3—扇形齿；4—平板玻璃；5—扇形齿旋转轴；6—测微尺；7—读数面板；8、9—反光棱镜；10—读数显微物镜；11—读数显微目镜

过测微尺读出来。首先转动测微螺旋使平板玻璃旋转，致使经过平板玻璃折射后的度盘刻划影像发生位移，从而带动测微尺读数指标发生相应位移。这样度盘分划影像位移量，就反映在测微尺上。

在图 3-6 所示单平板玻璃测微器的读数窗中，读数时，旋转测微轮，分别使水平度盘和竖直度盘的一条分划线位于双指标线的中央，将度盘分划线的读数和测微器读数相加，即为各自的最

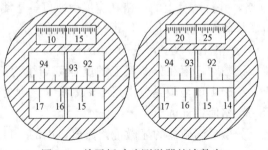

图 3-6　单平板玻璃测微器的读数窗

终读数。左图为竖直度盘的读数，其值为93°12′30″（93°00′＋12′20″＋0.5 格×20″）；右图为水平度盘的读数，其值为15°53′00″（15°30′＋23′00″＋0.0 格×20″）。

3. 双光楔对径符合读数设备及其读数方法

双光楔对径符合读数设备应用于DJ₂型光学经纬仪中，DJ₂型光学经纬仪的构造与DJ₆型基本相同，不同在于其度盘读数采用了双光楔测微器，能读取度盘对径180°两端分划线读数的平均值，消除了度盘偏心的影响，提高了读数精度。

DJ₂型光学经纬仪的水平度盘和竖直度盘均刻划有1080格，每格所对的圆心角为20′，顺时针注记。在度盘对径两端分划线的光路中分别设置一个移动的光楔，并使它们的楔角方向相反，而且固定在一个光楔架上做等量移动，以使度盘分划线影像做等距而反向的移动，使度盘对径两端分划线符合。先使度盘的正倒像分划线准确对齐，才能读数。

由于对径符号读数较为复杂，现在生产的DJ₂型经纬仪的读数方法都是半数字化。在图 3-7 所示的读数窗中有度盘对径分划线的影像、度数和10′的数值以及测微器影像。转动测微轮使度盘对径分划线上、下对齐之后，直接读取度数和整10′数，再加上测微器的读数，得到最后的读数。在图 3-7 中的度盘读数为120°24′54.0″。

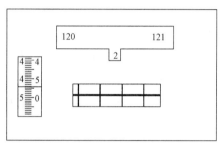

图 3-7　DJ₂经纬仪半数字化读数

DJ₂型光学经纬仪在读数显微镜内只能看到一个度盘影像，若要读取水平度盘读数时，要转动换像手轮，使轮上指标红线成水平状态；若要读取竖直度盘读数时，转动换像手轮，使轮上指标线竖直时，则可看到竖盘影像。

三、经纬仪的使用

光学经纬仪的操作步骤包括安置仪器、瞄准目标、读取读数。

1. 安置仪器

经纬仪的安置包括对中和整平两个步骤。

（1）对中

对中的目的是使仪器竖轴与测站点的铅垂线重合，使仪器中心位于测站点的铅垂线上。对中的方法有垂球对中和光学对点器对中两种，垂球对中精度较低，目前已很少使用。

光学对点器是一个小型的外对光式折射望远镜，由目镜、分划板、转向棱镜和物镜组成，如图 3-8 所示。对点时，视线经过棱镜折射后成铅垂方向，并与仪器竖轴重合，如果光学对

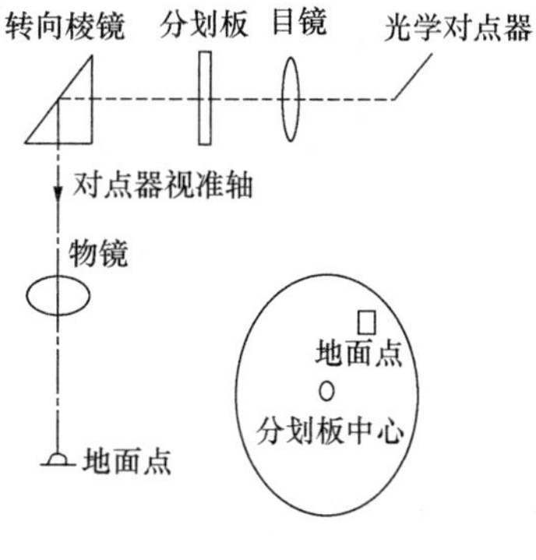

图 3-8　光学对点器对中

点器分划板中心与测站点重合，则竖轴位于测站点的铅垂线上。光学对点器对中误差一般不大于1mm，使用之前必须对光学对点器进行检验校正。

用光学对中时，首先使三脚架调整到合适高度，放在测站点上，使架头大致水平，将经纬仪放置在架头上，旋紧连接螺旋。然后，旋转光学对点器的目镜调焦螺旋使分划板成像清晰，再伸缩目镜镜筒清晰地看到测站点标志。最后眼睛观测对点器，让一腿支撑地面，两手握住两个三脚架腿使其离开地面，并前、后、左、右摆动仪器，当对点器分划板中心与地面点标志重合时，把两架腿放下、踩紧。

（2）整平

整平的目的是使仪器竖轴竖直，水平度盘成为一个水平平面。整平的过程包括粗略整平和精确整平。

粗略整平：通过伸缩相邻的两个三脚架架腿，使圆水平气泡居中，仪器竖轴竖直。

精确整平：使照准部水准管轴与两个脚螺旋的连线平行，分别以相反的方向转动两个脚螺旋（气泡移动方向与左手大拇指的切线方向一致），使管水准器的气泡居中；转动照准部90°，使照准部管水准轴与原来的位置垂直，旋转第三个脚螺旋，使水准管气泡居中。该方法称为"先平行，后垂直"，如图3-9所示。反复进行，直到将照准部转到任意位置气泡均居中为止，至此达到精平。

对中与整平相互影响，精确整平后还要检查对中情况，若对中有所偏离，则稍微松开中心连接螺旋，在架头上平行移动仪器（注意：不要让仪器发生转动，否则会严重破坏前面的整平），使对点器分划板中心与测站点标志对齐，再将连接螺旋拧紧。再次查看气泡是否居中，如果居中（允许偏差为半格），则仪器安置完成；如果偏离，则应重新整平。对中、整平要相互兼顾，反复进行，直到达到要求为止。

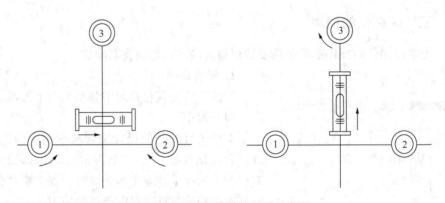

图 3-9　用脚螺旋精确整平示意图

2. 瞄准

经纬仪安置好后，要在目标点上竖立标志，常用测钎、标杆、觇牌等，如图3-10所示。

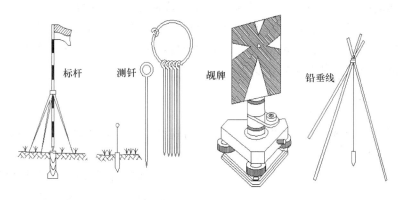

图 3-10　角度测量标志

瞄准的操作步骤如下：

（1）目镜调焦

松开水平制动和竖直制动螺旋，将望远镜对向比较明亮的背景（如白色的墙面、天空等），转动望远镜目镜调焦螺旋，使十字丝清晰。

（2）瞄准目标

转动照准部，用望远镜镜筒上的粗瞄器瞄准目标，制动照准部和望远镜，旋转物镜调焦螺旋，使目标成像清晰；再旋转水平微动螺旋和竖直微动螺旋精确地照准目标，图 3-11 所示。

同时，要观察有无视差，如有视差，应重新对光，予以消除。

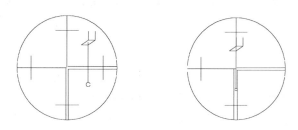

图 3-11　经纬仪瞄准目标

测水平角时，用竖丝瞄准目标，当目标较粗时，用"单丝"平分目标，当目标较细时，用目标平分"双丝"（图 3-11 的右图），并尽量瞄准目标底部。测竖直角时，则用横丝切在标杆的顶部，或横丝平分觇牌的水平标志线。

3. 读数

打开采光镜，调节开启的方向和角度，使读数窗内亮度适中。转动读数显微镜的目镜调焦螺旋，使度盘及测微器的刻划线成像清晰，然后根据不同的读数方法读取读数。

任务三　水平角观测方法

测量水平角常用测回法和方向法。测回法适用于观测两个方向构成的单角，方向法则适用于三个以上（含三个）方向构成多个水平角的观测。不论哪种方法，一般都要用盘左和盘右两个位置进行观测，以削减仪器误差的影响。观测者站在目镜端，当竖盘在望远镜的左侧时称为盘左位置，又称正镜；若竖盘在望远镜的右侧，则称为盘右位置，又称倒镜。

一、测回法

如图 3-12 所示，O 为测站点，A、B 为观测目标，要测量 OA 和 OB 两方向构成的水平角 β，其施测步骤如下：

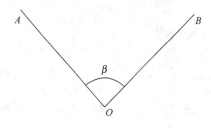

图 3-12　测回法示意图

（1）在测站 O 安置经纬仪，在 A、B 两点竖立标杆或测钎作为目标标志。

（2）以盘左位置转动照准部，瞄准左目标 A，读取水平度盘读数 $a_左$；松开制动螺旋，顺时针旋转照准部，照准目标 B，读取水平度盘读数 $b_左$；此时，完成上半测回，上半测回测角值为：

$$\beta_左 = b_左 - a_左 \tag{3-2}$$

（3）纵转望远镜，旋转照准部，以盘右位置瞄准目标 B，读水平度盘读数 $b_右$；逆时针方向旋转照准部瞄准目标 A，读水平度盘读数 $a_右$，则完成下半测回，下半测回角值为：

$$\beta_右 = b_右 - a_右 \tag{3-3}$$

在理论上，盘左、盘右瞄准同一目标水平度盘读数相差 $180°$，上、下半测回角值应该相等。但由于存在测量误差，这些往往会与理论值存在差异。上、下半测回角值互差应小于规范规定的限值，如 DJ$_6$ 型经纬仪上、下半测回角值之差应小于 $\pm 40''$。当较差超过限值时，应查找原因，并重新进行测量。若较差小于限值，则取两半测回角值的平均值作为一测回角值，即：

$$\beta = \frac{1}{2}(\beta_左 + \beta_右) \tag{3-4}$$

同时，将上述观测成果记录、计算于观测手簿中，如表 3-1。

由于水平度盘是顺时针方向注记的，观测时面向要测量的角度，分清哪是左目标和右目标；计算水平角时，总是用右目标的读数减去左目标的读数，如果计算出来的是负值，则应加上 $360°$。

为了减小度盘分划误差的影响，往往需要观测多个测回，各测回起始方向盘左位置应以 $\frac{180°}{n}$ 为增量来变换水平度盘读数（第一测回起始方向的盘左读数应为略大于 $0°$）。

测回法观测手簿　　　　　　　　　　　　表 3-1

测站	目标	竖盘位置	水平度盘读数 ° ′ ″	半测回角值 ° ′ ″	一测回角值 ° ′ ″	各测回平均值 ° ′ ″
O	A	盘左	0 01 30	98 19 18	98 19 24	98 19 30
	B		98 20 48			
	A	盘右	180 01 42	98 19 30		
	B		278 21 12			
O	A	盘左	90 01 06	98 19 30	98 19 36	
	B		188 20 36			
	A	盘右	270 00 54	98 19 42		
	B		8 20 36			

二、方向观测法

方向观测法简称方向法，适用于在一个测站上观测两个以上的方向。

1. 观测

如图 3-13 所示，设 O 为测站，A、B、C、D 为观测目标，用方向观测法观测各方向间的水平角。在测站 O 安置经纬仪，在 A、B、C、D 观测目标处竖立观测标志，具体施测步骤如下：

（1）以盘左位置选择一个距离适中目标 A 作为起始方向，瞄准目标 A，将水平度盘读数安置在稍大于 $0°$ 处，读取水平度盘读数，记入表 3-2。

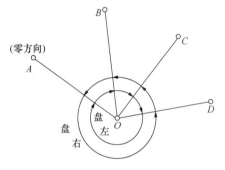

图 3-13　方向观测水平角

（2）松开照准部制动螺旋，顺时针方向旋转照准部，依次瞄准 B、C、D、各目标，分别读取水平度盘读数。为了校核，再次瞄起始方向目标 A，称为上半测回归零，读取水平度盘读数，记入表 3-2。

起始方向 A 的两次读数之差称为半测回归零差，归零差不应超过表 3-3 中的规定，其目的是为了检查水平度盘在观测过程中是否发生变动。如果归零差超限，应重新观测。以上观测，称为上半测回。

（3）以盘右位置逆时针方向依次照准目标 A、D、C、B、A，并将水平度盘读数自下而上地记录在表 3-2 中的盘右一栏，此为下半测回。注意检核半测回归零差。

2. 方向法观测的计算

（1）半测回归零差的计算。每半测回观测完毕应计算归零差（半测回两个零方向的读数之差），并检查归零差是否超限。

（2）2C 值的计算与 2C 值的比较。理论上同一方向盘左盘右的观测值应相差 $180°$。同测回同一目标盘左读数与盘右读数 $\pm180°$ 之差称为 2C 值，即：

方向法观测水平角手簿   表 3-2

测站	测回	目标	水平度盘读数		2C= $L-(R$ $\pm180°)$	平均读数 $=[L+R$ $\pm180°]/2$	归零后 方向值	各测回 归零方向值 的平均值
			盘左	盘右				
			° ′ ″	° ′ ″	″	° ′ ″	° ′ ″	° ′ ″
O	1	A	0 02 12	180 02 00	+12	(0 02 10) 0 02 06	0 00 00	0 00 00
		B	37 44 15	217 44 05	+10	37 44 10	37 42 00	37 42 04
		C	110 29 04	290 28 52	+12	110 28 58	110 26 48	110 26 52
		D	150 14 51	330 14 43	+8	150 14 47	150 12 37	150 12 33
		A	0 02 18	180 02 08	+10	0 02 13		
O	2	A	90 03 30	270 03 22	+8	(90 03 24) 90 03 26	0 00 00	
		B	127 45 34	307 45 28	+6	127 45 31	37 42 07	
		C	200 30 24	20 30 18	+6	200 30 21	110 26 57	
		D	240 15 57	60 15 49	+8	240 15 53	150 12 29	
		A	90 03 25	270 03 18	+7	90 03 22		

$$2C = 盘左读数 - (盘右读数 \pm 180°) \tag{3-5}$$

2C 值的比较，就是计算 2C 值的互差。若各目标方向的竖直角的差值在 3°内时，则同测绘各方向的 2C 互差应小于限值，否则，应重测。若各目标方向的竖直角的差值大于 3°，则各测绘同方向的 2C 互差应小于限值，否则，应重测。

（3）计算平均读数。平均读数指同一测回同一方向盘左读数与盘右读数±180°的平均值，计算公式为：

$$平均读数 = \frac{1}{2}[盘左读数 + (盘右读数 \pm 180°)] \tag{3-6}$$

（4）归零方向值的计算。先计算起始方向盘左、盘右平均读数的平均值，写在起始方向平均值的上方，加上括号；然后将各方向的平均读数减去起始方向平均值的平均值，即得各方向的归零方向值。此时，零方向的方向值为 $0°00'00''$。

（5）如果各目标各测回间的归零方向值的互差在允许范围内，则计算各测回各方向归零后方向值的平均值。

当需要观测的方向为三个时，除可以不做归零观测外，其余均与三个以上方向的观测方法相同。

方向观测法的技术要求   表 3-3

经纬仪	半测回归零差	2C 互差	同一方向值各测回较差
DJ$_2$	8″	13″	9″
DJ$_6$	18″	无要求	24″

方向法多测回观测时，也要在各测回盘左位置的起始方向配置水平度盘读数，各测回起始读数应配置在度盘和测微器的不同位置。配置方法及要求，参见《工程测量规范》。

三、水平角观测注意事项

1. 安置仪器时，三脚架要踩实，仪器与脚架连接要牢固，以确保仪器稳固安全；操作仪器时，手不要扶三脚架；转动望远镜和照准部前应先松开制动螺旋，切不可强行扭转仪器。

2. 目标须立直，瞄准时尽量用十字丝竖丝瞄准目标的底部。

3. 记录要清晰整洁，计算工作应在现场完成，发现错误应立即重测。

4. 在一测回观测过程中，不得重新调整照准部管水准器。若发现气泡偏离中心超过一个格值，则应重新整平，重新观测该测回。

任务四　竖直角的测量方法

一、竖直角测量原理

1. 竖直角的概念

在同一竖直面内，视线与水平线之间的夹角称之为竖直角，又称为高度角，用 α 表示。如图 3-14 所示，若视线在水平线的上方，竖直角为仰角，角值为正；若视线在水平线的下方，竖直角为俯角，角值为负；竖直角的取值范围为 $-90°$ ~ $+90°$。同一竖直面内由天顶方向（即铅垂线的反方向）到目标方向间的夹角则称为天顶距，其取值范围 $0°$ ~ $180°$。竖直角与天顶距互余。

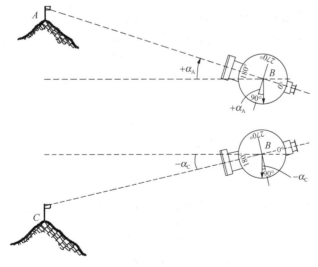

图 3-14　竖直角测量原理

2. 竖直度盘的构造

光学经纬仪竖直度盘的构造包括竖直度盘、竖盘指标、竖盘指标水平管和竖盘指标水平管微动螺旋，如图 3-15 所示，其构造特点如下：

（1）竖直度盘在横轴的一端随望远镜一起绕横轴转动，而竖盘读数指标不动。

（2）当竖盘指标水平管气泡居中时，竖盘指标所处的位置正确，其读数正确。

（3）望远镜水平、竖盘指标水准管气泡居中时，盘左读数为$90°$，盘右读数为$270°$，如图 3-16 所示。

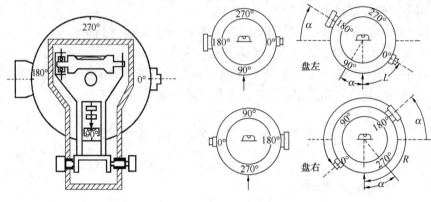

图 3-15　竖盘构造　　　　　　　　　图 3-16　竖直角计算

3. 竖直角计算公式的确定方法

观测竖直角时，应先确定竖直角的计算公式。首先使视线大致水平，记住竖盘读数，然后望远镜上仰看读数变化。若读数减少，则：

竖直角 α＝视线水平读数－瞄准目标时的读数；

若读数增加，则：

竖直角 α＝瞄准目标时的读数－视线水平读数。

若盘左属于第一种情况，则盘右必然属于第二种情况，反之亦然。

在图 3-16 中，盘左望远镜视线水平、竖盘指标水准管气泡居中时，竖盘读数为$90°$。当望远镜上仰一个角度 α 后，使竖盘指标水准管气泡居中，竖盘读数减少为 L，则盘左观测的竖直角为：

$$\alpha_L = 90° - L \tag{3-7}$$

盘右位置视线水平时，竖盘读数为$270°$。当瞄准原目标时，竖盘读数增加为 R，则盘右竖直角 α_R 为：

$$\alpha_L = R - 270° \tag{3-8}$$

将盘左、盘右位置的两个竖直角取平均值，则一测回竖直角 α 为：

$$\alpha = \frac{1}{2}(\alpha_L + \alpha_R) \tag{3-9}$$

根据上式计算的角值是正值时，则为仰角，是负值时，为俯角。

4. 竖盘指标差

在竖直角计算公式中，认为当视线水平、竖盘指标水准管气泡居中时，竖盘读数应是$90°$的整数倍。但是，实际上竖盘指标常常偏离正确位置。竖盘指标水准管气泡居中时，竖盘读数与理论值之差称为竖盘指标差 X，如图 3-17 所示。

由于存在指标差，在图 3-17 所示盘左位置，其正确的竖直角计算公式为：

$$\alpha_L = 90° - L + x = \alpha_L + x \tag{3-10}$$

盘右位置正确竖直角的计算公式为：

$$\alpha_R = R - 270° - x = \alpha_R' - x \qquad (3\text{-}11)$$

将式（3-10）和式（3-11）相加，并除以2，得：

$$\alpha = \frac{1}{2}(\alpha_L + \alpha_R) = \frac{1}{2}(R - L - 180°) \qquad (3\text{-}12)$$

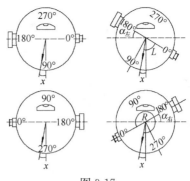

图 3-17

由此可见，在竖直角测量时，用盘左、盘右观测，取平均值作为竖直角的观测结果，可以消除竖盘指标差的影响。

将式（3-11）减式（3-10）并除以2，得：

$$x = \frac{1}{2}(\alpha_R + \alpha_L) = \frac{1}{2}(R + L - 360°) \qquad (3\text{-}13)$$

式（3-13）为竖盘指标差的计算公式。指标差互差（即所求指标差之间的差值）可以反映观测成果的精度。有关规范规定，指标差互差的限差，DJ_2型仪器不得超过 $\pm 15''$，DJ_6型仪器不得超过 $\pm 25''$，超限重新观测。

二、竖直角的观测方法

观测竖直角时，用十字丝的横丝切准目标的某一部位，如标杆的顶部，或某个固定位置，或觇牌的水平照准标志线。竖直角观测一测回的步骤如下：

1. 在测站点安置经纬仪，对中、整平；

2. 以盘左位置照准目标，使横丝切于目标的顶部或一固定位置，调节竖盘指标水准管微动螺旋，使气泡居中，读取竖盘读数 L；

3. 以盘右位置照准目标，使横丝切于目标的相同位置，调节竖盘指标水准管微动螺旋，使气泡居中，读取竖盘读数 R；

4. 计算竖直角及竖盘指标差。如在测站 O 安置仪器，观测目标 A、B 竖直角的记录与计算见表 3-4。

竖直角观测手簿   表 3-4

测站	目标	竖盘位置	竖盘读数（°　′　″）	半测回竖直角（°　′　″）	指标差（″）	一测回竖直角（°　′　″）
O	A	盘左	95　23　00	－5　23　00	－6	－5　23　06
		盘右	264　36　48	－5　23　12		
	B	盘左	81　13　36	＋8　46　24	－15	＋8　46　09
		盘右	278　45　54	＋8　45　54		

尽管经纬仪竖盘指标差的大小不会影响竖直角的观测精度，但为了方便计算，其值不宜太大，一般不超过 $\pm 1'$，否则，必须校正。

三、竖直度盘自动归零装置

目前,国产 DJ₂ 光学经纬仪普遍采用竖盘自动归零补偿装置来代替竖盘指标水准管,其原理与自动安平水准仪补偿器基本相同。当经纬仪整平后,瞄准目标,打开自动补偿器,竖盘指标即居于正确位置,从而提高了竖直角观测的速度和精度。

任务五　经纬仪的检验与校正

一、经纬仪的轴线及各轴线间应满足的几何条件

如图 3-18 所示,经纬仪的主要轴线有竖轴 VV、横轴 HH、视准轴 CC 和水准管轴 LL,它们应满足以下几何条件:

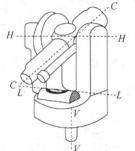

图 3-18　经纬仪主要轴线及其关系

(1) 照准部水准管轴 LL 应垂直于仪器竖轴 VV;

(2) 十字丝竖丝应垂直于横轴 HH;

(3) 视准轴 CC 应垂直于横轴 HH;

(4) 横轴 HH 应垂直于仪器竖轴 VV;

(5) 竖盘指标差应等于零;

(6) 光学对点器的视准轴应与竖轴重合。

经纬仪在使用前或使用一段时间后,或经过长途运输后应进行检验和校正。

二、经纬仪的检验与校正

1. 照准部水准管轴 LL 垂直于竖轴 VV 的检验与校正

(1) 检验方法

首先利用圆水准器粗略整平仪器,然后转动照准部使水准管平行于任意两个脚螺旋的连线方向,调节这两个脚螺旋使水准管气泡居中,再将仪器旋转 180°,如水准管气泡仍居中,说明水准管轴与竖轴垂直;若气泡不再居中,则说明水准管轴与竖轴不垂直,则需要校正。

(2) 校正方法

设水准管轴与竖轴不垂直,如图 3-19 (a) 所示,在某一位置整平水准管后,竖轴相对于铅垂线倾斜了 α。使照准部绕倾斜的竖轴旋转 180°后,仪器竖轴方向不变,但水准管轴和水平线的夹角变成了 2α,水准管气泡不再居中,如图 3-19 (b) 所示。

校正时,先相对旋转这两个脚螺旋,使气泡向中心移动偏离值的一半,如图 3-19 (c) 所示,此时竖轴处于竖直位置。然后,用校正针拨动水准管一端的校正螺钉,使气泡居中,如图 3-19 (d) 所示,此时水准管轴处于水平位置,且与竖直垂直。

此项检验与校正应反复进行,直至照准部旋转到任何位置,气泡偏离零点不

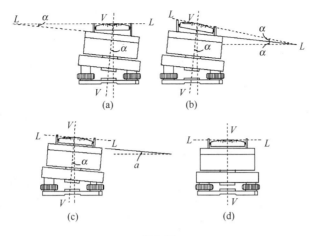

图 3-19

超过半格为止。

2. 十字丝竖丝与横轴垂直的检验与校正

（1）检验方法

首先整平仪器，用十字丝竖丝的一端精确瞄准一明显的点状目标，然后制动照准部和望远镜，转动望远镜微动螺旋使望远镜绕横轴作微小俯仰，如果目标点始终在竖丝上移动，说明条件满足，如图 3-20（a）所示；否则需要校正，如图 3-20（b）所示。

（2）校正方法

如图 3-21 所示，校正时，先打开望远镜目镜端护盖，松开十字丝环的四个固定螺钉，按竖丝偏离的反方向微微转动十字丝环，使目标点在望远镜上下俯仰时，始终在十字丝纵丝上移动为止，最后旋紧固定螺钉拧紧，旋上护盖。

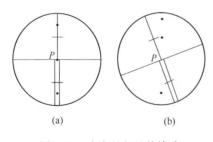

图 3-20　十字丝竖丝的检验

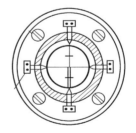

图 3-21　十字丝竖丝的校正

3. 视准轴 CC 垂直于横轴 HH 的检验与校正

视准轴不垂直于水平轴所偏离的角值 c 称为视准轴误差。具有视准轴误差的望远镜绕水平轴旋转时，视准轴将扫过一个圆锥面，而不是一个平面。

（1）检验方法

在平坦地面上，选择相距约 100m 的 A、B 两点，在 AB 连线中点 O 处安置经纬仪，如图 3-22 所示，并在 A 点设置一瞄准标志，在 B 点横放一根刻有毫米分划的直尺，使直尺垂直于视线 OB，A 点的标志、B 点横放的直尺应与仪器大致同高。

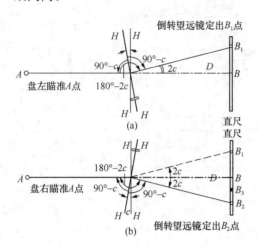

图 3-22　视准轴误差的检验（四分之一法）

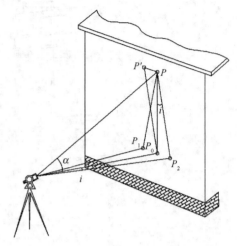

图 3-23　横轴垂直于竖轴的检验与校正

用盘左位置瞄准 A 点，制动照准部，然后纵转望远镜，在 B 点尺上读得 B_1，如图 3-22（a）所示。用盘右位置再瞄准 A 点，制动照准部，然后纵转望远镜，再在 B 点尺上读得 B_2，如图 3-22（b）所示。如果 B_1 与 B_2 两读数相同，说明视准轴垂直于横轴。如果 B_1 与 B_2 两读数不相同，由图 3-22（b）可知，$\angle B_1OB_2 = 4C$，则有：

$$C = \frac{B_1B_2}{4D}\rho \tag{3-14}$$

式中　D——O 到 B 点的水平距离（m）；

$\quad\quad B_1B_2$——B_1 与 B_2 的读数差值（m）；

$\quad\quad\rho$——1 弧度的秒值，$\rho = 206265''$。

对于 DJ_6 型经纬仪，如果 $c > 60''$，则需要校正。

（2）校正方法

在直尺上定出一点 B_3，使 $B_2B_3 = B_1B_2/4$，OB_3 便与横轴垂直。打开望远镜目镜端护盖，如图 3-21 所示，用校正针先松十字丝上、下的十字丝校正螺钉，再拨动左右两个十字丝校正螺钉，一松一紧，左右移动十字丝分划板，直至十字丝交点对准 B_3。此项检验与校正也需反复进行。

4. 横轴 HH 垂直于竖轴 VV 的检验与校正

若横轴不垂直于竖轴，则仪器整平后竖轴虽已竖直，横轴并不水平，因而视准轴绕倾斜的横轴旋转所形成的轨迹是一个倾斜面。这样，当瞄准同一铅垂面内高度不同的目标点时，水平度盘的读数并不相同，从而产生测角误差，影响测角精度，因此必须进行检验与校正。

（1）检验方法

1）在距一垂直墙面 20～30m 处，安置经纬仪，整平仪器，选择墙面高处的一点 P 作为观测标志（仰角最好在 30°左右），如图 3-23 所示。

2）盘左位置瞄准墙面上高处一明显目标 P，固定照准部，将望远镜置于水平位置，根据十字丝交点在墙上定出一点 A。

3）倒转望远镜成盘右位置，瞄准 P 点，固定照准部，再将望远镜置于水平位置，定出点 B。

4）如果 A、B 两点重合，说明横轴是水平的且与竖轴垂直；否则，需要校正。

（2）校正方法

1）在墙上定出 A、B 两点连线的中点 M，仍以盘右位置转动水平微动螺旋，照准 M 点，转动望远镜，仰视 P 点，这时十字丝交点必然偏离 P 点，设为 P' 点。

2）打开仪器支架的护盖，松开望远镜横轴的校正螺钉，转动偏心轴承，升高或降低横轴的一端，使十字丝交点准确照准 P 点，最后拧紧校正螺钉。

此项检验与校正也需反复进行。由于光学经纬仪密封性好，一般情况下横轴不易变动；但测量前仍应加以检验，如有问题，最好送专业修理单位检修。

5. 竖盘水准管指标差的检验与校正

（1）检验方法

安置经纬仪，整平后用盘左、盘右观测同一目标点 A，分别使竖盘指标水准管气泡居中，读取竖盘读数 L 和 R，用式（3-13）计算竖盘指标差 x，若 x 值超过 $1'$ 时，需要校正。

（2）校正方法

先计算出盘右位置时竖盘的正确读数 $R_正 = R - x$，保持原盘右位置瞄准目标 A 不变，然后转动竖盘指标水准管微动螺旋，使竖盘读数为 $R_正$，此时竖盘指标水准管气泡不再居中了，用校正针拨动竖盘指标水准管一端的校正螺钉，使气泡居中。

此项检校需反复进行，直至指标差小于规定的限度为止。

6. 光学对点器的检验与校正

（1）检验方法

在一张白纸上画一个十字形标志，交叉点为 P。将画有十字标志的白纸固定在地面上，以 P 点为标志安置经纬仪（对中、整平）。然后旋转照准部 $180°$，查看是否仍然对中。如果仍然对中，则条件满足，否则需进行校正。

（2）校正方法

在白纸上，找出照准部旋转 $180°$ 后对点器所对准的点 B，并取 P、B 两点的中点 O，旋转对点器的校正螺丝，使对点器对准 O 点。

光学对点器的校正部件随仪器类型的不同而有所不同。有些是校正转向棱镜，有些则是校正分划板，校正时需注意加以区分，最好请专业人员检验校正。

任务六　水平角测量的误差分析

水平角的测量误差主要受仪器误差、观测误差和外界条件变化的影响而产生。

一、仪器误差

仪器误差主要是由仪器制造、加工和检校不完善而产生的误差。它们都会对水平角产生影响，应根据产生的原因采用一定的措施使影响程度降低到最小。

1. 视准轴误差

视准轴误差 C 指视准轴 CC 不垂直于横轴 HH 的误差。存在视准轴误差的仪器，视准轴绕横轴旋转所形成的视准面是一个圆锥面。视准轴误差可以采用盘左、盘右观测取平均值的方法加以消除。

2. 横轴误差

横轴误差指横轴 HH 不垂直于竖轴 VV 的偏差。存在横轴误差时，视准轴绕横轴的旋转面是一个倾斜平面，瞄准目标时会产生一个偏差。横轴误差对盘左盘右观测值的影响是大小相等、符号相反的，盘左、盘右观测取平均值，可以消除横轴误差的影响。

3. 竖轴误差

竖轴误差指竖轴 VV 不垂直于照准部水准管轴 LL（图 3-19）。水准管气泡居中后，竖轴倾斜 α 角，导致横轴也倾斜相同的角度（只考虑竖轴误差）。观测水平角时，照准部绕竖轴旋转，不管盘左还是盘右，竖轴误差的存在都将使竖轴向同一方向倾斜 α 角，横轴也随之倾斜相同的角度。因此，竖轴误差是不能通过盘左盘右取平均的方法来消除的。在观测水平角前，须对管水准器进行认真的检验与校正。在观测过程中，应尽量保持水准管气泡居中，如果气泡偏离中心超过 1 格，应重新整平。

4. 度盘分划误差

光学经纬仪的度盘分划误差是指由于度盘分划不均匀所产生的误差。作业时，各测回间变换度盘起始方向位置进行观测，可以减弱此项误差的影响。

5. 水平度盘偏心差

水平度盘偏心差是指水平度盘的分划中心与照准部的旋转中心不重合而引起的误差。作业时，盘左盘右观测取平均可以消除此项误差的影响。

综上所述，盘左盘右观测水平角取平均值可以消除视准轴不垂直于水平轴、横轴不垂直于竖轴和水平度盘偏心差的影响。

二、观测误差

水平角的观测误差包括对中误差、目标偏心误差、瞄准误差、读数误差等。

1. 对中误差

对中误差是指仪器中心与地面测站点标志中心不在同一铅垂线上引起对水平角的影响，如图 3-24 所示。O 为测站点，A、B 为目标点，实际对中时仪器中心对准的是 O' 点，O' 与 O 之间的偏距为 e；水平角的正确值为 β，观测值为 β'。

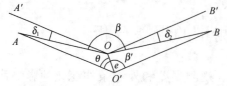

图 3-24　对中误差对水平角观测的影响

过 O 点分别作 $O'A$、$O'B$ 的平行线 OA'、OB'，其与 OA、OB 的夹角分别为 δ_1、δ_2。由图可知，对中误差对水平角观测的影响为：

$$\delta = \beta - \beta' = \delta_1 + \delta_2 \tag{3-15}$$

考虑到 δ_1 和 δ_2 都很小，于是有：

$$\delta''_1 = \frac{\rho''}{D_1} e\sin\theta$$

$$\delta''_2 = \frac{\rho''}{D_2} e\sin(\beta' - \theta)$$

$$\delta'' = \delta''_1 + \delta''_2 = \rho'' e\left(\frac{\sin\theta}{D_1} + \frac{\sin(\beta' - \theta)}{D_2}\right) \tag{3-16}$$

式中　　θ——偏距 e 与方向 $O'A$ 间的夹角；

δ''_1、δ''_2、δ''——以秒为单位的角值。

当 $\beta = 180°, \theta = 90°$ 时，δ 达最大值为：

$$\delta''_{\max} = \rho'' e\left(\frac{1}{D_1} + \frac{1}{D_2}\right) \tag{3-17}$$

设 $e = 3\text{mm}, D_1 = D_2 = 100\text{m}$，则 $\delta'' = 12.4''$。由此可见，对中误差对水平角测量的影响很大，而且边长越短，影响越大。为保证测角精度，必须仔细对中，测量短边所夹的角度时更要注意。

2. 目标偏心差

目标偏心差是指因照准目标中心与相应的地面标志不在同一铅垂线上所产生的误差，如图 3-25 所示。A、B 为两观测点，A' 与 B' 为实际的照准位置，两目标存在偏心距 e_1、e_2。e_1、e_2 对水平角观测值的影响分别为 δ_1、δ_2，其大小不仅与偏心距有关，而且还与目标偏心的方向有关。

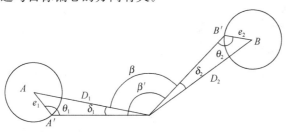

图 3-25　目标偏心差对测量水平角的影响

目标偏心对水平角测量的影响与测站至目标点之间的距离有关，距离越短，影响就越大。

测量水平时，要尽量保持观测标志的竖直，尽量照准目标的底部，以减小偏心距对角度观测结果的影响。

应该注意：一旦仪器架设好、目标竖立好，则对中误差值和目标偏心距均为固定值。无论观测多少测回，目标偏心差与对中误差这两项误差在各个测回均保持不变，不会因增加测回数而减小它们对水平角的影响。

3. 瞄准误差

瞄准的精度取决于人眼分辨率、望远镜放大率、照准目标的形状、观测者的判别能力、目标成像的清晰度等，无法消除，只能采用提高观测技术、使用高精度的仪器、选择有利的观测条件等措施降低它们的影响程度。

4. 读数误差

读数误差主要取决于仪器的读数设备的精密程度。由于估读误差一般不会超过最小分划值的十分之一，DJ$_6$光学经纬仪的估读误差一般不会超过$\pm 6''$，DJ$_2$型光学经纬仪的估读误差一般不超过$\pm 1''$。

三、外界条件的影响

外界环境对水平角观测影响的因素主要有风力对仪器稳定性的影响，大气透明度对瞄准精度的影响，地面热辐射对大气稳定性的影响，土地松软对仪器稳定的影响，温度变化对水准管气泡居中的影响等。

在实际测量时，应选择有利的观测时间、观测地点和有利的观测条件，以减弱外界环境对角度测量的影响。选择有利的观测条件，例如观测视线应离开地面或障碍物一定距离、尽量避免通过水面上方、阳光下要打遮阳伞避免光线直接照射仪器，要使外界条件的影响降低到较小的程度。

任务七　电子经纬仪简介

随着光电技术、计算机技术的发展，20 世纪 60 年代出现了电子经纬仪。电子经纬仪的轴系、望远镜的制动微动构件等与光学经纬仪相似，主要区别在于电子经纬仪用微处理器控制电子测角系统，能够在屏幕上以数字形式显示角度值，实现了读数的自动化和数字化。

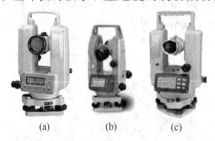

(a)　　　(b)　　　(c)

图 3-26　常用电子经纬仪

图 3-26 是几种常用的电子经纬仪，图 3-26 （a） 是南方 DT-05 系列电子经纬仪，图 3-26 （b） 是日本索佳 DT21 系列电子经纬仪，图 3-26 （c） 是苏光 DT202 系列电子经纬仪。

电子经纬仪的测角系统有编码度盘、光栅度盘和动态测角系统三种。

一、编码度盘的测角原理

编码度盘是一个刻有多道同心圆环的光学圆盘，每一个同心圆环称为一个码道，在每个码道内有透光区（白区）和不透光区（黑区）。设码道数为 n，则将整个度盘分为 2^n 个码区，码区呈径向辐射状。编码度盘的原理和结构如图 3-27 所示。

图 3-27 （a） 所示是一个有 4 个码道的纯二进制编码度盘，共有 16 个码区。该度盘的角度分辨率（相当于光学经纬仪度盘的分划值）为 $360°/ 16 = 22.5°$。码道由外向里赋予二进制编码，16 个码区的二进制代码为 0000～1111 （内道为高位）。

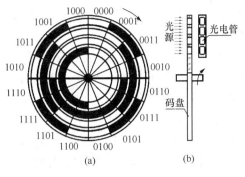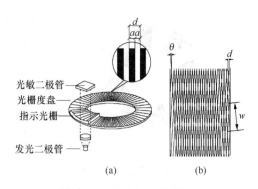

图 3-27 编码度盘测角原理   图 3-28 光栅度盘测角原理

通过光传感器识别码区的二进制代码来获取度盘位置信息。在编码度盘的一侧，发光二极管（光源）沿径向正对每个码道，在另一侧对着光源安置 n 个光电管（接收二极管）。当位置固定的光电探测器阵列正对某一码区时，发光二极管发出的光通过透光区被光电二极管接收，则光传感器输出低电平（逻辑 0）；当光线被不透光区挡住时，光传感器输出高电平（逻辑 1）。当度盘上的某一码区通过光电探测器阵列时，由光传感器译码器显示的二进制数即可获知该码区在度盘上的位置，进而显示该位置对应的角度值。

编码度盘的角度分辨率与码道数 n 密切相关。由于码区数与码道数之间是指数关系，因此当 n 增大时，相应码区数的增加非常快。由于度盘尺寸有限，若增加码道太多，则码区弧长必然会很短，相应的发光二极管和光电二极管就必须做得很小，技术上实现起来非常困难。因此，实际的码道数不能太多，测角精度的提高只能通过电子测微技术来实现。

二、光栅度盘测角原理

光栅度盘是在光学玻璃度盘的径向均匀地刻制明暗相间的等角距细线条形成的，如图 3-28（a）所示。透光的缝隙和不透光的栅线的宽度均为 a，若将两块密度相同的光栅重叠，并使它们的刻线相互倾斜一个小角 θ，就产生明暗相间的莫尔条纹，如图 3-28（b）所示。两光栅之间的夹角 θ 越小，条纹就越粗，相邻明条纹（或暗条纹）之间的间隔 w 也越大，w 与 θ 之间的关系为：

$$w = d \cdot \cot\theta \tag{3-18}$$

在图 3-27（a）中，在光栅度盘的下面放置一个发光二极管，上面安置一个可与光栅度盘形成莫尔条纹的指示光栅，指示光栅上面是光敏二极管。发光管、指示光栅和光电管的位置固定，不随照准部转动，而光栅度盘与照准部固连在一起，照准部转动时带动度盘一起转动，即形成莫尔条纹。随着莫尔条纹的移动，光敏二极管将输出相应的电信号。在测量角度时，仪器接收元件可以累计出条纹的移动量，从而测出光栅的移动量，并经过译码器换算为度、分、秒显示到显示器上。

三、动态光栅度盘测角原理

动态光栅度盘测角原理，如图 3-29 所示。度盘的内侧和外侧各有一个光电

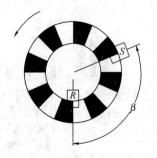

图 3-29　动态光栅度盘测角原理

扫描系统 R 和 S，它们的结构相同，都由一个发光二极管和一个接收二极管组成。

发光管发出连续的红外光，而接收管只能断续地接收到光信号（只有当红外光通过缝隙时，才能被接收管接收）。转动的度盘分划通过 R 和 S 时，将分别产生两个电信号。

位于度盘外侧的 S 是固定的，相当于角值的起始方向；位于度盘内侧的 R 可以随照准部转动，提供目标方向。β 是 R、S 之间的夹角，也是要测量的角值。

测量时，度盘在马达的带动下，始终以恒定的速度逆时针旋转，从而使接收二极管断续地接收到发光二极管发出的红外光，以此完成对度盘的扫描。水平角 β 由两分划线之间的角值 φ_0 的 n 倍和不足一个分划的尾数 $\Delta\varphi_0$ 构成，即：

$$\beta = n\varphi_0 + \Delta\varphi_0 \tag{3-19}$$

看见 β 角的测量包括整倍数 n 的测量和 $\Delta\varphi_0$ 的测量，称之为粗测和精测。测量过程中，粗测和精测是同时进行的。度盘扫描完成后，仪器的微处理系统按一定的标准分析所得到的粗测值和精测值，满足要求后计算最后结果。

动态测角除了具有前两种测角方式的优点外，最大的特点在于能够消除度盘分划误差的影响，因此，高精度（$0.5''$ 级）的测角仪器通常采用这种方式。但动态测角需要马达带动度盘，结构比较复杂，耗电量也大。

电子经纬仪的使用方法与光学经纬仪基本相同。但是，水平角测量有两种方式。一种方式是与光学经纬仪一样，当顺时针方向转动照准部时，度盘读数增加，屏幕上显示 HR。另一种方式是当逆时针方向转动照准部时，度盘读数增加，屏幕上显示 HL。

习　题

1. 何谓水平角？何谓竖直角？它们的变化范围是多少？
2. 观测水平角时，对中和整平的目的是什么？简述经纬仪整平和光学对点器对中的方法。
3. 测回法观测水平角的操作步骤？
4. 用 DJ$_6$ 型经纬仪按测回法测水平角，观测数据记录于表 3-5，试完成所有计算。

水平角观测记录（测回法）　　　　　　　　　　　　表 3-5

测站	竖盘位置	目标	水平度盘读数 °　′　″	半测回角值 °　′　″	一测回角值 °　′　″	草　图
O	盘左	A	0　01　12			
		B	57　18　24			
	盘右	A	180　02　00			
		B	237　19　36			

5. 某测站观测竖直角结果如下，试完成表 3-6 计算。（盘左望远镜上仰上读数减少）

竖直角观测记录 表 3-6

测站	目标	竖盘位置	竖盘读数 ° ′ ″	半测回角值 ° ′ ″	指标差 ″	一测回角值 ° ′ ″
O	A	左	101 20 18			
		右	258 39 36			
	B	左	73 24 42			
		右	286 35 06			

项目四 距 离 测 量

【知识目标】水平距离测量的方法与精度评定，光电测距的原理，全站仪的构造及功能。

【能力目标】掌握钢尺量距的一般方法和精度评定，能使用全站仪进行距离测量。

测区范围较小时，水平距离就是地面两点在水平面上垂直投影的长度，水平距离测量是确定地面点空间位置的基本工作之一。

水平距离测量的方法很多，按照使用测量距离仪器或工具的不同，有钢尺量距、视距测量、光电测距等方法。

任务一 钢 尺 量 距

钢尺量距简单、实用，是工程建设中常用的距离测量方法之一。根据精度要求的不同，钢尺量距又分为一般量距和精密量距两种方法。钢尺量距的基本步骤分为定点、直线定线、量距及成果计算。

一、钢尺量距的工具

图 4-1 钢尺

钢尺（图 4-1）是钢制的带尺，又称钢卷尺，通常钢尺宽度为 10～15mm，厚度为 0.2～0.4mm，长度有 20m、30m 及 50m 等几种，卷放在圆形盒内或金属绞盘（绞架）上。钢尺的基本分划为厘米，最小分划为毫米，在米、分米及厘米刻划处有数字注记。

鉴于钢尺零点位置的不同，钢尺又分为端点尺和刻线尺。端点尺是以尺金属拉环的最外端作为尺的零点，如图 4-2（a）所示，使用该尺从建筑物墙边开始丈量时很方便。刻线尺是以钢带前端的注记零的刻划线作为尺的零点，如图 4-2（b）所示。

钢尺量距的辅助工具有测钎、标杆、垂球、弹簧秤和温度计，如图 4-3 所示。测钎用绿豆粗细的钢丝制成，长度约 30cm，上部弯制成环，下部磨尖，用来标志所量尺段的起、止点和计算已量过的整尺段数，测钎一组为 6 根。标杆长 2～3m，直径 3～4cm，杆身以 20cm 间隔涂上红、白油漆，用于标定直线。垂球是地面量距的投点工具。弹簧秤用以控制拉力。温度计用于测定量距时的温度。

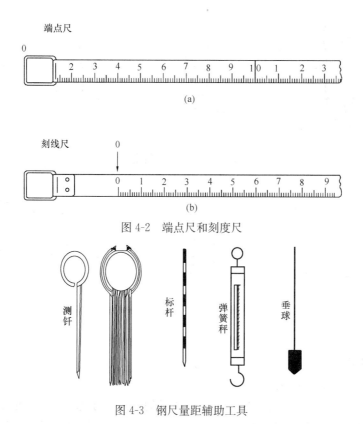

图 4-2 端点尺和刻度尺

图 4-3 钢尺量距辅助工具

二、钢尺一般量距的方法

1. 定点

定点就是将要测量水平距离的两个端点的地面位置用明确的标志固定下来。短时间使用的临时性标志一般用木桩，在钉入地面的木桩顶面钉一个小钉，小钉表示点的精确位置。需要长期保存的永久性标志，用标石或混凝土桩，其内部都埋有金属杆件，在杆件顶面刻十字线，以其交点标志点的精确位置。为了使观测者能从远处看到点位标志，可在桩顶的标志上竖立标杆或悬吊垂球等。

2. 直线定线

当丈量的距离较长时，一般采用分段丈量，需沿直线方向定出若干个分段点的工作称直线定线。直线定线有目估法和经纬仪法两种。

1) 目估法定线

如图 4-4 所示，在待测距离的 A、B 两点各竖 1 根标杆，甲测量员站在 A 点后 1~2m 处瞄向 B 点，指挥乙测量员持标杆在 2 点处左右移动，直到甲看不到乙的标杆时，则 A、2、B 三点的标杆位于一条直线上，在 2 点标杆处竖直地插上测钎，定出 2 点。以此类推，定出其他分段点。

2) 经纬仪定线

在一点上安置经纬仪，用经纬仪瞄准另一点，固定照准部，然后望远镜往下打，指挥另一人在视线上由远及近地定出各分段点，插上测钎，如图 4-5 所示。

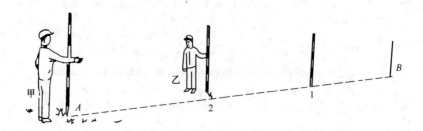

图 4-4　目估法直线定线

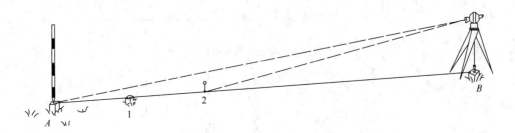

图 4-5　经纬仪定线

3. 量距

1) 平坦地面的量距

丈量工作一般由两人进行,后尺手持尺的零端位于起点 A ,前尺手持尺的末端并携带一组测钎,沿 AB 方向前进,行至第一个分段点处停下,钢尺紧靠测钎;后尺手以尺的零点对准 A 点标志,当两人同时把钢尺拉紧、拉平和拉稳后,

前尺手在尺的末端整尺长的刻线处垂直地插下一测钎,得到点 1,同时拔出定线时插上的测钎,这样便量完了一个整尺段。如此丈量其他整尺段,直至最后一个不足整尺长度的尺段,称之为余长(图 4-6 中的 4B 段);丈量余长时,前尺手将尺上某一整数分划对准 B 点,后尺手对准 4 点,在尺上读出读数,两数相减,即可求得不足一个整

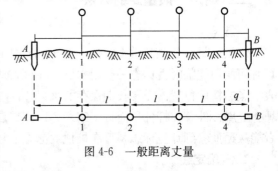

图 4-6　一般距离丈量

尺段的余长,则 A 、B 两点之间的水平距离为:

$$D = n \times l + q \qquad (4-1)$$

式中　n——整尺段数;

　　　l——整尺段的长度;

　　　q——不足一个整尺段的余长。

2) 倾斜地面的量距

如果 A 、B 两点间有较大的高差,但地面坡度比较均匀,大致成一倾斜面(图 4-7),则可沿地面丈量倾斜距离 D' ,用水准仪测定两点间的高差 h ,按式(4-2)或式(4-3)中的任一式即可计算水平距离 D :

$$D = \sqrt{D'^2 - h^2} \tag{4-2}$$

或
$$D = D' + \Delta D_h = D' - \frac{h^2}{2D'} \tag{4-3}$$

当地面高低起伏不平时，可将钢尺拉平丈量，如图 4-8 所示。丈量由 A 向 B 进行，后尺手将尺的零端对准 A 点，前尺手将尺抬高，并目估使尺子水平，用垂球尖将尺段的末端投于 AB 方向线的地面上，再插以测钎，依次进行丈量，将各尺段相加得到 AB 的水平距离。若地面倾斜较大，将钢尺整尺拉平有困难时，可将一整尺段分成几段来平量。

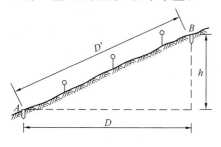

图 4-7 倾斜地面量距   图 4-8 倾斜平量法

4. 精度评定与成果计算

为了防止丈量中发生错误和提高量距精度，需要进行往返丈量，返测要重新定线。将往、返丈量距离之差的绝对值与平均距离之比，并将分子化为 1，称其为相对误差 K，用它来衡量丈量结果的精度，如式（4-4）所示。当往、返测的相对误差在允许范围内时，取其平均值作为丈量的最后结果。若超限，需重新丈量。

$$K = \frac{|D_{往} - D_{返}|}{D_{平均}} = \frac{1}{\dfrac{D_{平均}}{|D_{往} - D_{返}|}} \tag{4-4}$$

相对误差分母越大，K 值越小，则精度越高；反之，精度则低。在平坦测区，钢尺一般量距的相对误差一般要优于 $\dfrac{1}{3000}$；在量距困难测区，其相对误差也不应大于 $\dfrac{1}{1000}$。

【例题 4-1】 用钢尺量取 AB 之间的距离，往测 $D_{AB} = 138.476\text{m}$，返测 $D_{BA} = 138.498\text{m}$，试求丈量的相对误差。

【解】

$$D_{平均} = \frac{D_{AB} + D_{BA}}{2} = 138.487\text{m}$$

$$|D_{AB} - D_{AB}| = 0.022\text{m}$$

$$K = \frac{|D_{AB} - D_{BA}|}{D_{平均}} = \frac{1}{6290}$$

【例题 4-2】 某工程钢尺一般方法量距的记录、计算及精度评定见表 4-1。

钢尺一般量距记录及成果计算表　　　　　　　　表 4-1

线段	尺长(m)	往测			返测			往返差(m)	相对精度	往返平均(m)
		尺段数	余长(m)	总长(m)	尺段数	余长(m)	总长(m)			
AB	30	6	23.188	203.188	6	23.152	203.152	0.036	1/5600	203.170
BC	50	3	41.841	191.841	3	41.873	191.873	0.032	1/6000	191.857

三、钢尺精密量距的方法

用钢尺采用一般方法量距,其最高精度不会超过 1/5000。当量距精度要求较高时,例如要求量距精度达到 1/5000~1/30000,这时应采用精密量距方法。用钢尺精密量距,需要使用经过检定具有尺长方程式的钢尺。

1. 钢尺的尺长方程式

钢尺由于受制造误差(如刻划误差)、丈量时温度变化以及拉力不同的影响,钢尺的实际长度往往不等于其名义长度。因此,丈量前应对钢尺进行检定,求出钢尺在标准温度、标准拉力下的实际长度,以便对丈量结果施加改正。在标准拉力及标准温度下,钢尺的尺长方程式为:

$$l_t = l_0 + \Delta l + \alpha(t - t_0)l_0 \tag{4-5}$$

式中　l_t——钢尺的实际尺长;

　　　l_0——钢尺的名义尺长;

　　　Δl——钢尺的尺长误差,即实际尺长与名义尺长之差;

　　　α——钢尺的线膨胀系数,一般为 $1.25 \times 10^{-5}/℃$;

　　　t——钢尺量距时的环境温度;

　　　t_0——钢尺检定时的温度。

2. 定线

在钢尺精密量距时,必须用经纬仪进行定线。如图 4-9 所示,欲在 AB 线内精确定出 1、2 等分段点的位置,将经纬仪安置于 B 点,用望远镜照准 A 点,固定照准部制动螺旋;将望远镜下俯,用手势指挥移动标杆至与十字丝竖丝重合时,在标杆位置打下木桩,顶部钉上白铁皮;再根据望远镜十字丝在白铁皮上画

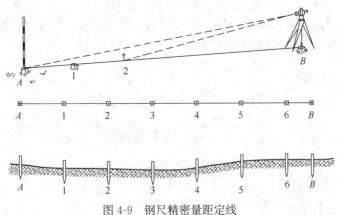

图 4-9　钢尺精密量距定线

出纵横垂直的十字线，纵向线为 AB 方向，横向线为读尺指标，交点即为分段点 1；以此方法定出 2 至 6 点。注意，两分段点的间隔要小于钢尺的长度。

3. 钢尺精密量距的方法

如图 4-10 所示，用检定过的钢尺精密丈量 A、B 两点间的距离。丈量小组一般由 5 人组成，2 人司尺，2 人读数，1 人记录和测温度。丈量时，拉

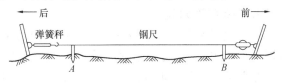

图 4-10　钢尺精密量距

直钢尺于相邻两木桩顶上，并使钢尺有刻划线的一侧贴近桩顶十字线。后尺手将弹簧秤挂在尺的零端，前尺手拉住钢尺另一端的尺夹（能夹住钢带尺的专用木夹子），拉紧钢尺，当弹簧秤上指针指到该尺检定时的标准拉力时，后读尺员喊"预备"，当前读尺员看到钢尺的某一分米或厘米刻划对准桩顶十字线的横线时，前读尺员喊"好"；与此同时，两读尺员读数，后尺估读到 0.5mm，记入手簿（表 4-2），并计算尺段长度。每尺段距离同法丈量三次，每次要前、后移动钢尺 2～3cm，三组读数算得的长度较差应小于 3mm，否则应重测。如在限差之内，取三次结果的平均值作为该尺段的观测结果。每一尺段应观测、记录温度一次，估读至 0.5℃。

钢尺精密量距记录及成果计算　　　　　表 4-2

钢尺号码：NO：12　　钢尺膨胀系数：0.000012　　钢尺鉴定时温度 t_0：20℃　　计算者＿＿＿＿

钢尺名义长度：30m　　钢尺鉴定长度 l'：30.0025　　钢尺鉴定时拉力：100N　　日期＿＿＿＿

尺段编号	实测次数	前尺读数 (m)	后尺读数 (m)	尺段长度 (m)	温度 (℃)	高差 (m)	温度改正数 (mm)	尺长改正数 (mm)	倾斜改正数 (mm)	改正后尺段长
A1	1	29.88	0.0145	29.8655	26.5	−0.114	+2.3	+2.5	−0.2	29.8701
	2	29.89	0.0230	29.8670						
	3	29.89	0.0260	29.8640						
	平均			29.8655						
12	1	29.94	0.0200	29.9200	25.0	0.421	+1.8	+2.5	−3.0	29.9240
	2	29.95	0.0295	29.9205						
	3	29.97	0.0515	29.9185						
	平均			29.9197						
…	…	…	…	…	…	…	…	…	…	…
6B	1	19.92	0.0235	19.8965	28.0	+0.132	+1.9	+1.7	−0.4	19.8990
	2	19.94	0.0445	19.8955						
	3	19.96	0.0645	19.8955						
	平均			19.8958						
总和										196.5286

如此方法，丈量图 4-9 中的各尺段直至终点，即完成一次往测。完成往测后，应立即返测。

4. 测量桩顶间高差

由于钢尺精密量距量得的是相邻桩顶间的倾斜距离，需要改算成水平距离。此时，要用水准测量的方法测出各桩顶间的高差，以便施加倾斜改正。水准测量宜在量距前、后往、返观测一次，以资检核。相邻两桩顶往、返所测高差之差，一般不得超过 $\pm 10\mathrm{mm}$，如在限差以内，取其平均值作为高差的观测结果。

5. 成果计算

精密量距中，需要对每一尺段丈量结果施加尺长改正、温度改正和倾斜改正得到水平距离，并计算往测和返测的水平距全长。如相对精度符合要求，则取往、返测平均值作为最后成果（详见表 4-2）。

（1）每一尺段水平距离的计算

1）尺长改正

钢尺在标准拉力、标准温度下的实际长度为 l'，它与钢尺的名义长度 l_0 的差数 Δl 即为整尺段的尺长改正数，$\Delta l = l' - l_0$。当该尺段实测倾距的名义长为 l 时，按比例施加的尺长改正数 Δl_{d} 为：

$$\Delta l_{\mathrm{d}} = \frac{l' - l_0}{l_0} \cdot l \tag{4-6}$$

例如表 4-2 中的 A1 尺段，$l = l_{\mathrm{A1}} = 29.8655\mathrm{m}$，$\Delta l = l' - l_0 = +0.0025\mathrm{m} = +2.5\mathrm{mm}$，故 A1 尺段的尺长改正数为：

$$\Delta l_{\mathrm{d}} = (+2.5\mathrm{mm}) \div 30 \times 29.8655 = +2.5\mathrm{mm}$$

2）温度改正

设钢尺在检定时的温度为 $t_0\,℃$，丈量时的温度为 $t\,℃$，钢尺的线膨胀系数为 α，则丈量一个尺段 l 的温度改正数 Δl_{t} 为：

$$\Delta l_{\mathrm{t}} = \alpha(t - t_0)l \tag{4-7}$$

式中　l——尺段的倾斜距离。

【例题 4-3】如表 4-2 中，NO：12 钢尺的膨胀系数为 0.000012，检定时温度为 20℃，丈量时的温度为 26.5℃，$l = l_{\mathrm{A1}} = 29.8655\mathrm{m}$，则 A1 尺段的温度改正数为：

$$\Delta l_{\mathrm{t}} = \alpha(t - t_0)l = 0.000012 \times (26.5 - 20) \times 29.8655 = +2.3\mathrm{mm}$$

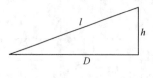

图 4-11　尺段倾斜改正

3）倾斜改正

设 l 为量得的斜距，h 为尺段两端点间的高差，如图 4-11 所示。现要将 l 改算成水平距离 D，故要加倾斜改正数 Δl_{h}，从图 4-11 可以看出：

$$\Delta l_{\mathrm{h}} = D - l$$

即：

$$\Delta l_{\mathrm{h}} = \sqrt{l^2 - h^2} - l = l\left(1 - \frac{h^2}{l^2}\right)^{\frac{1}{2}} - l$$

将 $\left(1 - \dfrac{h^2}{l^2}\right)^{\frac{1}{2}}$ 级数展开后代入上式得：

$$\Delta l_{\mathrm{h}} = l\left(1 - \frac{h^2}{2l^2} - \frac{h^4}{8l^4} - \cdots\right) - l \approx -\frac{h^2}{2l} \qquad (4\text{-}8)$$

可见，倾斜改正数恒为负值。

【例题 4-4】仍以表 4-2 中 $A1$ 尺段为例，$l = l_{\mathrm{A1}} = 29.8655\mathrm{m}$，$h = -0.114\mathrm{m}$，则 $A1$ 尺段倾斜改正数为：

$$\Delta l_{\mathrm{h}} = -(-0.114)^2 \div (2 \times 29.8655) = -0.2\mathrm{mm}$$

4）每一尺段改正后的水平距离 D 为：

$$D = l + \Delta l_{\mathrm{d}} + \Delta l_{\mathrm{t}} + \Delta l_{\mathrm{h}} \qquad (4\text{-}9)$$

例如表 4-2 中 $A1$ 尺段的实测距离为 29.8655m，三项改正数分别为 $\Delta l_{\mathrm{d}} = +2.5\mathrm{mm}$，$\Delta l_{\mathrm{t}} = +2.3\mathrm{mm}$，$\Delta l_{\mathrm{h}} = -0.2\mathrm{mm}$，故按式（4-9）计算 $A1$ 尺段的水平距离为：

$$D_{\mathrm{A1}} = 29.8655\mathrm{m} + 2.5\mathrm{mm} + 2.3\mathrm{mm} - 0.2\mathrm{mm} = 29.8701\mathrm{m}$$

（2）计算全长的水平距离

将各尺段和余长改正后水平距离相加，便得到 AB 水平距离的全长。如表 4-2 往测水平距离的全长 D_{AB} 为 196.5286m；同样，计算出返测水平距离的全长 D_{BA} 为 196.5131m，其相对误差为：

$$K_{\mathrm{D}} = \frac{|D_{往} - D_{返}|}{D_{平均}} = \frac{1}{13000}$$

假设往返的相对误差在限差范围内，其平均距离为 196.5208m，即为观测结果。如果相对误差超限，则应重测。钢尺精密量距的记录及有关计算实例见表 4-2。

四、钢尺量距的注意事项

（1）伸展钢卷尺时，要小心慢拉，钢尺不可扭曲、打结。若发现有扭曲、打结情况，应细心解开，不能用力抖动，否则容易造成折断。

（2）丈量前，应认清钢尺的零端和末端。丈量时，钢尺应逐渐用力拉平、拉直、拉紧，不能突然猛拉。丈量过程中，钢尺的拉力应始终保持鉴定时的拉力。测量温度时，温度计不要暴晒，要放置在阴凉之处。

（3）转移尺段时，前、后司尺员应将钢尺抬高，不应在地面上拖拉摩擦，以免磨损尺面刻划，钢尺伸展开后，不能让车辆从钢尺上通过，否则，极易损坏钢尺。

（4）测钎应对准钢尺的分划并插直。如插入土中有困难，可在地面上标志一明显记号，并把测钎尖端对准记号。

（5）单程丈量完毕后，前、后尺手应检查各自手中的测钎数目，避免加错或算错整尺段数。一测回丈量完毕，应立即检查限差是否合乎要求。不合乎要求时，应重测。

（6）丈量工作结束后，要用软布擦干净尺上的泥和水。然后涂上机油，以防生锈。

任务二　视　距　测　量

视距测量是利用测量仪器望远镜中的视距丝装置，并配合视距尺，根据几何光学及三角学原理，一次观测可同时测得两点间的水平距离和高差的一种测量方法。

一、视距测量原理

1. 视线水平时的视距测量

如图4-12所示，欲测定A、B两点间的水平距离和高差。在A点安置水准

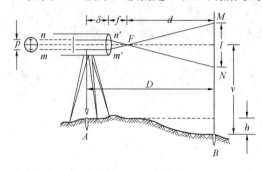

图4-12　视距测量原理

仪或经纬仪瞄准B点竖立的视距尺，当望远镜视线水平时，视准轴与尺子垂直。通过望远镜上、下丝m、n就可读得尺上M、N两点处的读数，两读数的差值l称为**视距间隔**或**视距**。f为物镜焦距，p为视距丝间隔，δ为物镜至仪器中心的距离，由图4-12可知，A、B点之间的平距为：

$$D = d + f + \delta$$

其中，d由两相似三角形MNF和mnF求得：

$$\frac{d}{f} = \frac{l}{p}, \quad d = \frac{f}{p}l$$

因此：

$$D = \frac{f}{p}l + (f + \delta)$$

令$\dfrac{f}{p} = K$，称为**视距乘常数**，$f + \delta = c$，称为**视距加常数**，则：

$$D = Kl + c \tag{4-10}$$

在设计望远镜时，适当选择有关参数后，可使$K = 100$，$c = 0$。于是，视线水平时的水平距离为：

$$D = 100l \tag{4-11}$$

由图4-12可以看出，A、B两点间的高差为：

$$h = i - v \tag{4-12}$$

式中　i——仪器高；

v——望远镜的中丝读数。

2. 视线倾斜时的视距测量

当地面起伏较大时，必须将望远镜倾斜才能照准视距尺，如图4-13所示。此时的视准轴不再垂直于尺子，用公式（4-11）计算水平距离就不适用了。如果

能将图 4-13 中的视距间隔 MN 换算为与视线垂直的视距间隔 $M'N'$，这样就可按式（4-11）计算倾斜距离 D'，再根据 D' 和竖直角 α 算出水平距离 D 及高差 h。因此，解决这个问题的关键在于求出 MN 与 $M'N'$ 之间的关系。

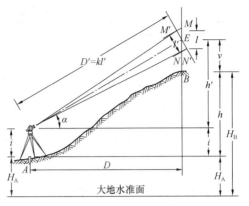

图 4-13 视线倾斜时的视距测量

在图 4-13 中，将 $\angle NN'E$ 和 $\angle MM'E$ 近似看成直角，则 $\angle M'EM = \angle N'EN = \alpha$，因此可看出 MN 与 $M'N'$ 的关系如下：

$$M'N' = M'E + EN' = ME\cos\alpha + EN\cos\alpha$$

$$= (ME + EN)\cos\alpha = MN\cos\alpha$$

设 MN 为 l，$M'N'$ 为 l'，则有 $l' = l\cos\alpha$。再根据式（4-11）得倾斜距离 $D' = Kl' = Kl\cos\alpha$，所以 A、B 的水平距离：

$$D = D'\cos\alpha = Kl\cos^2\alpha \tag{4-13}$$

由图 4-13 可以看出，A、B 两点间的高差 h 为：

$$h = h' + i - v$$

$$h' = D'\sin\alpha = Kl\cos\alpha\sin\alpha = \frac{1}{2}Kl\sin2\alpha \tag{4-14}$$

式中　h'——中丝读数处与横轴之间的高差，称为初算高差。

所以 A、B 两点间的高差为：

$$h = \frac{1}{2}Kl\sin2\alpha + i - v \tag{4-15}$$

根据式（4-13）计算出 A、B 间的水平距离 D 后，高差 h 也可按下式计算：

$$h = D\tan\alpha + i - v \tag{4-16}$$

在实际工作中，若使中丝读数 v 等于仪器高 i，可以简化高差 h 的计算，称其为等仪高法。

二、视距测量方法

（1）安置经纬仪于测站点上（图 4-13），对中、整平后，量取仪器高 i 至厘米。

（2）在待测点上竖立视距尺。

（3）转动照准部照准视距尺，用望远镜上、下、中三丝分别读得读数 M、N、V；再使竖盘指标水准管气泡居中，在读数显微镜中读取竖盘读数。

（4）根据读数 M、N 算得视距间隔 l；根据竖盘读数计算竖角 α；利用视距公式（4-13）和式（4-15）分别计算平距 D 和高差 h，见记录及计算表 4-3。

视距测量记录与计算　　　　　　　　　　　　表 4-3

点号	上丝读数(m)	下丝读数(m)	中丝读数(m)	视距间隔(m)	竖盘读数(° ′)	竖直角(° ′)	水平距离(m)	高差(m)	备注
1	1.192	1.718	1.455	0.526	85　32	+4　28	52.28	+4.06	
2	1.346	1.944	1.645	0.598	83　45	+6　15	59.09	+6.26	$\alpha=90°-L$
3	1.627	2.153	1.890	0.526	92　13	−2　13	52.52	−2.49	仪器高：1.53m
4	1.684	2.226	1.955	0.542	84　36	+5　24	53.72	+4.56	

视距测量方法简单，速度快，不受地形起伏的限制，但测距精度较低，一般可达 1/300，故常用于地形图测绘和断面测量。

任务三　光　电　测　距

光电测距是以光波为载体，通过测定测距信号在两点间往返传播的时间来计算距离。光电测距具有测程长、精度高、操作简便、自动化程度高且不受地形条件限制等特点，广泛应用于大地测量、地形测量和工程测量中。

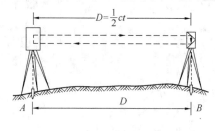

图 4-14　光电测距原理

一、光电测距原理

如图 4-14 所示，欲测定 A、B 两点间的水平距离 D，在 A 点安置测距仪，在 B 点安置反射棱镜（或称反射镜）。测距仪发出的光束水平地由 A 到达 B，经反射镜反射后又返回到仪器。若知道光束在待测距离 D 上往返传播的时间 t，根据光速 c（约 3×10^8 m/s）则可知 A、B 两点间的水平距离为：

$$D = \frac{1}{2}ct \tag{4-17}$$

按测定传播时间 t 的方法分为脉冲法测距和相位法测距。本书只介绍相位法测距原理。

由式（4-17）可知，测定距离的精度主要取决于时间 t 的测定精度。例如要保证 ±10cm 的测距精度，时间要求准确到 6.7×10^{-11} s，这实际上是很难做到的。为了提高光电测距的精度，通常采用间接测时手段——相位测时法，即把距离和时间的关系改化为距离和相位的关系，通过测定相位来求得时间，进而求得距离。

相位式光电测距仪采用高频电磁振荡等幅光波为载波，调制器对其进行连续的振幅调制，使光强随调制频率产生周期为 T 的明暗变化（每周相位变化 φ 为 2π），如图 4-15 所示。调制光波（调制信号）一部分在待测距离上往返传播（称之为测距信号），另一部分在内部光路（称之为参考信号），用测相仪对同一瞬间发射的测距信号与参考信号进行比相，测定出测距信号的相位移（相位差）φ，

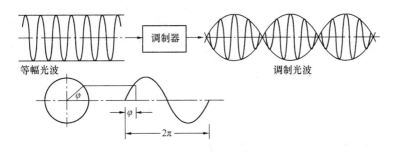

图 4-15 光的调制图

如图 4-16 所示。根据相位差间接计算出传播时间，进而计算距离。

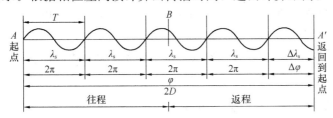

图 4-16 相位式光电测距原理

图 4-16 中调制光的波长 λ_s，光强变化一周期的相位差为 2π，调制光在两倍距离上传播的时间为 t，每秒钟光强变化的周期数为频率 f，由频率与波长的关系可知 $f = c/\lambda_s$。

由图 4-16 可以看出，将反射回来的测距信号的相位与发射时的相位比较，相位变化了 φ 值。已知相位移与频率和时间的关系为：

$$\varphi = wt = 2\pi ft$$

则有：

$$t = \frac{\varphi}{2\pi f}$$

将其代入式（4-17）得：

$$D = \frac{c}{2f} \cdot \frac{\varphi}{2\pi} \tag{4-18}$$

据图 4-16 可知，相位差 φ 又可表示为 $\varphi = 2\pi \cdot N + \Delta\varphi$，将其代入式（4-18）并整理，得：

$$D = \frac{c}{2f}\left(N + \frac{\Delta\varphi}{2\pi}\right) = \frac{\lambda_s}{2}(N + \Delta N) \tag{4-19}$$

式中　　N——整周期数；

ΔN——不足一个周期的比例数。

式（4-19）为相位法测距的基本公式，由该式可以看出，c、f 为已知值，只要知道相位差的整周期数 N 和不足一个整周期的相位差 $\Delta\varphi$，即可求得距离。将式（4-19）与钢尺量距相比，我们可以把半波长 $\lambda_s/2$ 当作"测尺"的长度，则距离 D 也像钢尺量距一样，成为 N 个整测尺长度与一个不足整尺长度之和。

测距仪上的测相仪（相位计），只能分辨出小于 2π 的相位变化，即只能测出不足 2π 的相位差 $\Delta\varphi$，相当于不足整"测尺"的距离值。例如"测尺"为 10m，则可测出小于 10m 的距离值。若采用 1km 的"测尺"，则可测出小于 1km 的距

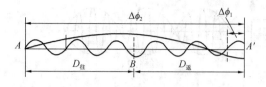

图 4-17　组合测尺测距原理

离值。由于仪器测相系统的测相精度一般为 1/1000，测尺越长，测距误差则越大。因此为了兼顾测程与精度两个方面，测距仪上至少选用两个"测尺"配合测距；用短"测尺"测出距离的尾数，以保证测距的精度；用长"测尺"测出距离的大数，以满足测程的需要（图 4-17 所示）。

例如，精测尺 $\lambda_1/2＝10m$，粗测尺 $\lambda_2/2＝1000m$，当精测结果为 6.815m，粗测结果为 636.8m 时，仪器显示的组合距离为 636.815m。通常的显示组合距离为斜距还要对其施加气象改正、加常数改正、乘常数改正以及倾斜改正，最后才得到两点间的水平距离。

目前，这些改正通过预置加常数、乘常数和气象参数仪器已能自动计算出水平距离。

二、光电测距仪的组成及使用

1. 光电测距仪的组成

测距仪的型号很多，但其构造及使用方法基本类似，主要由照准头、控制器、电源及反射镜等组成。单独的测距仪一般要与经纬仪配合使用，现在基本已发展为自动化测距和测角为一体的全站仪。

1）照准头

照准头内装有发射和接收光学系统，光调制器和光接收器电路。照准头内的电子元件及两个伺服机构：一个用于控制内、外光路自动转换；另一个控制两块透光率不同的滤光片以减弱近距离时反射回的过强信号。照准头侧面有电缆与控制器相连接。

2）控制器

控制器是测距仪的核心部分，内装有低频电子线路、相位计及计算器等部件，通过控制面板来进行距离操作。控制面板上有电源开关，检验/起动开关，距离选择开关，测量单位互换开关等。

3）反射镜

反射镜的作用是在被测点将发射来的信号反射至接收系统。

4）接收器

接收由反射镜反射回来的测距信号，一般与发射器组装在一起称为照准头。

2. 光电测距仪的使用

1）安置仪器

先在测站上安置好经纬仪，对中、整平后，将测距仪主机安装在经纬仪支架上，用连接器固定螺栓锁紧，将电池插入主机底部、扣紧。在目标点安置反射棱镜，对中、整平，并使镜面朝向主机，反射棱镜面与入射光线方向大致垂直。

2）测距

将测距仪照准反射镜，检查经反射镜返回的光强信号，合乎要求后即可开始测距。当测距精度要求较高时，用测回法观测距离。一测回观测是瞄准反射镜后连续测距若干次，读取若干次读数，当它们的互差小于规定的限差时，取其均值作为一测回观测值。

当需要多个测回时，各测回间互差小于限差时，取其平均值作为最后的观测结果。

3）观测垂直角、气温和气压

用望远镜十字横丝照准觇板中心，测出垂直角 α。同时，观测和记录温度和气压计上的读数。观测气压、气温和垂直角，目的是对测距仪测量出的斜距进行气象改正和倾斜改正，以得到正确的水平距离。

4）计算水平距离

光电测距得到的测距结果一般为斜距，需要对其施加加常数改正、乘常数改正、棱镜常数改正、气象改正和倾斜改正，才能得到水平距离。若测距仪能预先设置测距时的温度、气压、乘常数、加常数、棱镜常数，则仪器能自动改正，显示水平距离。若不可设置这些参数，则需要对观测结果施加这些改正，计算出水平距离。

仪器加常数改正，消除由于仪器的发射中心、接收中心与仪器旋转竖轴不一致而引起的测距偏差值，其值为一常数，故称为仪器加常数。

仪器乘常数改正，消除由于测距频率漂移而产生对距离的影响，乘常数改正值与所测距离成正比。

气象改正，仪器的测尺长度是在一定的气象条件下推算出来的，野外测距时的气象条件不同于仪器制造时所选取的基准（参考）气象条件，使测尺长度受到影响，产生与距离长度成正比的系统误差。所以在测距时应测当时的温度和气压，利用厂家提供的气象改正公式计算气象改正数。

棱镜常数，棱镜等效反射面与棱镜安置中心不一致引起的测距偏差。若棱镜与测距仪配套采购与使用，则棱镜常数为零。若棱镜与测距仪由不同厂家生产，则要先检测，再施加棱镜常数改正。

倾斜改正，将经过气象改正、加常数改正、乘常数改正等得到的改正后斜距 S 计算为水平距离。若测得斜距的竖直角为 α，则水平距离 D 为：

$$D = S\cos\alpha \qquad (4\text{-}20)$$

【例题 4-5】某台测距仪，棱镜与测距仪配套采购，测得 AB 两点的斜距＝578.667m，测量时的气压 $p=120\text{kPa}$，$t=26℃$，竖直角 $\alpha=+15°30'00''$；仪器加常数 $K=+3\text{mm}$，乘常数 $R=+2.7\text{ppm}$，求 AB 的水平距离。该仪器气象改正公式为：

$$K_a = \left(281.8 - \frac{2.18 \times 10^{-3} \times p}{1 + 0.00366t}\right) \times 10^{-6}$$

【解】（1）计算气象改正

$$\Delta D_1 = K_a \times s' = \left(281.8 - \frac{2.18 \times 10^{-3} \times 120}{1 + 0.00366 \times 26}\right) \times 0.578667 = 24.6\text{mm}$$

（2）计算加常数改正

$$\Delta D_2 = +3\text{mm}$$

（3）计算乘常数改正

$$\Delta D_3 = +2.7 \times 0.578667 = +1.6\text{mm}$$

（4）计算改正后斜距

$$s = s' + \Delta D_1 + \Delta D_2 + \Delta D_3 = 578.696\text{m}$$

（5）计算水平距离

$$D = s \times \cos\alpha = 578.696 \times \cos(15°30') = 557.649\text{m}$$

5）对向观测

对向观测是指在待测距离的两个端点分别安置测距仪和反射镜，进行往返观测，互差在限差内取均值作为最后结果，测距相对精度的评定方法与钢尺量距方法相同。对向观测可以消除地球曲率和大气折光的影响，能有效提高测距精度。

三、光电测距仪的标称精度与实际精度

目前，电磁波测距的主要误差分为两类：一类为固定误差；另一类为比例误差。因此，电磁波测距仪出厂时的标称精度为：

$$m_D = A + B\text{ppm} \tag{4-21}$$

式中　A——固定误差；

　　　B——比例误差系数；

　　ppm——百万分之一，即每千米改正的毫米数。

标称精度系指仪器的精度限额，即仪器的实际精度若不低于此值，该仪器即合格，但它并不是该仪器的实际精度。仪器经过检定后，成果经过各种常数改正，其精度要高于此值。经检定后的实际精度为：

$$m_D = \sqrt{m_d^2 + m_K^2 + m_R^2} \tag{4-22}$$

$$m_d = \sqrt{\frac{[vv]}{n-1}} \tag{4-23}$$

$$m_d = \sqrt{\frac{[\Delta\Delta]}{n}} \tag{4-24}$$

式中　m_D——测距中误差；

　　　m_K——加常数的检测中误差；

　　　m_R——乘常数的检测中误差；

　　　m_d——和距离无关的测距中误差；

　　　v——对某一距离重复观测，每一次观测改正后的值与算术平均值的差。

　　　　　若在已知距离基线上观测；

　　　Δ——每一次观测改正后的值与基线真值之差。

根据实验统计表明，按照现在测距仪的检测水平，测距成果经各项改正后，基本可消除系统误差（加常数和乘常数）的影响，测距误差以偶然误差为主，因此测距成果经各项改正后其实际精度评定应按式（4-22）计算。

四、相位式光电测距仪按精度等级的分类

按一公里的测距精度可分为三级：

Ⅰ级（$m_D \leqslant 5mm$）

Ⅱ级（$5mm < m_D \leqslant 10mm$）

Ⅲ级（$m_D > 10mm$）

按光电测距仪的测程可分为短程测距仪（<3km）、中程测距仪（3～5km）和远程测距仪（>15km）。还有按其他方式进行分类的方法，本书不做介绍。

任务四 全站仪简介

一、全站仪的基本构造

全站仪全称叫全站型电子速测仪，它由电子测角、电子测距、微处理器和数据存储等单元组成的三维坐标测量系统，能自动显示测量结果，能与外围设备交换信息的多功能测量仪器。由于仪器较完善地实现了测量和数据处理一体化，安置仪器一次就可完成该测站上全部测量工作，故称全站仪。全站仪作为一种智能型的综合仪器，目前正逐步替代传统的光学经纬仪和测距仪，在工程建设中应用非常广泛。

全站仪由以下两大部分组成：

1）数据采集设备：主要有电子测角系统、电子测距系统、自动补偿设备等。

2）微处理器：微处理器是全站仪的核心装置，主要由中央处理器、随机储存器和只读存储器等构成。测量时，微处理器根据键盘或程序的指令控制各分系统的测量工作，并进行必要的逻辑和数值运算以及数字存储、处理、管理、传输、显示等。

通过上述两大部分有机结合，才真正地体现"全站"功能，既能自动完成数据采集，又能自动处理数据，使整个测量过程工作有序、快速、准确地进行。

二、全站仪的分类

根据电子测角系统和电子测距系统的结构形式，全站仪分为积木式和整体式两大类。

积木式，也称组合式，它是指电子经纬仪和测距仪可以分离开使用，照准部与测距轴不共轴。作业时，测距仪安装在电子经纬仪上，相互之间用电缆实现数据通信，作业结束后卸下分别装箱。这种仪器可根据作业精度要求，用户可以选择不同测角、测距设备进行组合，灵活性较好。

整体式，也称集成式，它是将电子经纬仪和测距仪融为一体，共用一个光学望远镜，使用起来更方便。

目前世界各仪器厂商生产出各种型号的全站仪，而且品种越来越多，精度越来越高。常见的有日本索佳（SOKKIA）SET系列、拓普康（TOPOCON）GTS系列、尼康（NIKON）DTM系列、瑞士徕卡（LEICA）TPS系列、我国南方的NTS和ETD

等系列，见图 4-18。随着计算机技术的不断发展与应用以及用户的特殊要求，出现了带内存、防水型、防爆型、电脑型、马达驱动型等各种类型的全站仪，使得这一最常规的测量仪器越来越满足各项测绘工作的需求，发挥更大的作用。

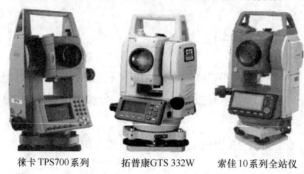

徕卡 TPS700 系列　　　拓普康 GTS 332W　　　索佳 10 系列全站仪

图 4-18　不同型号全站仪

三、南方 NTS-310B/R 系列简介

1. 硬件部分及名称

全站仪系统由全站仪主机、配套棱镜及数据线等构成，如图 4-19、图 4-20。

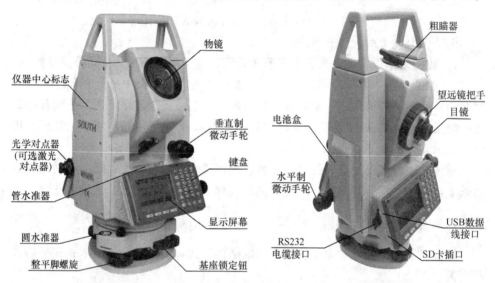

图 4-19　全站仪的构造

图 4-20　全站仪配套棱镜

2. 主要操作键

全站仪键盘和显示屏如图 4-21 所示，主要功能见表 4-4。

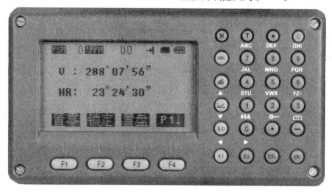

图 4-21 全站仪操作键盘与显示屏幕

主要按键及功能   表 4-4

按键	名 称	功 能
ANG	角度测量键	进入角度测量模式
◢	距离测量键	进入距离测量模式，可显示平距、斜距和初算高差
∠	坐标测量键	进入坐标测量模式（▲上移键）
S.O	坐标放样键	进入坐标放样模式（▼下移键）
ESC	退出键	返回上一级状态或返回测量模式
ENT	回车键	对所做操作进行确认
M	菜单键	进入菜单模式

3. 基本操作步骤

（1）仪器安置

仪器安置包括对中与整平，其方法与光学仪器相同。该型号仪器有激光对中器，使用十分方便。仪器有双轴补偿器，整平后气泡略有偏离，对观测并无影响。

（2）参数设置

开机后仪器进行自检，自检通过后，显示主菜单。测量工作中进行的一系列相关设置，全站仪除了厂家进行的固定设置外，主要包括以下内容：

1）各种观测量单位与小数点位数的设置，如距离单位、角度单位等；

2）反射棱镜常数的设置；

3）气压、温度的设置；

4）气象改正参数的设置；

（3）选择测量模式

按照测量要求展开测量工作，主要有以下测量模式：

1）角度测量

进入角度测量模式，可以按测回法的要求，测量水平角、竖直角。

2）距离测量

进入距离测量模式，照准反射棱镜，可得到两点间的斜距、平距和初算高差。

3）坐标测量模式

进入坐标测量模式，在已知点设站，以另一个已知点定向，照准待测量点，可测量出待测点的三维坐标。

4）点位放样

进入坐标放样模式，在已知点设站，以另一个已知点定向，输入放样点坐标，根据屏幕显示的提示，探测式地找到放样点位。

5）数据采集

从菜单进入数据采集模式，建立工作文件，进行测站设置和后视定向，然后依次照准观测点，测量并记录存储，测量结果可形成坐标文件。数据采集完成后，用数据线连上计算机，将坐标文件导出，利用南方 CASS 软件绘制地形图。

6）对边测量

该程序可以测定任意两点间的距离、方位角和高差。测量模式既可以是相邻两点之间的折线方式，也可以是固定一个点的中心辐射方式。参加对边计算的点既可以是直接测量点，也可以是间接测量点，也可以是由数据文件导入或现场手工输入点。

7）悬高测量

悬高测量用于测量计算不可接触点的点位坐标和高程。通过测量基准点，然后照准悬高点，测量员可以方便地得到不可接触点（也称悬高点）的三维坐标，还可得到基准点和悬高点之间的高差。

8）面积测量

该程序用于测量计算闭合多边形的面积。可以用任意直线和弧线段来定义一个面积区域。弧线段由三个点或两点加一半径来确定。用于定义面积计算的点可以通过测量、数据文件导入或手工输入等方式来获得。程序通过图形显示可以查看面积区域的形状。

9）存储管理

进入存储管理模式，可以选择对文件的查找、删除、修改、更名、保护等。

4. 主要使用功能介绍

（1）角度测量

按 ANG 键进入角度测量模式，具体操作如表 4-5。

角度测量 表 4-5

操作过程	操作	显示
①照准第一个目标 A	照准 A	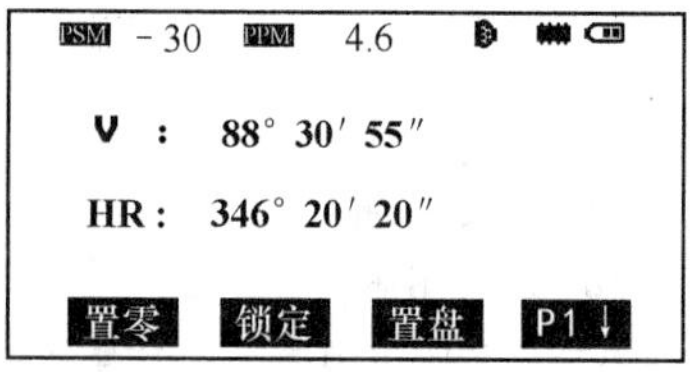 PSM -30 PPM 4.6 V : 88° 30′ 55″ HR : 346° 20′ 20″ 置零　锁定　置盘　P1↓
②设置目标 A 的水平角为 0°00′00″ 按 F1（置零）键和 F4（确认）键	F1 F4	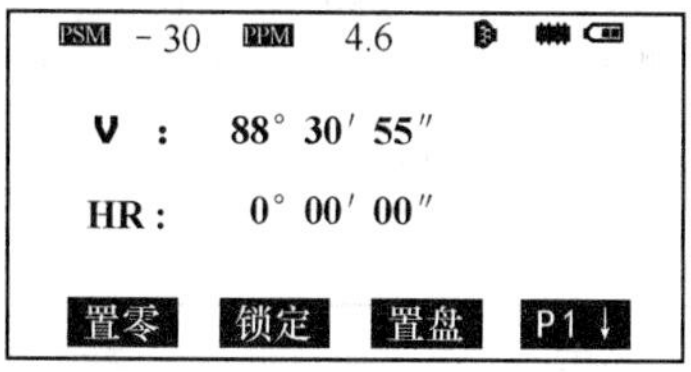 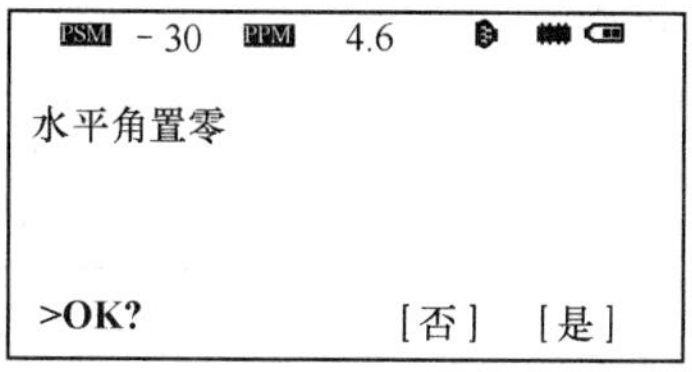 PSM -30 PPM 4.6 V : 88° 30′ 55″ HR : 0° 00′ 00″ 置零　锁定　置盘　P1↓ PSM -30 PPM 4.6 水平角置零 >OK?　　　　[否]　[是]
③照准第二个目标 B，显示目标 B 的 V/H	照准目标 B	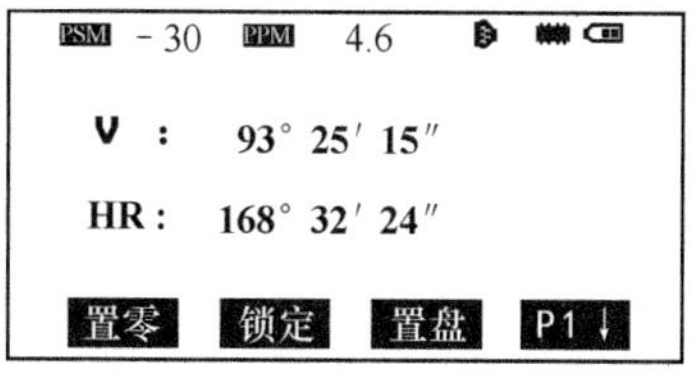 PSM -30 PPM 4.6 V : 93° 25′ 15″ HR : 168° 32′ 24″ 置零　锁定　置盘　P1↓

若某方向需设定为某固定的方向值，可按表 4-6 操作。

水平角设置 表 4-6

操作过程	操作	显示
①照准目标	照准	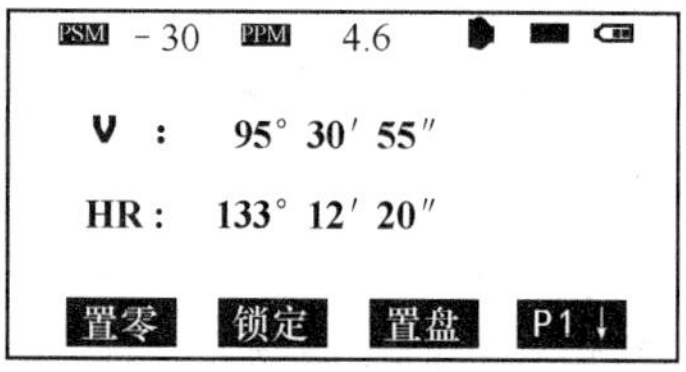 PSM -30 PPM 4.6 V : 95° 30′ 55″ HR : 133° 12′ 20″ 置零　锁定　置盘　P1↓
②按 F3（置盘）键	F3	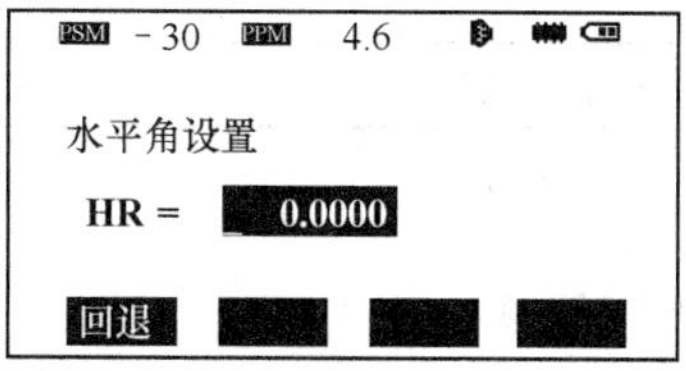 PSM -30 PPM 4.6 水平角设置 HR =　0.0000 回退

续表

操作过程	操作	显　示
③通过键盘输入所要求的水平角,如:150°10′20″,则输入150.1020,按(ENT)回车确认随后即可从所要求的水平角进行正常的测量	150.1020 F4 ENT	PSM -30　PPM　4.6　🔋 📶 🔋 水平角设置 HR = 　150.102 0 回退 <hr>PSM -30　PPM　4.6　🔋 📶 🔋 V　:　95° 30′ 55″ HR :　150° 10′ 20″ 置零　锁定　置盘　P1↓

(2)距离测量

在测角模式下按 ◩ 键进入测距模式,具体操作如表 4-7。

距离测量　　　　　　　　　　表 4-7

操作过程	操作	显　示
①照准棱镜中心	照准	PSM -30　PPM　4.6　🔋 📶 🔋 V　:　95° 30′ 55″ HR :　155° 30′ 20″ 置零　锁定　置盘　P1↓
②按 ◩ 键,距离测量开始	◩	PSM -30　PPM　4.6　🔋 📶 🔋 V　:　95° 30′ 55″ HR :　155° 30′ 20″ SD :　[N]　　　　　　m 测量　模式　S/A　P1↓
③显示测量的距离再次按 ◩ 键,显示变为水平距离(HD)和初算高差(VD)	◩	PSM -30　PPM　4.6　🔋 📶 🔋 V　:　95° 30′ 55″ HR :　155° 30′ 20″ HD :　[N]　　　　　　m VD :　　　　　　　　m 测量　模式　S/A　P1↓

全站仪距离测量有连续测量、单次测量、跟踪测量三种测量模式,其间的转换如表 4-8。

距离测量的三种模式　　　　　　　　　　表 4-8

操作过程	操作	显　示
①照准棱镜中心	照准	PSM -30　PPM　4.6　🔋 📶 🔋 V　:　95° 30′ 55″ HR :　155° 30′ 20″ 置零　锁定　置盘　P1↓

续表

操作过程	操作	显 示
②按 ◿ 键，连续测量开始	◿	PSM -30 PPM 4.6 V : 95° 30′ 55″ HR: 155° 30′ 20″ SD : [N] m 测量 模式 S/A P1↓
③这时我们可以按 F2 （模式）键在连续测量、单次测量、跟踪测量三个模式之间进行转换，屏幕上依次显示 [N]、[1]、[T]	F2	PSM -30 PPM 4.6 V : 95° 30′ 55″ HR: 155° 30′ 20″ SD : [N] m 测量 模式 S/A P1↓ PSM -30 PPM 4.6 V : 95° 30′ 55″ HR: 155° 30′ 20″ SD : [1] m 测量 模式 S/A P1↓ PSM -30 PPM 4.6 V : 95° 30′ 55″ HR: 155° 30′ 20″ SD : [T] m 测量 模式 S/A P1↓

（3）坐标测量

按 ∠ 键进入坐标测量模式，输入测站点坐标、仪器高、棱镜高、后视坐标或方位角后，用坐标测量功能可以测量目标点的三维坐标。

1）设置后视方位角

瞄准定向点，设置后视方位角，具体操作如表 4-9。

设置后视方位角   表 4-9

操作过程	操作	显 示
①设置已知点 A 的方向角	设置方向角	PSM -30 PPM 4.6 V : 95°30′55″ HR: 133°12′20″ 置零 锁定 置盘 P1↓
②照准目标 B，按 ∠ 键	照准棱镜 ∠	PSM -30 PPM 4.6 N: 12.236 m E: 115.309 m Z: 0.126 m 测量 模式 S/A P1↓

2）设置测站点的坐标

设置测站点坐标，仪器可自动转换和显示未知点（棱镜点）在该坐标系中的坐标。电源关闭后，将保存测站点坐标。具体操作如表 4-10。

设置测站点坐标　　　　　　　　　　　　　　　　　　　　表 4-10

操作过程	操作	显　示
①在坐标测量模式下，按 F4（P1↓）键，转到第二页功能：	F4	PSM -30　PPM　4.6 N:　　　2012.236　m E:　　　2115.309　m Z:　　　　　3.156　m 测量　模式　S/A　P1↓ 镜高　仪高　测站　P2↓
②按 F3（测站）键	F3	PSM -30　PPM　4.6 N:　　　　0.000　m E:　　　　0.000　m Z:　　　　0.000　m 回退
③输入 N 坐标，按 ENT 回车确认	输入数据 ENT	PSM -30　PPM　4.6 N:　　6396　　　m E:　　　　0.000　m Z:　　　　0.000　m 回退
④按同样方法输入 E 和 Z 坐标，输入数据后，显示屏返回坐标测量显示	输入数据 ENT	PSM -30　PPM　4.6 N:　　6396.321　m E:　　　12.639　m Z:　　　　0.369　m 回退 PSM -30　PPM　4.6 N:　　6432.693　m E:　　　117.309　m Z:　　　　0.126　m 镜高　仪高　测站　P2↓

3）仪器高的设置

具体操作如表 4-11。

仪器高的设置　　　　　　　　　　　　　　表 4-11

操作过程	操作	显　示
①在坐标测量模式下，按 F4 （P1↓）键，转到第 2 页功能	F4	PSM－30　PPM　4.6　📶 N：　　　2012.236　m E：　　　2115.309　m Z：　　　　　3.156　m 测量　模式　S/A　P1↓ 镜高　仪高　测站　P2↓
②按 F2 （仪高）键，显示当前值	F2	输入仪器高 仪高：＿　　　0.000　m 回退
③输入仪器高，按回车键确认，返回到坐标测量界面	输入仪器高 ENT	PSM－30　PPM　4.6　📶 N：　　　　12.236　m E：　　　115.309　m Z：　　　　12.126　m 镜高　仪高　测站　P2↓

4）棱镜高的设置

具体操作如表 4-12。

棱镜高的设置　　　　　　　　　　　　　　表 4-12

操作过程	操作	显　示
①在坐标测量模式下，按 F4 （P1↓）键，进入第 2 页功能	F4	PSM－30　PPM　4.6　📶 N：　　　2012.236　m E：　　　1015.309　m Z：　　　　　3.156　m 测量　模式　S/A　P1↓ 镜高　仪高　测站　P2↓
②按 F1 （镜高）键，显示当前值	F1	输入棱镜高 镜高：＿　　　2.000　m 回退
③输入棱镜高，按回车键确认，返回到坐标测量界面	输入棱镜高 ENT	PSM－30　PPM　4.6　📶 N：　　　360.236　m E：　　　194.309　m Z：　　　　12.126　m 镜高　仪高　测站　P2↓

5）测量坐标

在坐标测量模式下的 P1 页，按 F1 键即可测量待定点的坐标。

（4）坐标放样

按 S.O 键进入坐标放样功能，根据提示，创建放样文件。

在放样的过程中，有以下几步：

1）设置测站点

设置测站点的方法有如下两种：

a）调用内存中的坐标设置

具体操作如表 4-13。

通过调用内存进行测站设置　　　　　　　　　表 4-13

操作过程	操作	显　示
①由坐标放样菜单（1/2）按 F1（输入测站点）键，即显示原有数据	F1	输入测站点 点名：　SOUTH01 回退　调用　字母　坐标
②输入点名 * 1），按 ENT 回车确认。	ENT	FN: FN SOUTH N:　　　152.258　m E:　　　376.310　m Z:　　　　2.362　m >OK?　　　　[否][是]
③按 F4（是）键，进入到仪高输入界面。	F4	输入仪器高 仪高：　　1.236　m 回退
④输入仪器高，显示屏返回到放样单（1/2）	输入仪高 ENT	坐标放样　（1/2） F1:输入测站点 F2:输入后视点 F3:输入放样点 ▼
* 1）按 F₃ 进行字母和数字切换		

b）直接键入坐标数据

具体操作如表4-14。

直接输入测站坐标　　　　　　　　　　　　　　表 4-14

操作过程	操作	显　示
① 由放样菜单 1/2 按 F1（输入测站点）键，即显示原有数据	F1	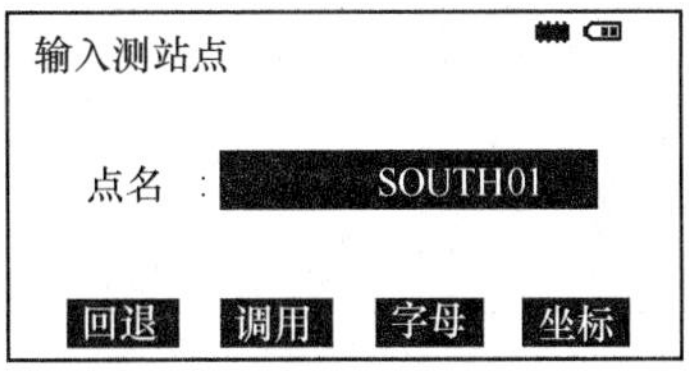 输入测站点　　　　　　　　▥▥▥ ▱ 　点名 ：　　SOUTH01 　回退　　调用　　字母　　坐标
②按 F4（坐标）键	F4	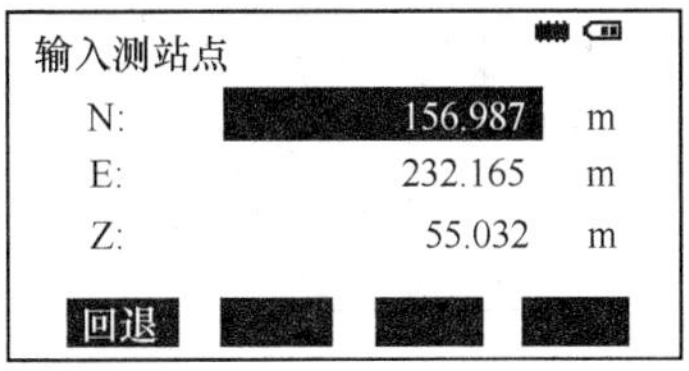 输入测站点　　　　　　　　▥▥▥ ▱ 　N:　　　　　　156.987　m 　E:　　　　　　232.165　m 　Z:　　　　　　55.032　m 　回退
③输入坐标值按 ENT（回车）键，进入到仪高输入界面。	输入坐标 ENT	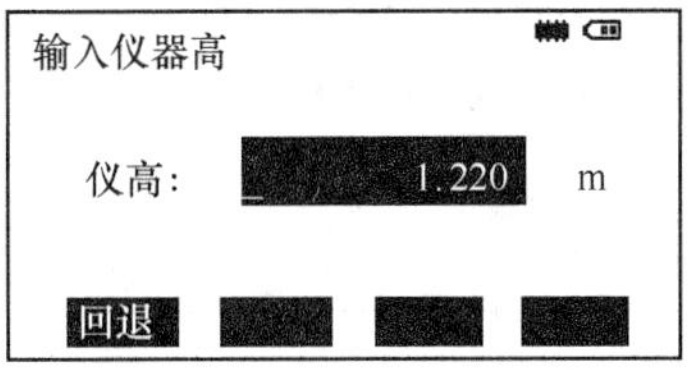 输入仪器高　　　　　　　　▥▥▥ ▱ 　仪高：　_　　1.220　m 　回退
④按同样方法输入仪器高，显示屏返回到放样菜单 1/2	输入仪高 ENT	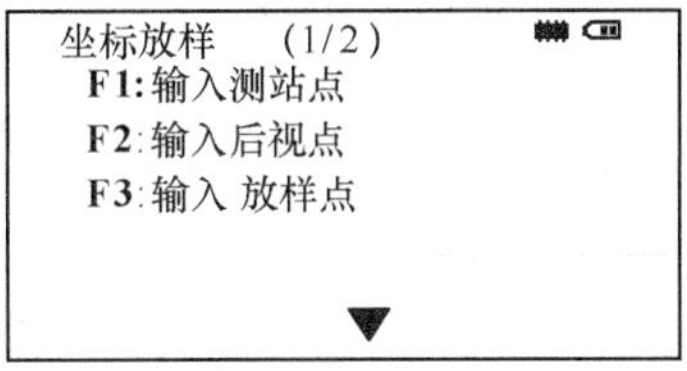 坐标放样　　（1/2）　　　▥▥▥ ▱ **F1**:输入测站点 **F2**:输入后视点 **F3**:输入 放样点 　　　　　　　▼

2）设置后视点

后视点设置也有通过调用内存和直接输入两种方法。

a）利用已存储的坐标数据输入后视点坐标

具体操作如表4-15。

通过调用内存进行后视点设置　　　　　　表 4-15

操作过程	操作	显　示
① 由坐标放样菜单按 F2（输入后视点）键	F2	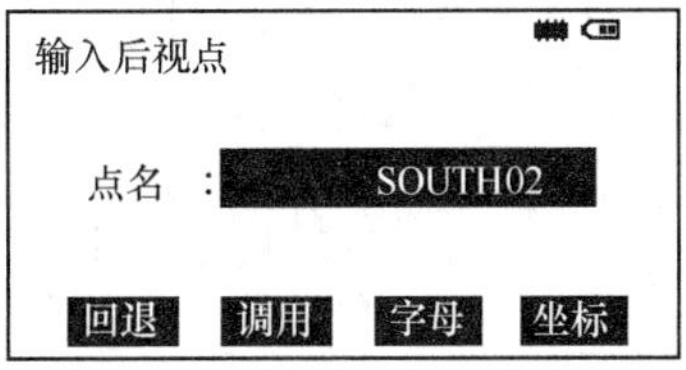 输入后视点　　　　　　　　▥▥▥ ▱ 　点名 ：　　SOUTH02 　回退　　调用　　字母　　坐标

续表

操作过程	操作	显　示
②输入点名，按 ENT 回车确认。	输入点名 ENT	FN: FN SOUTH N:　　　　103.210　m E:　　　　21.963　m Z:　　　　1.012　m 〉OK?　　　　　[否] [是]
③按 F4（是）键，仪器自动计算，显示后视点设置界面	F4	PSM - 30　PPM 4.6 照准后视点 HB =　125° 12′ 20″ 〉照准?　　　　　[否] [是]
④照准后视点，按 F4（是）键显示屏返回到坐标放样菜单 1/2	照准后视点 F4	坐标放样　（1/2） F1: 输入测站点 F2: 输入后视点 F3: 输入放样点 ▼

b）直接输入后视点坐标

具体操作如表 4-16。

直接输入测站坐标　　　　　　　　　　表 4-16

操作过程	操作	显　示
①由坐标放样菜单 1/2 按 F2（输入后视点）键，即显示原有数据	F2	输入后视点 点名 :　　　SOUTH02 [回退] [调用] [字母] [坐标]
②按 F4（坐标）键	F4	输入后视点 N:　　　　0.000　m E:　　　　0.000　m [回退]　　　　　　[角度]
③输入坐标值按 ENT（回车）键	输入坐标 ENT	PSM - 30　PPM 4.6 照准后视点 HB =　176° 22′ 20″ 〉照准?　　　　　[否] [是]

续表

操作过程	操作	显　示
④照准后视点	照准后视点	
⑤按 F4 （是）键，显示屏返回到放样菜单（1/2）	照准后视点 F4	坐标放样　　（1/2） **F1:** 输入测站点 **F2:** 输入后视点 **F3:** 输入放样点 ▼

3）实施放样

通过点号调用内存中的坐标值进行放样，具体操作如表4-17。

坐标放样实施　　　　　　表 4-17

操作过程	操作	显　示
①由坐标放样菜单（1/2）按 F3（输入放样点）键	F3	坐标放样　　（1/2） **F1:** 输入测站点 **F2:** 输入后视点 **F3:** 输入放样点 ▼ 输入放样点 点名：SOUTH　19 回退　调用　字母　坐标
②输入点号，按 ENT （回车）键，进入棱镜高输入界面	输入点号 ENT	输入棱镜高 镜高：0.000　m 回退
③按同样方法输入反射镜高，当放样点设定后，仪器就进行放样元素的计算。 HR：放样点的方位角计算值 HD：仪器到放样点的水平距离计算值	输入镜高 ENT	PSM-30　PPM 4.6 放样参数计算 **HR:**　155° 30' 20" **HD:**　122.568 m 继续
④照准棱镜，按 F4 继续键 HR：放样点方位角 dHR：当前方位角与放样点位的方位角之差＝实际水平角—计算的水平角 当 dHR＝0°00'00"时，即表明放样方向正确	照准	PSM-30　PPM 4.6 角度差调为零 **HR:**　155° 30' 20" **dHR:**　0° 00' 00" 距离　坐标　换点

续表

操作过程	操作	显　示
⑤按 F2 （距离）键 HD：实测的水平距离 dHD：对准放样点尚差的水平距离 dz＝实测高差—计算高差	F1	PSM -30　PPM 4.6 HD : 　169.355 m dH : 　−9.322 m dZ : 　0.336 m 测量　角度　坐标　换点
⑥按 F1 （模式）键进行精测	F1	PSM -30　PPM 4.6 HD*　169.355 dH:　−9.322 m dZ :　0.336 m 测量　角度　坐标　换点
⑦当显示值 dHR、dHD 和 dZ 均为 0 时，则放样点的测设已经完成		PSM -30　PPM 4.6 HD*　169.355 m dH :　0.000 m dZ :　0.000 m 测量　角度　坐标　换点 PSM -30　PPM 4.6 角度差调为零 HR : 　155° 30' 20" dHR : 　0° 00' 00" 　距离　坐标　换点
⑧按 F3 （坐标）键，即显示坐标值，可以和放样点值进行核对	F3	PSM -30　PPM 4.6 N :　236.352 m E :　123.622 m Z :　1.237 m 测量　角度　　换点
⑨按 F4 （换点）键，进入下一个放样点的测设	F4	输入放样点 点名 : 回退　调用　字母　坐标

习　题

1. 什么是平距？什么是斜距？为什么测量距离的最后结果都要化为平距？

2. 某水平距离往测 126.467m，返测为 126.449m，试计算其相对误差和平均值。

3. 有一钢尺，其尺长方程式为：$l = 30 - 0.010 + 1.25 \times 10^{-5} \times 30 \times (t - 20℃)$，在标准拉力下，用该尺测得某尺段的名义长为 29.354m，丈量时的平均气温为 6℃，高差为 0.246m，求实际平距为多少？

4. 影响钢尺量距精度的因素有哪些？如何消除或减弱这些因素的影响？

5. 简述相位式光电测距的基本原理。

6. 完成下表中视距测量的计算：

视距测量记录表   表 4-18

测站高程：132.43m   仪器高：$i = 1.52$m

点号	上丝（m）下丝（m）	视距间隔（m）	中丝读数（m）	竖盘读数（° ′ ″）	竖直角（° ′ ″）	水平距离（m）	高差（m）	高程（m）
1	1.881		1.56	87 18 00				
	1.242							
2	2.875		2.00	93 18 00				
	1.120							

7. 简述全站仪主要功能。

项目五　直线定向与坐标计算

【知识目标】 直线定向的概念，直线定向的方法，坐标方位角的推算，坐标正算与坐标反算。

【能力目标】 坐标方位角的推算，坐标正算与坐标反算。

任务一　直　线　定　向

两点之间的水平距离只能确定两点的相对位置，要确定地面两点间的绝对位置关系，还必须确定该直线与标准方向之间的角度关系。确定直线与标准方向之间的水平角度称为直线定向。

一、标准方向的种类

用于直线定向的标准方向有真子午线方向、磁子午线方向和坐标纵轴方向。

1. 真子午线方向

通过地球表面某点的真子午线的切线方向称为该点真子午线方向。真子午线方向用天文测量方法或用陀螺经纬仪进行测定。

2. 磁子午线方向

磁子午线方向是在地球磁场的作用下，磁针自由静止时磁针所指的方向。磁子午线方向可用罗盘仪测定。

3. 坐标纵轴方向

我国采用高斯平面直角坐标系，每 6°或 3°投影带都以该带中央子午线的投影作为坐标纵轴，其特点是在同一坐标系中各点的纵坐标轴相互平行。因此，在工程测量中常用坐标纵轴方向作为直线定向的标准方向。

二、表示直线方向的方法

测量工作中的直线都是具有一定方向的，通常用方位角和象限角来表示。

1. 方位角

由标准方向的北端起，顺时针方向量到某直线的水平角，称为该直线的方位角。方位角的变化范围是 $0°\sim360°$，如图 5-1 所示。若标准方向 ON 为真子午线，并用 A 表示真方位角，则 A_1、A_2、A_3、A_4 分别为直线 $O1$、$O2$、$O3$、$O4$ 的真方位角。若 ON 为磁子午线方向，则各角分别为相应直线的磁方位角。磁方位角用 A_m 表示。若 ON 为坐标纵轴方向，则各角分别为相应直线的坐标方位角，用 α 来表示之。

（1）几种方位角之间的关系

1）真方位角与磁方位角之间的关系

由于地磁南北极与地球的南北极并不重合，因此，过地面上某点的真子午线方向与磁子午线方向一般不重合，两者之间的夹角称为磁偏角δ，如图 5-2 所示。磁北方向偏于真北方向以东称东偏，δ 取正值，偏于真子午线以西称西偏，δ 取负值。直线的真方位角与磁方位角之间可用下式进行换算：

$$A = A_m + \delta \tag{5-1}$$

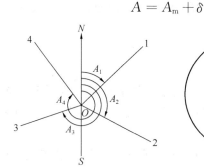
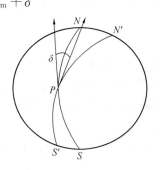

图 5-1　直线方位表示方法　　　　图 5-2　磁偏角 δ

我国磁偏角的变化大约在$-10°$到$+6°$之间。

2）真方位角与坐标方位角之间的关系

中央子午线在高斯投影平面上是一条直线，作为该带的坐标纵轴，而其他子午线投影后为收敛于两极的曲线，如图 5-3 所示。地面点 M、N 等点的真子午线方向与中央子午线之间的角度，称为子午线收敛角，用 γ 表示。当地面点的坐标纵轴位于真子午线方向的东侧时，γ 为正值；当地面点的坐标纵轴位于真子午线方向西侧时，γ 为负值。某点的子午线收敛角 γ，可由该

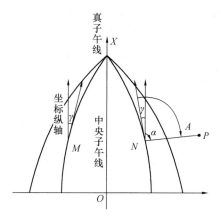

图 5-3　子午线收敛角

点的高斯平面直角坐标为引数，在测量计算用表中查到。也可用下式计算：

$$\gamma = (L - L_0)\sin B \tag{5-2}$$

式中　L_0——中央子午线的经度；

L、B——计算点的经度和纬度。

由图 5-3 可以看出真方位角 A 与坐标方位角 α 之间的关系换算为：

$$A_{12} = \alpha_{12} + \gamma \tag{5-3}$$

3）坐标方位角与磁方位角之间的关系

若已知某点的磁偏角 δ 与子午线收敛角 γ，则坐标方位角与磁方位角之间的换算式为：

$$\alpha = A_m + \delta - \gamma \tag{5-4}$$

（2）正、反坐标方位角

由于地面各点的真（或磁）子午线收敛于两极，各点的真（或磁）北方向并不互相平行。因此，同一直线的真（或磁）正、反方位角之间并不严格相差

180°，这给测量计算带来不便。故测量工作中常采用坐标方位角进行直线定向。

同一直线具有正、反两个方位角，如图 5-4 中直线 AB。以过 A 点的坐标纵轴北方向为标准方向来确定直线 AB 的坐标方位角 α_{AB}，称为直线 AB 的正坐标方位角。以过 B 点的坐标纵轴北方向确定直线 AB 的坐标方位角 α_{BA}，称为直线 AB 的反坐标方位角（是直线 BA 的正坐标方位角）。正、反坐标方位角相差 180°，即：

$$\alpha_{反} = \alpha_{正} \pm 180° \tag{5-5}$$

（3）坐标方位角的推算

为了整个测区坐标系统的统一，测量工作中并不直接测定每条边的方位角，而是通过观测相邻两边构成的水平角，进而将已知边的坐标方位角推算出未知边的坐标方位角。

在图 5-5 中，A、B 两点坐标为已知，则称 AB 边为已知边。通过联测得到 AB 边与 $A1$ 边的连接角 β（为左角），若测出了各点的转折角 β_A、β_1、β_2 和 β_3（为右角），根据 AB 边的已知坐标方位角 α_{AB}，可以沿着 B-A-1-2-3-A 的推算路线来推算 $A1$、12、23 和 $3A$ 边的坐标方位角。

左、右角的判定方法是：站在转折角的顶点，面向推算路线的行进方向，若转折角在左手边，则该转折角为左角；若在右手边，则为右角。图 5-6 中的连接角 β' 为左角，其余转折角均为右角。由图 5-6 可以看出：

$$\alpha_{A1} = \alpha_{AB} - (360° - \beta'_{左}) = \alpha_{AB} - 180° + \beta'_{左}$$
$$\alpha_{12} = \alpha_{1A} - \beta_{1(右)} = \alpha_{A1} + 180° - \beta_{1(右)}$$
$$\alpha_{23} = \alpha_{12} + 180° - \beta_{2(右)}$$
$$\alpha_{3A} = \alpha_{23} + 180° - \beta_{3(右)}$$
$$\alpha_{A1} = \alpha_{3A} + 180° - \beta_{A(右)}$$

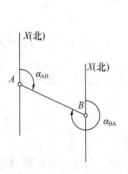

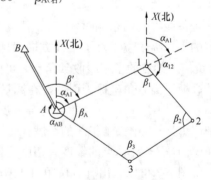

图 5-4　正反坐标方位角　　　　图 5-5　坐标方位角推算

将两次算得的 α_{A1} 进行比较，以便检核计算是否有错。

由上述推导可以得到推算坐标方位角的一般公式为：

$$\left.\begin{array}{l} \alpha_{前} = \alpha_{后} + \beta_{左} - 180° \\ \alpha_{前} = \alpha_{后} - \beta_{右} + 180° \end{array}\right\} \tag{5-6}$$

在式（5-6）中，若观测角 β 为左角时，取正号，则减去 180°；若 β 为右角时，取负号，则加上 180°。$\alpha_{前}$ 与 $\alpha_{后}$ 的确定方法是站在某一转折点，面向方位角推进的方向，前面边的坐标方位角为 $\alpha_{前}$，背后边的坐标方位角为 $\alpha_{后}$。

注意，若计算出的 $\alpha_{前}$ 大于 $360°$，则减去 $360°$；若 $\alpha_{前}$ 小于 $0°$，则加上 $360°$。

【例题 5-1】 如图 5-6，A、B 为已知点，AB 边的方位角 α_{AB} 已知，β_1（右角）和 β_2（左角）为观测的转折角，其值分别为：$\alpha_{AB}=45°10'20''$，$\beta_1=148°49'00''$，β_2 $=161°16'28''$，请推算 1-2 边的坐标方位角。

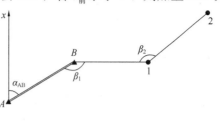

图 5-6　坐标方位角推算

【解】（1）推算 B-1 边方位角

$$\alpha_{B1}=\alpha_{AB}+180°-\beta_1=45°10'20''+180°-148°49'=76°21'20''$$

（2）推算 1-2 边方位角

$$\alpha_{12}=\alpha_{B1}-180°+\beta_2=76°21'20''-180°+161°16'28''=57°37'48''$$

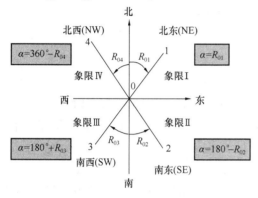

图 5-7　象限角

2. 象限角

某直线的象限角是由直线起点所做的标准方向北端或南端起量至该直线的锐角，用 R 表示，如图 5-7 所示。由于标准方向的不同，象限角分为真象限角、磁象限角和坐标象限角，其取值范围是 $0°\sim90°$。

在图 5-7 中，若直线 01 的象限角 R_{01} 是北偏东 $45°$，记为 NE45°。方位角也有正反象限角之分，正坐标象限角与反坐标象限角角值相同，方位相反。

方位角与象限角之间存在确定的换算关系，方位不同换算计算的公式不同。

【例题 5-2】 如图 5-7，已知直线 02、03、04 的坐标象限角分别是 $R_{01}=$ NE45°，$R_{02}=$SE45°，$R_{03}=$SW45°，$R_{04}=$NW45°，求 R_{10}、R_{20}、R_{30}、R_{40} 和 α_{01}、α_{02}、α_{03}、α_{04}。

【解】 $R_{10}=$SW45°，$R_{20}=$NW45°，$R_{30}=$NE45°，$R_{40}=$SE45°

$\alpha_{01}=R_{01}=45°$

$\alpha_{02}=180°-R_{02}=135°$

$\alpha_{03}=180°+R_{03}=225°$

$\alpha_{04}=360°-R_{04}=315°$

任务二　平面坐标的正算与反算

在工程勘察和设计中，通常用平面直角坐标表示地面点的平面位置，需要将测算得到的两点之间的水平距离和坐标方位角计算得到点的平面坐标。在工程施工中，通常需要根据控制点和待测设点的平面坐标，计算出两点间的水平距离和

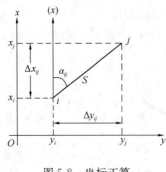

图 5-8　坐标正算

坐标方位角，进而推算出测设所需的水平角，以便进行施工放样。

一、坐标正算

根据直线始点的坐标和始点至终点的长度与坐标方位角计算终点的坐标，称为坐标正算。如图 5-8 所示，由 i 点的坐标和直线 ij 的边长 S、方位角 α_{ij} 计算 j 点坐标的过程便是坐标正算。

用 Δx_{ij}、Δy_{ij} 分别表示直线 ij 的纵、横坐标增量，则有：

$$\left.\begin{array}{l} \Delta x_{ij} = S \cdot \cos\alpha_{ij} \\ \Delta y_{ij} = S \cdot \sin\alpha_{ij} \end{array}\right\} \qquad (5\text{-}7)$$

j 点坐标为：

$$\left.\begin{array}{l} x_j = x_i + \Delta x_{ij} \\ y_j = y_i + \Delta y_{ij} \end{array}\right\} \qquad (5\text{-}8)$$

目前，学生使用的 CASIO $fx-95$ MS 科学计算器可以运用其将极坐标转换为直角坐标的功能，输入边长 D 和方位角 α 后直接获得坐标增量，其键序如下：

按键 [SHIFT]、[Rec (]、D、[,]、α、[)]、[=]，显示 ΔX，再按 [RCL]、[F]（实际是 [tan] 键），显示 ΔY。

注意，运用计算器将极坐标转换为直角坐标的功能时，计算器应处于 DEG 状态，即六十进制状态，输入角度时按要求输入度、分、秒。否则，计算结果会出现错误。

【例题 5-3】已知 C 点坐标为（426.432，487.668），$\alpha_{CD}=125°46'48''$，$D_{AB}=478.925\mathrm{m}$，求 D 点坐标。

【解】（1）按公式（5-8）计算

$$x_D = x_C + D_{AB} \times \cos\alpha_{CD} = 146.417\mathrm{m}$$

$$y_D = y_C + D_{AB} \times \sin\alpha_{CD} = 876.204\mathrm{m}$$

（2）用计算器将极坐标转换为直角坐标的功能计算

[SHIFT]、[Rec (]、478.925、[,]、125、[° ′ ″]、46、[° ′ ″]、48、[° ′ ″]、[)]、[=1]，显示 $\Delta X=-280.015$，加上 x_C，$x_D=146.417\mathrm{m}$；

再按键 [RCL]、[F]，显示 $\Delta Y=388.536$，加上 y_C，$y_D=876.204\mathrm{m}$。

二、坐标反算

根据直线始点和终点的坐标计算直线的水平距离和坐标方位角，称为坐标反算。

在图 5-8 中，直线 ij 的纵、横坐标增量为：

$$\left.\begin{array}{l} \Delta x_{ij} = x_j - x_i \\ \Delta y_{ij} = y_j - y_i \end{array}\right\} \tag{5-9}$$

求得坐标增量之后，分别按式（5-10）和式（5-11）计算直线 ij 的边长 S 和方位角 α_{ij}。

$$S = \sqrt{(\Delta x_{ij})^2 + (\Delta y_{ij})^2} \tag{5-10}$$

$$\alpha_{ij} = \tan^{-1} \frac{\Delta y_{ij}}{\Delta x_{ij}} \tag{5-11}$$

按公式（5-11）计算方位角时，若 Δx_{ij} 和 Δy_{ij} 均为正数，则计算出的 α_{ij} 就是直线 ij 边的方位角；若 Δx_{ij} 和 Δy_{ij} 的均为负数，则需要加上 $180°$；若 Δx_{ij} 为负，Δy_{ij} 为正数时，需要加上 $180°$；若 Δx_{ij} 为正，Δy_{ij} 为负时，需要加上 $360°$。

此外，还可以先计算出象限角，再根据方位角与象限角之间的关系换算为方位角。象限角计算公式为：

$$R_{ij} = \tan^{-1} \left| \frac{\Delta y_{ij}}{\Delta x_{ij}} \right| \tag{5-12}$$

使用 CASIO fx-95MS 科学计算器可以运用其将直角坐标转换为极坐标的功能，输入 ΔX 和 ΔY 后直接获得坐标增量，其键序如下：

按 [Pol (]、ΔX、[,]、ΔY、[)]、[=]，显示 D，再按 [RCL]、[F]（实际是 [tan] 键），显示 α。

注意，运用计算器将直角坐标转换为极坐标的功能时，计算器亦应处于 DEG 状态，即六十进制状态，以防计算结果出现错误。

【例题 5-4】已知 C 点坐标为（426.432，487.668），D 点坐标为（146.417，876.204）求 α_{CD} 和 D_{CD}。

【解】（1）按公式（5-10）和式（5-11）计算

$$S = \sqrt{(\Delta x_{ij})^2 + (\Delta y_{ij})^2} = 478.924\text{m}$$

$$\alpha_{ij} = \tan^{-1} \frac{\Delta y_{ij}}{\Delta x_{ij}} = \tan^{-1}(\Delta Y_{CD}/\Delta X_{CD}) = \tan^{-1}(388.536/-280.015) = 125°46'48''$$

（2）用计算器将直角坐标转换为极坐标的功能计算

按 [PoL (]、（146.417－426.432）、[,]、（876.204－487.668）、[)]、[=]，显示 $D = 478.924$，按 [RCL]、[F]，显示 $\alpha = 125.7800115$，再按 [SHIFT] 键和 [° ′ ″] 键，显示 $\alpha_{CD} = 125°46'48''$。

习　题

1. 什么叫直线定线？标准方向有哪几种？

2. 直线定向的方法有哪些？方位角和象限角如何换算？

3. 何谓坐标正算？何谓坐标反算？请写出相应的计算公式。

4. 在图 5-5 中，$\alpha_{AB} = 320°16'21''$，$\beta' = 98°20'16''$，$\beta_A = 60°30'00''$，$\beta_1 = 92°16'17''$，请推算 A-3 边和 1-2 边的坐标方位角。

5. 已知 A 点坐标为（1506.362，446.836），$\alpha_{AB} = 126°36'24''$，$D_{AB} = 368.268\text{m}$，求 B 点

坐标。

6. 已知各点的坐标如下表，试计算 α_{12}、α_{23}、α_{34}、α_{41}、α_{42} （计算到秒）。

点名	1	2	3	4
X （m）	867.354	765.231	708.745	546.876
Y （m）	479.543	578.423	699.876	678.652

项目六　测量误差基本知识

【知识目标】测量误差的分类，衡量精度的标准，误差传播定律，算术平均值的中误差，加权平均值的中误差。

【能力目标】能分析误差产生的原因并采取措施消减其影响，能进行精度评定，能运用误差传播定律解决实际问题。

任务一　测　量　误　差

一、测量误差的概念

在测量工作中，对某一未知量进行多次观测时，不论测量仪器有多精密，多么严格地按照操作规则进行观测，各次观测结果总是不会完全相等，观测值之间总是存在差异。若对三角形各内角进行观测，其内角和往往不等于 $180°$。这些差异说明要测量就不可避免地会产生误差，测量误差就是观测值与理论值（真值）之差。假设某量的观测值为 L，其理论值为 X，则测量误差 Δ 为：

$$\Delta = L - X \tag{6-1}$$

二、测量误差的来源与观测条件

测量误差的产生主要源于三个方面：一是测量仪器制造和检验校正的不完善；二是观测者感觉器官的鉴别能力和技术水平受到限制；三是外界条件的变化，如风力、温度、湿度、光线明亮程度的变化。

通常把观测者、测量仪器和外界条件称为**观测条件**。在相同的观测条件下，进行的一系列观测称之为等精度观测；在不同的观测条件下，进行的一系列观测称之为非等精度观测。观测条件好，则观测精度高；观测条件差，则观测精度低。

三、测量误差的分类

观测误差按其性质可分为系统误差、偶然误差和粗差。

1. 系统误差

在相同的观测条件下，对某一未知量进行一系列观测，若误差的符号和大小按照一定的规律变化，或保持不变，这种误差被称之为系统误差。系统误差主要由仪器制造或校正不完善、观测员的观测习惯、测量时外界条件变化等原因引起。例如，水准测量中的 i 角误差。

系统误差在观测成果中具有累计性，对成果质量影响显著，应在观测中采取相应措施予以消除或削弱其影响，消减的主要措施如下：

（1）采用一定观测方法或观测程序来消除或减弱系统误差的影响。例如，在测水平角时，采用盘左和盘右观测取其平均值，可以消除视准轴误差、横轴误差、度盘偏心差等；在水准测量时，前后视距相等可以消除 i 角误差、地球曲率和大气折光的影响。

（2）对测量结果施加改正数。例如，光电测距结果施加气象改正、加常数改正、乘常数改正，可以消除气象条件变化和仪器的固定误差、比例误差的影响。

（3）检校仪器。定期检校仪器，确保仪器各轴系之间满足正确的几何关系。

2. 偶然误差

在相同的观测条件下，对某一未知量进行一系列观测，如果观测误差的大小和符号没有明显的规律性，则称其为偶然误差。例如在水平角测量中的瞄准误差，读数时估读误差，它们的符号和大小均不相同，都属于偶然误差。就单个偶然误差来看，其符号和大小没有一定的规律，但对大量的偶然误差而言，它们遵循正态分布的统计规律。

偶然误差不能通过采用一定措施加以消除，只能通过提高观测精度和合理地处理观测数据减少其对测量成果的影响。

3. 粗差

粗差，即错误。产生错误的原因较多，如由作业人员疏忽大意引起的读错、记错、照错目标等。错误对观测成果的影响极大，所以在测量成果中绝对不允许有错误存在。防止错误出现的方法是进行必要的多余观测，通过精度检核发现错误并加以剔除。

四、偶然误差的特性

在测量工作中，可以采取一定措施消除或减弱系统误差的影响，粗差可以发现并剔除，而偶然误差则无法消除，合理处理偶然误差需要研究它们的规律特性。

例如，在相同的观测条件下，对 358 个三角形的内角进行了观测，由于观测值含有偶然误差，致使每个三角形的内角和不等于 180°。由式（6-1）计算出 358 个三角形内角和的真误差，即：

$$\Delta_i = L_i - 180° \qquad (i=1, 2, \cdots, 358)$$

将 358 个三角形内角和的真误差按照大小和 $d\Delta$（0.2″）为区间，间隔划分进行统计，在各区间正负误差出现的个数 v 及其频率 v/n（$n=358$），则得统计表（表 6-1）。

偶然误差统计表　　　　　　　　　　　　表 6-1

误差区间 $d\Delta/''$	正 误 差		负 误 差		合 计	
	个数 v	频率 v/n	个数 v	频率 v/n	个数 v	频率 v/n
0.0～0.2	45	0.126	46	0.128	91	0.254
0.2～0.4	40	0.112	41	0.115	81	0.226
0.4～0.6	33	0.092	33	0.092	66	0.184

续表

误差区间 dΔ/″	正　误　差		负　误　差		合　　计	
	个数 v	频率 v/n	个数 v	频率 v/n	个数 v	频率 v/n
0.6~0.8	23	0.064	21	0.059	44	0.123
0.8~1.0	17	0.047	16	0.045	33	0.092
1.0~1.2	13	0.036	13	0.036	26	0.073
1.2~1.4	6	0.017	5	0.014	11	0.031
1.4~1.6	4	0.011	2	0.006	6	0.017
1.6 以上	0	0	0	0	0	0
合计	181	0.505	177	0.495	358	1.000

从表 6-1 中可看出，最大误差不超过 1.6″，误差小比误差大出现的频率高，绝对值相等的正、负误差出现的个数近于相等。通过大量实验统计结果证明了偶然误差具有如下特性：

（1）在一定的观测条件下，偶然误差的绝对值不会超过一定限值；

（2）绝对值小的误差比绝对值大的误差出现的机会多；

（3）绝对值相等的正误差与负误差出现的机会相等；

（4）当观测次数无限增多时，偶然误差的算术平均值趋近于零，即：

$$\lim_{n\to\infty}\frac{[\Delta]}{n}=0 \tag{6-2}$$

上述第四个特性说明，偶然误差具有抵偿性，它是由第三个特性导出的。

如果将表 6-1 中所列数据用直方图（图 6-1）表示，可以更直观地看出偶然误差的分布情况。图 6-1 中横坐标表示误差的大小，纵坐标表示各区间误差出现的频率除以区间的间隔值。根据每一区间和相应的纵坐标值画出一个长条矩形，则各矩形的面积等于误差出现在该区间内的频率 v/n。如图 6-1 中在 0.6″~0.8″区间的矩形面积等于出现在该区间误差的频率 0.064。显然，所有矩形面积的总和等于 1。

当误差个数足够多时，如果将误差的区间间隔无限缩小，则图 6-1 中各长方形将变成一条光滑的曲线，称为误差分布曲线，即偶然误差的理论分布（图 6-2 所示）。在数理统计中，称其为正态分布曲线。

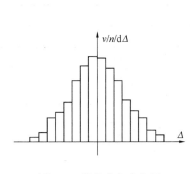 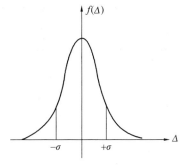

图 6-1　误差分布直方图　　　　　　图 6-2　误差的理论分布

掌握了偶然误差的特性，就能根据带有偶然误差的观测值求出未知量的最可靠值，并衡量其精度。同时，也可应用误差理论来研究最合理的测量工作方案和观测方法。

任务二　衡量精度的标准

当消除了系统误差和剔除了粗差之后，精度就是指一组观测误差分布的密集与离散程度。误差分布密集，则测量精度高；误差分布离散，则测量精度低。精度的高低可用误差统计表或直方图说明，但这样不便于实际应用，需要有一个数值能反映误差分布的密集与离散程度，将其作为评定精度的指标。评定测量成果精度的常用指标有方差和中误差、极限误差、相对误差。

一、方差和中误差

在相同的观测条件下，对某一未知量进行了 n 次独立观测，其观测值分别为 L_1、L_2、$\cdots$、L_n，相应的真误差为 Δ_1、Δ_2、$\cdots$、Δ_n，则定义该组观测值的方差 D 为：

$$D = \sigma^2 = \lim_{n \to \infty} \frac{[\Delta\Delta]}{n} \tag{6-3}$$

式中 $[\Delta\Delta] = \Delta_1^2 + \Delta_2^2 + \cdots + \Delta_n^2$，$\Delta_i = L_i - X$（$i = 1$、$2$、$\cdots n$）；

σ——中误差，也就是正态分布误差的标准差，即：

$$\sigma = \lim_{n \to \infty} \sqrt{\frac{[\Delta\Delta]}{n}} \tag{6-4}$$

式（6-3）和式（6-4）所表述的是观测次数为无限次时的方差和中误差的理论值，当 n 为有限次时，中误差的估计值 m 为：

$$m = \hat{\sigma} = \pm\sqrt{\frac{[\Delta\Delta]}{n}} \tag{6-5}$$

【例题 6-1】对同一三角形的内角和进行了两组观测，每组分别以等精度观测 8 次，其结果列于表 6-2，试分别计算两组观测的中误差，并比较精度高低。

三角形内角和观测误差　　　　　　　　　　　　　　　　表 6-2

第一组		第二组	
观测值（°　′　″）	真误差（″）	观测值（°　′　″）	真误差（″）
179　59　57	−3	180　00　01	+1
180　00　03	+3	179　59　55	−5
179　59　59	−1	179　59　59	−1
179　59　57	−3	180　00　06	+6
180　00　04	+4	179　59　56	−4
180　00　02	+2	180　00　00	0
179　59　59	−1	180　00　03	+3
179　59　56	−4	179　59　59	−1

【解】

$$m_1 = \pm\sqrt{\frac{9+9+1+9+16+4+1+16}{8}} = \pm 2.9''$$

$$m_2 = \pm\sqrt{\frac{1+25+1+36+16+0+9+1}{8}} = \pm 3.3''$$

比较 m_1 和 m_2 可知，第一组观测值的精度要比第二组高。

从表 6-2 中的误差可以看出，第一组的误差在 $-4'' \sim +4''$ 区间内波动，分布集中；第二组的误差在 $-5'' \sim +6''$ 区间内波动，分布离散。中误差就是表示误差分布的密集与离散程度，用于评定一组同精度观测值的精度，其大小反映各观测值与真值（或最或是值）波动的范围。

需要指出的是，中误差代表的是一组观测值的误差分布，即在一组等精度观测值中，尽管各观测值真误差的大小和符号各异，而观测值的中误差却是相同的。也就是说只要观测条件相同，则中误差相同，其相应的观测值精度相同。中误差的几何意义即为偶然误差分布曲线两个拐点的横坐标，其值小，则观测精度高，其值大，则观测精度较低。

二、容许误差

由偶然误差的第一特性可知，在一定的观测条件下，偶然误差的绝对值不会超过一定的限值。这个限值就是**容许误差**或称**极限误差**。可以从概率统计理论来确定极限误差和中误差的关系。在一组等精度观测值中，绝对值大于 m 的偶然误差，其出现的概率为 31.7%；绝对值大于 $2m$ 的偶然误差，其出现的概率为 4.5%；绝对值大于 $3m$ 的偶然误差，出现的概率仅为 3‰。

由于绝对值大于三倍中误差的偶然误差出现的概率仅为 3‰，其概率很小，可以认为是不可能事件。所以，通常以三倍的中误差作为偶然误差的极限误差，它与中误差的关系为：

$$\Delta_限 = 3m$$

在测量工作中为了确保观测精度，测量规范通常以两倍的中误差作为极限误差，称之为容许误差，即：

$$\Delta_容 = 2m \tag{6-6}$$

如果观测值中出现了大于容许误差的偶然误差，则认为该观测值不可靠，应舍去不用或重测。

三、相对误差

测量误差、中误差和极限误差统称为"绝对误差"，它们都有符号，并且单位与观测值相同。用中误差和极限误差可以评定与观测值大小无关量的精度，如角度、方向、高差等。但在距离测量中，绝对误差不能客观地反映观测值的精度。例如，用钢尺丈量长度分别为 100m 和 200m 的两段距离，若它们的中误差都是 $\pm 2cm$，则不能认为两者的精度相等。这时，采用相对误差就比较合理。相对误差等于绝对误差的绝对值与相应观测值 D 之比，它是一个无量纲的量，通常用分子为 1 的分数 K 表示：

$$相对误差 K = \frac{|绝对误差|}{观测值 D} = \frac{1}{T} \tag{6-7}$$

与绝对误差一样，相对误差对应地分为相对真误差、相对中误差和相对极限误差。当式（6-7）中绝对误差为中误差 m 时，K 称为相对中误差，即：

$$K_{中误差} = \frac{|m|}{D} = \frac{1}{\dfrac{D}{|m|}} \tag{6-8}$$

按照式（6-8）计算前面述及两段距离的相对中误差分别为 1/5000 和 1/10000，可以看出，后者精度较高。

当绝对误差为极限误差时，K 称为相对极限误差。测量中取相对极限误差为相对中误差的两倍，即：

$$K_{限} = 2K_{中误差} = \frac{1}{\dfrac{D}{|2m|}} \tag{6-9}$$

在距离测量中往返测量的相对误差要小于相对容许误差，相对误差是往返较差的绝对值与均值之比，即：

$$K = \frac{|D_{往} - D_{返}|}{D_{均值}} = \frac{|\Delta D|}{D_{均值}} = \frac{1}{\dfrac{D_{均值}}{|\Delta D|}} \tag{6-10}$$

相对误差用来反映距离测量的精度，其值越小，观测结果越可靠。若相对误差大于相对极限误差，则距离必须重测。

任务三　误差传播定律

在测量工作中，如果一系列等精度直接观测值的真误差可知，则可用中误差评定其精度。但在实际工作中，有些未知量是不可能或者是不便于直接观测获得的，而是根据某些直接观测量按一定的函数关系计算得来的，这些量称之为间接观测量。例如在光电测距中，水平距离是根据直接观测值倾斜距离 S 和竖直角 α 按 $D = S\cos\alpha$ 计算出来的。由于直接观测值中都带有误差，直接观测值的函数必然受到其误差的影响而产生误差。说明观测值的中误差与其函数中误差之间传播规律的定律叫做误差传播定律。

下面就以常见的几种直接观测值的函数关系来讨论误差传播的规律。

一、倍数函数

设有观测值的函数：

$$Z = kx \tag{6-11}$$

式中　k——常数；

x——观测值。

其中误差为 m_x，现在求观测值函数 Z 的中误差 m_Z。

设 x 和 Z 的真误差分别为 Δ_x 和 Δ_z，由式（6-11）知它们真误差之间的关系为：

$$\Delta_z = k\Delta_x$$

若对 x 共观测了 n 次，则每观测一次函数的真误差为：

$$\Delta_{Z_i} = k\Delta_{X_i} \quad (i = 1, 2, \cdots, n)$$

分别将上式等号两端平方后求和并除以 n，得：

$$\frac{[\Delta_z^2]}{n} = k^2 \frac{[\Delta_x^2]}{n} \tag{6-12}$$

按方差定义可知：

$$m_Z^2 = \frac{[\Delta_z^2]}{n}$$

$$m_x^2 = \frac{[\Delta_x^2]}{n}$$

所以，函数的方差为：

$$m_z^2 = k^2 m_x^2$$

则函数的中误差：

$$m_z = km_x \tag{6-13}$$

即观测值倍数函数的中误差等于观测值中误差与常数的乘积。

【例题 6-2】视距测量中视线水平时，水平距离 $D = kl$，已知观测视距间隔的中误差 $m_l = \pm 1 \text{cm}$，$k = 100$，求水平距离 D 的中误差。

【解】根据函数 $D = kl$ 和式（6-11）、式（6-13），得：

$$m_D = 100 \cdot m_l = \pm 1 \text{m}$$

二、和差函数

设有观测值的和差函数：

$$z = x \pm y \tag{6-14}$$

式中　x、y——独立观测值。

x，y 为独立观测值，中误差分别为 m_x 和 m_y，设它们的真误差分别为 Δ_x 和 Δ_y，则函数的真误差为：

$$\Delta_z = \Delta_x \pm \Delta_y$$

若对 x、y 均观测了 n 次，每观测一次则有：

$$\Delta_{z_i} = \Delta_{x_i} \pm \Delta_{y_i} \quad (i = 1, 2, \cdots, n)$$

分别将上式等号两端平方后求和并除以 n，则有：

$$\frac{[\Delta_z^2]}{n} = \frac{[\Delta_x^2]}{n} + \frac{[\Delta_y^2]}{n} \pm 2\frac{[\Delta_x \Delta_y]}{n}$$

上式 $[\Delta_x \Delta_y]$ 中各项均为偶然误差，根据偶然误差的特性，当 n 愈大时，式中最后一项将趋近于零，于是上式可写成：

$$\frac{[\Delta_z^2]}{n} = \frac{[\Delta_x^2]}{n} + \frac{[\Delta_y^2]}{n} \tag{6-15}$$

根据中误差定义，可得：

$$m_z^2 = m_x^2 + m_y^2 \tag{6-16}$$

即观测值和差函数中误差的平方等于两观测值中误差的平方之和。

【例题 6-3】 在 $\triangle ABC$ 中，$\angle C = 180° - \angle A - \angle B$，$\angle A$ 和 $\angle B$ 的观测中误差分别为 $3''$ 和 $4''$，求 $\angle C$ 的中误差。

【解】 根据式（6-14）和式（6-16）可知：

$$m_C = \pm\sqrt{m_A^2 + m_B^2} = \pm 5''$$

三、线性函数

设有观测值的线性函数：

$$Z = k_1 x_1 \pm k_2 x_2 \pm \cdots \pm k_n x_n \tag{6-17}$$

式中　x_1、x_2、$\cdots$、x_n——独立观测值；

　　　k_1、k_2、$\cdots$、k_n——常数。

综合式（6-11）和式（6-14）可得：

$$m_z^2 = (k_1 m_1)^2 + (k_2 m_2)^2 + \cdots + (k_n m_n)^2 \tag{6-18}$$

即观测值线性函数的中误差的平方等于各观测值中误差与相应常数乘积的平方之和。

【例题 6-4】 有一函数 $Z = 2x_1 + x_2 + 3x_3$，其中 x_1、x_2、x_3 的中误差分别为 $\pm 3\text{mm}$、$\pm 2\text{mm}$、$\pm 1\text{mm}$，求 Z 的中误差 m_Z。

【解】 根据式（6-17）和式（6-18）可知：

$$m_Z = \pm\sqrt{(2\times 3)^2 + 2^2 + 3^2} = \pm 7\text{mm}$$

四、一般函数

设有观测值的一般函数

$$Z = f(x_1, x_2 \cdots x_n) \tag{6-19}$$

式中　x_1、x_2、$\cdots$、x_n——独立观测值。

它们的中误差分别为 m_1，m_2，$\cdots m_n$，欲求观测值函数 Z 的中误差 m_Z。

设各独立观测量 x_i（$i=1$，2，$\cdots$，n）的真误差为 Δ_{x_i}，要知道函数 Z 的真误差 Δ_Z 与独立变量真误差 Δ_{x_i} 间的函数关系，首先对式（6-19）进行全微分：

$$\mathrm{d}Z = \frac{\partial f}{\partial x_1}\mathrm{d}x_1 + \frac{\partial f}{\partial x_2}\mathrm{d}x_2 + \cdots \frac{\partial f}{\partial x_n}\mathrm{d}x_n$$

式中　$\dfrac{\partial f}{\partial x_i}$——函数 Z 分别对各独立变量 x_i 所求的偏导数。

顾及独立观测值 Δx_i 及函数的真误差 Δ_z 均为微小量，可用 Δx_i 及 Δ_z 代替 $\mathrm{d}x_i$ 及 $\mathrm{d}Z$，则有：

$$\Delta_z = \frac{\partial f}{\partial x_1}\Delta_{x_1} + \frac{\partial f}{\partial x_2}\Delta_{x_2} + \cdots + \frac{\partial f}{\partial x_n}\Delta_{x_n}$$

式中 $\dfrac{\partial f}{\partial x_i}$ 是函数对 x_i 取的偏导数并用观测值代入算出的数值，它们是常数，因此，上式变成了线性函数，根据式（6-17）和式（6-18）得：

$$m_z^2 = \left(\frac{\partial f}{\partial x_1}\right)^2 m_1^2 + \left(\frac{\partial f}{\partial x_2}\right)^2 m_2^2 + \cdots + \left(\frac{\partial f}{\partial x_n}\right)^2 m_n^2 \tag{6-20}$$

式（6-20）是误差传播定律的一般形式。前述的倍数函数、和差函数和线性函数都是一般函数的特例。

从误差传播定律的推导过程可以看出，由直接观测值的中误差求函数中误差的步骤如下：

1. 列出函数式：$Z = f(x_1, x_2, \cdots, x_n)$；

2. 对函数式进行全微分得到真误差关系式：

$$\mathrm{d}Z = \frac{\partial f}{\partial x_1}\mathrm{d}x_1 + \frac{\partial f}{\partial x_2}\mathrm{d}x_2 + \cdots \frac{\partial f}{\partial x_n}\mathrm{d}x_n,$$

或写成　　$\Delta Z = f_1 \Delta x_1 + f_2 \Delta x_2 + \cdots f_n \Delta x_n$；

3. 运用误差传播律，求函数的中误差：$m_Z = \sqrt{f_1^2 m_1^2 + f_2^2 m_2^2 + \cdots + f_n^2 m_n^2}$。

【例题 6-5】测得某一斜距 $S = 106.28\mathrm{m}$，斜距的倾角（竖直角）$\delta = 8°30'$，它们中误差分别为 $m_S = \pm 5\mathrm{cm}$、$m_\delta = \pm 20''$，求其水平距离的中误差 m_D。

【解】列出函数式，水平距离 $D = S \cdot \cos\delta$，对其全微分化成线性函数，用"Δ"代替"d"，得：

$$\Delta_D = \cos\delta \cdot \Delta_s - S\sin\delta\Delta_\delta$$

运用误差传播律，则有：

$$m_D^2 = \cos^2\delta m_s^2 + (S \cdot \sin\delta)^2 \left(\frac{m_\delta}{\rho''}\right)^2$$

$$= (0.989)^2 \times (\pm 5)^2 + (1570.918)^2 \times \left(\frac{20}{206265}\right)^2$$

$$= 24.45 + 0.02 = 24.47\mathrm{cm}^2$$

$$m_D = \pm 4.9\mathrm{cm}$$

在计算中，为单位统一，$\left(\frac{m_\delta}{\rho''}\right)$ 是将角值的单位由秒化为弧度，$\rho = 206265''$。

五、应用举例

1. 水准测量精度分析

水准测量中 A 点到 B 点间共测了 n 站，各测站的高差分别为 h_i，则 A、B 两点的高差 h_{AB} 为：

$$h_{AB} = h_1 + h_2 + \cdots + h_n$$

假设各测站高差的精度相同，其中误差均为 $m_站$，由误差传播定律可得：

$$m_{AB}^2 = m_{h_1}^2 + m_{h_2}^2 + \cdots + m_{h_n}^2$$

由于 $m_{h_1} = m_{h_2} = \cdots = m_{h_n} = m_站$，则：

$$m_{h_{AB}} = m_站\sqrt{n} \tag{6-21}$$

若地势平坦，设各测站前后视距的和 l 大致相等，A、B 间距离为 L，则测站数为 $n = \dfrac{L}{l}$，带入上式得：

$$m_{h_{AB}} = m_站\sqrt{\frac{L}{l}}$$

若 $L = 1\mathrm{km}$，各测站前后视距的和 l 以千米计，带入上式，即得 1km 观测高

差中误差为:

$$m_{千米} = m_{站}\sqrt{\frac{1}{l}}$$

当 A、B 间距离为 L 公里时,高差中误差为:

$$m_{h_{AB}} = m_{千米}\sqrt{L} \qquad (6\text{-}22)$$

由此可得出以下结论:当各测站高差观测精度相同时,水准测量高差中误差与测站数的平方根成正比;当各测站前后视距之和大致相等时,水准测量高差中误差与距离的平方根成正比。

2. 水平角测量精度分析

用 DJ₆ 经纬仪进行水平角观测,设某测回左目标 A 的方向值为 β_A,右目标 B 的方向值为 β_B,则该测回的角度值为 $\beta = \beta_B - \beta_A$,一测回方向值中误差为 $m = \pm 6''$,其一测回测角中误差 m_β 为:

$$m_\beta = \pm\sqrt{m_{\beta_A}^2 + m_{\beta_B}^2}$$

已知 $m_{\beta_A} = m_{\beta_A} = m$,则 DJ₆ 经纬仪一测回角值的中误差为:

$$m_\beta = \pm\sqrt{2}m = \pm\sqrt{2} \times 6'' = \pm 8.5''$$

当观测条件相同时,各测回间角值互差 $\Delta_\beta = \beta_1 - \beta_2$ 的中误差为:

$$m_{\Delta_\beta} = \sqrt{2}m_\beta$$

若以 2 倍中误差作为限差,则各测回角值互差的限差为:

$$\Delta_{\beta_{限}} = 2m_{\Delta_\beta} = 2 \times \sqrt{2} \times m_\beta = 2 \times \sqrt{2} \times \sqrt{2}m = 24''$$

任务四　算术平均值及其中误差

在测量工作中,为了提高精度和发现错误,往往对某一未知量等精度地观测 n 次,将其算术平均值作为最接近真值的最可靠值,有时又称其为最或然值。

一、等精度直接观测值的最可靠值

设在相同的观测条件下对某量观测了 n 次,观测值分别为 L_1、L_2、$\cdots$、L_n,其真值为 X,真误差为 Δ_1、Δ_2、$\cdots$、Δ_n。由式(6-1)可写出各次观测值的真误差为:

$$\Delta_i = L_i - X \qquad (i = 1, 2, \cdots, n)$$

分别将 n 个真误差等式的左、右两边相加,得:

$$[\Delta] = [L] - nX$$

故有:

$$X = \frac{[L]}{n} - \frac{[\Delta]}{n}$$

若以 x 表示上式等号右边第一项,即:

$$x = \frac{[L]}{n} \qquad (6\text{-}23)$$

称 x 为等精度观测值的算术平均值。则有:

$$X = x - \frac{[\Delta]}{n}$$

上式等号右边第二项是真误差的算术平均值，由偶然误差的第四特性可知，当观测次数 n 无限增多时，$\lim_{n \to \infty} \frac{[\Delta]}{n} = 0$，则 $x = \lim_{n \to \infty} \frac{[L]}{n} = X$。

由此可见，当观测次数 n 趋近于无穷大时，算术平均值就趋近于未知量的真值。当 n 为有限次时，算术平均值是最接近真值的值，称其为最可靠值或最或然值，作为观测的最后结果。

二、用观测值的改正数求观测值的中误差和算术平均值的中误差

根据中误差定义，要计算观测值的中误差，必须知道观测值 L_i 的真误差 Δ_i。但是，由于某些未知量的真值常常无法获知，因而真误差无法知道。此时，可利用算术平均值与观测值的差值——**改正数**来计算观测值的中误差。观测值的改正数为：

$$\upsilon_i = x - L_i \quad (i = 1、2、\cdots、n) \tag{6-24}$$

将 n 个改正数等式两边求和，则有：

$$[\upsilon] = nx - [L] = 0 \tag{6-25}$$

此式常用作改正数计算的检核。

观测值的真误差 $\Delta_i = L_i - X \quad (i = 1、2、\cdots、n)$

将观测值的改正数与真误差两式相加，得：

$$\Delta_i + \upsilon_i = x - X \quad (i = 1、2、\cdots、n)$$

令 $x - X = \delta$，代入上式，并移项整理得：

$$\Delta_i = -\upsilon + \delta \quad (i = 1、2、\cdots、n)$$

将上述各式自乘求和，并考虑 $[\nu]\delta = 0$，得：

$$[\Delta\Delta] = [\upsilon\upsilon] + n\delta^2$$

将上式两边都除以 n，有：

$$\frac{[\Delta\Delta]}{n} = \frac{[\upsilon\upsilon]}{n} + \delta^2 \tag{6-26}$$

又考虑 $\delta = x - X = \frac{[L]}{n} - \frac{nX}{n} = \frac{[L-X]}{n} = \frac{[\Delta]}{n}$，则有：

$$\delta^2 = \frac{[\Delta]^2}{n^2} = \frac{1}{n^2}(\Delta_1^2 + \Delta_2^2 + \cdots \Delta_n^2 + 2\Delta_1\Delta_2 + 2\Delta_1\Delta_3 + \cdots + 2\Delta_{n-1}\Delta_n)$$

$$= \frac{[\Delta\Delta]}{n^2} + \frac{2}{n^2}(\Delta_1\Delta_2 + \Delta_1\Delta_3 + \cdots + \Delta_{n-1}\Delta_n) \tag{6-27}$$

由于 Δ_1、Δ_2、$\cdots$、Δ_n 是相互独立的偶然误差，故 $\Delta_1\Delta_2$、$\Delta_1\Delta_3$、$\cdots$、$\Delta_{n-1}\Delta_n$ 亦具有偶然误差的性质。当 $n \to \infty$ 时，式（6-27）等号右边第二项趋于零。即使当 n 为较大的有限值时，式（6-27）等号右边第二项的值远比第一项小，可以忽略不计。于是式（6-26）整理为：

$$\frac{[\Delta\Delta]}{n} = \frac{[\upsilon\upsilon]}{n} + \frac{[\Delta\Delta]}{n^2}$$

根据中误差定义，上式可写为：

$$m^2 = \frac{[vv]}{n} + \frac{m^2}{n}$$

故观测值的中误差为：

$$m = \pm\sqrt{\frac{[vv]}{n-1}} \tag{6-28}$$

式（6-28）即为用改正数计算等精度观测值中误差的公式，称为白塞尔公式。

已知 $x = \dfrac{L_1 + L_2 + \cdots + L_n}{n} = \dfrac{L_1}{n} + \dfrac{L_2}{n} + \cdots + \dfrac{L_n}{n}$，每次观测值的中误差均为 m，应用误差传播定律，等精度观测算术平均值的中误差 M 为：

$$M = \sqrt{\frac{1}{n^2}m^2 + \frac{1}{n^2}m^2 + \cdots + \frac{1}{n^2}m^2} = \frac{m}{\sqrt{n}} \tag{6-29}$$

用改正数计算算术平均值中误差的公式为：

$$M = \frac{m}{\sqrt{n}} = \pm\sqrt{\frac{[vv]}{n(n-1)}} \tag{6-30}$$

由式（6-29）可以看出，n 次等精度直接观测值的算术平均值的中误差为观测值中误差的 $1/\sqrt{n}$。

【例题 6-6】对某段距离进行了 5 次等精度观测，观测结果列于表 6-3，试求该段距离的最或是值、观测值中误差及最或是值中误差。计算见表 6-3。

【解】最后结果可写成 $x = 251.49 \pm 0.01$（m）。

算术平均值计算和精度评定　　　　　　　　　　　　　　表 6-3

序号	L (m)	v (cm)	vv (cm)	精　度　评　定
1	251.52	-3	9	
2	251.46	$+3$	9	
3	251.49	0	0	$m = \pm\sqrt{\dfrac{20}{4}} = 2.2\,\text{mm}$
4	251.48	-1	1	
5	251.50	$+1$	1	$M = \pm\dfrac{m}{\sqrt{n}} = \sqrt{\dfrac{[vv]}{n(n-1)}} = \sqrt{\dfrac{20}{5\times4}} = 1\,\text{cm}$
	$x = \dfrac{[L]}{n} = 251.49$	$[v] = 0$	$[vv] = 20$	

【例题 6-7】用 DJ$_2$ 经纬仪测水平角，若一测回角度测量中误差 $m = \pm2.83''$，当测角中误差要求 $m_\beta = \pm1.8''$ 时，至少应测多少测回才能满足精度要求？

【解】根据题意，可知 $\beta = \dfrac{\beta_1 + \beta_2 + \cdots + \beta_n}{n}$，根据式（6-29），则有：

$$m_\beta = \frac{m}{\sqrt{n}} = 1.8'' = \frac{2.83''}{\sqrt{n}}$$

解得测回数 $n = 3$，即至少应测 3 测回才能满足测角的精度要求。

任务五　加权平均值及其中误差

对某一未知量在不同的观测条件下进行观测时，各次观测值的精度是不同的。此时，要计算未知量的最可靠值，需要考虑各个观测值中误差的比例关系，将它们的比例数值称之为观测值的权。权是衡量观测精度高低的数值，精度较高的观测值其权值大，在计算最可靠值时考虑的分量重。

例如，对某未知量分两组进行观测，第一组观测 4 次，观测值为 L_1、L_2、L_3、L_4，第二组观测 3 次，观测值为 L'_1、L'_2、L'_3，各次观测是等精度观测，则每组的算术平均值分别为：

$$x_1 = \frac{L_1 + L_2 + L_3 + L_4}{4}, x_2 = \frac{L'_1 + L'_2 + L'_3}{3}$$

可见，x_1 和 x_2 是不等精度观测值，x_1 的精度比 x_2 高。若取 x_1 的权为 4，x_2 的权为 3，得加权平均值为：

$$x = \frac{4x_1 + 3x_2}{4 + 3}$$

此时，x_1 与 x_2 精度的比例关系是 4：3。

若将加权平均值展开 $x = \dfrac{4x_1 + 3x_2}{4 + 3} = \dfrac{L_1 + L_2 + L_3 + L_4 + L'_1 + L'_2 + L'_3}{7}$

可见，加权平均值与 7 次等精度观测值的算术平均值相等。

一、观测值的权

设有一系列观测值 L_i（$i=1$、2、…、n），它们的方差分别是 m_i^2（$i=1$、2、…、n），如果选定任意常数 m_0^2，则观测值的权定义为：

$$p_i = \frac{m_0^2}{m_i^2} \tag{6-31}$$

式中　m_0^2——单位权方差，又称比例因子或方差因子。

由权的定义可以看出，权与中误差的平方成反比，中误差越小，其权越大，其精度越高。设非等精度观测值的中误差分别为 m_1、m_2、…、m_n，其相应的权分别为：

$$p_1 = \frac{m_0^2}{m_1^2}, p_2 = \frac{m_0^2}{m_2^2}, \cdots, p_n = \frac{m_0^2}{m_n^2}$$

各观测值权的比例关系为：

$$p_1 : p_2 : \cdots : p_n = \frac{m_0^2}{m_1^2} : \frac{m_0^2}{m_2^2} : \cdots : \frac{m_0^2}{m_n^2}$$

【例题 6-8】假设以非等精度观测某角，其观测结果的中误差分别为 $m_1 = \pm 2''$、$m_2 = \pm 3''$、$m_3 = \pm 4''$，以 m_0 分别等于 $\pm 2''$、$\pm 3''$、$\pm 4''$ 时确定各观测值的权。

$m_0 = 2''$ 时，$p_1 = \dfrac{m_0^2}{m_1^2} = 1$，$p_2 = \dfrac{m_0^2}{m_2^2} = \dfrac{4}{9}$，$p_3 = \dfrac{m_0^2}{m_3^2} = \dfrac{1}{4}$，$p_1 : p_2 : p_3 = 1 : \dfrac{4}{9} : \dfrac{1}{4}$

$m_0 = 3''$ 时，$p_1 = \dfrac{m_0^2}{m_1^2} = \dfrac{9}{4}$，$p_2 = \dfrac{m_0^2}{m_2^2} = 1$，$p_3 = \dfrac{m_0^2}{m_3^2} = \dfrac{9}{16}$，$p_1 : p_2 : p_3 = 1 : \dfrac{4}{9} : \dfrac{1}{4}$

$m_0 = 4''$ 时，$p_1 = \dfrac{m_0^2}{m_1^2} = \dfrac{1}{4}$，$p_2 = \dfrac{m_0^2}{m_2^2} = \dfrac{16}{9}$，$p_3 = \dfrac{m_0^2}{m_3^2} = 1$，$p_1 : p_2 : p_3 = 1 : \dfrac{4}{9} : \dfrac{1}{4}$

可以看出，在确定一组观测值的权时，只能选用一个 m_0^2。不论 m_0 取何值，但权的比例关系不变。当观测值的权 $p=1$ 时，其权称为单位权，其中误差 m 称为单位权中误差，该观测值称为单位权观测值。

中误差是用来反映观测值的绝对精度，而权是用来比较各观测值相互之间的精度高低的比例关系，不在于权值的大小。

在测量工作中，若已知某量的权和单位权中误差，其中误差可根据权的定义写出：

$$m_i = m_0 \sqrt{\frac{1}{p_i}} \tag{6-32}$$

【例题 6-9】 设对某未知量等精度地观测了 n 次，求算术平均值的权。

设一测回观测值的中误差为 m，算术平均值的中误差为 $M = \dfrac{m}{\sqrt{n}}$，取 $m_0 = m$，则一测回观测值的权为：

$$p = \frac{m^2}{m^2} = 1$$

算术平均值的权：

$$p_x = \frac{m^2}{m^2/n} = n$$

二、加权平均值及其中误差

对某量进行了 n 次非等精度观测，观测值分别为 L_1、L_2、$\cdots$、L_n，相应的权分别为 p_1、p_2、$\cdots$、p_n，则加权平均值 x 为：

$$x = \frac{p_1 L_1 + p_2 L_2 + \cdots + p_n L_n}{p_1 + p_2 + \cdots + p_n} = \frac{[pL]}{[p]} \tag{6-33}$$

显然，当各观测值为等精度时，其权为 $p_1 = p_2 = \cdots = p_n = 1$，其结果就是算术平均值。

加权平均值的函数式还可写为：

$$x = \frac{p_1}{[p]} L_1 + \frac{p_2}{[p]} L_2 + \cdots + \frac{p_n}{[p]} L_n$$

根据误差传播定律，可得 x 的方差（中误差的平方）：

$$M^2 = \frac{p_1^2}{[p]^2} m_1^2 + \frac{p_2^2}{[p]^2} m_2^2 + \cdots + \frac{p_n^2}{[p]^2} m_n^2$$

式中　m_1、m_2、$\cdots$、m_n——L_1、L_2、$\cdots$、L_n 的中误差。

根据权的定义可知 $p_1 m_1^2 = p_2 m_2^2 = \cdots = p_n m_n^2 = m_0^2$，则有：

$$M^2 = \frac{p_1}{[p]^2} m_0^2 + \frac{p_2}{[p]^2} m_0^2 + \cdots + \frac{p_n}{[p]^2} m_0^2 = \frac{m_0^2}{[p]} \tag{6-34}$$

再根据权的定义整理上式，可得加权平均值的权为：

$$p_x = \frac{m_0^2}{M^2} = [p] \tag{6-35}$$

即加权平均值的权为各观测值权之和。

由权的定义可知 $p_1 m_1^2 + p_2 m_2^2 + \cdots + p_n m_n^2 = n m_0^2$，则有：

$$m_0^2 = \frac{p_1 m_1^2 + p_2 m_2^2 + \cdots + p_n m_n^2}{n} = \frac{[pm^2]}{n} \tag{6-36}$$

当 n 足够大时，可用相应观测值 L_i 的真误差 Δ_i 来代替 m_i，则单位权中误差为：

$$m_0 = \pm\sqrt{\frac{[p\Delta\Delta]}{n}} \tag{6-37}$$

将上式代入式（6-34），可得：

$$M = m_0\sqrt{\frac{1}{p_x}} = \pm\sqrt{\frac{[p\Delta\Delta]}{n[p]}} \tag{6-38}$$

式（6-38）为用真误差计算加权平均值中误差的数学表达式。

当真误差不能求得时，通常用改正数来计算单位权中误差，即：

$$m_0 = \pm\sqrt{\frac{[pvv]}{n-1}} \tag{6-39}$$

用 $[pv]=0$ 检核改正数计算是否有误。

此时，加权算术平均值的中误差则为：

$$M = \pm\sqrt{\frac{[vv]}{[p](n-1)}} \tag{6-40}$$

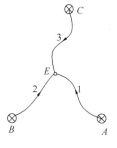

图 6-3　水准路线

【例题 6-10】如图 6-3 所示，从已知水准点 A、B、C 经三条水准路线，测得 E 点的观测高程 H_i，水准路线长度 S_i。求 E 点的最或是高程及其中误差。

【解】取 $p_i = 1/S_i$ 为各观测值的权，在表 6-4 中进行计算。

加权平均值的计算及精度评定　　　表 6-4

路线	E 点高程 H （m）	路线长 （km）	$p=\dfrac{1}{S}$	v （mm）	pv （mm）	pvv	精 度 评 定
1	527.459	4.5	0.22	10	2.2	22.00	$\mu = \pm\sqrt{\dfrac{122}{2}} = 7.81\text{mm}$
2	527.484	3.2	0.31	−15	−4.65	69.75	
3	527.458	4.0	0.25	11	2.75	30.25	$M_F = \pm\dfrac{7.81}{\sqrt{0.78}} = 8.84\text{mm}$
	$x=527.469$		0.78		0.30	122	

注：表中 $\mu = m_0$

最后结果可写成 $H_E = (527.469 \pm 0.009)$ m。

习　　题

1. 测量误差的主要来源有哪些？

2. 何谓偶然误差？何谓系统误差？在实际测量工作中应采取什么措施消除或减少系统误差的影响？

3. 偶然误差具有哪些特性？

4. 何谓等精度观测？何谓非等精度观测？

5. 何谓中误差？何谓容许误差？何谓相对误差？

6. 用钢尺对某短距离丈量了 6 次，其结果分别为：25.239m、25.246m、25.240m、25.245m、25.242m、25.243m，试求该段距离丈量的算术平均值、观测中误差、算术平均值中误差和相对误差。

7. 测得一正方形的边长 $a = 45.65\text{m} \pm 0.03\text{m}$。试求正方形的面积及其中误差。

8. 用同一台经纬仪分三次观测同一角度，其结果为 $\beta_1 = 30°24'36''$（6 测回），$\beta_2 = 30°24'34''$（4 测回），$\beta_3 = 30°24'38''$（8 测回）。试求单位权中误差、加权平均值中误差、一测回观测值的中误差。

9. 等精度观测一个多边形的 n 个内角，测角中误差 $m = \pm15''$，取容许闭合差为中误差的 2 倍，求该 n 边形角度闭合差的容许值 $f_{容许}$。

10. 对某角等精度观测 6 测回，计算得其平均值的中误差为 $\pm0.6''$，要求该角的中误差为 $\pm0.4''$，还要再增测多少测回？

项目七　小区域控制测量

【知识目标】掌握平面控制测量和高程控制测量的基本概念，导线测量和四等水准测量的观测方法，GPS（GNSS）测量的基本原理。

【能力目标】能进行导线测量和四等水准测量的外业观测与内业计算。

任务一　概　　述

"先控制，后碎部"是测量工作应遵循的基本原则之一。在测量工程中的具体体现就是先建立控制网，然后根据控制网进行碎部测量。碎部测量包括测绘地形图和测设放样。控制测量分为平面控制测量和高程控制测量，平面控制测量即测定控制点平面坐标的工作，高程控制测量即测定控制点高程的工作。

一、平面控制测量

1. 平面控制测量的方法

平面控制测量就是用精密仪器和采用精确的方法测量并计算出控制点的平面坐标。建立平面控制网的方法有导线测量、三角测量、全球定位系统 GPS（GNSS）测量等。

1）导线测量

导线是由控制点组成的连续的折线或多边形，如图 7-1 所示，转折点称为导线点，这些折线称为导线边。导线测量，就是测量导线边的水平距离和相邻导线边之间构成的

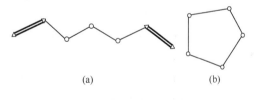

(a)　　　　　　　(b)

图 7-1　导线测量

水平角。根据观测得到的水平距离、水平角和必要的起算数据（两点的平面坐标或一点坐标和一边的坐标方位角），计算出各未知导线点的坐标。目前，随着电磁波测距技术的发展，解决了距离测量的难题，光电导线已是平面控制的主要方法之一。

2）三角测量

如图 7-2 所示，由一系列连续的三角形构成的网状称为三角网，这些三角形的顶点叫三角点。三角网分为测角网、测边网和边角网，测角网只测内角，测边网只测边长，边角网既测边又测角，有的测全部内角和部分边长，有的测所有边长和部分内角，或者边、角全部都测。三角测量就是测这些三角形的内角或边长，再根据观测数据和已知点的起算数据，计算出各未知点（三角点）的坐标。

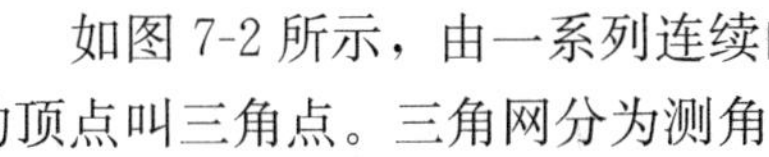

图 7-2　三角网

在现在的工程测量工作中，光电测距和 GPS 极大地提高了控制测量的工作效率，三角测量已很少采用。

3）GPS 测量

全球定位系统 GPS 测量具有在海、陆、空进行全方位实时三维导航与定位功能的卫星导航与定位系统。GPS 以全天候、高精度、自动化、高效率等显著特点，成功地应用于工程控制测量等方面。

GPS 控制测量控制点是在一组控制点上安置 GPS 卫星地面接收机，接收 GPS 卫星信号，解算求得控制点到相应卫星的距离，通过一系列数据处理取得控制点的坐标。

2. 平面控制网的等级

1）国家平面控制网

在全国范围内建立的基本控制网，称为国家控制网。国家平面控制网的布设原则是分级布网、逐级控制。按其精度由高级到低级分一、二、三、四，四个等级，精度逐级降低，边长逐级缩短，密度逐级增大。一等三角锁是在全国范围内沿经线和纬线方向布设的，是全国平面控制网的骨干，是作为低级三角网的坚强基础，也为研究地球形状和大小提供资料。二等三角网是布设在一等三角锁环内，形成国家平面控制网的全面基础。三、四等三角网是以二等三角网为基础进一步加密，用插点或插网形式布设。

2）城市（厂矿）控制网

由于国家控制网的密度小，难以满足城市或厂矿建设的需要，所以，在县级以上的城市和大、中型厂矿都建立自己的平面控制网，称其为城市平面控制网或（厂）矿区平面控制网。

城市（厂矿）控制网通常与国家控制网联测，即以两个或两个以上的国家控制点作为起始点。城市（厂矿）平面控制网应根据城市规模、（厂）矿区大小以及经济建设工程对测量精度的要求，合理布设相应等级的平面控制。城市（厂矿）平面控制网的等级最高为二等，一般为三等或四等，还可根据需要布设一级和二级小三角网。

城市（厂矿）控制网的等级与测量方法的选择须因地制宜，以技术先进、经济合理、确保质量、长期使用为指导思想，要做到既满足当前需要，又兼顾今后发展。

3）工程控制网

直接为某项建设工程（如水电站、公路、铁路、桥梁、新建城镇以及较大规模的厂区等）专门布设的测量控制网称为工程控制网。

工程控制网应尽可能与国家网或城市网联测，还可建立独立的控制网。工程控制网的等级一般最高为三等，通常为四等或一、二、三级。

二、高程控制测量

高程控制测量的任务就是测定控制点的高程，高程控制测量的方法主要有水准测量、三角高程测量和 GPS（GNSS）高程测量等。

国家高程控制网主要用水准测量方法施测，按精度分为一、二、三、四，四个等级。城市（厂矿）控制网主要方法有水准测量、三角高程测量和 GPS（GNSS）高程测量，一般是以国家水准点或相应等级的高程点为基础，在测区范围内建立三、四等水准网。工程高程控制网是以三、四等高程点为基础，根据工程建设的精度要求，建立的高程控制网。

在地形测量中，为满足地形测图精度的要求所布设的平面和高程控制网，称为图根控制网，控制点称为图根点。当测图范围较大时，亦可分级布设控制网，测区最高精度的控制网称为首级控制网。

任务二　导　线　测　量

一、导线的布设形式

导线测量是目前建立平面控制网的主要形式，导线布设的基本形式有闭合导线、附合导线、支导线和导线网。

1. 闭合导线

闭合导线是从一高级控制点（起始点）开始，经过各个导线点，最后又回到原来起始点，形成闭合多边形，如图 7-3 所示。闭合导线具有校核的几何条件，常用于面积开阔的局部区域平面控制。

2. 附合导线

如图 7-4 所示，附合导线是从一高级控制点开始，经过各个导线点，附合到另一高级控制点（终点），形成连续折线。附合导线具有较强的坐标和方位角的约束检核条件，常用于城市建设和工程控制。

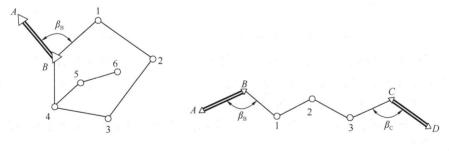

图 7-3　闭合导线、支导线　　　　　　图 7-4　附合导线

3. 支导线

支导线是从一高级控制点开始，支出待求控制点，与已知点既不闭合又不附合。由于支导线无校核条件，不易发现错误，一般不宜采用。常用于局部控制点不足，增设支导线，如图 7-3 中的 5、6 点。

4. 导线网

导线网是由若干条附合导线或闭合导线构成的网状图形，有一个以上结点的结点导线网和两个以上闭合环所组成的导线网等，如图 7-5 所示。

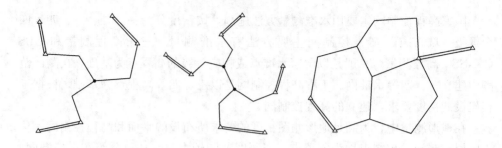

图 7-5 导线网

二、导线测量的技术要求

不同等级的导线测量，其技术要求也有所不同，表 7-1 为《工程测量规范》中关于导线测量的主要技术要求。

《工程测量规范》导线的主要技术要求   表 7-1

等级	导线长度（km）	平均边长（km）	测角中误差（″）	测距中误差（mm）	测回数			方位角闭合差（″）	导线全长相对闭合差
					1″级仪器	2″级仪器	6″级仪器		
三等	14	3	±1.8	±20	6	10	—	$3.6\sqrt{n}$	≤1/55000
四等	9	1.5	±2.5	±18	4	6		$5\sqrt{n}$	≤1/35000
一级	4	0.5	±5	±15		2	4	$10\sqrt{n}$	≤1/15000
二级	2.4	0.25	±8	±15	—	1	3	$16\sqrt{n}$	≤1/10000
三级	1.2	0.1	±12	±15		1	2	$24\sqrt{n}$	≤1/5000

表中 n 为导线点的个数。当导线平均边长较短时，应控制导线边数不超过表中相应等级导线长度和平均边长算得的边数；当导线平均边长小于表中规定长度的三分之一时，导线全长的绝对闭合差不应大于 13cm。

图根导线测量宜采用 6″级仪器 1 测回测定水平角。其主要技术要求须符合表 7-2 的规定。

图根导线测量的主要技术要求   表 7-2

导线长度（m）	相对闭合差	测角中误差（″）		方位角闭合差（″）	
		一般	首级控制	一般	首级控制
≤$a \times M$	≤1/（2000×a）	30	20	$60\sqrt{n}$	$40\sqrt{n}$

注：1. a 为比例系数，取值宜为 1，当采用 1∶500、1∶1000 比例尺测图时，其值可在 1～2 之间选用；

2. M 为测图比例尺的分母，但对于工矿区现状图测量，不论测图比例尺大小，M 均应取值为 500；

3. 隐蔽或施测困难地区导线相对闭合差可放宽，但不应大于 1/（1000×a）。

三、导线测量的外业工作

导线测量的外业工作主要有选点埋石、测角、量边和联测。

1. 踏勘选点

选点就是在测区内选定导线控制点的位置，并在所选位置埋设标石。选点之前应收集测区已有地形图和高一级控制点的成果资料。根据测图要求，确定导线的等级、形式、测量方案。首先在地形图上拟定导线初步布设方案，再到实地踏勘选定导线点的具体位置。若测区范围内无可供参考的地形图时，通过踏勘，根据测区范围、地形条件直接在实地拟定导线布设方案，选定导线点的位置。导线点点位选择必须注意以下几个方面：

1）为了便于测量，相邻导线点间要通视良好，视线远离障碍物，保证成像清晰。

2）采用光电测距仪测边长，导线边应离开强电磁场和发热体的干扰，测线上不应有树枝、电线等障碍物。四等以上的测线，应离开地面或障碍物 1.3m以上。

3）导线点应埋在地面坚实、不易被破坏之处，一般应埋设标石。

4）导线点要有一定的密度，以便控制整个测区。

5）导线边长要大致相等，不能差距过大。

导线点埋设后，要在桩上用红油漆写明点名、编号，并用红油漆在固定地物上画一箭头指向导线点，并绘制"点之记"方便寻找导线点，如图 7-6 所示。

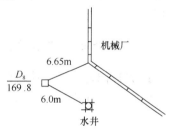

图 7-6　点之记

2. 边长测量

导线边长是指相邻导线点间的水平距离。导线边长测量可采用光电测距仪、钢尺量距。

采用光电测距仪测量边长的导线又称为光电测距导线，是目前最常用的方法，其测距的技术要求如表 7-3。

光电测距的主要技术要求　　　　　　　　　　　　　　　　　表 7-3

平面控制网等级	仪器精度等级	每边测回数		一测回读数较差（mm）	单程各测回较差（mm）	往返测距较差（mm）
		往	返			
三等	5mm 级仪器	3	3	≤5	≤7	$\leqslant 2\,(a+b\times D)$
	10mm 级仪器	4	4	≤10	≤15	
四等	5mm 级仪器	2	2	≤5	≤7	
	10mm 级仪器	3	3	≤10	≤15	
一级	10mm 级仪器	2	—	≤10	≤15	—
二、三级	10mm 级仪器	1	—	≤10	≤15	

注：一测回是指照准目标一次，读数 2～4 次的过程。

3. 角度测量

角度测量主要是测量相邻导线边构成的水平角和与已知边的连接角，附合导线按导线前进方向统一观测左角或右角；闭合导线观测多边形内角；支导线无校核条件，要求既观测左角，也观测右角以便进行校核。水平角的观测方法一般采用测回法。

4. 联测

联测的目的是将高级平面控制点的坐标和方位角传递到新建导线上来，其工作主要是测连接角和连接边。新建导线的边与高级控制点构成边之间的水平角称为连接角，如图7-3中的β_B。当高级控制点不能成为闭合导线的一个环点时，与高级点联测还需要增加一条边才能将已知的坐标和方位角传递到新建导线上来，这条边称为连接边。若测区内无高级控制点时，可假定起始点的坐标，用罗盘仪测定起始边的方位角。

任务三　导线测量的平差计算

导线平差计算的目的是在测量结果满足精度要求的前提条件下，将测量误差引起的闭合差按照最小二乘原则进行分配，计算出导线点的坐标。导线计算前要检查已知点坐标、已知方位角抄录是否正确，外业观测资料记录、计算是否满足要求。导线计算可以采用严密平差方法或简易平差方法，较高等级的导线须采用严密平差，低等级导线通常采用简易平差方法。本书仅介绍导线的简易平差计算。

一、闭合导线的平差计算

1. 角度闭合差的计算与调整

闭合导线如图7-7所示，所测内角和在理论上应满足下列关系：

$$\sum \beta_{理} = (n-2) \times 180°$$

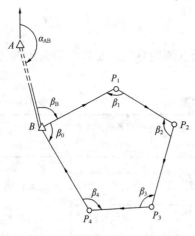

图7-7　闭合导线

但由于测角时不可避免地存有误差，使得实测内角之和不等于理论值，这样就产生了角度闭合差，以f_β来表示，则有：

$$f_\beta = \sum \beta_{测} - \sum \beta_{理}$$

或　　　$f_\beta = \sum \beta_{测} - (n-2) \times 180°$　　　(7-1)

式中　n——闭合导线的内角个数；

$\sum \beta_{测}$——观测内角的总和。

如果f_β值小于角度闭合差的允许值，即：

$$f_\beta < f_{\beta允} = \pm 40'' \sqrt{n}$$

则说明角度观测符合要求（n为内角个数），即可进行角度闭合差调整，使调整后的角值满足理论上的要求。

一般认为测量导线内角的观测条件相同，其测角误差大致相等。因此可将角度闭合差以相反的符号平均分配于每个内角，即角度改正数V_{β_i}为：

$$V_{\beta_i} = -\frac{f_\beta}{n} \qquad (i = 1, 2, \cdots, n) \tag{7-2}$$

当上式不能整除时，则可将余数分配到由短边构成的水平角上。这是因为在短边测角时，仪器对中误差、照准误差对角度影响较大。角度改正数时要注意检核，各内角改正数之和应等于角度闭合差的反号值，即$\sum V_\beta = -f_\beta$。

若用$\beta_{测_i}$表示角度观测值，用β_i表示改正后的角值，则有：

$$\beta_i = \beta_{测_i} + V_{\beta_i} \tag{7-3}$$

改正后的各内角之和应等于理论值，即$\sum \beta_i = (n-2) \times 180°$。

2. 坐标方位角推算

根据起始边的坐标方位角α_{AB}及改正后的内角值β_i，按式（5-6）依次推算各边的坐标方位角。

计算检核，即再次推算方位角已知边的方位角，其推算值一定要等于它的已知值。否则，应检查方位角的推算过程，找出问题，改正错误。如在图7-7中，$B-P_1$边可以看作是方位角已知的边，由P_4-B边和改正后的β_4再次推算其方位角，推算值应与已知值相等。

3. 坐标增量的计算

由式（5-7）知，若A、B两点的水平距离D_{AB}和坐标方位角α_{AB}为已知，则它们的坐标增量为：

$$\left. \begin{array}{l} \Delta X_{AB} = D_{AB} \cdot \cos\alpha_{AB} \\ \Delta Y_{AB} = D_{AB} \cdot \sin\alpha_{AB} \end{array} \right\} \tag{7-4}$$

式中，ΔX_{AB}、ΔY_{AB}的正负号取决于坐标方位角的方位。

4. 坐标增量闭合差的计算与调整

1）坐标增量闭合差的计算

在图7-8中可以看出X坐标增量是导线边在X坐标轴上的投影长度，Y坐标增量是导线边在Y坐标轴上的投影长度。从理论上讲，闭合多边形各边纵、横坐标增量的代数和应等于零。即在理论上应满足下述关系：

$$\left. \begin{array}{l} \sum \Delta X_理 = 0 \\ \sum \Delta Y_理 = 0 \end{array} \right\} \tag{7-5}$$

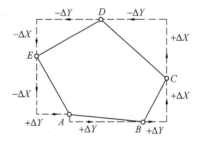

图7-8　闭合导线坐标增量示意图

但因测角和量距都不可避免地存有误差，因此根据观测结果计算的$\sum \Delta X_算$、$\sum \Delta Y_算$都不等于零，而等于某一个数值f_X和f_Y。即：

$$\left. \begin{array}{l} \sum \Delta X_算 = f_X \\ \sum \Delta Y_算 = f_Y \end{array} \right\} \tag{7-6}$$

式中　f_X——X坐标增量闭合差；

　　　f_Y——Y坐标增量闭合差。

从图7-9中可以看出f_X和f_Y的几何意义。由于f_X和f_Y的存在，就使得闭合多边形出现了一个缺口，起点A和终点A''没有重合，设AA'的长度为f_D，称为导线全长的绝对闭合差，而f_X和f_Y正好是f_D在纵、横坐标轴上的投影长

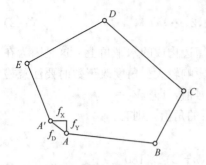

图 7-9　闭合导线坐标增量
闭合差的几何意义

度，有：

$$f_D = \sqrt{f_X^2 + f_Y^2} \qquad (7-7)$$

2）导线全长相对闭合差的计算

在简易平差角度平差完成后，一般认为导线全长的绝对闭合差 f_D 是量距误差引起的，所以导线量距的精度用导线全长相对闭合差 K 来衡量。导线的总长为 $\sum D$，则导线全长的相对闭合差为：

$$K = \frac{f_D}{\sum D} = \frac{1}{\sum D / f_D} \qquad (7-8)$$

若 $K \leqslant K_允$，则表明导线量距精度符合要求，否则应查明原因进行补测或重测。

3）坐标增量闭合差的调整

如果导线量距精度符合要求，即可将坐标增量闭合差进行调整，使改正后的坐标增量满足理论上的要求。假设量距误差坐标增量的影响与边长成正比，则坐标增量闭合差的调整是将它们以相反的符号按边长比例分配在各边的坐标增量中。设 $V_{\Delta X_i}$、$V_{\Delta Y_i}$ 分别为各导线边纵、横坐标增量的改正数，则有：

$$\left. \begin{array}{l} V_{\Delta X_i} = -\dfrac{f_X}{\sum D} D_i \\[2mm] V_{\Delta Y_i} = -\dfrac{f_Y}{\sum D} D_i \end{array} \right\} \qquad (7-9)$$

式中　$\sum D$——导线边长总和；

　　　　D_i——第 i 条导线边的长度（$i=1$、2、$\cdots$、n）。

所有坐标增量改正数的总和应等于坐标增量闭合差的反号值，即：

$$\left. \begin{array}{l} \sum V_{\Delta X} = V_{\Delta X_1} + V_{\Delta X_2} + \cdots + V_{\Delta X_n} = -f_X \\ \sum V_{\Delta Y} = V_{\Delta Y_1} + V_{\Delta Y_2} + \cdots + V_{\Delta Y_n} = -f_Y \end{array} \right\} \qquad (7-10)$$

改正后各导线边的坐标增量应为：

$$\left. \begin{array}{l} \Delta X_i = \Delta X_{算_i} + V_{\Delta X_i} \\ \Delta Y_i = \Delta Y_{算_i} + V_{\Delta Y_i} \end{array} \right\} \qquad (7-11)$$

改正后坐标增量的代数和应该等于零，这是改正后坐标增量计算检核的方法。

4）坐标推算

根据导线起点的已知坐标和改正后各导线边的坐标增量，可以按式（7-12）依次推算各导线点的坐标，即：

$$\left. \begin{array}{l} X_i = X_{i-1} + \Delta X_{i-1,i} \\ Y_i = Y_{i-1} + \Delta Y_{i-1,i} \end{array} \right\} \qquad (7-12)$$

注意检核，已知点坐标的推算值一定要等于已知值。

【例题 7-1】某图根闭合导线外业成果如图 7-10，计算各点坐标并检验是否满足精度要求。计算结果如表 7-4 所示。

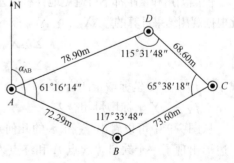

图 7-10　某闭合导线算例

表 7-4

闭合导线坐标计算

测点	角度观测值	改正后角值	方位角	边长	坐标增量		改正后坐标增量		坐标	
					ΔX	ΔY	ΔX	ΔY	X	Y
1	2	3	4	5	6	7	8	9	10	11
	左角		° ′ ″							
A			135 24 00						500.00	500.00
				72.29	+1 −51.47	+3 50.76	−51.46	50.79		
B	−2 117 33 48	117 33 46	72 57 46						448.54	550.79
				73.60	+1 21.56	+3 70.37	21.57	70.40		
C	−2 65 38 18	65 38 16	318 36 02						470.11	621.19
				68.60	0 51.46	+3 −45.37	51.46	−45.34		
D	−2 115 31 48	115 31 46	254 07 48						521.57	575.85
				78.90	+1 −21.58	+4 −75.89	−21.57	−75.85		
A	−2 61 16 14	61 16 12	135 24 00						500.00	500.00
B										
∑	360 00 08	360 00 00		293.39	−0.03	−0.13	0.00	0.00		

$\sum \beta_{测} = 360°00'08''$

$f_{限} = \pm 60''\sqrt{n} = \pm 60''\sqrt{4} = \pm 120''$

$\sum \beta_{理} = 360°$，$f_\beta = 8'' < 120''$，角度测量合格

$V_{\beta_i} = -\dfrac{f_\beta}{n} = -2''$

$f_x = -0.03\text{m}$，$f_Y = -0.13\text{m}$

$f = \sqrt{f_x^2 + f_Y^2} = 0.13\text{m}$

$K = \dfrac{f}{\sum d} = \dfrac{1}{\sum d/f} \approx \dfrac{1}{2200} < \dfrac{1}{2000}$，距离测量合格

二、附合导线的平差计算

附合导线的平差计算方法与闭合导线基本上相同，但由于布置形式不同，且附合导线两端与已知点相连，因而只是角度闭合差的计算及其调整和坐标增量闭合差的计算与闭合导线有些不同。下面介绍这些不同之处的计算方法。

1. 角度闭合差的计算与调整

在图 7-11 所示的附合导线中，A、B、C、D 是已知点，它们的坐标均已知。连接角为 φ_1 和 φ_2，起始边坐标方位角 α_{AB} 和终边坐标方位角 α_{CD} 可根据坐标反算求得，即：

$$\left.\begin{aligned} a_{AB} &= \arctan \frac{y_B - y_A}{x_B - x_A} \\ a_{CD} &= \arctan \frac{y_D - y_C}{x_D - x_C} \end{aligned}\right\}$$

从起始边方位角 α_{AB} 经连接角，按照项目五中方位角的推算方法，可推算出终边的方位角 α'_{CD}。从理论上来说 α'_{CD} 应与 α_{CD} 相等，但由于测角误差的影响，二者不可能相等，其差数即为附合导线的角度闭合差 f_β，即：

$$f_\beta = \alpha'_{CD} - \alpha_{CD} \tag{7-13}$$

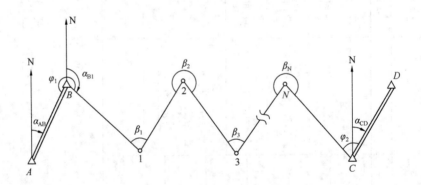

图 7-11　附合导线示意图

若观测导线的左角，终边坐标方位角 α'_{CD} 的推算如下：

$$\alpha'_{CD} = \alpha_{AB} - n \cdot 180° + \sum \beta_左$$

若观测导线的右角，终边坐标方位角 α'_{CD} 的推算为：

$$\alpha'_{CD} = \alpha_{AB} + n \cdot 180° - \sum \beta_右$$

式中　n——转折角的个数。

附合导线角度闭合差的调整方法与闭合导线不同，角度改正数计算方法如下：

$$V_{\beta_i} = \pm \frac{f_\beta}{n} \tag{7-14}$$

当观测角度为左角时，取"一"号，观测角度为右角时，取"+"号。

2. 坐标增量闭合差的计算

在图7-12中，附合导线各边坐标增量的代数和，在理论上应等于起点 A 与终点 B 已知坐标之差，即：

$$\sum \Delta X_{理} = X_B - X_A$$

$$\sum \Delta Y_{理} = Y_B - Y_A$$

由于测角和量边有误差存在，致使计算的各边纵、横坐标增量代数和不等于理论值，产生纵、横坐标增量闭合差，其计算公式为：

$$\left. \begin{array}{l} f_X = \sum \Delta X_{算} - (X_B - X_A) \\ f_Y = \sum \Delta Y_{算} - (Y_B - Y_A) \end{array} \right\} \tag{7-15}$$

附合导线坐标增量闭合差的调整及导线精度的评定方法均与闭合导线相同。

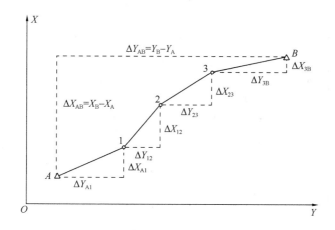

图 7-12　附和导线坐标增量示意图

【**例题 7-2**】某一级附合导线外业成果如图7-13所示，计算各点坐标并检验是否满足精度要求。A、B、C、D 四个已知点的数据已填入表7-5，平差计算见表7-5。

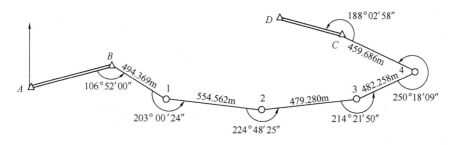

图 7-13　附合导线算例

附合导线平差计算

表 7-5

测点	角度观测值 (° ' ")	改正后角值 (° ' ")	方位角 (° ' ")	边长	坐标增量 ΔX	坐标增量 ΔY	改正后坐标增量 ΔX	改正后坐标增量 ΔY	坐标 X	坐标 Y
1	2	3	4	5	6	7	8	9	10	11
A	右角		75 55 06						2686.681	3744.191
B	−3 106 52 00	106 51 57	149 03 09	494.369	+28 −423.990	+9 254.230	−423.962	254.238	2808.333	4229.166
1	−3 203 00 24	203 00 21	126 02 48	554.562	+32 −326.329	+9 448.384	−326.297	448.393	2384.371	4483.404
2	−3 224 48 25	224 48 22	81 14 26	479.280	+28 72.988	+8 473.690	73.016	473.698	2058.074	4931.798
3	−3 214 21 50	214 21 47	46 52 39	482.258	+28 329.652	+8 351.997	329.680	352.005	2131.090	5405.496
4	−3 250 18 09	250 18 06	336 34 33	459.686	+26 421.802	+8 −182.741	421.828	−182.733	2460.770	5757.501
C	−3 188 02 58	188 02 55	328 31 38						2882.598	5574.768
D									3309.042	5313.721
Σ	1187°23′46″	1187°23′28″		2470.155	74.123	1345.560	74.265	1345.602		

$\alpha'_{CD} = \alpha'_{AB} + n \times 180° - \sum\beta_{右} = 328°31'20''$

$f_\beta = \alpha'_{CD} - \alpha_{CD} = 328°31'20'' - 328°31'38'' = -18''$

$f_限 = \pm10\sqrt{n} = \pm10\sqrt{6} = \pm24.49'' > 18''$ 合格

$f_X = \sum\Delta X_{测} - (X_终 - X_起) = -0.142m$

$f_Y = \sum\Delta Y_{测} - (Y_终 - Y_起) = -0.042m$

$f = \sqrt{f_X^2 + f_Y^2} = 0.15m$ $K = \dfrac{f}{\sum d} = \dfrac{1}{\sum d / f} = \dfrac{1}{16467} < \dfrac{1}{15000}$，合格

任务四 三、四等水准测量

三、四等水准测量，一般作为小区域高程测量和工程施工高程测量的首级控制网。三、四等水准测量的主要技术要求见表 7-6，水准测量使用 DS$_3$ 级水准仪和成对的双面水准尺。一对水准尺的黑面尺底刻划均为零，而红面尺底刻划一根为 4.687m，另一根尺底刻划为 4.787m。下面以四等水准测量为例，介绍用双面水准尺法在一个测站的观测程序、记录与计算。

三、四等水准测量的主要技术要求 表 7-6

等级	水准仪的型号	视线长度 (m)	前后视较差 (m)	前后视累积差 (m)	视线离地面最低高度 (m)	黑面、红面读数较差 (mm)	黑面、红面所测高差较差 (mm)
三等	DS$_1$	100	3	6	0.3	1.0	1.5
	DS$_3$	75	3	6	0.3	2.0	3.0
四等	DS$_3$	100	5	10	0.2	3.0	5.0

一、观测方法与记录

四等水准测量每站的观测顺序和记录见表 7-7，表中带括号的序数（1）～（8）表示观测记录顺序和记录位置，（9）～（18）表示计算的顺序和计算结果填写的位置。

1. 照准后视水准尺，读取黑面上、下、中三丝读数，填入序数（1）、（2）、（3）所在格；

2. 将水准尺翻转为红面，读取后视水准尺红面中丝读数，填入序数（4）所在格；

3. 瞄准前视水准尺的黑面，读取上、下、中三丝读数，填入序数（5）、（6）、（7）所在格；

4. 将水准尺翻转为红面，读取前视水准尺红面中丝读数，填入序数（8）所在格；

这样的观测顺序简称为"后—后—前—前"。三等水准测量的顺序为"后—前—前—后"，观测顺序有所改变。

四等水准测量记录计算表 表 7-7

测站编号	点号	后尺 上 下 / 后距(m) / 前后视距差(m)	前尺 上 下 / 前距(m) / 累计差(m)	方向及尺号	水准尺读数 (m) 黑面	水准尺读数 (m) 红面	K +黑 一红 (mm)	高差中数 (m)	备注
		（1）	（5）	后	（3）	（4）	（13）		$K_1=4.787$
		（2）	（6）	前	（7）	（8）	（14）	（18）	
		（9）	（10）	后—前	（15）	（16）	（17）		$K_2=4.687$
		（11）	（12）						

续表

测站编号	点号	后尺 上/下・后距(m)・前后视距差(m)	前尺 上/下・前距(m)・累计差(m)	方向及尺号	水准尺读数(m) 黑面	水准尺读数(m) 红面	K+黑-红(mm)	高差中数(m)	备注
1	BM₁ ｜ TP1	1.614 1.156 45.8 +1.0	0.774 0.326 44.8 +1.0	后1 前2 后一前 	1.384 0.551 +0.833	6.171 5.239 +0.932	0 -1 +1	+0.8325	
2	TP1 ｜ TP2	2.188 1.682 50.6 +1.2	2.252 1.758 49.4 +2.2	后2 前1 后一前	1.934 2.008 -0.074	6.622 6.796 -0.174	-1 -1 0	-0.0740	
3	TP2 ｜ TP3	1.922 1.529 39.3 -0.5	2.066 1.668 39.8 +1.7	后1 前2 后一前	1.726 1.866 -0.140	6.512 6.554 -0.042	+1 -1 +2	-0.1410	
4	TP3 ｜ BM₂	2.041 1.622 41.9 -1.1	2.220 1.790 43.0 +0.6	后2 前1 后一前	1.832 2.007 -0.175	6.520 6.793 -0.273	-1 +1 -2	-0.1740	
校核		∑(9)=177.6 ∑(10)=177.0 (12)末站=+0.6 总距离=354.6m			∑(3)=6.876 ∑(4)=25.825 ∑(7)=6.432 ∑(8)=25.382 ∑(15)=+0.444 ∑(16)=+0.443 $\frac{1}{2}[\sum(15)+\sum(16)±0.100]$ =+0.4435=∑(18)			∑(18) =+0.4435	

二、计算与检核

1. 测站上的计算与检核

1) 视距、视距差计算

根据视线水平时的视距测量原理，(上丝-下丝)×100=后(前)视距离。

后视距离：$(9)=[(1)-(2)]×100$。

前视距离：$(10)=[(5)-(6)]×100$。

前后视距差：$(11)=(9)-(10)$，前后视距离差不超过5m。

前后视距差累计值：(12)＝上一个测站(12)＋本测站(11)，前后视距差累计值不超过 10m。

2）中丝读数检核

同一水准尺黑、红面读数差计算($K_1 = 4.787$、$K_2 = 4.687$)：

(13)＝(3)＋K－(4)。

(14)＝(7)＋K－(8)。

同一水准尺黑、红面读数差不超过 3mm。

3）黑、红面高差计算与检核

黑面高差：(15)＝(3)－(7)。

红面高差：(16)＝(4)－(8)。

黑、红面高差之差的计算与检核：

(17)＝(15)－(16)±0.100＝(13)－(14)。

其中，±0.100 为两水准尺常数 K 之差。

黑、红面所得高差之差不超过 5mm。

4）计算高差中数（平均值）

$(18) = \dfrac{1}{2}\left[(15) + (16) \pm 0.100\right]$。

2. 每页或测段的计算与检核

1）计算视距差累计值和前后视距总和

本页或测段末站视距差累计值(12)＝∑(9)－∑(10)。

本页或测段前后视距总和＝∑(9)＋∑(10)。

2）本页或测段高差总和的计算与检核

当测站数为偶数时：

高差总和＝∑(18)＝$\dfrac{1}{2}\left[\sum(15)+\sum(16)\right]=\dfrac{1}{2}\left\{\sum\left[(3)+(4)\right]-\sum\left[(7)+(8)\right]\right\}$。

当测站数为奇数时：

高差总和＝$\sum(18) = \dfrac{1}{2}\left[\sum(15)+\sum(16)\pm 0.100\right]$。

三、四等水准测量野外工作完成后，可按照项目二的平差方法进行计算。

任务五　三角高程与光电三角高程测量

一、三角高程测量的基本原理

在图 7-14 中，A、B 两点间的水平距离已知为 D_{AB}（平面控制测量测算得到），欲测 A、B 两点间的高差。在测站 A 安置经纬仪，量取仪器高 i（仪器中心至桩顶的高度），在目标点竖立觇标并量取觇标高度 v，用十字丝中丝切准觇标顶部，测得竖直角 α，根据三角学的基本原理可得两点间的高差为：

$$h_{AB} = D \times \tan\alpha + i - v \qquad (7\text{-}16)$$

若测站点高程已知，则 B 点的高程为：

$$H_B = H_A + h_{AB}$$

二、光电三角高程测量的基本原理

在图 7-14 中，欲测 A、B 两点间的高差，将光电测距仪安置在 A 点，对中、整平后用小钢尺量取 i，B 点安置棱镜，量取棱镜高度 v，测得竖直角 α 和 AB 间的斜距 S，根据几何原理两点间的高差为：

$$h_{AB} = S \times \sin\alpha + i - v \qquad (7\text{-}17)$$

若光电测距测得的是两点间的水平距离，高差用式(7-15)计算。

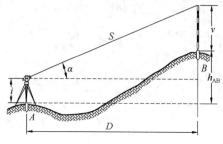

图 7-14　三角高程测量

三、球气差改正

在高程测量中，由于距离较长，必须考虑地球曲率和大气折光对高差的影响。

1. 地球曲率改正

高差是地面两点所在不同水准面的铅垂距离。在三角高程或光电三角高程观测时，由仪器中心确定的水平线与其所在的水准面不平行，导致用水平距 D(或斜距 S)和竖直角 α 计算的高差时会产生一个差值 p，如图 7-15 所示。这个差值就是地球曲率对高差的影响，称作地球曲率差，应对计算高差施加地球曲率差改正。地球曲率差计算如下：

$$p = \frac{D^2}{2R} \qquad (7\text{-}18)$$

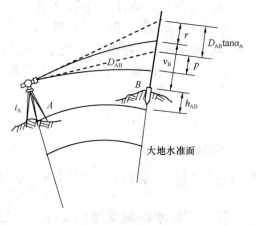

图 7-15　球气差改正

式中　D——两点间水平距离；

　　　R——地球半径，其值为 6371km。

2. 大气折光改正

光波在大气中传播时总是沿着光程(折射率与几何路径的乘积)最短的路线行进。由于大气密度分布的不均匀，仪器至目标的视线行径并非直线，而是曲线，该曲线通常叫做折光弧。一般情况下，视线通过密度不同的大气层时，将发生连续折射，形成向下弯曲的曲线。瞄准觇标或反射镜时，视线要向上一些才能瞄到目标，视线的实际位置与理论位置产生一个差值，这就是大气光引起的高差误差

r。高差误差改正计算为：

$$r = \frac{D^2}{14R} \tag{7-19}$$

地球曲率误差和大气折光误差合并称为球气差，用 f 表示。

$$f = p - r \approx 0.43 \frac{D^2}{R} \tag{7-20}$$

3. 施加两项改正后的高差计算式

由 A 测至 B 计算公式为：

$$h_{AB} = D_{AB} \tan\alpha_A + i_A - \nu_B + f \tag{7-21}$$

光电测距三角高程测量是按斜距计算高差。

$$h_{AB} = S_{AB} \sin\alpha_A + i_A - \nu_B + f \tag{7-22}$$

当三角高程测量和光电测距三角高程测量的精度要求较高时，须进行"对向观测"，即在 A 点架设仪器观测完 B 点之后，要将仪器搬至 B 点再观测 A 点。一般应采用对向观测，即由 A 向 B 观测，再由 B 向 A 观测，也称为往返测。取双向观测的平均值可以消除地球曲率和大气折光的影响。

如用以代替四等水准，无论是往测还是返测，垂直角均须用 DJ$_2$ 以上的经纬仪（或全站仪）观测 3～4 测回。边长须用不低于 II 级精度的测距仪各观测一测回，测距的同时还需测定气温和气压以进行气象改正。仪高和觇高在观测前后，须用经过检定的量杆或精确度较高的小钢尺各量测一次，精确至 1mm，当较差小于 2mm 时取中数。

如果进行对向观测，则由 B 测至 A 计算公式为：

$$h_{BA} = D_{BA} \tan\alpha_B + i_B - \nu_A + f \tag{7-23}$$

对向观测高差互差小于限差时，可按下式计算两点间的高差：

$$h_{AB平} = \frac{h_{AB} - h_{BA}}{2} \tag{7-24}$$

四、光电测距三角高程测量的技术要求与注意事项

将光电测距仪安置于测站上，用小钢尺量取仪器高 i、觇标高 ν（若用对中杆，可直接设置高度），用中丝照准，测定其斜距，用盘左、盘右观测竖直角。

光电测距三角高程测量应采用高一级的水准测量，联测一定数量的控制点，作为高程起闭数据。四等应起讫于不低于三等水准的高程点上，五等应起讫于不低于四等水准的高程点上。其边长均不应超过 1km，边数不应超过 6 条，当边长小于 0.5km 时，或单纯作高程控制时，边数可增加一倍。光电三角高程测量的技术要求见表 7-8。

使用全站仪进行三角高程测量时，直接选择大气折光系数值，输入仪器高和棱镜高，利用仪器高差测量模式观测。

四、五等光电三角高程测量的技术要求　　　　　　　表 7-8

等级	仪器	测回数	指标差较差	垂直角度较差	对向观测高差较差	附合或环形闭合差
		中丝法	(″)	(″)	(mm)	(mm)
四等	DJ$_2$	3	≤7	≤7	$40\sqrt{D}$	$20\sqrt{\Sigma D}$
五等	DJ$_2$	2	≤10	≤10	$60\sqrt{D}$	$30\sqrt{\Sigma D}$

光电测距三角高程测量注意事项:

1. 水准点光电测距三角高程测量可与平面导线测量合并进行,并作为高程转点,距离和竖直角必须进行往返测量。

2. 提高竖直角的观测精度,在三角高程测量中尤为重要,增加竖直角的测回数,可以提高测角精度。

3. 往返的间隔时间应尽可能缩短,使往返测的气象条件大致相同,这样才会有效地抵消大气折光的影响。

4. 距离和竖直角应选择在较好的自然条件下观测,避免在大风、大雨、雨后初晴等折光影响较大的情况下观测。成像不清晰、不稳定时应停止观测。

任务六　GNSS 测量技术简介

全球卫星导航与定位系统 (GNSS),英文名称"Global Navigation Satellite System",它是所有全球导航卫星系统及其增强系统的集合名词,是利用全球的所有导航卫星所建立的覆盖全球的全天候无线电导航系统。目前,GNSS 包含了美国的 GPS、俄罗斯的 GLONASS、中国的 Compass (北斗)、欧盟的 Galileo 系统、SBAS 广域差分系统、DORIS 星载多普勒无线电定轨定位系统和 QZSS 准天顶卫星系统等,可用的卫星数目达到 100 颗以上。

GNSS 测量技术以其测量精度高、操作简单、无须通视等特点在大地测量、工程测量、变形监测等方面有广泛应用。本节内容将简要介绍 GPS 系统组成、原理及测量技术。

一、GPS 系统组成概况

GPS 由空间卫星星座、地面监控系统和用户设备 3 部分组成。

1. 空间卫星星座

GPS 空间卫星星座在 1993 年建成时由 24 颗卫星组成,目前有 30 颗工作卫星。这些卫星分布在 6 个轨道面上,每个轨道平面升交点的赤经相隔 60°,轨道平面相对地球赤道面的倾角为 55°,每个轨道面上均匀分布 4 颗卫星,相邻轨道面之间的卫星要彼此错开 30°,卫星轨道平均高度约为 20200km,运行周期为 11h58min,如图 7-16 所示。这样分布的目的是为了保证在地球的任何地方可同时见到 4～12 颗卫星,从而使地球表面任何地点、任何时刻均能实现三维定位、测速和测时。

GPS 卫星外观如图 7-17 所示。每颗卫星装有 4 台高精度原子钟，是卫星的核心设备。GPS 卫星的功能是：接收和存储由地面监控站发来的导航信息，接收并执行监控站的控制指令；进行部分必要的数据处理；提供精密的时间标准；向用户发送定位信息。

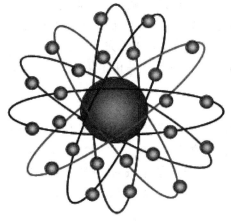

图 7-16　GPS 卫星星座

图 7-17　GPS 卫星

2. 地面监控系统

为了监测 GPS 卫星的工作状态和测定 GPS 卫星运行轨道，为用户提供 GPS 卫星星历，必须建立 GPS 的地面监控系统。它由 5 个监测站、1 个主控站和 3 个注入站组成。

1）监测站

监测站是在主控站的控制下的数据自动采集中心。站内设有双频 GPS 接收机、高精度原子钟、计算机各一台和若干台环境数据传感器。接收机对 GPS 卫星进行连续观测，以采集数据和监测卫星的工作状况。原子钟提供时间标准。环境数据传感器收集当地的气象数据。所有观测数据由计算机进行初步处理后送到主控站，用以确定 GPS 卫星的轨道参数。

5 个监测站分别位于太平洋的夏威夷、美国本土的科罗拉多州、大西洋的阿松森群岛、印度洋的迭哥伽西亚和太平洋的卡瓦加兰。

2）主控站

主控站位于美国本土的科罗拉多州，拥有以大型电子计算机为主体的数据收集、计算、传输和诊断等设备。其主要任务有：根据本站和其他监测站的所有观测资料，推算编制各卫星的星历、卫星钟差和大气层的修正参数等，并把这些数据传送到注入站；提供 GPS 时间基准。各监测站和 GPS 卫星的原子钟均应与主控站的原子钟同步，或者测出其钟差，并把这些钟差信息编入导航电文，送到注入站；调整偏离轨道的卫星，使之沿预定的轨道运行；启用备用卫星以代替失效的工作卫星。

3）注入站

注入站的主要设备包括 c 波段发射机、发射天线和计算机。其主要任务是在主控站的控制下，将主控站推算和编制的卫星星历、钟差、导航电文及控制指令注入相应卫星的存储系统，并监测注入信息的正确性，使卫星的广播信号获得更高的精度，以满足用户需求。3 个注入站分别设在印度洋的迭哥伽西亚、大西洋的阿松森群岛和太平洋的卡瓦加兰。

3. 用户设备

GPS 的空间卫星星座和地面监控系统是用户应用该系统进行定位的基础，用户必须使用 GPS 接收机接收 GPS 卫星发射的无线电信号，才能使用 GPS 全球定位系统，获得必要的观测数据和定位信息，并经过数据处理而完成定位工作。用户设备主要包括 GPS 接收机、数据传输设备、数据处理软件和计算机。

二、GPS 定位基本原理

GPS 定位是地面接收机通过接收卫星信号，经解算得到点的位置信息。GPS 信号是 GPS 卫星向广大用户发送的用于导航定位的调制波，它是卫星电文和伪随机噪声码的组合码。对于距离地面两万余公里且电能紧张的 GPS 卫星，怎样才能有效地将低码率的导航电文发送给广大用户，这是关系到 GPS 系统成败的大问题。

GPS 卫星信号包含有 3 种信号分量，即载波、测距码和数据码。而所有这些信号分量，都是在同一个基本频率 $f_0 = 10.23\text{MHz}$ 的控制下产生的（图 7-18）。GPS 卫星信号的产生、构成和复制等，都涉及现代数字通信理论和技术方面的复杂问题，这里不做介绍。

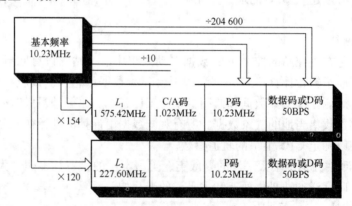

图 7-18　GPS 卫星信号示意图

GPS 的定位是根据空间距离后方交会原理，即利用空间分布的卫星以及卫星与地面点的距离交会得出地面点位置。

如图 7-19，设在时刻 t_i 在测站点 P 用 GPS 接收机，同时测得 P 点至 4 颗 GPS 卫星 S_1、S_2、S_3、S_4 的距离为 ρ_1、ρ_2、ρ_3、ρ_4，通过 GPS 电文解译出 4 颗 GPS 卫星的三维坐标 (X^j, Y^j, Z^j)，$j = 1$、2、3、4。用距离交会的方法求解 P 点的三维坐标 (x, y, z) 的观测方程为：

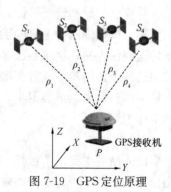

图 7-19　GPS 定位原理

$$\left.\begin{array}{l} \rho_1 = \sqrt{(x-X^1)^2 + (y-Y^1)^2 + (z-Z^1)^2} + c\delta_t \\ \rho_2 = \sqrt{(x-X^2)^2 + (y-Y^2)^2 + (z-Z^2)^2} + c\delta_t \\ \rho_3 = \sqrt{(x-X^3)^2 + (y-Y^3)^2 + (z-Z^3)^2} + c\delta_t \\ \rho_4 = \sqrt{(x-X^4)^2 + (y-Y^4)^2 + (z-Z^4)^2} + c\delta_t \end{array}\right\} \qquad (7\text{-}25)$$

式中　c——光速；

　　　δ_t——接收机钟差。

由此可见，GPS 定位中，要求解测站点的三维坐标，必须测定观测瞬间各 GPS 卫星的准确位置和观测瞬间各卫星至测站点的站星距。前面已知，通过 GPS 卫星发射的导航电文中含有的 GPS 卫星星历，可以实时地解算出卫星的瞬时位置信息。而观测瞬间测站点至 GPS 卫星之间的距离，则需要通过测定 GPS 卫星信号在卫星和测站点之间的传播时间来确定。

三、GPS 定位的方法

GPS 定位的方法是多种多样的，用户可以根据不同的用途采用不同的定位方法。GPS 定位方法可依据不同的分类标准，作如下划分：

1. 按观测值类型不同的划分

1）伪距定位

伪距定位所采用的观测值为 GPS 伪距观测值，所采用的伪距观测值既可以是 C/A 码伪距，也可以是 P 码伪距。伪距定位的优点是数据处理简单，对定位条件的要求低，不存在整周模糊度的问题，可以非常容易地实现实时定位；其缺点是观测值精度低，C/A 码伪距观测值的精度一般为 3m，而 P 码伪距观测值的精度一般也在 30cm 左右，从而导致定位成果精度低。

2）载波相位定位

载波相位定位所采用的观测值为 GPS 的载波相位观测值，即 L_1、L_2 或它们的某种线性组合。载波相位定位的优点是观测值的精度高，一般优于 2 个毫米；其缺点是数据处理过程复杂，存在整周模糊度的问题。

2. 按照定位模式不同的划分

1）绝对定位

绝对定位又称为单点定位，这是一种采用一台接收机进行定位的模式，它所确定的是接收机天线的绝对坐标。这种定位模式的特点是作业方式简单，可以单机作业。绝对定位一般用于导航和精度要求不高的应用中。

2）相对定位

相对定位又称为差分定位，这种定位模式采用两台以上的接收机，同时对一组相同的卫星进行观测，以确定接收机天线间的相互位置关系。

3. 按照数据处理的时效不同的划分

1）实时定位

实时定位是根据接收机观测到的数据，实时地解算出接收机天线所在的位置。

2）非实时定位

非实时定位又称后处理定位，它是通过对接收机接收到的数据进行后处理以进行定位的方法。

4. 按照接收机所处的运动状态不同的划分

1）动态定位

所谓动态定位，就是在进行 GPS 定位时，认为接收机的天线在整个观测过程中的位置是变化的。也就是说，在数据处理时，将接收机天线的位置作为一个随时间的改变而改变的量。

2）静态定位

所谓静态定位，就是在进行 GPS 定位时，认为接收机的天线在整个观测过程中的位置是保持不变的。也就是说，在数据处理时，将接收机天线的位置作为一个不随时间的改变而改变的量。在测量中，静态定位一般用于高精度的测量定位，其具体观测模式是多台接收机在不同的测站上进行静止同步观测，时间由几十分钟到几小时不等。

四、GPS 控制网测量技术

作业方式为静态定位，采用两台（或两台以上）接收设备，分别安置在一条或数条基线的两个端点，同步观测 4 颗以上卫星，每时段长 45 分钟至 2 个小时或更多。为了提高精度，所有已观测基线应组成一系列封闭图形。静态定位模式主要适用于建立全球性或国家级大地控制网，建立地壳运动监测网，建立长距离检校基线，进行岛屿与大陆联测，钻井定位及精密工程控制网建立等。

1. GPS 控制网的精度指标

对于 GPS 网的精度要求，主要取决于网的用途和定位技术所能达到的精度。精度指标通常是以 GPS 网相邻点间弦长标准差来表示，即：

$$\sigma = \sqrt{a^2 + (bd)^2} \tag{7-26}$$

式中　σ——标准差（基线向量的弦长中误差，mm）；

　　　a——GPS 接收机标称精度中的固定误差（mm）；

　　　b——GPS 接收机标称精度中的比例误差系数（1×10^{-6}）；

　　　d——相邻点间的距离（km）。

根据 2001 年国家质量技术监督局发布的国家标准《全球定位系统（GPS）测量规范》，将 GPS 控制网按其精度划分为 AA、A、B、C、D、E 六个精度级别，如表 7-9 所示。

《规范》规定的 GPS 测量控制网精度分级　　　　　　　　表 7-9

级别	平均距离（km）	固定误差 a（mm）	比例误差系数 b（$\times 10^{-6}$）
AA	1000	≤3	≤0.01
A	300	≤5	≤0.1
B	70	≤8	≤1

续表

级别	平均距离（km）	固定误差 a（mm）	比例误差系数 b（$\times 10^{-6}$）
C	10～15	≤10	≤5
D	5～10	≤10	≤10
E	0.2～5	≤10	≤20

AA 级主要用于全球性的地球动力学研究、地壳形变测量和精密定轨；A 级主要用于区域性的地球动力学研究和地壳形变测量；B 级主要用于局部变形监测和各种精密工程测量；C 级主要用于大、中城市及工程测量的基本控制网；D、E 级主要用于中、小城市和城镇及测图、地籍、土地信息、房产、物探、勘测、建筑施工等控制测量。

2. GPS 网的图形设计方案

根据不同的用途，GPS 网的布设按网的构成形式可分为：点连式、边连式、网连式及边点混合连接等。选择怎样的网，取决于工程所要求的精度、外业观测条件及 GPS 接收机数量等因素。

3. 外业工作

（1）野外选点与埋石

进行 GPS 控制测量，首先应在野外进行控制点的选点与埋设。由于 GPS 观测是通过接收天空卫星信号实现定位测量，一般不要求观测站之间相互通视。在 GPS 点位的选点工作中，一般应注意：点位应设在易于安装接收设备、视野开阔的较高点上；点位目标要显著，视场周围 15°以上不应有障碍物，以减少 GPS 信号被遮挡或被障碍物吸收；点位应远离距功率无线电发射源（如电视机、微波炉等）不少于 200m 的地方；远离高压输电线，其距离不得少于 50m，以避免电磁场对 GPS 信号的干扰；点位附近不应在面积水域或不应有强烈干扰卫星信号接收的物体，以减弱多路径效应的影响。

GPS 网点一般应埋设具有中心标志的标石，以精确标志点位，点的标石和标志必须稳定、坚固以利长久保存和利用。

点位选定后，均应按规定绘制点之记和环视图。点之记的主要内容应包括：点位及点位略图，点位交通情况以及选点情况等。环视图也称遮挡图，是反映 GPS 点周围障碍物对卫星信号遮挡情况的图件，内容包括障碍物特征点的方位角和高度角。

（2）观测工作

1）观测工作依据的主要技术指标

各级 GPS 测量作业的基本技术要求如表 7-10。

《规范》对静态观测工作的基本要求　　　　　表 7-10

项目 \ 级别	AA	A	B	C	D	E
卫星截止高度角（°）	10	10	15	15	15	15

续表

级别 项目	AA	A	B	C	D	E
同时观测有效卫星数	≥4	≥4	≥4	≥4	≥4	≥4
有效观测卫星总数	≥20	≥20	≥9	≥2	≥4	≥4
观测时段数	≥10	≥6	≥4	≥2	≥1.6	≥1.6
时段长度（min）	≥720	≥540	≥240	≥60	≥45	≥40
采样间隔（s）	30	30	30	10～30	10～30	10～30
时段中任一卫星有效观测 时间（min）	≥15	≥15	≥15	≥15	≥15	≥15

注：1. 在时段中观测时间符合本表第七项（行）规定的卫星，为有效观测卫星；

2. 计算有效观测卫星总数时，应将各时段的有效观测卫星数扣除其间的重复卫星数；

3. 观测时段长度，应为开始记录数据到结束记录的时间段；

4. 观测时段数≥1.6，指每站观测一时段，至少60%测站再观测一时段。

2）拟定观测计划

利用星历预报软件，编制测区卫星可见性预报表、卫星出现的方位、观测时卫星几何强度因子等，选择最佳的观测时段。结合观测要求、各点的周围环境、交通状况等情况制定详细的工作计划、工作日程、人员调度表、接收机调度表等。

3）测站观测

在测站点安置接收机，包括对中、整平、开机，将接收机工作模式设为静态模式。在观测过程中，自始至终有人值守，按规定填写观测手簿，对观测点名、仪器高、仪器号、观测起止时间、观测日期以及观测者姓名均进行详细记录；并经常检查有效卫星的历元数是否符合要求，否则及时通知其他两台仪器，延长时段时间，以保证观测精度。各测站须丈量天线相位高度，从天线的三面丈量三次，在三次较差不大于3mm时，取平均值为最后结果。结束观测时，再丈量一次天线高，以作校核。

4）观测成果的外业检核

对野外观测资料首先要进行复查，内容包括：成果是否符合调度命令和规范要求，所得的观测数据质量分析是否符合实际。主要检查项目包括每个时段同步观测数据的检核、重复基线检查、同步闭合环和异步闭合环的检核。

4. 数据处理

GPS数据处理就是从原始观测值出发得到最终的测量定位成果，其数据处理过程大致可划分为数据预处理、基线解算和GPS网平差等阶段。

1）数据预处理

数据的预处理的目的在于：对数据进行平滑滤波检验，剔除粗差，删除无效无用数据；统一数据文件格式，将各类接收机的数据文件加工成彼此兼容的标准化文件。

2）基线解算

基线解算就是求得同步观测相邻点间的坐标差。计算经过预处理后，观测值做了必要的修正，成为"净化"的数据，并提供了卫星轨道、时钟参数的标准表达式，估算了整周模糊度初值，就可以对这些载波相位观测值进行各种线性组合，以其双差值作为观测值列出误差方程，组成法方程，解算相邻点间的坐标差。

3）GPS网平差

GPS网平差分为无约束平差和约束平差两个阶段。以基线向量为观测值，通过平差处理，消除基线所构成的环闭合差等不符值，以某固定点坐标作为已知值，求解各网点在WGS84坐标系中的坐标，该工作称为无约束平差。以国家大地坐标系或地方坐标系的某些点的固定坐标、固定边长及固定方位为网的基准，将其作为平差中的约束条件，并在平差计算中考虑GPS网与地面网之间的转换参数，最终将GPS网点的WGS84坐标转换为国家坐标系或地方坐标系当中的坐标，该工作称约束平差。

GPS控制网数据处理通常借助解算软件完成。

五、GPS-RTK测量

差分GPS是消除美国政府SA政策所造成的危害，大幅度提高实时单点定位精度的有效手段。近年来已成为GPS定位技术中新的研究热点，并已取得了重大的进展。目前，市场上出售的GPS接收机大多已具备实时差分的功能。不少接收机的生产销售商已将差分GPS的数据通信设备作为接收机的附件或选购件一并出售，商业性的差分GPS服务系统也纷纷建立。这些都标志着差分GPS已进入实用阶段。

RTK（Real-time kinematic）实时动态差分法。这是一种新的常用的GPS测量方法，以前的静态、快速静态、动态测量都需民要事后进行解算才能获得厘米级的精度，而RTK是能够在野外实时得到厘米级定位精度的测量方法，它采用了载波相位动态实时差分方法，是GPS应用的重大里程碑，它的出现为工程放样、地形测图以及各种控制测量带来了新曙光，极大地提高了外业作业效率。

基本原理：RTK的工作原理是将一台接收机置于基准站上，另一台或几台接收机置于载体（称为流动站）上，基准站和流动站同时接收同一时间、同一GPS卫星发射的信号，基准站所获得的观测值与已知位置信息进行比较，得到GPS差分改正值。然后将这个改正值通过无线电数据链电台及时传递给共视卫星的流动站，精化其GPS观测值，从而得到经差分改正后流动站较准确的实时位置，如图7-20。

1. GPS RTK测量系统构成

RTK系统由基准站、移动站和数据链三部分构成，如图7-21。基准站其作用是求出GPS实时相位差分改正值。然后将改正值及时地通过数传电台传递给移动站以精化其GPS观测值，得到经差分改正后移动站较准确的实时位置。流

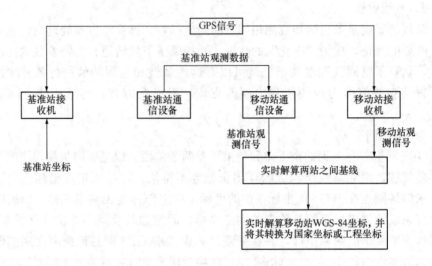

图 7-20　GPS RTK 原理

动站从基准站接收到的信号由移动站的 UHF 电台接收，移动站同时也接收相同的卫星信号，用配备的控制器进行实时解算。数据链的作用是在基准站和移动站间进行数据传输。

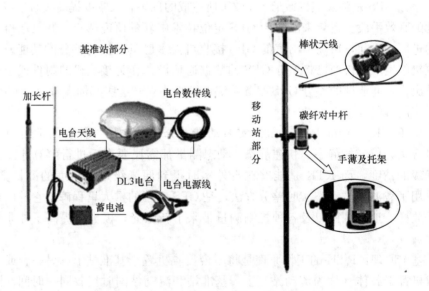

图 7-21　GPS RTK 系统组成与连接

2. RTK 作业的流程

1) 设置基准站

基准站可以架设在已知点上，也可以架设在未知点上。开机，将接收机设置为基准站工作模式，打开手簿，通过蓝牙连接上主机，设置电台通道、差分格式等参数。

2) 设置移动站

连接好移动站接收机，开机，将接收机设置为移动站工作模式，打开手簿，通过蓝牙连接上主机，设置电台通道、差分格式等参数，与基准站保持一致。

3）求转换参数

新建工程，用点测量模式采集各控制点的 WGS84 坐标系下的坐标并存储，将控制点在国家坐标系或地方坐标系下的已知坐标与采集的 WGS84 坐标进行匹配，进行参数转换，求解 WGS84 坐标与测区所用坐标系之间的转换参数，区域不大时一般采用四参数法，至少需要两个已知点。

4）运行相关功能展开工作

经过参数转换后，在新建工程下进各个测量功能，展开相应测量工作。

3. GPS RTK 测量展望

常规 RTK 仅局限在较短距离范围内，随着流动站与参考站间距离的增长，各类系统误差残差迅速增大，导致无法正确确定整周模糊度参数和取得固定解。常规 RTK 解算精度通常仅为分米级，且随着基线的增长而降低。

为了解决常规 RTK 技术存在的缺陷，实现区域范围内厘米级、精度均匀的实时动态定位，网络 RTK 技术应运而生，其中比较有代表性的有 VRS（Virtual Reference Station）的虚拟参考站技术和 FKP（Flchen korrektur parameter）的区域改正参数法技术。

1）VRS 技术的工作原理

VRS 是 Trimble 公司提出的基于多参考站网络环境下的 GPS 实时动态定位技术，通常把 VRS 技术归为网络 RTK 技术的一种。虚拟参考站技术就是利用地面布设的多个参考站组成 GPS 连续运行参考站网络（CORS），综合利用各个参考站的观测信息，通过建立精确的误差模型（如电离层、对流层、卫星轨道等误差模型），在移动站附近产生一个物理上并不存在的虚拟参考站（VRS），由于 VRS 位置通过流动站接收机的单点定位解来确定，故 VRS 与移动站构成的基线通常只有几米到十几米，移动站与虚拟参考站进行载波相位差分改正，实现实时 RTK，如图 7-22。

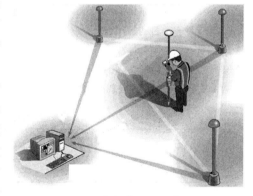

图 7-22　虚拟参考站工作原理

2）FKP 技术的工作原理

FKP 是由 Leica 公司提出的基于全网整体解算模型的主辅站技术。它要求所有参考站将每一个观测瞬间所采集的未经差分处理的同步观测值，实时地传输给中心控制站，通过中心控制站的实时处理，产生一个称为区域改正参数（FKP）发送给移动用户。为了降低参考站网中的数据播发量，使用主辅站技术来播发区域改正参数。主辅站概念为每一个单一参考站发送相对于主参考站的全部改正数及坐标信息。对于网络（子网络）中所有其他参考站，即所谓的辅参考站，播发的是差分改正数及坐标差。主辅站概念完全支持单向数据通信，流动站用户接收到改正数后，可以对网络改正数进行简单的、有效的内插，也可进行严格的计算，获得网络固定解，如图 7-23。

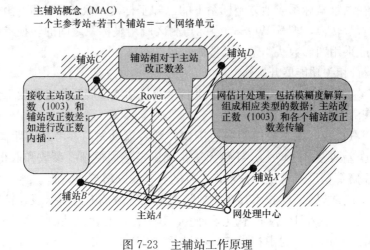

图 7-23　主辅站工作原理

习　题

1. 控制测量的作用是什么？建立平面控制测量的方法有哪些？
2. 导线有哪几种布设形式？导线选点应注意哪些事项？
3. 导线计算的目的是什么？
4. 闭合导线和附合导线的计算有哪些不同？
5. 已知某闭合导线的观测和已知数据如表 7-11 所列，试按图根导线精度要求衡量该导线是否满足要求，并计算各导线点的坐标。

闭合导线的已知数据　　　　　　　　　　　　　表 7-11

测站	观测右角 ° ′ ″	坐标方位角 ° ′ ″	边 长 (m)	坐 标 (m)	
				x	y
1		46　57　02	158.71	540.38	1236.70
2	100　39　30				
3	117　05　24		108.43		
4	102　02　09		109.51		
5	124　02　42		133.06		
1	96　09　15		88.10		

6. 已知某附合导线的观测和已知数据如表 7-12 所列，试按图根导线精度要求衡量该导线是否满足要求，并计算各导线点的坐标。

附合导线已知数据　　　　　　表 7-12

测站	观测右角 ° ′ ″			边长（m）	坐标（m） x	坐标（m） y
A					619.60	4347.01
B	102	29	00		278.45	1281.45
				607.31		
1	190	12	00			
				381.46		
2	180	48	00			
				485.26		
C	79	13	00		1607.99	658.68
D					2302.37	2670.87

7. 三、四等水准测量一测站的观测程序如何？如何进行计算和检核？

项目八 大比例尺地形图的测绘

【知识目标】地形图的比例尺及其精度，地物和地貌的表示方法，测绘地形图的原理，摄影测量的基本知识。

【能力目标】地形图的测绘方法，数字地形图的阅读。

任务一 地形图基本知识

一、地形图的概念

地球表面的形态复杂多样，可归纳为地物和地貌两大类。地面上由自然生成或人工建造而成的物体，称之为地物，它们具有固定的位置和形状，如道路、房屋、江河、森林、草地等。地球表面高低起伏的形态称为地貌，如山丘、山谷、陡坎、峭壁和冲沟等。地形图是将地表的地物与地貌经过综合取舍，按比例缩小后用规定的符号和一定的表示方法描绘在图纸上的正射投影图，如图 8-1。在较大区域内测图时，须将地面点投影到参考椭球面上，然后再用特殊的投影方法绘制到图纸上。当测绘小区域大比例尺地形图时，一般不考虑地球曲率的影响，是把投影面作为平面来处理的。如图 8-2 所示，A、B、C、D、E 是地面上高低不同的一系列点，构成一个空间多边形。P 是投影的水平面。从 A、B、C、D、E 各点向平面 P 做铅垂线，则垂足 A'、B'、C'、D'、E' 就是空间各点的正射投影。从图中可以看到，空间多边形 $ABCDE$ 与平面多边形 $A'B'C'D'E'$ 并不完全相似，因为后者是前者在水平面上的投影。再把多边形 $A'B'C'D'E'$ 按比例缩小，就得

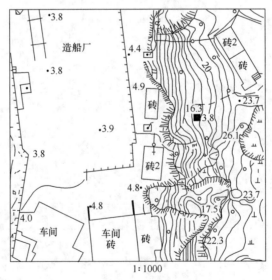

1:1000

图 8-1 地形图

到 A、B、C、D、E 各点在地形图上的位置。

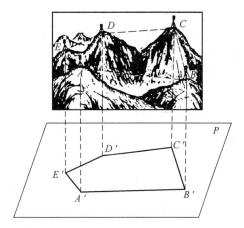

地形图的内容丰富多样，归纳起来大致可分为三类：数学要素，如比例尺、坐标格网等；地形要素，即各种地物、地貌；注记和整饰要素，包括各类注记、说明资料和辅助图表。

图 8-2　测图的原理

二、地形图比例尺

地形图上一线段的长度与其代表的实地相应线段的水平长度之比，称之为地形图的比例尺。地形图的比例尺通常有数字比例尺和图式比例尺两种表示形式。

1. 数字比例尺

数字比例尺通常用分子为 1 的分数表示。设图上某一线段的长度为 l，其代表的地面上相应线段的长度为 D，则该图的数字比例尺为：

$$\frac{l}{D} = \frac{1}{M} \tag{8-1}$$

比例尺的大小是由比例尺的比值来决定的，比值越大，则比例尺越大，即比例尺分母 M 越小，比例尺越大。比例尺越大，表示地物地貌越详尽。数字比例尺通常标注在地形图下方。

国家基本比例尺地形图主要包括 1：500、1：1000、1：2000、1：5000、1：1万、1：2.5万、1：5万、1：10万、1：25万、1：50万、1：100万11种。将 1：500、1：1000、1：2000、1：5000 的地形图称为大比例尺地形图；把1：1万、1：2.5万、1：5万、1：10万的地形图称为中比例尺地形图；1：25万、1：50万、1：100万的地形图，称为小比例尺地形图。

2. 图式比例尺

为了用图方便和消除由图纸伸缩引起的误差，地形图上还绘有图示比例尺，如图 8-3 所示。图式比例尺是将两条平行直线分成若干相等的线段，一般为 2cm，称为比例尺的基本单位，把最左边的一段基本单位又分成十或二十等分。使用时，用分规两脚的脚尖分别对准图上需要量测线段的两个端点，然后将分规两脚尖移到图示比例尺上，使一脚尖对准 0 线右侧一适当的分划线，另一脚尖落在 0 线左侧的细微分划线上，据此即可读出被量测的线段长。使用图式比例尺可以基本消除由于图纸伸缩而产生的误差。

图 8-3　图示比例尺

3. 比例尺的精度

由于视觉的限制，人的眼睛在图上最小的分辨长度为 0.1mm。因此，在测量工作中将图上 0.1mm 所代表的实地水平距离称为比例尺的精度。表 8-1 为大比例尺地形图的比例尺精度。

大比例尺地形图的比例尺精度　　表 8-1

比例尺	1：500	1：1000	1：2000	1：5000
比例尺精度（m）	0.05	0.1	0.2	0.5

地形图的比例尺越大，表示的测区地面情况越详细，但测图所需的工作量就越大，测量费用也就越高。因此，应根据工程对地物、地貌详细程度的需求，确定所选用地形图的比例尺。如要求能反映出量距精度为 ±5cm 的图，则应选比例尺为 1：500 的地形图。当测图比例尺决定之后，宜根据相应比例尺的精度确定实地量测精度，如测绘 1：1000 的地形图，量距精度只需达到 ±5cm 即可。

三、大比例尺地形图的分幅、编号和图外注记

1. 分幅和编号

为了便于管理和使用，需要将各种比例尺的地形图进行统一的分幅和编号。地形图分幅与编号的方法有两大类，一类是按经纬线分幅的梯形分幅法，主要用于中小比例尺地形图；另一类是按坐标格网分幅的矩形分幅法，通常用于大比例尺地形图。

大比例尺地形图的矩形分幅以 1：5000 比例尺为基础，按 1：2000、1：1000、1：500 逐级扩展。图幅一般为 40cm×40cm、50cm×50cm 或 40cm×50cm，以纵横坐标的整千米数或整百米数作为图幅的分界线，根据需要也可采用其他规格分幅。矩形分幅的地形图的图幅编号，一般采用图廓西南角坐标千米数编号法。在工程建设和小区规划中，也可选用流水编号法和行列编号法。

大比例尺地形图的矩形分幅及面积　　表 8-2

比例尺	图幅大小（cm×cm）	实地面积（km²）	一幅 1：5000 图幅包含相应比例尺图幅数目
1：5 000	40×40	4	1
1：2 000	50×50	1	4
1：1 000	50×50	0.25	16
1：500	50×50	0.0625	64

采用图廓西南角坐标公里数编号时，以西南角的 x 坐标和 y 坐标加连字符来表示，x 坐标千米数在前，y 坐标千米数在后。1：5 000 地形图坐标取至 1km，1：2000、1：1000 地形图坐标取至 0.1km，1：500 地形图坐标取至 0.01km。如一张 1：1000 的地形图，其西南角的坐标 $x=410.0$km 和 $y=45.5$km，其编号为 410.0-45.5。

带状测区或小面积测区可按测区统一顺序编号，一般从左到右，从上到下用阿拉伯数字1、2、3、4……编定，如图8-4(a)中的15。行列编号法一般以字母（如A、B、C、D……）为代号的横行由上到下排列，以阿拉伯数字为代号的纵列从左到右排列来编定，先行后列，如图8-4(b)中的A-4。

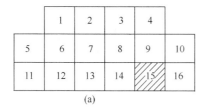
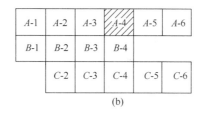

图 8-4　自由分幅与编号

(a) 流水编号法；(b) 行列编号法

2. 图外注记

（1）图名和图号

图名和图号标注在北图廓上方的中央。图名是本幅图的名称，通常以本幅图内最著名的城镇、村庄、厂矿企业、名胜古迹或突出的地物、地貌的名字来命名。图号即图的编号，是根据地形图分幅和编号方法编定的。

（2）接图表

接图表绘注在图廓外左上方，是本幅图与相邻图幅之间位置关系的示意图，供索取相邻图幅时用。接图表由九个方格组成，中间一格填充晕线的代表本图幅，区域八格分别注明相邻图幅的图名（或图号）。在各种比例尺表示的图上，除了接图表以外，还把相邻图幅的图号分别注在东、西、南、北图廓线中间，进一步表明与相邻的四幅图的位置关系。

（3）图廓和坐标格网

图廓是图幅四周的范围线，矩形图幅只有内、外图廓之分。内图廓线是地形图分幅时的坐标格网线，是图幅的边界线。外图廓线是距内图廓以外一定距离绘制的加粗平行线，有装饰等作用。在内图廓外四角处注有坐标值，并在内廓线内侧，每隔10cm绘有5mm的短线，在内图廓线内绘有10cm间隔互相垂直交叉的5mm短线，表示坐标格网线的位置。在内、外图廓线间还注记坐标格网线的坐标值。

在外图廓线外，除了有接图表、图名、图号，还注明有测量所使用的平面坐标系、高程系、比例尺、成图方法、成图日期及测绘单位等。在中、小比例尺图的南图廓线的右下方，还绘有真子午线、磁子午线和坐标纵轴方向这三者之间的角度关系，称为三北方向图。

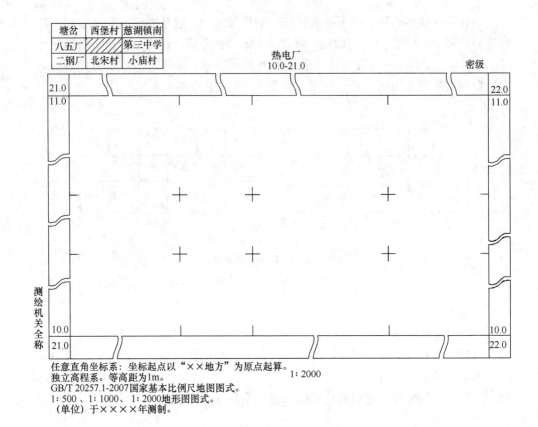

图 8-5　图廓外注记

任务二　地物、地貌的表示方法

一、地形图图式

为了科学地反映地球表面的形态和特征，易于管理和制作，便于不同领域的使用者识别和使用地形图，国家统一制定和颁布了地形图上表示各种地物和地貌要素的符号、注记和颜色的规则和标准——《地形图图式》，它是测绘和出版地形图必须遵守的基本依据之一，是识图、用图的重要工具。

比例尺不同，各种符号的图形和尺寸也不尽相同，《国家基本比例尺地图图式》GB/T 20257 分为 4 个部分。第 1 部分：1∶500、1∶1000、1∶2000 地形图图式；第 2 部分：1∶5000、1∶1 万地形图图式；第 3 部分：1∶2.5 万、1∶5 万、1∶10 万地形图图式；第 4 部分：1∶25 万、1∶50 万、1∶100 万地形图图式。根据不同专业的特点和需要，各部门也制定了专用的或补充的图式。本文引用的是 GB/T 20257 的第 1 部分，适用于 1∶500、1∶1000、1∶2000 地形图的测绘，也是各部门使用地形图进行规划、设计、科学研究的基本依据。

二、地物的表示方法

1. 地物在地形图上表示的原则

地物测绘必须依据选定的比例尺、测量规范和图式的要求，进行综合取舍，将各种地物表示在地形图上。能依比例尺表示的地物，则将它们水平投影位置的几何形状按照比例尺缩绘在地形图上，如房屋、湖泊等，或将其边界按比例尺缩小后表示在图上，边界内按照图式的规定绘上相应的符号，如树林、耕地等。不能依比例尺表示的地物，则在地形图上用相应的地物符号表示其中心位置，如路灯、水塔等。长度能依比例尺表示，而宽度不能依比例尺表示的地物，则其长度按比例尺描绘，宽度以相应符号表示，如小路、通信线等。

2. 地物符号

根据形状大小、描绘方法的不同，地物符号分为依比例符号、半比例符号、非比例尺符号和地物注记四种。

（1）依比例符号

依比例尺符号是地物依比例尺缩小后，其长度和宽度能依比例尺表示的地物符号，如表 8-3 中的 13、14、15。这类符号既反映地物的实地位置，又能反映地物的现状和大小，用于表示轮廓大的地物，一般用实线或点线表示。

（2）半比例符号

半比例尺符号是地物依比例尺缩小后，其长度能依比例尺而宽度不能按比例尺表示的地物符号，亦称线状符号，如表 8-3 中的 10、11、12。这类符号用于表示一些呈线状延伸地物，符号以定位线表示实地物体真实位置。符号定位线位置规定如下：

1）成轴对称的线状符号，定位线在符号的中心线，如铁路、公路、电力线等。

2）非轴对称的线状符号，定位线在符号的底线，如城墙、境界线等。

（3）非比例符号

地形图图式　　　　　　　　　　　表 8-3

编号	符号名称	符号式样			符号细部图	多色图色值
		1∶500	1∶1000	1∶2000		
1	三角点 a. 土堆上的 　张湾岭、黄土岗——点名 　156.718、203.623——高程 　5.0—比高		3.0　△　$\dfrac{张湾岭}{156.718}$ a　5.0　⟁　$\dfrac{黄土岗}{203.623}$		1.0 ⟁ 0.5 1.0	K100

编号	符号名称	符号式样			符号细部图	多色图色值
		1:500	1:1000	1:2000		
2	导线点 a. 土堆上的 Ⅰ16、Ⅰ23——等级、点号 84.46、94.40——高程 2.4——比高		2.0 ⊙ $\frac{Ⅰ16}{84.46}$ a 2.4 ⌀ $\frac{Ⅰ23}{94.40}$			K100
3	水准点 Ⅱ——等级 京石5——点名点号 32.805——高程		2.0 ⊗ $\frac{Ⅱ京石5}{32.805}$			K100
4	卫星定位等级点 B——等级 14——点号 495.263——高程		3.0 △ $\frac{B14}{495.263}$			K100
5	纪念碑、北回归线标志塔 a. 依比例尺的 b. 不依比例尺的	a ▢		b ⛫		K100
6	亭 a. 依比例尺的 b. 不依比例尺的	a ▢	 2.0 1.0	b 2.4 ⛩		K100
7	文物碑石 a. 依比例尺的 b. 不依比例尺的	a ▢		b 2.6 1.2 ⌂		K100
8	旗杆		1.6 4.0 ⊥ 1.0 1.0			K100
9	塑像、雕塑 a. 依比例尺的 b. 不依比例尺的	a ▢		b 3.1		K100

编号	符号名称	符号式样			符号细部图	多色图色值
		1：500	1：1000	1：2000		
10	围墙 a. 依比例尺的 b. 不依比例尺的	a ———10.0——0.5—— b ———10.0——0.5——0.3				K100
11	栅栏、栏杆	——10.0——1.0——				K100
12	篱笆	——10.0——1.0—— 0.5				K100
13	单幢房屋 a. 一般房屋 b. 有地下室的房屋 c. 突出房屋 d. 简易房屋 混、钢——房屋结构 1、3、28——房屋层数 —2——地下房屋层数	a 混1　b 混3-2　0.5 2.0 1.0 c 钢28　d 简		3 c 28 1.0		K100
14	建筑中房屋	建				K100
15	饲养场、打谷场、贮草场、贮煤场、水泥预制场 牧、谷、混凝土预——场地说明	牲　谷　混凝土预				K100
16	等高线及其注记 a. 首曲线 b. 计曲线 c. 间曲线 25——高程	a ～～～0.15 b ～25～0.3 c - - - 0.15 1.0　6.0				M40Y100K30
17	示波线	0.9				M40Y100K30

续表

编号	符号名称	符号式样			符号细部图	多色图色值
		1:500	1:1000	1:2000		
18	高程点及其注记 1520.3、－15.3—— 高程	0.5·1520.3		·－15.3		K100
19	陡崖、陡坎 a. 土质的 b. 石质的 18.6、22.5——比高	a 18.6 300	b 22.5 700		a. 2.0 2.0 0.3 b. 0.6 0.6 0.6 2.4 0.7 0.3	M40Y100K30
20	人工陡坎 a. 未加固的 b. 已加固的	a 2.0 b 3.0				K100
21	梯田坎 2.5——比高	2.5+ 0.5 2.0				K100

非比例符号是地物依比例尺缩小后,其长度和宽度不能按比例尺表示的地物符号,如表 8-3 中的 1、3、7 等。这类符号只表示地物的位置,不表示其形状和大小,而且符号的定位位置与该地物实地的中心位置关系,也随符号形状的不同而异。

1)符号图形中有一个点的,该点为地物的实地中心位置,如控制点等。

2)圆形、正方形、长方形等符号,定位点在其几何图形中心,如电线杆、散树等。

3)宽底符号定位点在其底线中心,如蒙古包、岗亭、烟囱、水塔等。

4)底部为直角的符号定位点在其直角的顶点,如风车、路标、独立树等。

5)几种图形组成的符号定位点在其下方图形的中心点或交叉点,如旗杆、敖包、教堂、路灯、消火栓、气象站等。

6)下方没有底线的符号定位点在其下方两端点连线的中心点,如窑洞、亭、山洞等。

7)不依比例尺表示的其他符号定位点在其符号的中心点,如桥梁、水闸、拦水坝、岩溶漏斗等。

各种无方向的符号均按直立方向描绘,即与南图廓垂直。

(4)注记符号

用文字、数字或特有符号对地物的名称、性质、用途加以说明或对地物附属的数量、范围等信息加以注明的称注记符号。诸如村镇、工厂、河流、道路的名称,房屋的结构与层数,树木的类别,河流的流向、流速及深度,桥梁的长宽及载重量等。

注记包括地理名称注记、说明文字注记、数字注记。

比例符号、半比例符号、非比例符号的使用界限是相对的。测图比例尺越大，用比例符号描绘的地物越多；测图比例尺越小，用非比例符号或半比例符号描绘的地物越多。如某道路宽度为 6m，在小于 1∶1 万地形图上用半比例尺符号表示，在 1∶5000 及更大的大比例尺地形图上则用比例符号表示。

三、地貌的表示方法

在大、中比例尺地形图上主要采用等高线法表示地貌。对于等高线不能表示或者不能单独充分表示的地貌，通常配以特殊的地貌符号和地貌注记表示。

1. 等高线的概念

等高线是地面上高程相同的相邻各点连接而成的闭合曲线。设想，首先把一座山浸没在静止的水中，使山顶与水面平齐，水面与山体相切于一点。然后将水面下降 h（m），水面处于静止状态时与山体有一条闭合的相交曲线，且曲线上各点的高程相等，这就是一条等高线。然后再将水面下降 h（m），水面与山体又形成一条新的交线，这就是一条新的等高线。依次类推，水面每下降 h（m），水面就与山体相交留下一条等高线，相邻等高线间的高差为 h（m）。把这些等高线沿铅垂线方向投影到水平面上，并按规定的比例尺缩绘到图纸上，就得到了用等高线表示该山体地貌的图形。

2. 等高距和等高线平距

1）等高距

相邻等高线之间的高差称为等高距，常以 h 表示。在同一幅地形图中等高距应相同。《工程测量规范》GB 50026 对等高距作了统一的规定，这些规定的等高距称为基本等高距，如表 8-4。

地形图的基本等高距（m）　　　　　　　　　　表 8-4

地形类别	比例尺			
	1∶500	1∶1000	1∶2000	1∶5000
平坦地	0.5	0.5	1	2
丘陵地	0.5	1	2	5
山地	1	1	2	5
高山地	1	2	2	5

注：1. 一个测区同一比例尺，宜采用一种基本等高距；

　　2. 水域测图的基本等深距，可按水底地形倾角所比照地形类别和测图比例尺选择。

2）等高线平距

相邻等高线之间的水平距离，称等高线平距，常用 d 表示。因为同一幅地形图内等高距相同，所以等高线平距 d 的大小（等高线的疏、密）直接反映着地面坡度的缓、陡。等高线平距越小，地面坡度就越大；平距越大，则坡度越小；坡度相同，平距相等。

在成图比例尺不变的情况下,等高距越小,表示地貌就越详细;等高距越大,表示地貌就越粗略。但另一方面,减小等高距,将成倍地增加工作量和图的负荷量,甚至在图上难以清晰表达。因此,在选择等高距时,应结合图的用途、比例尺以及测区地形等多种因素综合考虑。

3. 等高线的种类

等高线分为首曲线、计曲线、间曲线、助曲线四种,如图8-6。

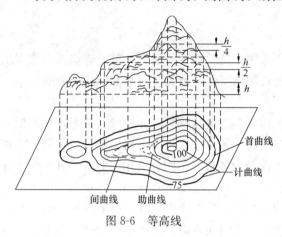

图8-6　等高线

(1)首曲线:从高程基准面起算,按基本等高距勾绘的等高线,又称基本等高线,用线宽为0.15mm的细实线表示。

(2)计曲线:高程能被5倍等高距整除的等高线加粗描绘,又称加粗等高线。每隔四条首曲线加粗一条等高线,用线宽为0.3mm的粗实线表示,其上注有高程值,是辨认等高线高程的依据。

(3)间曲线:按二分之一基本等高距勾绘的等高线,又称半距等高线,用线宽为0.15mm长虚线表示,用于首曲线难以表示的重要而较小的地貌形态。间曲线可不闭合,但应表示至基本等高线间隔较小、地貌倾斜相同的地方为止。

(4)助曲线:为了显示地面微小的起伏,必要时按四分之一等高距加绘等高线,用线宽为0.15mm的短虚线绘出。

4. 典型地貌的等高线

1)山头和洼地

山头和洼地的等高线如图8-7所示,都是一组闭合曲线。内圈等高线的高程大于外圈的是山头;反之,为洼地。

在地形图上区分山头或洼地,除了在闭合曲线组中间位置测注高程点外,还用示坡线来表示。示坡线是一端与等高线连接并垂直于等高线,另一端指向低洼方向的短线。示坡线从内圈指向外圈,说明内高外低,为山头;从外圈指向内圈,说明外高内低,为洼地。示坡线一般应表示在谷地、山头、鞍部、图廓边及斜坡方向不易判读的地方。

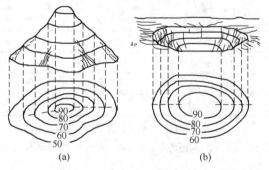

图8-7　山头、洼地的等高线
(a)山头;(b)洼地

2)山脊和山谷

山脊是由山顶向一个方向延伸的凸棱部分。山脊的最高棱线称为山脊线。山脊等高线表现为一组凸向低处的曲线，如图 8-8(a) 所示。

山谷是相邻山脊之间的低凹部分。山谷最低点的连线称为山谷线。山谷等高线表现为一组凸向高处的曲线，如图 8-8(b) 所示。

山脊线和山谷线合称为地性线（或地形特征线）。山脊上的雨水会以山脊线为分界线，分别流向山脊的两侧，因此，山脊线又称分水线。山谷两侧山坡上的雨水会汇集山谷，流向谷底，因此，山谷线又称集水线。

3）鞍部

鞍部是相邻两山头之间呈马鞍形的低凹部位，既处于两山顶间的山脊线连接处，又是两山谷线的顶端，如图 8-9 所示。鞍部等高线的特点是在一组大的闭合等高线内，套有两组独立的小闭合等高线。

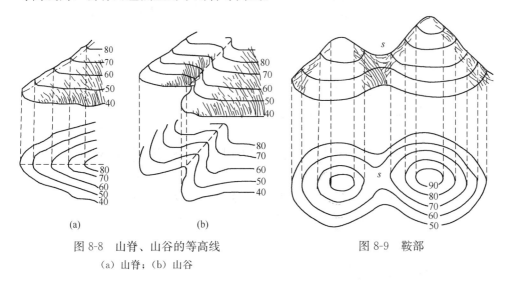

图 8-8　山脊、山谷的等高线　　　　图 8-9　鞍部

(a) 山脊；(b) 山谷

4）陡崖和悬崖

陡崖是指坡度在 70°以上、形态壁立、难于攀登的陡峭崖壁，分为土质和石质两种。陡崖处等高线非常密集或重合为一条线，须采用陡崖符号来表示，符号的实线为崖壁上缘位置。土质陡崖图上水平投影宽度小于 0.5mm 时，以 0.5mm 短线表示；大于 0.5mm 时，依比例用长线表示。石质陡崖图上水平投影宽度小于 2.4mm 时，以 2.4mm 表示；大于 2.4mm 时，依比例表示，如图 8-10 所示。

悬崖是上部突出，下部凹进的陡崖，如图 8-11 所示，等高线出现相交。上部的等高线用实线，下部的用虚线。

5. 等高线的特性

1）同一条等高线上的各点高程都相等。

2）等高线为闭合曲线，如没有在本图幅内闭合，则必定在相邻或其他图幅内闭合。在地形图上，等高线除了在规范规定的局部（如内图廓线处，悬崖及陡坡处，与房屋或双线道路等相交处等）可断开外，不得在图幅内任意处中断。

3）除在悬崖或陡崖等处，等高线在图上不能相交也不能重合。

4）同一幅图内，等高线的平距小，表示坡度陡；平距大，表示坡度缓；平距相等，则坡度相等。

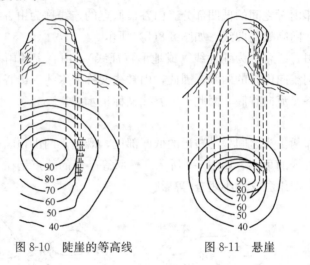

图 8-10　陡崖的等高线　　　　图 8-11　悬崖

5) 等高线的切线方向与地形线方向垂直。等高线通过山脊线时，与山脊线成正交，并凸向低处；通过山谷线时，与山谷线成正交，并凸向高处。

任务三　大比例尺地形图的图解法测绘

大比例尺地形图的测绘方法有图解法和数字测图法。图解法常用经纬仪配合展点器测绘。本任务主要介绍经纬仪配合展点器测绘法，数字测图法将专门介绍。

一、图根控制测量

一般地区每幅图图根点的数量，1∶2000 比例尺地形图不宜少于 15 个，1∶1000比例尺地形图不宜少于 12 个，1∶500 比例尺地形图不宜少于 8 个。

图根控制点一般是在各等级控制点下加密得到的。对于较小测区，图根控制也可作为首级控制。图根点宜采用木桩做点位标志，当图根点作为首级控制或等级点稀少时，应埋设适当数量的标石。

图根平面控制点可采用图根导线、图根三角、交会方法和 GPS RTK 等方法布设。图根点的高程可采用图根水准和图根三角高程等方法测定。图根点相对于邻近等级控制点的点位中误差不应大于图上 0.1mm，高程中误差不应大于基本等高距的 1/10。

二、测图前的准备工作

测图前，除准备好测图仪器和工具外，还应准备好图纸和进行控制点展绘。

1. 图纸选择

地形原图的图纸宜选用一面打毛，厚度为 0.07～0.10mm，伸缩率小于0.2‰的聚酯薄膜。聚酯薄膜牢固耐用，伸缩性小，不怕潮湿，可用水洗涤，可直接在底图上着墨复晒蓝图。但也有易燃、易折等缺点，在使用过程中应注意防火防折。对于临时性小面积测图，也可选用质地较好的绘图纸作为图纸。

2. 绘制坐标格网

如果选购的是空白图纸，则需要在图纸上精确绘制 10cm×10cm 的直角坐标格网（又称方格网）。小方格网的边长误差不应大于 0.2mm，小方格网的对角线长度误差不应大于 0.3mm。绘制坐标格网有对角线法、坐标格网尺法、坐标仪展绘法、绘图仪绘制法等。

1）对角线法

如图 8-12 所示，连接图纸两对角线交于 O 点，然后由 O 点沿对角线向四角分别量取相等的长度（不宜短于 37cm），截得 A、B、C、D 四点，将之顺次连接，得矩形 $ABCD$。在矩形四条边上先自下向上，再自左向右每 10cm 量取一分点，连接对边相应分点，即形成互相垂直的坐标格网线及矩形或正方形内图廓线。

2）绘图仪法

可用 AutoCAD 软件编辑好坐标格网图形，然后把图形通过绘图仪绘制在图纸上。

3. 展绘控制点

展点前应先在图纸上建立坐标系。根据本幅图的分幅位置，确定内图廓左下角的坐标值，并将该值注记在内图廓与外图廓之间所对应的坐标格网处，如图 8-13 中左下角的（500，500）。然后依据成图比例尺，将坐标格网线的坐标值注记在相应格网边线的外侧，如图 8-13 所示。

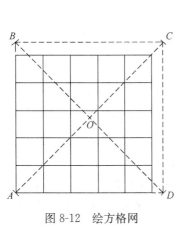

图 8-12　绘方格网

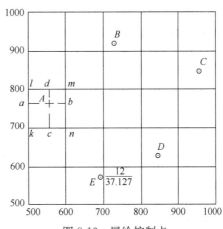

图 8-13　展绘控制点

展点可使用坐标展点仪，也可以人工展点。人工展点的方法是：先根据控制点的坐标，确定点位所在的方格；然后，根据该控制点相对于所在方格左下角的 Y 坐标增量，在该方格上、下方的横向网格线上分别按比例各截取一点，得到与控制点 y 值相等的两点，做两点连线；根据该控制点相对于所在方格左下角的 X 坐标增量，在该方格左、右侧的纵向网格线上分别按比例、自下而上截取一点，得到与控制点 x 值相等的两点，连接两点前面两点的连线相交得到图上的控制点。例如，如图 8-13 所示，在 1∶1000 比例尺的图纸上展绘控制点 A （764.30，566.15）。首先确定 A 点所在方格位置为 $klmn$；然后，自 k、l 点分别沿横网格线向右量取 $(566.15-500.00)/1000=66.15\mathrm{mm}$，得 c、d 两点；自 k、n 点分别沿纵网格线向上量取 $(764.30-700.00)/1000=64.30\mathrm{mm}$，得 a、b 两点。Ab 线和 cd 线的交点即为 A 点在图上位置。最后在点位上绘出控制点符号，右侧以分数形式注明点号及高程。同样方法将该图幅内所有控制点展绘在图纸上。控制点的展点误差不应大于 0.2mm，图根点间的长度误差不应大于 0.3mm。

展绘完控制点平面位置并检查合格后，擦去图幅内多余线划，图纸上只留下图廓线、图名、图号、比例尺、方格网十字交叉点处 5mm 长的相互垂直短线、格网坐标、控制点符号及其注记等。

三、碎部点的选择和测定碎部点的基本方法

1. 碎部点的选择

碎部点就是地物、地貌的特征点。地物的平面位置和形状可以用其轮廓线上的交点、拐点及中心点来表示，因此，地物的碎部点应选择地物轮廓线的方向变化处（如房角点、道路转折点和交叉点、河岸线转弯点）以及独立地物的中心点等。对于形状极不规则的地物，其轮廓线应根据规范要求综合取舍。地貌形态复杂，可将其归结为由许多不同方向、不同坡度的平面交结而成的几何体，诸平面的交线就是方向变化线和坡度变化线。测定了这些方向变化线和坡度变化线的平面位置和高程，地貌基本形态就确定了。因此，地貌的碎部点应选择方向变化线或坡度变化线上（如山脊线、山谷线、山脚线上的点）和坡度变化及方向变化处（如山顶、坑底、鞍部等）。

2. 测定碎部点平面位置的基本方法

测定碎部点的平面位置就是测量碎部点与已知点间的水平距离、与已知方向间的水平角两项基本要素。主要有极坐标法、角度交会法、距离交会法、直角坐标法等。

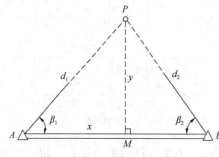

图 8-14　测定点的平面位置

1）极坐标法

如图 8-14 所示，设 A、B 为已知控制点，P 为待测碎部点。在 A 点上设站，测定 A 点到碎部点 P 的水平距离 d_1 和 AP 方向与已知方向 AB 间的水平角 β_1，即可据此在图纸上将 P 点展绘出来。极坐标法是传统的碎部测量中最常用的方法。

2）角度交会法

在两个已知点 A、B 上分别设站，测量测站点到碎部点 P 的连线和已知方向 AB 间的水平角 β_1、β_2。在图纸上，依据 AB 边，展绘 β_1、β_2 角，即可确定 P 点。

3）距离交会法

在两个已知点 A、B 上分别设站，测量测站点到碎部点 P 的距离 d_1、d_2。

分别以 A、B 在图上的位置为圆心，以 d_1、d_2 按比例尺缩小后的距离为半径划弧，即可交出碎部点 P 的位置。

4）直角坐标法

设碎部点 P 到线段 AB 的垂距为 y，垂足是 M 点，A、M 的水平距离为 x。在图纸上，以 A 为起点，沿 AB 方向量出 x 按比例尺缩小后的距离，得垂足点 M，再从 M 点沿与 AB 垂直的方向量取 y 按比例尺缩小后的距离，即可得到 P 点位置。

3. 碎部点的高程测量

测量碎部点高程可用水准测量和三角高程测量等方法测得。

四、经纬仪配合展点器测图法

经纬仪配合展点器测图法是在图根控制点上安置经纬仪，测定测站到碎部点的方向与已知方向之间的夹角，测定测站点至碎部点的水平距离和碎部点的高程；然后运用半圆仪等量角工具和比例尺，把碎部点的平面位置展绘在图纸上，并注明其高程；再对照实地描绘地形。

1. 一个测站上的具体工作

（1）测站准备

1）设站与定向。如图 8-15 所示，在控制点 A 上安置经纬仪，量出仪器高 i，仪器对中的偏差不应大于图上 0.05mm。盘左瞄准另一较远的控制点（后视点）B，配置度盘为 $0°00'$，完成定向。为了防止出错，应检查测站到后视点的平距和高差。

2）安置平板。将平板安置在测站附近合适处，图纸上点位方向与实地方向宜一致。把图纸上展绘出的 A、B 两点用铅笔连接起来作为起始方向线，将大头针穿过半圆仪的中心小孔准确地扎牢在图纸上的 A 点。

（2）观测与计算

1）立尺员将地形尺（视距尺）竖立在特征点 P 上。

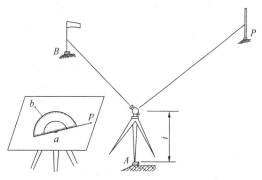

图 8-15　经纬仪侧图

2）观测员操作仪器，盘左照准地形尺，读取水平度盘读数 β、上下视距丝读数 $l_\text{上}$ 和 $l_\text{下}$（或直接读取视距间隔 l）、竖盘读数 L、中丝读数 v。用式（8-2）计算平距和高程：

$$\left.\begin{array}{l} D = 100(l_\text{下} - l_\text{上})\cos^2(90° - L + x) \\ d = D/M \\ H = H_\text{A} + D\tan(90° - L + x) + i - v \end{array}\right\} \quad (8\text{-}2)$$

式中　x——竖盘指标差；

　　　H_A——测站点高程；

M——测图比例尺的分母。

（3）展绘碎部点

围绕大头针转动半圆仪，使半圆仪上等于水平角 β 的刻划线对准起始方向线，此时半圆仪的零方向（$\beta \leqslant 180°$ 时）或 $360°$ 方向（$\beta > 180°$ 时）便是图上测站点到碎部点的方向，如图 8-16 所示。沿此方向量取 *d*，刺一小点，即为碎部点 *P*。在点的右侧标注其高程。

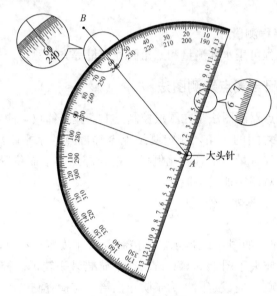

图 8-16　半圆仪

（4）用同样的方法，测量出本测站上能看到的其他碎部点的平面位置与高程，绘于图上，并依据现场地形描绘地物和勾绘等高线。

（5）检查

每测站测图过程中和结束前应注意检查定向方向，归零差应不大于 $4'$。检查另一测站点的高程，其较差不应大于基本等高距的 1/5。

2. 增设测站

当解析图根点不能满足测图需要时，可增补少量图解交会点或视距支点作为测站点。图解补点应符合下列规定：

1）图解交会点，必须选多余方向作校核，交会误差三角形内切圆直径应小于 0.5mm，相邻两线交角应在 $30°\sim150°$ 之间。

2）视距支点的长度，不宜大于相应比例尺地形点最大视距长度的 2/3，并应往返测定，其较差不应大于实测长度的 1/150。

3）图解交会点、视距支点的高程测量，其垂直角应一测回测定。由两个方向观测或往、返观测的高程较差，在平地不应大于基本等高距的 1/5，在山地不应大于基本等高距的 1/3。

3. 注意事项

1）应预先分析测区特点，规划好跑尺路线，以便配合得当，提高效率。

2）主要的特征点应直接测定，一些次要特征点宜采用量距、交会等多种方法合理测出。

3）大比例尺测图的碎部点密度取决于地物、地貌的繁简程度和测图的比例尺，应遵照少而精的原则。地形点的最大点位间距不应大于表 8-5 的规定。

一般地区地形点的最大点位间距（m）　表 8-5

比例尺	1∶500	1∶1000	1∶2000
间距	15	30	50

4）用视距法测量距离和高差，其误差随距离的增大而增大。为了保证成图的精度，各种比例尺测图时的最大视距不应大于表 8-6 的规定。

地物点、地形点的最大视距长度　表 8-6

比例尺	最大视距长度（m）			
	一般地区		城镇建筑区	
	地物点	地形点	地物点	地形点
1∶500	60	100	—	70
1∶1000	100	150	80	120
1∶2000	180	250	150	200

注：1. 垂直角超过 10°时，视距长度应适当缩短；平坦地区成像清楚时，视距长度可放长 20%；

　　2. 城镇建筑区 1∶500 比例尺测图，测站点至地物点的距离应实地丈量。

5）展绘碎部点后，应对照实地随时描绘地物和等高线。

6）若测区面积较大，应分幅测绘。为了相邻图幅的拼接，每幅图应测出图廓外 5mm。

五、地物、地貌的绘制

1. 地物的描绘

（1）地物要按地形图图式规定的符号表示。

（2）图上凸凹小于 0.4mm 的地物弧线可表示为直线。

（3）为突出地物基本特征和典型特征，化简某些次要碎部。如在建筑物密集且街道凌乱窄小的居民区，为了突出居民区的整个轮廓，清晰地表示出居民区的主要街道，可以采取保证居民区外围建筑物平面位置正确，将内部凌乱的建筑物归纳综合，并用加宽表示的道路隔开的方法。

（4）各类地物形状各异，大小不一，描绘时可采用不同的方法。

1）对于比例符号表示的地物，在综合取舍后，连点成线，画线成形。如房屋轮廓需用直线连接起来，道路、河流的弯曲部分则逐点连成光滑的曲线。

2）对于半比例符号表示的地物，顺点连线，近似成形。如管线应测定其交叉点、转折处的中心位置（或支架、塔、柱），并分别用非比例符号或比例符号表示，然后用规定的线型连接起来。

3）独立地物应准确测定其位置。凡图上独立地物轮廓大于符号尺寸的，按照依比例尺符号测绘；小于符号尺寸的，按照不依比例符号表示。如开采的或废弃井，应测定井口轮廓，若井口在图上小于井口符号时，应以非比例符号表示。

4）对于非比例符号表示的地物，按规定的非比例符号表示，单点成形。

2. 等高线的勾绘

首先用铅笔轻轻描绘出山脊线、山谷线等地性线，再根据碎部点的高程内插等高线通过的点，然后勾绘等高线，如图8-17所示。

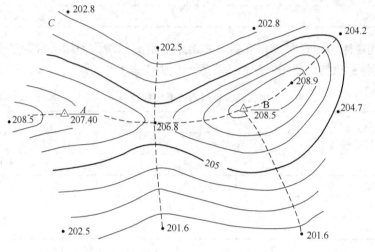

图8-17　勾绘等高线

（1）测定地貌特征点。测定地貌特征点的平面位置，在图纸上以小点表示，并在其旁注记该点高程值。

1）高程注记点在地形图上宜均匀分布。

2）山顶、鞍部、山脊、山脚、谷底、谷口、沟底、沟口、凹地、台地、河（川、湖）岸旁、水涯线上以及其他地面倾斜变换处，均应测点注记高程。

3）城市建筑区高程注记点应布设在街道中心线、街道交叉中心、建筑物墙基脚和相应的地面、管道检查井井口、桥面、广场、较大的庭院内或空地上以及其他地面倾斜变换处。

4）高程点的注记，当基本等高距为0.5m时，应精确至0.01m；当基本等高距大于0.5m时，应精确至0.1m。

（2）连接地性线。自山顶至山脚用细实线连接山脊线上各变坡点，用细虚线将山谷线上各变坡点连接。通常两条山脊线夹一条山谷线，两条山谷线夹一条山脊线。

（3）求等高线通过点。通常将地形图上相邻两高程注记点之间视为地面坡度均匀变化，因此可在相邻两点的连线上，按平距与高差成比例的关系，目估内插出等高线通过点的位置。

（4）勾绘等高线。运用概括原则，将高程相等的相邻点连成光滑的曲线，即为等高线。勾绘等高线时，要对照实地情况，先画计曲线，后画首曲线。曲线应均匀圆滑，没有死角或出刺现象，并注意等高线通过山脊线、山谷线的走向。

（5）等高线绘出后，将图上的地性线全部擦去。山顶、鞍部、凹地等不明显处等高线应加绘示坡线。

（6）不能用等高线表示的地貌，如峭壁、土堆、冲沟、雨裂等，按图式中规定的符号表示。

六、地形图的拼接和检查

1. 地形图的拼接

1）每幅图应测出图廓外 5mm，自由图边在测绘过程中应加强检查，确保无误。

2）地形图接边差不应大于规范规定的平面、高程中误差的 $2\sqrt{2}$ 倍。小于限差时可平均配赋，但应保持地物、地貌相互位置和走向的正确性。超过限差时，则应到实地检查纠正。

2. 地形图的检查

地形图应经过内业检查、实地的全面对照及实测检查。检查应包括下列内容：

1）图根控制点的密度应符合要求，位置恰当；各项较差、闭合差应在规定范围内；原始记录和计算成果应正确，项目填写齐全。

2）地形图图廓、方格网、控制点展绘精度应符合要求；测站点的密度和精度应符合规定；地物、地貌各要素测绘应正确、齐全，取舍恰当，图式符号运用正确；接边精度应符合要求；图历表填写应完整、清楚，各项资料齐全。

3）根据室内检查的情况，进行实地对照。主要检查地物、地貌有无遗漏；等高线是否逼真合理；符号、注记是否正确等。

4）使用仪器到野外设站检查，实测检查量不应少于测图工作量的 10%，检查的统计结果，应满足表 8-7、表 8-8 的规定。

图上地物点相对于邻近图根点的点位中误差　表 8-7

区域类型	点位中误差（mm）
一般地区	0.8
城镇建筑区、工矿区	0.6
水域	1.5

工矿区细部坐标点的点位和高程中误差（cm）　表 8-8

地物类别	点位中误差	高程中误差
主要建（构）筑物	5	2
一般建（构）筑物	7	3

任务四　航空摄影测量简介

航空摄影测量（简称航测）是利用安装在飞机上的专用航空摄影仪对地面进行摄影获取航摄像片，并据之进行量测和判析，确定被摄物体的形状、大小和空间位置，绘制被摄地区的地形图或生成数字地面模型。航空摄影测量可将大量的外业测量工作转移到室内完成，具有成图快、精度均匀、受季节限制小等优点，是较大区域地形图测绘的最主要、最有效的方法。我国现有的 1：1 万～1：10万国家基本图都是采用这种方法测绘的。近年来，航空摄影测量也被广泛应用于工程建设和城市大、中比例尺地形图的测绘。

航空摄影测量包括航空摄影、航测外业、航测内业三部分内容。航空摄影是将专用的航空摄影仪安装在飞机上，按照设计好的航线和飞行高度对地面进行摄影，获取符合要求的航摄像片；航测外业主要包括像片控制测量和调绘。航测内业工作主要有在外业控制点基础上的控制加密和测图。航测法成图经历了全模拟法、模拟-数值法、模拟-解析法及数字-解析法等几个阶段，成果有线划地形图、数字地形图、像片平面图、影像地形图、数字地面模型（DTM）等多种形式。

GPS航空摄影测量技术是高精度GPS动态定位测量与航空摄影测量有机结合的一项新技术。GPS辅助空中三角测量是在航空摄影飞机上安设一台GPS接收机，并用一定方式将之与航空摄影仪相连接。在航摄飞机对地摄影的同时，该接收机与固定在地面参考点上的一台或几台GPS接收机同时、快速、连续地记录相同的GPS卫星信号，并精确而自动地"记录"每一个摄影时元。通过相对动态定位技术的数据后处理，获得摄影站曝光时刻的GPS天线相位中心的三维坐标，然后将其换算为摄影站坐标作为附加观测值，参与空中三角测量的联合平差解算。它可以极大地减少野外实测像控点工作或实现无地面控制的空中三角测量，这对缩短成图周期、减少或免除在困难地区或不能到达地区的航测外业控制测量都有着十分重要的意义。

一、航空摄影和航摄像片的基本知识

1. 航空摄影

航空摄影机又称航摄仪，其构造原理与普通照相机基本相同，但镜头畸变差要小，分解力要高，曝光时感光胶片要严格压平，能自动控制曝光时间间隔。摄影仪镜箱内设有光学框标、圆水准器、时表、像片号码、焦距值、日期和航向指示器等，像片曝光的同时被摄在像片边缘。

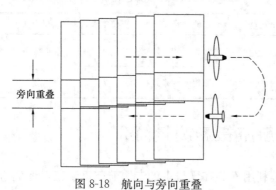

图 8-18　航向与旁向重叠

航空摄影按航线进行，航片应覆盖整个测区，不应出现漏洞。航线弯曲度是指航摄像片的像主点离开航线最大偏离值与航线全长之比，航线弯曲不应大于其航线长度的 3%；同一条航线上相邻两张像片的重叠称为航向重叠或纵向重叠（图 8-18），为了建立有效的立体模型以便进行内业测图，航线重叠宜为 60%，并不应小于 53%；相邻两条航线间像片间的重叠称为旁向重叠或横向重叠（图 8-18），为了防止出现摄影漏洞和满足相邻航线像片拼接的要求，旁向重叠宜为 30%，并不应小于 15%；航摄像片的倾角（即摄影光轴与铅垂线的夹角）不宜大于 2°，个别像片最大不应大于 4°；航摄的旋偏角（像片边缘与航线方向的夹角）一般不大于 6°，最大不应超过 12°。另外，还要求，摄影分区内实际航高与设计航高之差不应大于 50m，当航高大于 1000m 时，实际航高与设计航高之差不应大于设计航高的 5%；同一航线上像片的最大航高与最小航高之差不应大于 30m，相邻像片的航高差不应大于 20m。

2. 航摄像片

航摄像片通常采用的像幅有 18cm×18cm、23cm×23cm 等，像幅四周有框标标志，相对框标的连线为像片坐标轴，其交点是像主点作为像片坐标系的原点，依据框标可以量测出像点坐标。航摄像片应影像清晰、层次丰富、反差适中、色调正常，能辨认与摄影比例尺相适应的细小地物的影像。光学框标影像必须清晰、齐全，其密度应与像幅内地面上大部分明亮地物影像的密度一致。航摄底片的不均匀变形不应大于 3/10000。

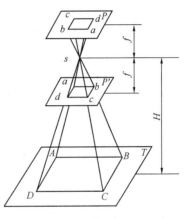

图 8-19 中心投影

航摄像片上某两点间的距离和地面上相应两点间水平距离之比，称为航摄像片比例尺，通常用 1/M 的形式表示。如图 8-19 所示，当被摄地面水平且摄影像片处于水平位置时，同一张像片上的比例尺是一个常数：

$$\frac{1}{M} = \frac{ab}{AB} = \frac{f}{H} \tag{8-3}$$

式中　f——航摄仪的焦距；

　　　H——航高（指相对航高）。

可见，像片比例尺与航高有关。对一架航摄仪来说，f 是固定值，要使各像片比例尺一致，必须保持同一航高。航摄像片比例尺根据成图比例尺确定，比例尺太小，成图精度低；比例尺过大，各种成本偏高。一般地，像片比例尺约为成图比例尺的 1/4。

3. 航摄像片的特点

1）航摄像片是中心投影

如图 8-19 所示，地面点 A 发出光线经摄影镜头 S 交于底片 a 上。当地面水平，且摄影时像片严格水平时，像片上各处的比例尺一致，影像的形状与地表物体形状完全相似。此时，航摄像片具有平面图的性质。

2）地面起伏引起投影误差

投影误差是指当地面有起伏时，高于或低于摄影基准面的地面点，其像点相对于基准面像点之间的直线位移。

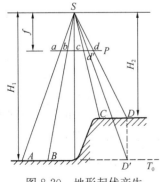

图 8-20 地形起伏产生投影误差

如图 8-20，选 AB 线段所在的平面为基准面 T_0，则 D 点在 T_0 上的投影为 D'。因为摄影是中心投影，所以两者的投影点分别为 d、d'，dd' 即是 D 点的投影误差。因此，地面上两等长的线段 AB 和 CD，由于位于不同的高程面，它们在像片上的

构像 ab、cd 的长度不同，比例尺不一样。

投影误差的大小与地面点距摄影基准面 T_0 的高差成正比。在基准面上的地面点，投影误差为零；高差越大，投影误差越大。可见，投影误差可随选择的基准面高度不同而增减。航测成图时，常采用分带投影的方法，选择几个基准面，将投影误差限制在一定的范围内，使之不影响地形图的精度。

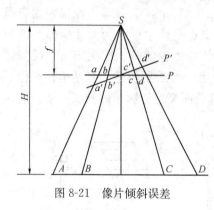

图 8-21　像片倾斜误差

3）航摄像片倾斜误差

同摄站同主距的倾斜像片和水平像片沿等比线重合时，地面点在倾斜像片上的像点与相应水平像片上像点之间的直线移位称为倾斜误差。

如图 8-21，P 和 P' 分别为水平和倾斜像片，水平面上等长线段 AB、CD 在水平像片上构像为 ab、cd，在倾斜像片上构像为 $a'b'$、$c'd'$，可见倾斜像片上各处的比例尺都不相同。当像片倾角很小时，像片上点的倾斜误差可以用式（8-4）计算：

$$\delta = -\frac{r^2}{f}\sin\varphi\sin\alpha \tag{8-4}$$

式中　r——像点至主点的距离；

　　　f——焦距；

　　　φ——像点的方向角；

　　　α——像片倾角。

等比线将影像分为上下两部分，上半部分影像线段长度短于水平像片相应线段长度，影像比例尺小于等比线影像比例尺；下半部分影像线段长度长于水平像片相应线段长度，影像比例尺大于等比线影像比例尺。为此，航片内业利用地面已知控制点，采取像片纠正的方法来消除倾斜误差。

4）像片是由影像的大小、形状、色调来反映地物和地貌的。这种表达方式有一定程度的不确定性和局限性，如物体名称、房屋结构、道路等级、河流流向以及地面高程等地物、地貌的属性在像片上是表示不出来的。因此，必须对航空像片进行调绘工作。

二、航摄像片的立体观测和立体量测原理

1. 立体量测的基本原理

人用双眼观察远近高低不同的物体时，物体在左右眼的视网膜上构成了位置不同的影像。如图 8-22 所示，空间 A、B 两点，在左右眼视网膜上的影像分别为 a_0、b_0 和 a'_0、b'_0。由于 A、B 两点远近不同，造成在两眼上的生理视差 $\overline{a'_0 b'_0}$ 和 $\overline{a_0 b_0}$ 不相等，两者的差值（生理视差较）通过大脑皮层的视觉中心，便会感知到物体的远近：

$$p = \overline{a_0 b_0} - \overline{a'_0 b'_0} \tag{8-5}$$

如果分别在两眼和 A、B 之间放置上玻璃板 P、P'，则人眼观察到的是 A、B 透过玻璃板后的影像，这可以理解为人眼观察到的是 A、B 留在玻璃板 P、P' 上的影像 a、b 和 a'、b'。

如果使影像 a、b 和 a'、b' 保留在玻璃板 P、P' 上，然后将 A、B 两物体遮蔽，人眼通过观察影像 a、b 和 a'、b'，照样会感知到 A、B 的存在，这种现象称为人造立体视觉。

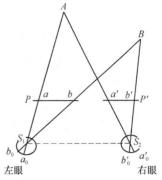

图 8-22　立体观测原理

航空摄影时，从两个摄影站对同一目标拍摄有一定重叠的两张像片。如采用一定的措施使左右眼分别位于两个摄影站的角度来观察两张像片，就会构成被摄物体的立体视觉模型。为此，立体观测应具备以下条件：

1）有立体像对。必须从两个不同的位置对同一静止目标摄取两张有一定重叠度的像片，称为立体像对。

2）有分像条件。立体观测时，左、右眼应只能同时分别观察到同一立体像对的左、右片。

3）同名像点连线与眼基线平行。左像片安置在左边，右像片安置在右边，两像片上相同景物（同名像点）的连线应与眼基线大致平行。

4）两像片的比例尺应相近，差别应小于 15%。

5）两张像片的距离应适合人眼的交向和凝聚能力。

2. 像对的立体量测原理

如图 8-23，设地面上有高低不同的 A、B 两点，在左右两张像片上的构像分别是 a_1、b_1 和 a_2、b_2。在像片坐标系中量测各像点坐标，令同一地面点在相邻像片上的 y 值为 0，x 值之差即为左右视差 P，则：

$$\left.\begin{array}{l} P_A = x_{a1} - x_{a2} = \overline{a_1}\overline{a_2} \\ P_B = x_{b1} - x_{b2} = \overline{b_1}\overline{b_2} \end{array}\right\} \tag{8-6}$$

从图中可以看出：$\triangle a_1 S_1 a_2 \sim \triangle S_1 A S_2$，因而有：

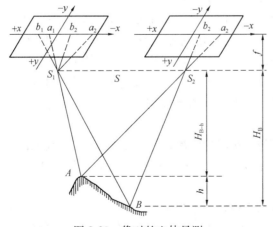

图 8-23　像对的立体量测

$$\frac{a_1 a_2}{S} = \frac{f}{H_B - h} \tag{8-7}$$

式中　S——立体像对的投影基线长；

　　　f——摄影机的焦距；

　　H_B——B 点的航高；

　　　h——A、B 两点的高差。

将式（8-6）进行简单变换，带入式（8-7）可得：

$$\left.\begin{aligned} P_A &= \frac{Sf}{H_B - h} \\ P_B &= \frac{Sf}{H_B} \end{aligned}\right\} \tag{8-8}$$

令 $\Delta P = P_A - P_B$，经整理得：

$$\left.\begin{aligned} \Delta P &= \frac{P_B h}{H_B - h} \\ \Delta h &= \frac{\Delta P H_B}{P_B + \Delta P} \end{aligned}\right\} \tag{8-9}$$

上式为理想像对，以 B 点所在的高程面为基准面，以 B 点为起始点，只要量测出 A、B 两点的像点坐标，即可计算出 A 点相对于 B 点的高差。在非理想像对中，同名像点的纵坐标不为零，$q = y_{i1} - y_{i2}$ 称为上、下视差，利用它可以恢复摄影瞬间像片的空间位置，建立立体模型。

三、航测外业工作

1. 野外控制测量

航测成图必须具有足够数量的像片控制点（简称像控点），这些控制点在已有大地控制点的基础上进行加密。在野外，将实地形态与航片的影像相对照，选择合适的像控点位置，测定它的平面坐标和高程，并在像片上精确地刺点和描述，这项工作也称像片联测。像控点在像片上的位置应符合下列规定：

（1）像控点应布设在航向 3 片重叠范围内，当相邻航线公用时，应布设在航向及旁向 6 片或 5 片重叠范围内。

（2）像控点应选在旁向重叠中线附近，离开方位线的距离，像幅为 18cm×18cm 时，不应小于 3cm；当像幅为 23cm×23cm 时，不应小于 4.5cm。当旁向重叠过大，不能满足上述要求时，下航线应分别布点。

（3）当旁向重叠过小，像控点在相邻航线不能公用时，应分别布点，此时控制范围在像片上所裂开的垂直距离不应大于 1cm，当条件受限制时不应大于 2cm。

（4）像控点距像片边缘的距离，当像幅为 18cm×18cm 时，应大于 1cm；当像幅为 23cm×23cm 时，应大于 1.5cm。点位距像片上各类标志的距离应大于 1mm。

像控点全野外布点应符合下列规定：

1）采用综合法全野外布点时，每隔号像片测绘面积的四个角上应各布设 1

个平高点，像主点附近增设 1 个平高检查点。

2）采用全能法全野外布点时，每个立体像对测绘面积的四角，应各布设 1 个平高点。

2. 像片调绘

像片调绘就是利用航摄像片进行调查和绘图。调绘片宜采用放大像片进行，应能清晰判读、注记并绘示符号，调绘的范围应与控制片范围一致，方便接边。

实地识别像片上各种影像所反映的地物、地貌，根据用图的要求进行适当的综合取舍，调绘片应按现行地形图图式将地物、地貌元素描绘在相应的影像上。常用的、重复次数频繁的符号可简化，大面积的植被可用文字注记。同时，还要调查地形图上所必须注记的地形要素属性，补测地形图上必须有而像片上未能显示出的地物，最后进行室内整饰。

四、航测内业

1. 综合法

在室内利用航摄像片确定地物的平面位置，地物名称和类别等通过外业调绘确定，等高线则在野外用常规方法测绘。它综合了航测和地形测量两种方法，故称综合法。

2. 全能法

在完成野外像片控制测量和像片调绘后，利用具有重叠的航摄像片，在全能型的仪器上建立地形立体模型，并在模型上作立体观察，测绘地物和地貌，经着墨、整饰而得地形图。

五、数字摄影测量成图简介

数字摄影测量是基于数字影像与摄影测量的基本原理，应用计算机技术、数字影像处理、影像匹配、模式识别等多学科的理论与方法、提取所摄对象用数字方式表达的几何与物理信息的摄影测量学的分支学科，美国等国称之为软拷贝摄影测量，我国王之卓院士称为全数字摄影测量。

数字摄影测量利用数字影像的灰度信号，采用数字相关技术寻找并量测同名像点，在此基础上通过解析计算，建立数字立体模型。数字摄影测量使用的数据除了扫描数字化影像外，更主要的是各种航空、航天携带的数字传感器直接获取的数字影像。除了利用可见光拍摄，合成孔径雷达（SAR）影像也得到了广泛的应用。SAR 工作在微波波段，记录的是地面物体发射的雷达波信号，微波能穿透云、雾、雨等，不受天气影响，影像的空间分辨率高，而且微波的反射与地面的介质特性和地形起伏有关，因此可以测量地面介质和起伏，发现可见光所不能发现的地表构造和形态。

数字摄影测量系统（图 8-24）包括系统硬件（如影像扫描数字化仪、计算机、立体观测装置和输出设备等）和系统软件（应具备基本数据管理模块、定向模块、匹配模块、DEM 生成模块、正射影像生成模块、数字测图模块等）。系统的一般工作流程是，进行原始数据的预处理，然后提取影像框标，提取用于立体

图 8-24　数字摄影测量系统

量测的特征点并进行同名像点的匹配，人机交互完成影像的内定向和立体像对的相对定向。完成相对定向后，按照核线对影像进行重新排列，生成按核线方向排列的立体影像。最后利用核线影像在核线方向上进行一维搜索和特征匹配，建立数字高程模型和自动绘制等高线。数字摄影测量的内容还有制作正射影像、等高线与正射影像叠加（带等高线的正射影像图）、制作透视图和景观图、地物和地貌元素的量测、地图编辑与注记等。

任务五　数字地形图与数字测图技术

通过观测值进而手工绘制的纸质地形测图，测量工作效率不高，且其表达的地形数据和读取信息的精度会大大降低，尤其非常不利于图形数据的维护、更新和共享。

数字地形图就是可以由计算机系统存储、处理、显示和使用的地形图。数字地形图的数据格式有两种，一种是栅格图形，一种是矢量图形。地形图对表示和显示的精度要求比较高，所以数字地形图一般采用矢量图形格式，也称为数字线划地形图。

数字测图是在采集解析数据的基础上，依靠地形数据的传输、处理、编辑的平台，产生数字的图形。它的基本特征是数据从采集、传输、处理到图形编辑输出，不需要过多的人工干预，整个过程在人机交互的环境中基本实现自动化。

目前数字测图技术仍以自动绘制地形图为首要目的，但它的功能已经从单纯为了实现图形的数字化表达，扩展到了以数据为核心的地形数据采集、处理、存储等方面。

一、数字测图基本原理

与手工绘制的模拟地形图（纸质地形图、白纸图）一样，数字地形图表达地理目标的定位信息和属性信息。不同的是，数字测图是经过数字设备和软件自动处理（自动记录、自动识别、自动连接、自动调用图式符号库等），自动绘出所测的地物、地貌。因此，必须采集地物、地貌特征点的有关的数字的位置数据、属性数据以及点的连接关系数据。位置数据一般为点的三维坐标，属性数据又称为非几何数据，用来描述地物、地貌不同特征，在地形图上表现为不同的符号、文字、注记等。

数字测图技术通过对不同类别的地物、地貌特征进行编码来实现自动的属性识别。一般拟定一套完整的编码方案，并建立起相对应的图式符号库，当测量某类地物时，在记录点位坐标的同时，也记录该类地物的特征码，并且记录地物点间的连接关系。绘图时，数字测图软件系统就可以依据这些数据，自动完成连接线划的绘制，并且调用图式符号库，自动在准确位置绘出该地物符号。

目前不同的数字测图软件采用的数据格式、地形编码方案还不尽相同，因此，地形图和数据在不同软件之间传输时，需进行数据格式的转换。

1. 数字测图作业模式

目前，获取数字地形图的数字测图作业模式大致可分为三类：

1）由数字工程测绘仪器（全站仪、测距电子经纬仪等）、电子手簿（或笔记本、掌上电脑）、计算机和数字测图软件构成的内外业一体化数字测图作业模式；

2）由全球定位系统（GPS）实时差分定位装置（RTK）、计算机和数字成图软件构成的 GPS 数字测图作业模式；

3）由航片（航空摄影地面影像）或卫片（卫星地面影像）和解析测图仪、计算机（或数字摄影测量系统）组成的数字摄影测图作业模式。

此外，还可以通过对已有的模拟地形图进行数字化来获取数字地形图。

2. 数字测图的特点

1）测量精度高。数字测图采用光电测距，测距相对误差通常小于 1/40000；数字测图仪器采用的数字度盘，其测角精度通常优于同等级光学测角仪器。

2）定点准确。传统方法手工展绘控制点和图上定碎部点，定点误差在图上至少为 0.1mm。数字测图方法是采用计算机自动展点，几乎没有定点误差。

3）绘图高效。可以依靠计算机软件、数字绘图设备，自动生成规范的地形图文字、符号并且打印输出，高效且规范。

4）图幅连接自由。传统测图方法图幅区域限制严格，接边复杂。数字测图方法不受图幅限制，作业可以按照河流、道路和自然分界来划分，方便施测与接边。

5）便于比例尺选择。数字地图是以数字形式储存的 1∶1 的地图，根据用户的需要，在一定比例尺范围内可以打印输出不同比例尺及不同图幅大小的地图。

6）便于地图数据的更新。传统的测图方法获得的模拟地形图随着地面实际状况的改变而逐渐失去价值，而数字地形图可根据实地状况变化进行及时的修测，方便地对图形进行局部的编辑和更新，以保持地形图的现势性。

7）便于图形的传输。

8）便于数据共享。

二、全站仪数字测图原理

利用全站仪，测量人员在测站即可轻松地获得地面点的坐标、高程等参数的数字数据。全站仪测角精度一般能达到 10s 以上，测距精度一般达到 5mm＋5ppm，完全满足大比例尺地形图测图的精度要求。因此，全站仪成为大比例尺数字地形图测图主要采用的野外数据采集设备。

全站仪数字测图主要有测站设置、测站定向、碎部测点编号设置、碎部点观测、记录(存储)等步骤。在测区控制测量完成后，一般将控制点坐标成果数据批量传入全站仪。实地选定用作测站和定向的控制点后，在测站控制点安置全站仪，并量取全站仪仪高。瞄准定向点后，启动内置的测站设置与定向程序，输入测站点号、定向点号、仪器高以及棱镜高，待仪器提示测站设置与定向完成，即可开始对测站周围的碎部进行逐点测量。全站仪默认以极坐标方式进行碎部点的测量，每测定一个点即存储该点点号、水平角、竖直角、距离、镜高以及系统计算出的该点三维坐标。为了便于后期的图形编辑，一般要预先设置好碎部点的点号。此外一般还可以根据需要对轴系改正、气象改正参数、显示模式、存储模式、单位等进行设置。

全站仪记录碎部点的三维坐标和各观测值，也可以通过串行接口与计算机进行实时的通信，对数据存储或处理，以备成图。

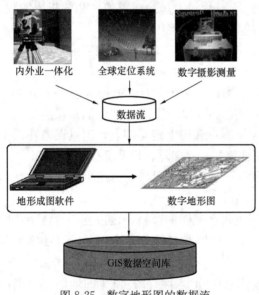

图 8-25　数字地形图的数据流

三、内外业一体化数字测图

运用测距仪、电子经纬仪、全站仪、GPS-RTK 等数字测绘仪器采集地形数据，通过数据通信设备进行数据传输，依靠计算机和绘图软件进行自动绘图，产生数字地形图的测图模式，通常称为内外业一体化数字测图。所谓"内外业一体化"，就是说现代数字测绘的方法不像模拟测图那样，必须将地形测图工作分成野外测量和室内制作两部分。在内外业一体化数字测图的整个作业流程中，传统的外业、内业工作已经没有明确的界限，二者已经形成一个整体，所有的工作在野外也可以全部完成，因此也被称为"全野外地形测量"，如图 8-25 所示。

1. 全站仪数字测图的作业方法

根据前述的数字测图原理，要实现自动绘图，使绘出的数字图形符合地形图图式标准，则必须用编码来表示地物不同的特征和属性。即在野外数据采集阶段，测量任意一个点坐标数据的同时，需要记录该点特定的编码，以便成图系统能自动绘制出相应的符号(图 8-26)。此外，一般还需记录该点的连接信息。目前，内外业一体化数字测图一般采用以下几种作业方法中的一种：

1)草图法

草图法也称为"无码作业"法。作业员在野外无须记忆和输入复杂的编码，而是在测量点位的过程中现场绘制一个草图，标明测点的点号、相互连接关系、属性类别等信息。室内利用测图软件，依据自动绘出的点位和相应的草图，编辑成规范的地形图。这种模式，现场绘制草图的过程十分关键，室内编辑和处理的工作量要大一些。

2）简码法

简码法即现场编码输入方法。作业员在野外利用全站仪内存或电子手簿记录测点的点号、坐标、编码以及连接信息，然后在室内将数据传输给台式机上的绘图软件自动成图，加以适当的编辑成图。这种模式需要作业员

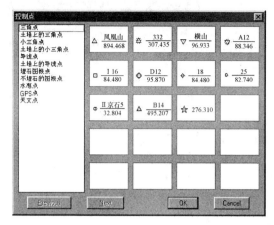

图 8-26　控制点符号

熟悉和牢记各类地物的特定编码，在测量点位的同时进行同步输入和记录，对作业员的要求较高。

3）电子平板法

采用全站仪配合便携式计算机、全站仪配合掌上电脑、带图形界面的高端全站仪等设备进行联机数字测图。数据从测量记录到图形界面进行实时传输，每测量一个点都立刻在图形界面显现。此模式一方面实现了现场测绘图形的可视化，做到了"所见即所得"；另一方面实现了地形编码对作业员透明，利用图形界面提供的图形菜单，就可以方便地同步输入各种地形编码。在现场就可以直接形成规范的地形图，测图的效率和可靠性大大提高。

2. 数字测图软件

实现内外业一体化数字测图的关键是要选择一种成熟的技术先进的数字测图软件。目前，市场上比较成熟的大比例尺数字测图软件主要有广州南方测绘公司的 CASS7.0、北京威远图公司的 SV300 以及图形处理软件 CITOMAP、北京清华山维公司的 EPSW、武汉瑞得测绘自动化公司的 RDMS、广州开思测绘软件公司的 SCS GIS2004 等。这些数字化测图软件大多是在 AutoCAD 平台上开发的，如 CASS7.0、SV300、SCS GIS2004，因此在图形编辑过程中可以充分利用 AutoCAD 强大的图形编辑功能。

3. 南方 CASS7.0 地形地籍成图系统

南方 CASS7.0 是一个以 AutoCAD 为平台的地形、地籍绘图软件。图 8-27 所示窗口为 CASS7.0 的图形界面，窗口内各区的功能如下：

1）下拉菜单区：主要的测量和图形处理功能；

2）屏幕菜单：各种类别的地物、地貌符号，操作较频繁的地方；

3）绘图区：主要工作区，显示及具体图形操作；

4）工具条：各种 AutoCAD 命令、测量功能，实质为快捷工具；

5）命令提示区：命令记录区，并且有各种各样的提示，以提示用户操作。

以下内容具体介绍利用 CASS7.0 进行草图模式作业和测图精灵电子平板模式作业的流程。

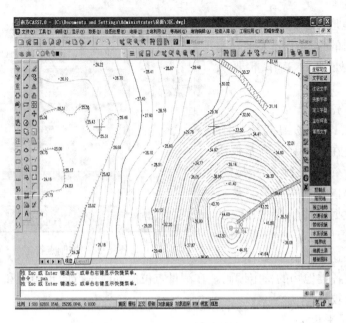

图 8-27　CASS7.0 的图形界面

4. 草图法数字测图的组织

1）人员组织与分工

观测员 1 人，负责操作全站仪，观测并记录观测数据，当全站仪无内存或磁卡时，必须加配电子手簿，此时观测员还负责操作电子手簿并记录观测数据。领图员 1 人，负责指挥跑尺员。现场勾绘草图，要求熟悉测量图式，以保证草图的简洁、正确。观测中应注意检查起始方向，应注意领图员与观测员随时核对点号。

草图纸应有固定格式，不应该随便画在几张纸上；每张草图纸应包含日期、测站、后视、测量员、绘图员信息；当遇到搬站时，应使用新的草图纸，不方便时，应清楚记录本草图纸内测点与测站的隶属关系。草图绘制，不要试图在一张纸上画足够多的内容，地物密集或复杂地物均可单独绘制一张草图，既清楚又简单。

立镜员 1 人，负责现场立反射器。有经验的立镜员立点根据后期数字图形编辑的特点，综合取舍后，跟踪测量地形、地物特征点，以便于内业制图。对于经验不足者，应由领图员指挥立镜，以防内业制图麻烦。

内业制图员 1 人，对于无专业制图人员的单位，通常由领图员担负内业制图任务；对于有专业制图人员的单位，通常将外业测量和内业制图人员分开，领图员只负责现场绘制草图，内业制图员得到草图和坐标文件，即可连线成图。领图员绘制的草图好坏将直接影响到内业成图的速度和质量。

2）数据采集设备

数据采集设备一般为全站仪。新型全站仪大多带内存或磁卡，可直接记录观测数据；老式的全站仪不带内存或磁卡时，则需加配电子手簿（如徕卡 GRE4、索佳 SDR 手簿、PC-E500 袖珍计算机或 ZZ-1500 掌中机），观测数据记录于电子手簿中，详细操作请参考所用全站仪的操作手册。

5. 草图法数字测图的作业流程

草图法数字测图的作业流程分为野外数据采集、内业数据下载、设定比例尺、展绘碎部点、连线成图、等高线处理、整饰图形、图形分幅和输出管理等步骤，现将主要步骤分别说明如下：

（1）野外数据采集

在选择的测站点上安置全站仪，量取仪器高，将测站点、后视点的点名、三维坐标、仪器高、跑尺员所持反射镜高度输入全站仪（操作方法参考所用全站仪的说明书），观测员操作全站仪照准后视点，将水平度盘配置为 $0°0'0''$ 并测量后视点的坐标，如与已知坐标相符即可以进行碎部测量。

跑尺员手持反射镜立于待测的碎部点上，观测员操作全站仪观测测站至反射镜的水平方向值、天顶距值和斜距值，利用全站仪内的程序自动计算出所测碎部点的 x、y、H 三维坐标并自动记录在全站仪的记录载体上；领图员同时勾绘现场地物属性关系草图。

（2）数据下载

数据下载是将全站仪内部记录的数据通过电缆传输到计算机，形成观测坐标文件。

用通信电缆将全站仪与计算机的一个串口连接，点取 CASS7.0 "数据" 下拉菜单下的 "读取全站仪数据" 选项，系统弹出如图 8-28 的 "全站仪内存数据转换" 对话框。在该界面中的操作过程如下：

1）点取 "仪器" 下拉列表，选择相应的全站仪或电子手簿类型；

2）点取 "通讯口" 单选钮设置与全站仪连接的端口；

图 8-28　全站仪内存数据转换

3）按设备分别点选 "波特率"、"数据位"、"停止位"、"校验" 等通信参数；

4）点取 "选择文件" 按钮选择一个坐标文件，或在文本框输入一个新的完全路径的通信接收文件；

5）点取 "转换" 按钮，CASS7.0 处于接收数据状态，操作全站仪或电子手簿发送数据即可开始数据传送工作，数据传输过程中，数据格式自动转换成后缀为.dat 的 CASS 测图软件的文本格式，并已按设定的路径自动保存在指定的文件内。

（3）设定比例和改变比例

绘制一幅新的地图必须先确定作图比例尺。点取 CASS7.0 "绘图处理" 下拉菜单下的 "改变当前图形比例尺" 选项，根据提示，在命令行输入要作图的比例尺分母值，回车，即完成比例尺的设定。系统默认的图形比例尺为 1：500。若发现已经设置的比例尺不符合要求，CASS7.0 容许在绘图过程中执行此选项重新设置比例尺，并且可以自由选择是否需要符号大小随比例尺改变。

（4）展点和展高程点

展点是将 CASS 坐标文件中全部点的平面位置在当前图形中展出，并标注各点的点名和代码。展点的操作方法是点取 CASS7.0"绘图处理"下拉菜单下的"展野外测点点号"选项，系统弹出"输入坐标数据文件名"对话框，如图 8-29，选中需要展点的后缀为 .dat 的坐标文件后，点击"打开"，则系统便开始执行展点操作。如果展绘的数据点在窗口不可见，则可以在命令行 zoom 回车，然后选E 选项。

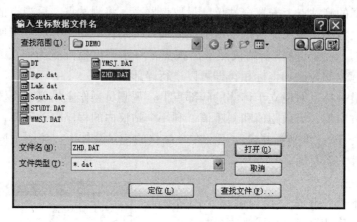

图 8-29　选测点坐标数据文件

完成连线成图操作后，如果需要注记点的高程，则可以执行"绘图处理"下拉菜单下的"展高程点"选项，在系统弹出的"输入坐标数据文件名"对话框中，选中与前面展点相同的坐标文件并打开即可，高程注记。

字高、小数位数、相对于点位的位置等可以执行"文件"下拉菜单下的"CASS 参数配置"选项，在弹出的"CASS7.0 参数设置"对话框中设置。

（5）连线成图

结合野外绘制的草图，在屏幕右侧 CASS 屏幕菜单属性符号库中，点选相应的符号将已经展绘的点连线成图，系统会自动对绘制符号赋予基本属性，如地物代码、图层、颜色、拟合等。

使用符号库执行连线成图操作时，可以选择输入点号或直接点取屏幕上的点位两种方式进行操作。采用后一种方式确定点位时，需要先设置 AutoCAD 的节点（Node）捕捉方式，以便于准确地捕捉到已经展绘的点位。注意在绘制某些带方向的线状地物时（如陡坎），小符号生成在线绘制方向的左侧，如绘制的方向不对，可以用 CASS 的"线型换向"功能。

四、电子平板法数字测图的组织

电子平板法可将安装有数字测图软件的便携式计算机当作绘图平板（如北京威远图公司的 SV300），采用标准的 RS232 接口通信电缆与安置在测站上的全站仪连接，实现了在野外作业现场实时连线成图的数字测图，"所测即所得"。但便携机依然存在重量重、电池持续时间不长等严重不足。目前主要的测图软件商已推出了技术较为成熟的、能运行在掌上电脑（PDA）Windows CE 系统上的电子平板软件（如测图精灵、e 测通等）。这样，便捷、小巧的掌上电脑在现场取代了便携计算机，使得电子平板方法测图真正进入了实用的新阶段。如图 8-30。

图 8-30　安装有测图精灵的掌上电脑（PDA）

1. 人员组织与分工

观测员 1 人，负责操作全站仪，观测并将观测数据传输到 PDA 中。

制图员 1 人，负责指挥跑尺员，现场操作 PDA 和内业后继处理、图形编辑整饰的任务。

跑尺员 1 至 2 人，负责现场立反射器。

2. 数据采集设备

全站仪与掌上电脑，数据线分别连接于全站仪数据端口和掌上电脑上，也可以由带有蓝牙的全站仪和与 PDA 实现数据的无线传送。

3. 测图精灵电子平板法数字测图的作业流程

电子平板法数字测图的作业流程分为室内生成 PDA 控制点展点图、展点图输入 PDA、设置 PDA 与全站仪通信参数、测站定向、碎部测量、室内读取 PDA 图形数据、DTM 生成与等高线绘制、分幅管理等步骤。本书以南方测绘公司的测图精灵 2005 为例分别说明如下：

（1）室内生成 PDA 测图精灵控制点展点图

在室内安装有 CASS7.0 的台式机上，根据控制测量产生的控制点坐标文件展绘控制点。在 CASS7.0 "数据" 下拉菜单中选择 "测图精灵格式转换" 下的 "转出" 项，系统弹出 "输入测图精灵图形文件名" 对话框，则可根据测区或日期来给定一个后缀为 .spd 图形文件并 "保存"。在命令行提示中按默认 "不转换等值线"，回车，则测图精灵格式的控制点图形文件生成完毕，并已存储于指定文件夹内，如图 8-31 所示。

图 8-31　生成测图精灵图形文件图

（2）控制点展点图输入 PDA

将 PDA 与台式机连接、同步后，把转换所得的控制点展点图文件拷贝到 PDA 指定的文件夹中。断开连接后，在 PDA "开始" 菜单上点击 "测图精灵" 启动测图精灵电子平板软件，弹出测图精灵图形界面。点击 "文件" 下拉菜单的

"打开"项，弹出"打开"界面，单击控制点展点图文件名，即可在测图精灵图形窗口中看到控制点的分布情况。

（3）设置 PDA 与全站仪通信参数

点取测图精灵"设置"下拉菜单下的"仪器参数"选项，在弹出的图 8-32 所示的"全站仪类型及通讯参数"对话框中，根据所使用的全站仪类型设定全站仪型号、波特率、奇偶校验、数据位和停止位，以保证通信双方的一致性。

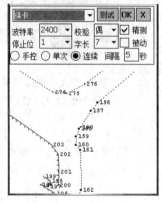

图 8-32　设置通信参数

（4）测站定向

当在野外某个控制点上设站准备开始碎部测量前，首先要进行测站设置。点取测图精灵"测量"下拉菜单下的"测站定向"选项，在弹出的窗口中输入测站点、定向点、检查点点名（或点号）、起始方向值、仪器高，然后全站仪瞄准定向点，设置起始方向值（一般设置为 $0°00'00''$）进行定向。此时可在图形中观察到测站点和定向点增加的相应的标志。

（5）碎部测量

测站定向完毕，将数据线连接到全站仪与 PDA，即可开始本测站的碎部测量工作。点取测图精灵图形界面顶部测站按钮，即弹出碎部测量菜单界面，如图8-33所示。操作全站仪照准碎部点处的反射镜，点击"连接"，则测图精灵弹出如图8-34测量界面，并自动驱动全站仪开始测量，当全站仪发出一声蜂鸣，则数据已测量完毕并实时传入了 PDA，可在窗口内看到观测数据"水平角"、"垂直角"、"斜距"，此时输入当前棱镜高，点击"OK"按钮，则测图精灵自动赋予该测点一个顺序点号，将该测点数据记入测图精灵内存，并在当前屏幕上自动展绘该测点并将其自动定位于屏幕中心。对于高程奇异的测点，应注意在点击"OK"按钮之前勾选"不建模"复选框，使之不参与未来 DEM 建模。

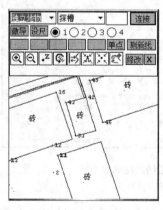

图 8-33　碎部测量菜单界面

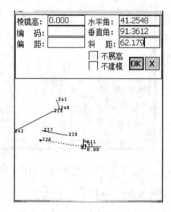

图 8-34　测点数据传入

操作测图精灵进行碎部点测量，制图员还需要注意以下几点：

　　1）随时掌握当前待测点的属性，并在连接启动全站仪测量前，首先设定待测点的特征类别。方法是在测图精灵测量界面左上角属性下拉列表中选择。

　　2）在测量线状地物时，利用"测新线"按钮来控制测点的自动连接，并注意行进的方向；在测量线状地物的过程中，也可穿插单点地物的测量。

　　3）在测量房屋等直角地物的过程中，可灵活使用"微导"、"闭合"、"隔合"、"隔点"等方便的功能，具体用法参看《测图精灵用户手册》。

　　4）随时注意保存图形，以防数据以外丢失。

　　（6）室内读取测图精灵图形数据

　　完成当前图形的全部数据采集工作后，即可在室内将所得的测图精灵图形文件拷贝到安装有CASS7.0图形软件的台式机。将后缀为.spd的测图精灵图形文件存入台式机上指定的文件夹后，启动CASS7.0图形软件，点取"数据"下拉菜单的"测图精灵数据转换"项下的"读入"子项，则系统在命令行提示设置图形比例尺，按需要设置后回车，系统弹出"输入测图精灵图形文件名"对话框，点选需要转换的测图精灵图形文件名，"打开"，则测图精灵图形文件被自动转换为CASS格式的、与测图精灵图形文件同名的.dat点坐标数据文件，并在绘图区自动绘制出点、线以及相应的地物符号、注记及文字。此时即可开始运用CASS的图形处理功能对地物进行编辑。

　　（7）DTM的生成与等高线绘制

　　在野外，测图精灵图形文件并不产生等高线，CASS软件提供了自动绘制等高线的功能。需要绘制等高线时，首先要建立数字地面模型（DTM）。先点"等高线"下拉菜单下的"建立DTM"项，系统弹出"建立DTM"对话框，如图8-35所示，此时可选择：

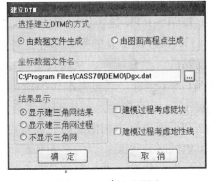

图 8-35　建立 DTM

　　1）由坐标数据文件建立DTM，适于整个测区生成等高线的情况；

　　2）由图面高程点建立DTM，适于测区内局部区域生成等高线的情况。

　　在指定坐标数据文件名或图面上的指定区域后，系统就会以三角网的数据结构自动建立起整个测区或局部的数字地面模型，并将三角网数据存储在同名的.sjw文件内。此时可在图面通过"删除"、"增加"、"过滤"、"插点"等三角形的编辑功能来实现对DTM的局部修正，但要注意必须将修改结果存盘。

　　接下来即可进行等高线的自动绘制。点"等高线"下拉菜单"绘制等高线"项，系统弹出"绘制等值线"对话框，如图8-36所示，显示了区域

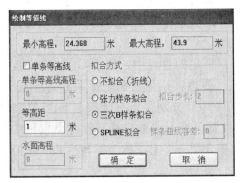

图 8-36　绘制等高线

内的最大高程值和最小高程值。输入所需等高距后"确定",系统自动生成等高线。

(8) 图形分幅管理

整个图形的地物、地貌、文字、符号、注记等编辑整饰完成后,即可利用"图形处理"、"图幅管理"等下拉菜单的功能对测区图形进行分幅并进行图幅管理。

五、GPS-RTK 数字测图

GPS 新技术的出现,可以大范围、高精度、快速地测定各级控制点的坐标。特别是应用 RTK 新技术,甚至可以不布设各级控制点,仅依据一定数量的基准控制点,便可以高精度、快速地采集地形点、地物点的坐标,结合数字测图软件,可以高效地进行内外业一体化数字测图作业。因此 RTK 技术一出现,其在数字地形测图中的应用立刻受到人们的重视,应用日趋广泛。

应用 RTK 技术进行定位时,要求基准站接收机实时地把观测数据(如伪距或相位观测值)及已知数据(如基准站点坐标)实时传输给流动站 GPS 接收机,流动站快速求解整周模糊度,在观测到四颗卫星后,可以实时地求解出厘米级的流动站动态位置。这比 GPS 静态、快速静态定位需要事后进行处理来说,其定位效率会大大提高。

1. GPS-RTK 数字化测图的基本原理

GPS-RTK 作业的主要原理是将基准站的载波相位观测数据或改正数发送到流动站进行差分计算,从而获得流动站相对基准站的基线向量,进而获得流动站的 WGS84 坐标,通过基准转换就可将实时获得的 WGS84 坐标转换为施工坐标或者 1954 北京坐标及相应的正常高。转换方法主要分为七参数的三维坐标转换方法和平面坐标由相似变换、高程由拟合得到的三维分离法。七参数坐标转换方法可以同时获得某一点的平面和高程信息,而三维分离法是通过两种不同的转换方法分别获得某一点的平面信息和高程信息。在 GPS-RTK 测量作业中,差分计算是一个重要的环节,它直接决定了测量得到的相对基准站系统的 WGS84 坐标的精度,而坐标转换模型和方法将直接影响 WGS84 坐标转换到工程坐标或国家坐标以及所获得的正常高的精度和成果的稳定性。一般情况下,GPS-RTK 坐标转换的模型均采用七参数法或相似变换法及高程拟合法。鉴于 GPS-RTK 测量技术具有全天候、高精度、高效率及无需更多的测量作业员等优点,该技术在数字化测图领域得到了广泛的应用。

在利用 GPS-RTK 进行数字化测图数据采集的过程中,由于 GPS-RTK 技术直接测量得到的是 WGS84 坐标和大地高,要想转换为我国坐标系和高程系统,需要经过两个重要的环节才能实现,这两个环节分别是坐标转换和 GPS 高程转换。一般情况下,GPS-RTK 随机商业软件都具有七参数坐标转换和点校正功能(四参数相似变换和高程拟合),下面将简单介绍一下七参数坐标转换和高程拟合的基本原理。

1) 坐标转换

布尔沙模型是空间七参数坐标转换常用的数学模型，其表示如下：

$$\begin{bmatrix} X_i \\ Y_i \\ Z_i \end{bmatrix}_2 = \begin{bmatrix} \Delta X \\ \Delta Y \\ \Delta Z \end{bmatrix} + \begin{bmatrix} X_i \\ Y_i \\ Z_i \end{bmatrix}_1 (1+\delta u) + \begin{bmatrix} 0 & -Z_i & Y_i \\ Z_i & 0 & -X_i \\ -Y_i & X_i & 0 \end{bmatrix}_1 \begin{bmatrix} \varepsilon_X \\ \varepsilon_Y \\ \varepsilon_Z \end{bmatrix} \quad (8\text{-}10)$$

其中，下标 1、2 分别表示两个不同坐标基准下的空间直角坐标。ΔX、ΔY 和 ΔZ 为三个平移参数，δu 为尺度参数，ε_X、ε_Y 和 ε_Z 为三个旋转欧拉角。

在实际计算过程中，由于所计算的转换参数为 7 个，所以至少应当有 3 个重合点。若有 $n(n \geqslant 3)$ 个重合点，则应有 $3n$ 个误差方程，其误差方程式为：

$$V = AX + L \quad (8\text{-}11)$$

其中，

$$A = \begin{bmatrix} 1 & 0 & 0 & X_1 & 0 & -Z_1 & Y_1 \\ 0 & 1 & 0 & Y_1 & Z_1 & 0 & -X_1 \\ 0 & 0 & 1 & Z_1 & -Y_1 & X_1 & 0 \\ \vdots & \vdots & \vdots & \vdots & \vdots & \vdots & \vdots \\ 0 & 0 & 1 & Z_n & -Y_n & X_n & 0 \end{bmatrix}$$

$$X = \begin{bmatrix} \Delta X & \Delta Y & \Delta Z & \delta u & \varepsilon_X & \varepsilon_Y & \varepsilon_Z \end{bmatrix}^T, \quad L = \begin{bmatrix} X_1 \\ Y_1 \\ Z_1 \\ \vdots \\ Z_n \end{bmatrix}_1 - \begin{bmatrix} X_1 \\ Y_1 \\ Z_1 \\ \vdots \\ Z_n \end{bmatrix}_2$$

则可得转换参数的最小二乘解：

$$X = (A^T A)^{-1} A^T L \quad (8\text{-}12)$$

上述转换公式是基于空间直角坐标的转换方法。在实际转换参数计算过程中，由于所提供的控制点的成果往往是 WGS84 坐标和对应的 54 平面坐标或施工平面坐标和正常高，为此要将控制点的平面坐标按照相应的投影参数转换到空间直角坐标的形式，但需要知道控制点的高精度大地高。一般情况下，我们很难获得北京 54 坐标或者西安 80 坐标系下的精确大地高，因此可直接将控制点的正常高当作大地高，相当于选择了一个与测区似大地水准面相吻合的参考椭球面，这样转换成大地坐标后的大地高就是正常高，便于计算。

2）高程拟合

GPS 高程拟合的原理是利用一些简单函数（如直线、曲线、平面和曲面等）对变化相对比较平缓的高程异常进行拟合，进而由 GPS 测量得到的大地高获得正常高，也可采用加入地球重力场模型的移出-恢复法进行拟合计算。为了提高线状作业区域的直线高程拟合的精度，选择以线路延伸方向作为坐标轴的坐标系，称之为线路坐标系，线路坐标系以线路上一点 a 为原点，线路延伸方向 ab 为 u 轴方向，与 u 轴方向正交的方向为 v 轴方向，则线性高程拟合为：

$$\zeta_k = a_0 + a_1\Delta u_k + a_2\Delta v_k + a_3\Delta u_k{}^2 + a_4\Delta v_k^2 + a_5\Delta u_k\Delta v_k \tag{8-13}$$

如果忽略垂直于线路方向的高程异常的变化，并且只取一次项，则上式可化为：

$$\zeta_k = a_0 + a_1\Delta u_k \tag{8-14}$$

上式即为线路直线高程拟合模型，其中 ζ_k 为高程异常，Δu 为沿线路方向的坐标。

当用平面拟合方法时，其数学模型如下：

$$\zeta_k = a_0 + a_1 B_k + a_2 L_k \tag{8-15}$$

式中　　ζ_k——高程异常；

　　B_k、L_k——纬度和经度。

在利用平面模型对高程异常进行拟合时，往往选择作业区域的某一中心点作为基准点，用经纬差进行拟合，这样可以提高拟合方程的稳定性。

当控制点个数比较少或测区非常平坦的情况下，为简化数据处理的模型，可通过 GPS 水准点计算该测区的平均高程异常，然后对其他所有待求点进行平移，从而获得待求点的正常高。

2. GPS-RTK 定位系统的组成

一套 GPS-RTK 系统至少是由一台基准站和一台流动站等一系列设备组成的，如图 8-37。一套 GPS-RTK 主要由 GPS 接收机、电台和电子手簿组成。下面以美国 Trimble GPS 仪器为例简要介绍 GPS-RTK 系统的一般组成部分。在图 8-38 中，左图为基准站架设完成的情况，右图为流动站工作中的情况。

图 8-37　Trimble 5700 GPS-RTK 系统组成

1）GPS 接收机：基准站和流动站需要分别配置一台，负责接收 GPS 卫星信号，图 8-38 为 Trimble 5700 GPS 双频接收机，各端口功能表见表 8-9。

5700 接收机端口功能表　　　　　　　　　　　　　　　　表 8-9

图标	名称	连接……
	端口 1	Trimble 手簿、事件标记或计算机
	端口 2	外接电源接入、计算机、1PPS 或事件标记

续表

图标	名称	连接……
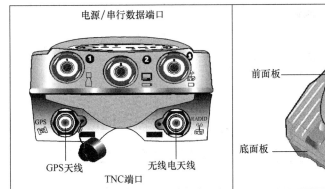 端口 3	端口 3	外部无线电人、外接电源接入、基准站电台数据线接出
GPS	GPS	GPS 天线电缆接入
无线电	无线电	流动站无线电通信天线接入

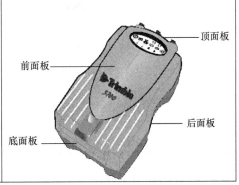

电源/串行数据端口　　　　顶面板　前面板　后面板　底面板　GPS天线　TNC端口　无线电天线

图 8-38　Trimble 5700 GPS 双频接收机

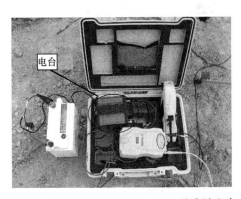

电台

图 8-39　Trimble 5700 GPS-RTK 基准站电台

2）电台：电台一般有两个，一个为基准站发射电台（一般为外置的独立电台），见图 8-39，一个为流动站接收电台（一般为内置电台）。

3）电子手簿：在 GPS-RTK 作业过程中，为了方便建立测量项目、建立坐标系统、设置测量形式和参数、设置电台参数、存储测量坐标和精度等，一般都会采用手持式电子手簿，见图 8-40。手簿各图标含义说明见表 8-10。

手簿各图标含义说明　　　　　　　　表 8-10

图标	表示的内容
	连接到数据采集器，正从外部电源接线
	数据采集器连接到外部电源，并正在给内部电池充电
100%	电源能级是 100%

续表

图标	表示的内容
50%	电源能级是 50%。如果该图标是在右角，它指的是 TSCe 内部电池。如果图标在内部电池下面，它指的是外部设备的电源能级
	GPS 接收机 5700 正在使用中
	外部天线正在使用中。天线高度显示在图标右边
	GPS 接收机 5700 正在使用中，天线高度显示在图标右边
	正在接收无线电信号
	正在接收流动的调制解调器信号（即手机通信）
	正在测量点
	如果没有运行测量：在被追踪的卫星数目（显示在图标右边） 如果正在运行测量：正在解算的卫星数目（显示在图标右边）

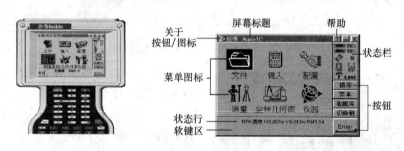

图 8-40　Trimble GPS-RTK 手簿

3. GPS-RTK 数字化测图的操作过程

GPS-RTK 数字化测图的基本操作过程为：设置基准站、设置流动站、地形和地物点数据采集、内业数据处理等。

（1）设置基准站

设置基准站主要包括：选址、架设、设置和启动基准站。

1）选址。基站站位置选择比较重要，为了观测到更好的观测数据，基准站上空应当尽可能地开阔，周围尽量不要有高大建筑物或地物遮挡；为了减少电磁波干扰，基准站周围不要有高功率的干扰源；为了减少多路径效应，基准站应当尽量远离成片水域等；为了提高作业效率，基准站应当安置在交通便利的地方。

2）架设。基准站架设主要包括：连接电台天线、电台及电，连接 GPS 天线、接收机和电台，架设好的基准站见图 8-37 所示。

3）设置。在架设好基准站后，需要利用电子手簿做一些设置，主要包括：

新建项目、选择坐标系统、设置投影参数、基准点名及坐标、天线高等内容。新建任务和坐标系选择，如图 8-41 所示。一般情况可选择键入参数或者无投影无基准情况，输入任务名称，选择键入参数后，比例因子选 1，然后再选择投影参数，在我国投影方式要选择横轴墨卡托投影，参考椭球参数和投影高度面可根据实际情况进行选择，如图 8-42 所示，投影面高度一般设为 0 米。

图 8-41　新建任务和坐标系选择

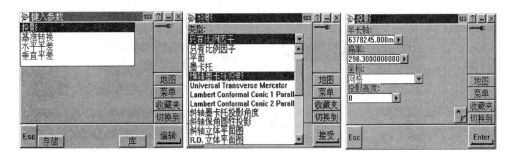

图 8-42　投影参数设置

设置好项目有关属性后，要设置基准站选项和基准站天线高，包括：基准站天线高和无线电类型。设置基准站天线高时，一定要选择好天线类型和天线量取的位置，天线量取位置一般有三种情况：天线底部、天线槽口和天线相位中心。基准站无线电要选择好电台的类型以及接口，否则将无法进行正确连接。各设置内容见图 8-43。

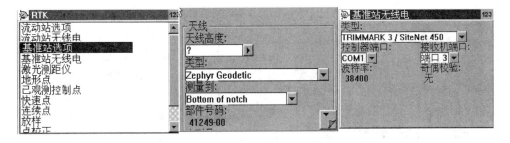

图 8-43　基准站天线高及无线电选项设置

4）启动基准站

在设置好基准站后，要必须启动基准站才能进行 GPS-RTK 作业。启动基准站图见图 8-44，点击"测量"中的"RTK"，然后选择"启动基准站接收机"，此时会出现一个界面，要求输入基准站坐标，读者可以输入，也可以通过点击"此处"获得当时单点定位的结果。

图 8-44　启动基准站

（2）设置流动站

流动站设置见图 8-45，包括天线类型设置、天线高设置、无线电设置。流动站无线电的频点和无线电传输模式设置一定要与基准站电台一致，否则流动站接收不到无线电信号。一般无线电类型选择 Trimble internal（内置无线电），点击"连接"，如果连接成功，点击"接受"即可。然后点击"测量"中的"RTK"，选择"开始测量"即可，完成该步骤后就可以进行 GPS-RTK 作业了。

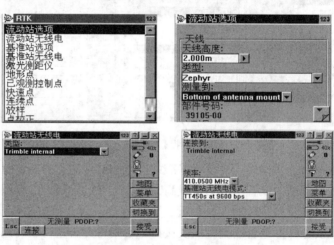

图 8-45　流动站有关设置

（3）地形和地物数据采集

开始测量后，可根据实际情况，逐一进行地形点和地物点的采集，见图8-46，另外为了进行点校正，往往还需要对已有的控制点进行观测，观测时间一般可设为 180 个历元。而对地物和地形点进行数据采集的时候，每次可采集 5 个历元。在采集数据时要及时输入要素代码，以便成图。

4. 内业数据处理

在外业采集完数据后，一般先在手簿中进行点校正，然后再将手簿中的数据传输到电脑，以便成图，数据传输可分两种情况：用 USB 口和串口，当采用 USB 口时需要同

图 8-46　地形点采集

步软件支持；如果采用串口，则只需要 Data Transfor 软件即可，见图 8-47。

图 8-47　用 Data Transfor 进行数据传输

若在手簿中没有校正，也可以将导出数据导入 TGO 软件，再进行点校正。图 8-48 为外业测量结果导入 TGO 后的显示图。

在获取碎部点的三维坐标后，可根据需要进行适当的数据格式转换（如转换为南方 CASS 数据格式）得到所需要的点号、编码和三维坐标的坐标数据文件，即可利用地形图成图软件进行数字地形图的成图工作。

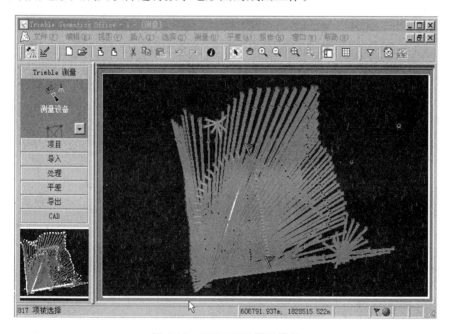

图 8-48　GPS-RTK 测量结果

习　　题

1. 什么是地形图？

2. 什么是地形图比例尺、地形图比例尺精度?

3. 地形图上的地物符号有哪些?

4. 什么叫等高线? 等高线有哪些特性?

5. 什么是等高距、等高线平距? 它们与地面坡度有什么关系?

6. 测定碎部点平面位置的基本方法有哪些?

7. 地形图测绘时,碎部点应选在什么地方?

8. 用经纬仪配合展点器法测图,在测站上要做哪些工作?

9. 摄影测量对航摄像片有什么要求?

10. 航摄像片与地形图有什么不同?

11. 简述利用立体像对进行立体量测的原理。

12. 简述 GPS-RTK 的测图过程。

项目九 地形图的应用

【知识目标】地形图识读的内容，面积量算的方法，场地平整设计及其土方量计算方法等。

【能力目标】能在工程建设中正确使用地形图。

地形图是具有丰富的地形信息的载体，它不仅包含自然地理要素，而且包含社会、政治、经济等人文地理要素；它还是国家经济发展，国防建设和城市建设规划、设计和施工必不可少的基础信息。通过地形图人们可以比较全面、客观地了解地面信息，如居民地、交通网等社会经济地理属性，以及水系、植被、土壤、地貌等自然地理属性。在人文领域，利用以往的地形图与区域现状进行对比，研究城乡的社会改革与发展；在城乡建设领域，工程技术人员利用地形图进行合理地规划与设计，等等。由此可见，正确识读和应用地形图是工程技术人员和政府决策者等相关人员必须具备的一项基本技能。

任务一 地形图的识读

要想正确使用地形图，首先要能看懂地形图。地形图是用国家规定的各种符号和注记表示地物、地貌的正射投影图。通过对这些符号和注记的识读，可使地形图表达的地形信息展现在人们的脑海，以判断地物、地貌间的位置关系和自然形态，以便人们更好地改造自然和保护自然。

一、图外注记识读

通过图外注记了解这幅图的编号和图名、测图的比例尺、测图时间、测图单位、接图表，以及采用什么坐标系统和高程系统、等高距等。

二、地物识读

地物识读，了解主要地物的分布情况，如村庄名称、公路走向、河流分布、地面植被、农田、控制点等级等。图 9-1 为沙湾的地形图，房屋西南侧有一条大兴公路，向北过一座小桥，桥下为白沙河，河水流向是由西向东，图的南半部分有一些土坎。

三、地貌识读

对于地貌而言，要了解丘陵、洼地和平原的地表形态，高山的陡峭程度和地势走势等。由图 9-1 中可以看出，整个地形西高东低，逐渐向东平缓。

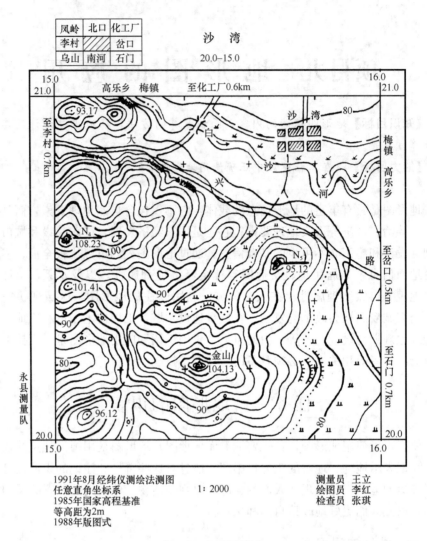

图 9-1 地形图识读

任务二 地形图应用的基本内容

在工程建设规划设计时，往往需要在地形图上求出任意点的坐标和高程，确定两点之间的距离、方向和坡度，利用地形图绘制断面图等等，这就是用图的基本内容。

一、确定图上点的坐标

图 9-2 是比例尺为 1:1000 的地形图坐标格网的示意图，要在图上确定 A 点平面坐标。首先过 A 点作坐标格网的平行线 ef 和 gh，找出它所在坐标方格网四个角点 a、b、c、d 及 a 点坐标；然后，用直尺在图上量出 ag、ae 长度，则 A 点坐标为：

$$X_A = x_a + ag \cdot M$$

$$Y_A = y_a + ag \cdot M \tag{9-1}$$

式中　M——比例尺分母。

【例题 9-1】 图 9-2 中，若 $x_a = 40.1\text{km}$，$y_a = 30.2\text{km}$，$ag = 62.3\text{mm}$，$ae = 55.4\text{mm}$，求 A 点坐标。

【解】 $x_A = 40100\text{m} + 62.3\text{mm} \times 1000 = 40162.3\text{m}$，$y_A = 30200\text{m} + 55.4\text{mm} \times 1000 = 30255.4\text{m}$。

为了消除图纸伸缩变形的影响，可按下式计算：

$$\left. \begin{array}{l} x_A = x_a + ag \cdot M \cdot \dfrac{l}{ab} \\[2mm] y_A = y_a + ae \cdot M \cdot \dfrac{l}{ad} \end{array} \right\} \tag{9-2}$$

式中　l——方格 $abcd$ 边长的理论长度，一般为 10cm；

ad、ab——用直尺量取的方格边长。

二、确定两点间的水平距离

如图 9-2 所示，欲确定 AB 间的水平距离，可用图解法或解析法求得。

1. 图解法

用分规在图上直接卡出线段长度，再与图示比例尺比量，即可得其水平距离 D_{AB}。也可以用直尺量取图上长度 d_{AB} 乘以比例尺分母 M 直接计算其所代表的实地水平距离，即：

$$D_{AB} = d_{AB} \cdot M \tag{9-3}$$

2. 解析法

先确定图 9-2 中 A、B 两点的坐标，再根据 A、B 两点间距离公式计算 D_{AB}，即：

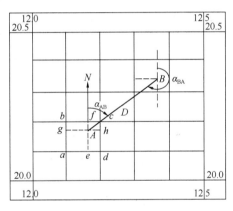

图 9-2　地形图的应用

$$D_{AB} = \sqrt{(X_B - X_A)^2 + (y_B - y_A)^2} \tag{9-4}$$

三、确定两点连线的坐标方位角

欲求图 9-2 上直线 AB 的坐标方位角，可用解析法或图解法求得。

1. 解析法

首先确定 A、B 两点的坐标，然后按坐标反算公式求直线 AB 的坐标方位角，即：

$$\alpha_{AB} = \arctan \frac{y_B - y_A}{x_B - x_A}$$

2. 图解法

在图 9-2 中，先过 A、B 点分别作出平行于纵坐标轴的直线，然后用量角器分别度量出直线 AB 的正、反坐标方位角 α'_{AB} 和 α'_{BA}，取这两个量测值的平均值作

为直线 AB 的坐标方位角，即：

$$\alpha_{AB} = \frac{1}{2}(\alpha'_{AB} + \alpha'_{BA} \pm 180°)$$ (9-5)

式中，若 $\alpha'_{BA} > 180°$，取"$-180°$"；若 $\alpha'_{BA} < 180°$，取"$+180°$"。

四、确定点的高程

利用等高线可以确定待求点的高程。在图 9-3 中，A 点在 28m 等高线上，则它的高程为 28m。M 点在 27m 和 28m 等高线之间，过 M 点作一条与相邻等高线近似垂直的直线（即截距最短），得截交点 P、Q，则 M 点高程为：

$$H_M = H_P + \frac{d_{PM}}{d_{PQ}} \cdot h$$ (9-6)

式中　H_P —— P 点高程；

　　　h —— 等高距；

　d_{PM}、d_{PQ} ——图上 PM、PQ 线段的长度。

【例题 9-2】在图 9-3 中，用直尺在图上量得 $d_{PM} = 5$mm、$d_{PQ} = 12$mm，已知 $H_P = 27$m，等高距 $h = 1$m，求 M 点高程。

【解】根据式（9-7）得：

$$h_{PM} = 5/12 \times 1 = 0.4\text{m}$$

$$H_M = 27 + 0.4 = 27.4\text{m}$$

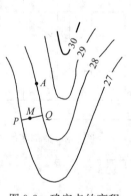

图 9-3　确定点的高程

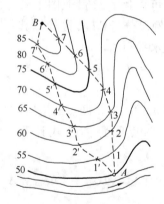

图 9-4　选定等坡路线

五、确定某直线的地面坡度

如图 9-4，A、B 两点间的地面坡度就是高差 h_{AB} 与水平距离 D_{AB} 之比，即：

$$i_{AB} = \frac{h_{AB}}{D_{AB}} \text{ (\%或\‰)}$$ (9-7)

坡度一般用百分数或千分数表示，$i_{AB} > 0$ 表示上坡；$i_{AB} < 0$，表示下坡。

【例题 9-3】设 $h_{AB} = +36.7$m，$D_{AB} = 876$m。

【解】根据式（9-8），得 $i_{AB} = +36.7/876 = +0.04 = +4\%$。

若以坡度角表示，则：

$$\alpha = \arctan \frac{h_{AB}}{D_{AB}} \qquad (9\text{-}8)$$

六、按规定的坡度选定最短路线

在道路、管道选线中，通常给定限制坡度，需要选出满足限制坡度的最短线路。如图 9-4，要从 A 向山顶 B 选一条限制坡度 i 的公路路线。根据式（9-7）可知，路线通过相邻两等高线在图上的最小平距 d 为：

$$d = \frac{h}{i \cdot M} \qquad (9\text{-}9)$$

由图 9-4 可知，基本等高距为 $h = 5\text{m}$，比例尺为 $1:10000$，当限制坡度为 5% 时，$d = h \div (i \times M) = 5 \div (0.05 \times 1000) = 10\text{mm}$

在 $1:10000$ 的图上用分规以 A 为圆心，10mm 为半径，作圆弧交 55m 等高线于 1 或 $1'$。再分别以 1 或 $1'$ 为圆心，按同样的半径交 60m 等高线于 2 或 $2'$，同法可得一系列交点，直到 B。把相邻点连接，求出 A-1-2-3-……-B 和 A-$1'$-$2'$-$3'$-……-B 两条线路的线段之和，最小者为符合设计要求的路线。

七、绘制已知方向的纵断面图

在道路、管道工程中，为了设计中线的高低位置和土方计算，需要利用地形图绘制沿中线方向的断面图。纵断面图是一个直角坐标系，横轴表示水平距离，纵轴表示高程。水平距离的比例尺与地形图相同，为了凸显地面的高低起伏，高程比例尺一般是水平距离比例尺的 10 倍或 20 倍。

要求绘出图 9-5（a）中给定 AB 方向的断面图，绘制方法如下：

1. 建立绘制纵断面图的直角坐标系，横轴起点为 A，在纵坐标轴上标出高程刻划。

2. 在图 9-5（a）中，做直线 MN 与等高线相交，交点分别为 A、b、c、d……p、B，以与线段 Ab、bc、……PB 相同的比例长度转绘在图 9-5（b）中的横轴上，且以 A 为起点，在横坐标轴上得 A、b、c、d……p、B 点。

3. 做过图 9-5（b）中 A、b、c、d……p、B 点与横坐标轴的垂线，在垂线上按比例截取各点高程，依

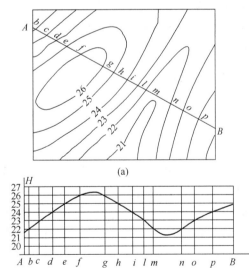

(a)

(b)

图 9-5 绘制纵断面图

次把这些截点连接成平滑曲线，就形成纵断面图。

为了确定纵断面图中地面线的凹凸方向，如图 9-5 中 f、g 和 m、n 间的凹凸方向，可在 f、g 和 m、n 间内插出它们连线中点的高程，并展绘在纵断面图上，绘出平滑曲线的峰顶和谷底。

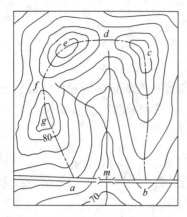

图 9-6　确定汇水面积的边界线

八、确定汇水面积的边界线

在修建道路、桥涵和水库等工程时，需要知道路基、大坝所拦截某一区域的汇水面积（雨水流向该山谷的受雨面积），以便根据汇水面积和当地的水文气象资料记载的最大降雨量，设计路基涵洞的直径、路基或大坝的厚度和高度。要计算汇水面积，首先要确定汇水边界。汇水边界由一系列的山脊线和拟建的堤坝等构成，如图 9-6 中的 a、b、c、d、e、f、g、a 点构成的封闭曲线，其面积的大小可用格网法、求积仪等方法求得。

任务三　地形图上面积的量算

在工程建设的规划和设计中，往往需要测定某一地区或某一图形的面积。例如，某山谷的汇水面积、工业厂区面积等。

一、透明方格纸法

如图 9-7 所示，计算曲线内的面积时，先将毫米透明方格纸覆盖在图形上，数出图形内完整的方格数 n_1 和不完整的方格数 n_2，则面积 A 为：

$$A = \left(n_1 + \frac{1}{2}n_2\right)\frac{M^2}{10^6}(\mathrm{m^2}) \qquad (9\text{-}10)$$

式中　M——地形图比例尺分母。

二、平行线法

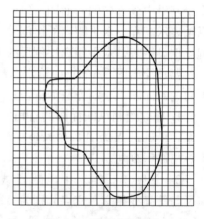

图 9-7　透明方格纸法

如图 9-8，把绘有等距平行线的透明纸覆盖在图形上，使高低两条平行线与图形边缘相切，则相邻两平行线间截出的图形面积可近似视为梯形。梯形的高为平行线间距 h，图形截出各平行线的长度为梯形的上下底，如 l_1、l_2、$\cdots$、l_n，则各梯形面积分别为：

$$s_1 = \frac{1}{2}h(0 + l_1)$$

$$s_2 = \frac{1}{2}h(l_1 + l_2)$$

$$\cdots\cdots$$

$$s_n = \frac{1}{2}h(l_{n-1} + l_n)$$

$$s_{n+1} = \frac{1}{2}h(l_n + 0),$$

总面积为：

$$A = S_1 + S_2 + \cdots S_n + S_{n+1} = h\sum_{i=1}^{n} l_i \quad (9\text{-}11)$$

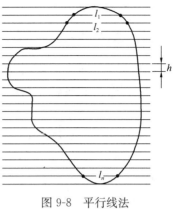

图 9-8　平行线法

三、解析法

当图形为任意多边形时，在图上测算出各角点的坐标后，可用解析法计算面积。

图 9-9 所示为一任意四边形，按顺时针方向依次对各顶点编号，设各顶点 1、2、3、4 的坐标分别为 (x_1, y_1)、(x_2, y_2)、(x_3, y_3)、(x_4, y_4)，由图中可知，四边形的面积为：

$$A = A_{c34d} + A_{d41a} - A_{c32b} - A_{b21a}$$

$$= \frac{1}{2}\big[(x_3 - x_4)(y_3 + y_4) + (x_4 - x_1)(y_4 + y_1) - (x_3 - x_2)(y_3 + y_2) - (x_2 - x_1)(y_1 + y_2)\big]$$

$$= \frac{1}{2}\big[(x_3 y_3 + x_3 y_4 - x_4 y_3 - x_4 y_4) + (x_4 y_4 + x_4 y_1 - x_1 y_4 - x_1 y_1)\big]$$

$$- \frac{1}{2}\big[(x_3 y_3 + x_3 y_2 - x_2 y_3 - x_2 y_2) + (x_2 y_2 + x_2 y_1 - x_1 y_2 - x_1 y_1)\big]$$

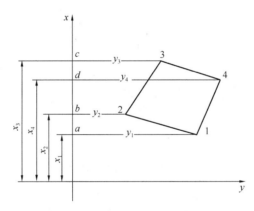

图 9-9　解析法求面积

经整理后得：

$$A = \frac{1}{2}\big[x_1(y_2 - y_4) + x_2(y_3 - y_1) + x_3(y_4 - y_2) + x_4(y_1 - y_3)\big]$$

推而广之，对于 n 边形面积，计算面积的通用公式为：

$$A = \frac{1}{2}\sum_{i=1}^{n} x_i(y_{i+1} - y_{i-1}) \quad (9\text{-}12)$$

式中，当 $i=1$ 时，$y_{i-1} = y_n$；当 $i=n$ 时，$y_{i+1} = y_1$。

若将各顶点投影于 y 轴，同法可推出：

$$A = \frac{1}{2}\sum_{i=1}^{n} y_i(x_{i+1} - x_{i-1}) \quad (9\text{-}13)$$

式中，当 $i=1$ 时，$x_{i-1} = x_n$；当 $i=n$ 时，$x_{i+1} = x_1$。

式（9-12）和式（9-13）可以互为计算检核。

四、求积仪法

求积仪是一种专门供图上量测面积的仪器，有机械和电子求积仪两种，其优点是操作简便、速度快、精度好，适合计算任意曲线的图形。

任务四　地形图上土方量的计算

在工程建设中，往往要对建筑场地进行平整，需要利用地形图估算土石方工程量。计算土方工程量常用的方法有方格网法、等高线法和断面法等。

一、方格网法计算土方量

方格网法是大面积场地平整时土方量估计的常用方法之一。场地平整有两种情况，一种是平整为水平场地，另一种是整理为倾斜场地。

1. 以土方平衡原则平整为水平场地

如图 9-10 所示，假设要求遵循土方平衡（即填方与挖方大致相等）原则将原来地貌改造为一水平场地，其步骤如下：

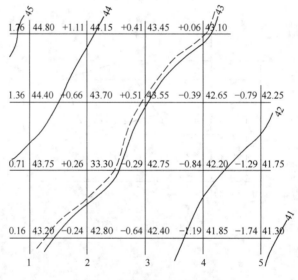

图 9-10　方格法土方量计算

（1）在地形图上绘方格网、编号

在地形图上平整区域绘制方格网，方格网边长的大小取决于土方概算的精度要求，一般边长取地面长度 10m 或 20m。方格网绘制后，将方格网按行、列编号，行顺序编号自下而上为 A、B、C、…，列顺序编从左到右格网点为 1、2、3、…，行、列相交格网点的点号为行、列序数组合，如 B 行 2 列相交的格网点的点号为 B_2。

（2）计算每一格网点的地面高程

利用地形图上的等高线，用内插法求出每一个格网点的地面高程，并注记在相应方格角点的右上方。

（3）根据土方平衡原则计算设计高程

先将每一格网点的地面高程加起来除以 4，得到各方格的平均高程，再把每个方格的平均高程相加除以方格总数，就得到设计高程 H_0：

$$H_0 = \frac{H_1 + H_2 + \cdots + H_n}{n} \tag{9-14}$$

式中　　H_i——每一方格的平均高程；

　　　　n——方格总数。

从设计高程 H_0 的计算方法和图 9-10 可以看出：方格网的角点 A1、A4、B5、D1、D5 的高程只用了一次，边点 A2、A3、B1、C1、D2、D3 ⋯⋯的高程用了二次，拐点 B4 的高程用了三次，而中间点 B2、B3、C2、C3 ⋯⋯的高程都用了四次。因此，设计高程的计算公式也可写为：

$$H_0 = \frac{\sum H_{角} + 2\sum H_{边} + 3\sum H_{拐} + 4\sum H_{中}}{4n} \tag{9-15}$$

在图 9-10 中，将方格顶点的高程代入式（9-16），即可计算出设计高程为 33.04m 。在图上内插出 33.04m 等高线（图中虚线），称为填挖边界线（或称施工零线）。

（4）计算挖、填高度

根据设计高程和各格网点的地面高程，计算每一格网点的挖、填高度，即：

填、挖高度 $\Delta h = $ 地面高程 $-$ 设计高程　　　　（9-16）

将各格网点的挖、填高度写于相应格网点的左上方，正号为挖深，负号为填厚。

（5）计算挖、填土方量

挖、填土方量可按角点、边点、拐点和中点分别按下式计算：

角点：挖（填）高×1/4 方格面积
边点：挖（填）高×1/2 方格面积
拐点：挖（填）高×3/4 方格面积
中点：挖（填）高×1 方格面积　　　　　（9-17）

土方量为正时为挖方，为负时是填方，分别将挖方和填方求和得到总挖方量和总填方量，两者应基本相等。

例如在图 9-11 中，设每一方格面积为 400m²，计算的设计高程是 25.2m，每一格网点的挖深或填高数据已分别按式（9-16）计算出，并注记在格网点的左上方。按式（9-17）分别计算出每个格网点的挖方量或填方量，列于表 9-1 中。从计算结果可以看出，总挖方量和总填方量是相等的，满足"土方平衡"的

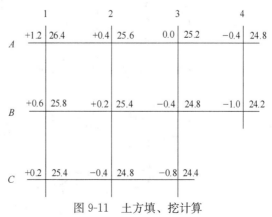

图 9-11　土方填、挖计算

要求。

挖、填土方计算表　　　　　　　　表 9-1

点号	挖深（m）	填高（m）	所占面积（m²）	挖方量（m³）	填方量（m³）
A1	+1.2		100	120	
A2	+0.4		200	80	
A3	0.0		200	0	
A4		−0.4	100		40
B1	+0.6		200	120	
B2	+0.2		400	80	
B3		−0.4	300		120
B4		−1.0	100		100
C1	+0.2		100	20	
C2		−0.4	200		80
C3		−0.8	100		80
				Σ：420	Σ：420

2. 要求按设计等高线整理成倾斜面

在工程设计中，考虑到场地排水的需要，利用自然地势，将场地平整成具有一定坡度的倾斜面。有时要求所设计的倾斜面必须经过不能改变的某些高程点（称为设计斜面的控制高程点）。例如，永久性建筑物的室外地坪高程，已有道路的中线高程点等。

在图 9-12 中，若 A、B、C 三点为控制高程点，其地面高程分别为 54.6m、51.3m 和 53.7m。要求将原地形改造成通过 A、B、C 三点的斜面，其步骤如下：

（1）确定按设计坡度形成等高线的等高线平距

根据 A、B 两点的设计高程，在 AB 直线上用内插法定出高程为 54、53、52m 等各点的位置，即找出按设计坡度形成的等高线与 A、B 连线交点的位置，如图 9-12 中的 d、e、f、g 等点，且相邻两点间的垂直平距即设计等高线平距。

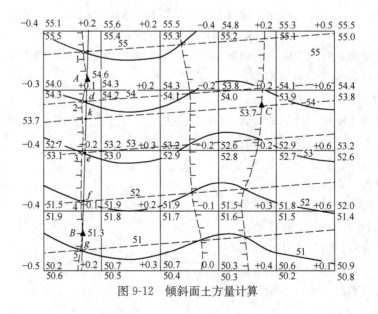

图 9-12　倾斜面土方量计算

（2）确定设计等高线的方向

在 *AB* 直线上求出一点 *k*，使其高程等于 *C* 点的高程（53.7m）。连接 *kC* 直线，则 *kC* 方向就是设计等高线的方向。

（3）绘制设计倾斜面上的等高线

过 *d*、*e*、*f*、*g* 各点作 *kC* 的平行线（图 9-12 中的虚线），即为设计倾斜面上的等高线。

（4）确定施工零线——填、挖边界线

设计等高线与原地形图上原地面等高线的交点的连线，是不填不挖的填挖边界线。如在图 9-12 中，连接 1、2、3、4、5 等点，就可得到填挖边界线。填挖边界线上有短线的一侧为填方区，另一侧为挖方区。

（5）计算格网点的地面高程和设计高程

利用地形图上的等高线，用内插法求出每一个格网点的地面高程，并注记在相应方格角点的右上方。再根据设计倾斜场地的等高线，用内插法确定各格网点的设计高程，并注于方格顶点的右下方。

（6）计算方格顶点的填、挖高（挖为＋，填为－）

挖、填高等于方格顶点的地面高程减去方格顶点的设计高程，其填厚和挖深量仍记在方格顶点的左上方。

（7）计算填方、挖方土方量

计算公式和方法与平整为水平场地相同。

二、等高线法计算土方量

当地面起伏较大，且仅计算单一的挖方（或填方）时，可采用等高线法。首先从设计高程的等高线开始，计算出各等高线所包围图形的面积；再分别将相邻两条等高线所围面积的平均值乘以间隔（或等高距），就是此两等高线平面间的土方量；最后求和得到总挖（填）方量。

在图 9-13 中，场地平整后的设计高程为 55m，地形图的等高距为 2m。首先内插出设计高程 55m 的等高线（图 9-13 中虚线），再分别计算 55、56、58、60、62m 五条等高线所围成的面积 A_{55}、A_{56}、A_{58}、A_{60}、A_{62}，则两等高线间的土石方量分别为：

$$V_1 = \frac{1}{2}(A_{55} + A_{56}) \times 1$$

$$V_2 = \frac{1}{2}(A_{56} + A_{58}) \times 2$$

$$V_3 = \frac{1}{2}(A_{58} + A_{60}) \times 2$$

$$V_4 = \frac{1}{2}(A_{60} + A_{62}) \times 2$$

$$V_5 = \frac{1}{3}A_{62} \times 0.8$$

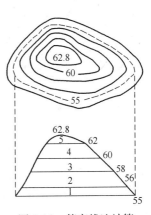

图 9-13 等高线法计算
土方量

其中，V_5 是 62m 等高线以上山头顶部的土石方量，其形体类似圆锥。总挖方量为：

$$\Sigma V_W = V_1 + V_2 + V_3 + V_4 + V_5 \tag{9-18}$$

三、断面法计算土方量

断面法计算土方量常用于道路和管线工程的土石方估算。首先在带状地形图中确定线路中线点的横断面位置，绘出断面图并进行断面设计；再分别求出各设计断面由设计高程线与断面曲线围成的填方面积和挖方面积；相邻两断面面积的均值乘以两断面间隔即为该段的填（挖）方量；填方与挖方要分别计算，求和即为总填（挖）方量。

在图 9-14 是一段欲修建道路带状地形图，比例尺为 1：1000，路基顶面的设计高程为 47m，该段路基及附属设施的土石方量计算步骤如下：

（1）在地形图上按一定间隔（一般实地距离为 20～40m）绘出相互平行的断面方向线，如图 9-14(a) 中的 1-1、2-2、…、6-6，设它们的间隔为 l。

（2）以平距与高程相同的比例尺绘出各断面的断面图（常用 1：100 或 1：200），纵坐标轴表示高程，横坐标轴表示平距。在断面图设计线路各中线点的横断面，得到绘有相应地面线和设计高程线的断面图，如图 9-14(b) 中的 2-2 断面。

（3）在断面图上做间隔 1m 的竖向平行线，直接在横断面图上量取它们填厚 h_{T_i} 和挖深 h_{W_i}；分别计算各断面填方面积 A_{T_i} 和挖方面积 A_{W_i}，它们分别为：

$$A_{T_i} = \Sigma h_{T_i} \quad \text{和} \quad A_{W_i} = \Sigma h_{W_i} \tag{9-19}$$

i 表示断面编号。

（4）计算两断面间土石方量。例如，1-1、2-2 两断面间的填、挖土石方量分别为：

$$V_T = \frac{1}{2} \times (A_{T_1} + A_{T_2})l \quad \text{和} \quad V_W = \frac{1}{2} \times (A_{W_1} + A_{W_2})l \tag{9-20}$$

（5）计算总填方、总挖方的土石方量。

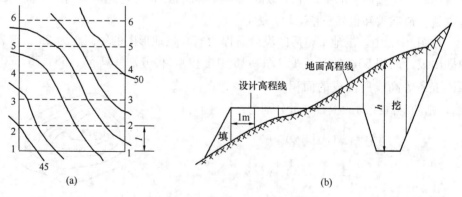

(a)   (b)

图 9-14   断面法计算土方量

(a) 断面位置；(b) 2-2 断面（放大）

习   题

1. 地形图的识读有哪些基本内容？

2. 面积量算的方法有哪些?

3. 土方量计算方法中方格网法步骤有哪些?

4. 在图 9-15 中完成如下内容:

(1) 用图解法求出 A、C 两点的坐标;

(2) 根据等高线按比例内插法求出 A、B 两点的高程;

(3) 求出 A、C 两点间的水平距离;

(4) 求出 AC 连线的坐标方位角;

(5) 求出 A 点至 B 点的平均坡度。

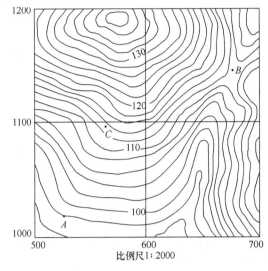

图 9-15 习题 4 用图

5. 图 9-16 为某地地形图,比例尺为 1∶1000,欲在打有方格网处进行土地平整,A 为方格的左下角,设计要求如下:

(1) 根据填、挖土方平衡原则,平整为一水平面;

(2) 平整场地的范围为以点 A 为起点的方格网边界内,方格边长图上长度为 1cm。

请按设计要求分别计算出填、挖土方量。

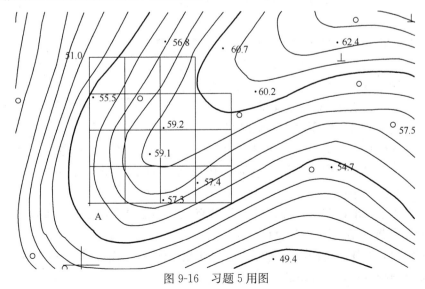

图 9-16 习题 5 用图

项目十　测设的基本工作

【知识目标】测设的三项基本工作，点的平面位置的测设方法，测设坡度线的方法。

【能力目标】测设点的平面位置和高程。

测设是测量的主要工作内容之一，即利用测量仪器和工具，将图上设计好的建筑物、构筑物的特征点标定到实地，以便进行施工建造。

任务一　测设的基本工作

测设的基本工作包括测设已知水平角、测设已知水平距离和测设已知高程。

一、测设已知水平角

测设已知水平角是在地面上根据一个已知方向，测设出另一个方向，使两方向构成的水平角等于设计的角度值。根据测设精度的要求，测设水平角的方法分为一般测设和精密测设。

1. 一般测设的方法

一般测设方法又叫盘左盘右分中法，适用于精度要求较低时的角度测设，如测设水平角的中误差大于或等于一测回角值中误差。在图 10-1 中，地面上有已知方向 AB，现欲测设另一方向 AC，使两方向之间的水平角为设计值 β。在 A 点安置经纬仪或全站仪，测设步骤如下：

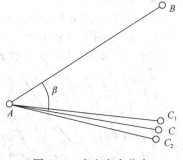

图 10-1　盘左盘右分中
法测设水平角

（1）以盘左位置照准 B 点，读取水平度盘读数 L_B（或配置为 $0°00'00''$）；松开水平制动螺旋，旋转照准部，当水平度盘读数为 $L_B + \beta$（或为 β）时，望远镜视线方向即为 AC 方向，在视线方向上丈量一定距离 D，定出 C_1 点。

（2）纵转望远镜，用盘右位置瞄准 B 点，读取水平度盘读数 R_B，旋转照准部，当水平度盘读数为 $R_B + \beta$ 时，在视线方向上丈量一定距离 D，定出 C_2 点。

（3）由于视准误差的存在，C_1、C_2 两点往往不能重合，取 C_1、C_2 的中点作为 C 点的位置，则 $\angle BAC$ 为设计值 β。

测设时，要注意待测设方向与已知方向之间的相对位置关系，必须清楚知道待测设 β 是顺时针方向测设还是逆时针方向测设。

2. 精密测设方法

精密测设方法有时又称为归化法，适用于测设精度要求较高的角度，如测设角度的中误差小于一测回角值中误差。在图 10-2 中，先用盘左盘右分中法测设出 C' 点，然后，用测回法对该角度观测多个测回，取平均值得 β'；计算 β' 与设计值 β 的差值，即：

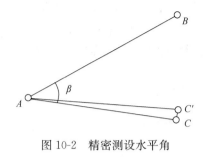

图 10-2　精密测设水平角

$$\Delta\beta' = \beta - \beta' \tag{10-1}$$

$\Delta\beta'$ 是以秒为单位的角差，根据设计中 A 至 C 的水平距离 D，计算 C' 点需要在与 AC' 相垂直的方向上移动的水平距离 $C'C$：

$$C'C = D\frac{\Delta\beta'}{\rho''} \tag{10-2}$$

式中，$\rho'' = 206265''$。从 C' 点沿与 AC' 垂直的方向移动水平距离 $C'C$，即得到 C 点。改化时，若 $\Delta\beta'$ 为正值，说明原测设角度小于设计值，应往远离 B 点的方向移动 $C'C$；若 $\Delta\beta'$ 为负值，说明原测设角大于设计值，则应往靠近 B 点的方向改动 $C'C$。

测设时，应在测设定出 C 点的大概位置钉设木桩，在桩顶用铅笔标记方向。当测设出 AC 方向后，应检查其与 AB 方向构成的水平角与设计值的差值，若大于允许误差，则应重新测设，使其达到精度要求。

【例题 10-1】 待测设的水平角 $\angle BAP = 60°$，用盘左盘右分中法后，再用测回法观测多次，测得其角值为 $59°59'14''$，已知 AP 的距离为 100.000m，试计算改正垂距，并说明测设步骤与垂距改正方向。

【解】 根据式（10-1）和式（10-2）计算得：

$$\Delta\beta = 46'', \quad P'P = 100 \times 46 \div 206265 = 0.022\text{m}$$

过 P' 点作 AP' 方向的垂线，在垂线上自 P' 始向远离 B 点一侧量取 0.022m，则得 P 点，检核无误后做出标记。

二、测设已知的水平距离

测设已知水平距离是从给定的起点开始，沿给定方向测设已知的水平距离。水平距离测设可以用钢尺、测距仪或全站仪。

1. 钢尺测设

用钢尺测设水平距离，适合于地势平坦且测设的长度小于一把钢尺整长的情况。根据水平距离测设的精度要求的不同，用钢尺测设水平距离也分为一般测设和精密测设。一般测设的方法适用于测设精度在 1/3000～1/5000 范围内的精度要求，若距离测设精度要求较高时，则需要精密方法测设。

（1）一般测设的方法

如图 10-3 所示，从起点 A 开始，沿给定方向用钢尺丈量出设计的水平距离 D，在桩顶定出待测设点 P'。为了检核和提高测设精度，从起点 A 处改变钢尺的读数 10～20cm，再用钢尺沿给定方向丈量出设计的水平距离 D，在木桩顶部

测设出一点 P''；若 P' 与 P'' 重合，则为 P 点；若 P' 与 P'' 不重合，$P'P''$ 的长度小于待测设距离的相对精度要求（如两千分之一），则取 $P'P''$ 的中点作为 P 点的最终位置。若 $P'P''$ 的长度大于待测设距离的相对精度要求，则需要重新测设。

图 10-3　钢尺测设水平距离的一般方法

（2）精密测设方法

精密测设水平距离要求精度较高，需要使用经过检定的钢尺进行测设。步骤如下：

1）在起点沿给定方向用钢尺精密量距的方法进行直线定线，定出分段点 1～6，如图 10-4 所示；用精密量距方法测出 A 到 6 各尺段的斜长，并测出量距时的温度；用水准仪测出每一尺段的高差 h，计算出 A 到 6 各尺段施加尺长改正、温度改正、倾斜改正后的水平距离之和；最后计算出 A 到 6 各尺段的水平距离之和与设计水平距离的差值 D，即剩余的零尺段的水平距离，如图 10-4 中的 6-B 尺段。

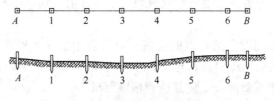

图 10-4　钢尺精密量距定线

2）计算测设剩余零尺段水平距离 D 的名义长度

按式（4-6）、式（4-7）、式（4-8）计算剩余尺段的尺长改正数 Δl_d、温度改正数 Δl_t、倾斜改正数 Δl_h，则在地面测设水平距离 D 的名义长度（斜距）L 为：

$$L = D - \Delta l - \Delta l_t - \Delta l_h \qquad (10-3)$$

注意，计算这些改正数时，将剩余尺段的水平距离 D 视为量得的名义长。

3）沿给定方向（如图 10-4 中的 6-B 方向）测设斜距 L，得到放样点 B。

测设时，需用弹簧秤对钢尺施加标准拉力，需要独立测设两次，两次测设较差小于规定要求时，取其中点为 B 点，用小钉标志之。

2. 全站仪测设

用全站仪测设水平距离的步骤：

（1）在起点 A 安置全站仪，并测定温度和气压；

（2）开机，将温度值和气压值输入仪器，进入距离测量模式；

（3）沿给定方向在距 A 点大致接近设计水平距离 D 的前、后位置各钉一木桩，并分别在桩顶 AC 方向线上做出标志 C' 和 C''，如图 10-5 所示；将棱镜安置在 C' 点，进行距离测量得到水平距离 AC'，

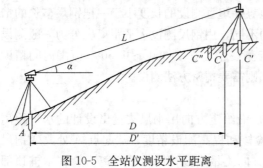

图 10-5　全站仪测设水平距离

并计算出 AC' 与设计值 D 的差值 Δ，$\Delta = AC' - D$；

（4）若 Δ 大于零，用钢尺由 C' 点向 C'' 点方向测量水平距离 Δ，定出 C 点；若 Δ 小于零，用钢尺在 $C''C'$ 延长线方向测量水平距离 Δ，定出 C 点；在 C 点打下木桩，桩顶用铅笔标出 C 点位置；

（5）在 C 点安置棱镜，再次测量水平距离，当 Δ 小于规定要求时，在桩顶钉上小钉标志出 C 点。

三、测设已知高程

测设已知高程，就是测设平面位置已标定的设计点的高低位置。测设高程时通常采用水准测量方法。

在图 10-6 中，假设已知点 A 的高程为 H_A，B 点平面位置已经确定并已钉设木桩，其设计高程为 H_B，需要标定出 B 的高低位置。在距 A、B 两点等距的位置安置水准仪，在 A 点竖立水准尺，使水准管气泡居中后，A 尺的读数为 a，则水准仪的视线高为：

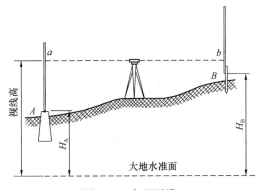

图 10-6　高程测设

$$H_i = H_A + a \qquad (10\text{-}4)$$

在 B 点竖立水准尺，则 B 尺的读数应为：

$$b = H_i - H_B \qquad (10\text{-}5)$$

B 尺紧靠木桩侧壁上下移动，直至 B 尺读数为 b 时，水准尺的尺底即为设定的高程位置，沿尺底在木桩上画出标高线，该线的高程即为设计 H_B 的高度线。

【例题 10-2】已知 A 点的高程为 22.456m，待测设点 P 的设计高程为 23.500m。若水准仪在 A 点标尺的读数为 1.356m，则前视标尺的读数应为多少？

【解】根据式（10-4）和式（10-5）计算得：

$$H_i = 22.456 + 1.356 = 23.812\text{m}$$

$$b = 23.812 - 23.500 = 0.312\text{m}$$

前视标尺的读数应为 0.312m。

当已知高程点与待测设高程点的高差比较大时，可以采用悬挂钢尺的方法进行测设，如图 10-7 所示，地面上的已知点 A 与待测设的基坑底点 B 的高差较大。此时，在基坑的一侧悬挂一把钢尺，钢尺的零端悬挂重锤。在地面上安置水准仪，A 点为后视，钢尺为前视，分别读数 a_1、b_1；然后，将仪器搬至坑内，钢尺为后视，读取 a_2，B 尺紧靠木桩侧壁（或坑壁）上下移动水准仪，使前视 B 点的标尺读数为：

$$b_2 = a_1 + a_2 - b_1 - h_{AB} \qquad (10\text{-}6)$$

此时，尺底即为设计之高程，在桩或坑的侧壁做出标志。

在施工中，为了控制开挖基槽深度，常距设计坑底的上方大约 0.5m 处设一水平木桩,以便及时检查基槽开挖是否超挖或欠挖。

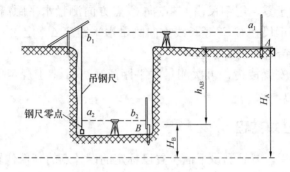

图 10-7　基坑内的高程测设

任务二　测设点的平面位置的基本方法

在施工现场,通常根据控制点的分布、使用的仪器工具以及现场具体情况的不同,选择不同的方法测设点的平面位置。传统的测设点的平面位置的基本方法有直角坐标法、极坐标法、角度交会法以及距离交会法等。随着测绘科学技术的进步和测绘新仪器的研究制造,全站仪或 GPS 测设点的平面位置的方法越来越得到广泛的应用。

一、直角坐标法

直角坐标法适用于测区已经建立相互垂直的建筑方格网或建筑基线作为控制网的情况,平面坐标的坐标轴线一般与建筑物的主轴线平行或垂直。

在图 10-8 中,A、B、C、D 是施工区域内已有的建筑方格网点(坐标已知的平面控制点),a、b、c、d 为待建建筑物的主轴线点,其设计坐标在建筑平面图中给出。ab、cd 与方格边 AB、CD 平行,ad、bc 与方格边 AD、BC 平行。

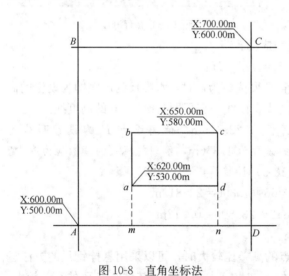

图 10-8　直角坐标法

用直角坐标法进行点位放样的步骤如下:

(1) 计算待测设点 a、b 与坐标方格网点 A 之间的坐标差:

$$\Delta X_{Aa} = X_a - X_A = 20.000\text{m},\ \Delta Y_{Aa} = Y_a - Y_A = 30.000\text{m}$$

$$\Delta X_{Ab} = X_b - X_A = 50.000\text{m},\ \Delta Y_{Ab} = Y_b - Y_A = 30.000\text{m}$$

(2) 在 A 点安置测角仪器,照准 D 点,沿视线方向测设水平距离 $\Delta Y_{Aa} =$

30m，得到 a、b 点在 AD 连线上的垂足 m。

（3）把仪器搬至 m 点，仍然照准 D 点，逆时针方向测设 $90°$，沿视线方向分别测设水平距离 ΔX_{Aa} 和 ΔX_{Ab}，则得到 a 点和 b 点。

（4）以与上述相同方法将 c 点和 d 点测设到地面上。

当所有放样点测设完毕后，应检查建筑物轴线的交角是否为 $90°$，边长是否与设计值相等。若误差在允许范围内，测设工作结束；若超限，则应重新测设不合格的点。

二、极坐标法

极坐标法是先测设水平角，得到测站点至待测设点的方向，然后在该方向上测设水平距离，在地面的桩顶上标定出待测设点的平面位置。

在图 10-9 中，A、B 两点是施工现场已有的控制点，P、Q、R、S 为待建建筑物的建筑轴线交点，其坐标已经在设计图中给出。以 P 点为例说明用极坐标法测设平面点位的步骤。

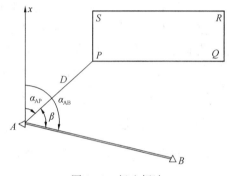

图 10-9　极坐标法

（1）计算测设数据（水平角 β 和水平距离 D）。

由图 10-9 可以看出，待测设的水平角 β 是 AB 边的方位角与 AP 边的方位角之差，则 β 和 D 计算为：

$$\beta = \alpha_{AB} - \alpha_{AP}$$

$$D_{AP} = \sqrt{\Delta x_{AP}^2 + \Delta y_{AP}^2}$$

方位角可由两点坐标进行坐标反算求得，其公式为：

$$\alpha_{AB} = \arctan \frac{Y_B - Y_A}{X_B - X_A} = \arctan \frac{\Delta Y_{AB}}{\Delta X_{AB}}$$

$$\alpha_{AC} = \arctan \frac{Y_C - Y_A}{X_C - X_A} = \arctan \frac{\Delta Y_{AC}}{\Delta X_{AC}}$$

（2）在 A 点安置测角仪器，照准 B 点，逆时针方向测设 β 角，得到 AP 方向线，沿此方向测设水平距离 D，则得到 P 点。

（3）同法可以测设出其他各点。

测设完 P、Q、R、S 四点之后，应对各放样点进行角度及边长检核，看是否小于限差要求。超出限差时，应重新测设不合格的点。

用极坐标法测设点的平面位置，控制点可以灵活布设，特别是使用全站仪放样时，距离长度不会受到限制，因而得到广泛应用。

三、角度交会法

角度交会法适用于待测设点距离控制点较远，量距困难之处。

如图 10-10(a) 所示，A、B、C 三点为施工现场的控制点，P 点为待测设

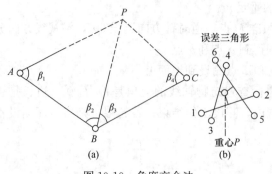

图 10-10　角度交会法

点，用角度交会法测设 P 点的步骤如下：

（1）根据三个控制点的已知坐标和待测设点 P 的设计坐标，计算测设数据——水平角 β_1、β_2、β_3、β_4。

（2）分别在 A、B、C 安置经纬仪，分别测设 β_1、β_2（或 β_3）、β_4，得到 AP、BP、CP 的方向线。在每一条方向线的 P 点附近设置两个骑马桩，桩顶上钉上小钉，两小钉之间拉一条细线，标志各自的方向线，三线相交即可得到 P 点的位置。

由于测量误差的存在，三线往往不能交于一点，而是出现一个小三角形，称为误差三角形（亦称示误三角形），如图 10-10(b) 所示。当误差三角形的边长在允许范围内时，取三角形的重心作为 P 点的位置。如果超限，则应重新测设。

用角度交会法测设点的平面位置时，也可以只用两个控制点，但交会角必须在 30°～150°范围内。在两个控制点上进行角度交会没有检核条件，最好慎用。

四、距离交会法

距离交会法适用于待测设点至控制点较近，地势比较平坦，待测设的水平距离不会超过钢尺长度的情况。

如图 10-11 所示，A、B 为平面控制点，P 为待测设点，用距离交会法测设点的平面位置步骤如下：

（1）根据控制点的已知坐标和待测设点的设计坐标，分别计算 A、B 两点到待测设点 P 的水平距离 D_1、D_2。

（2）使用两把钢尺进行交会，将一把钢尺的 D_1 分划线对准 A 点，另一把钢尺的 D_2 分划线对准 B 点，摆动两把钢尺，使两尺的零分划线相交，交点即为待测设 P 点。

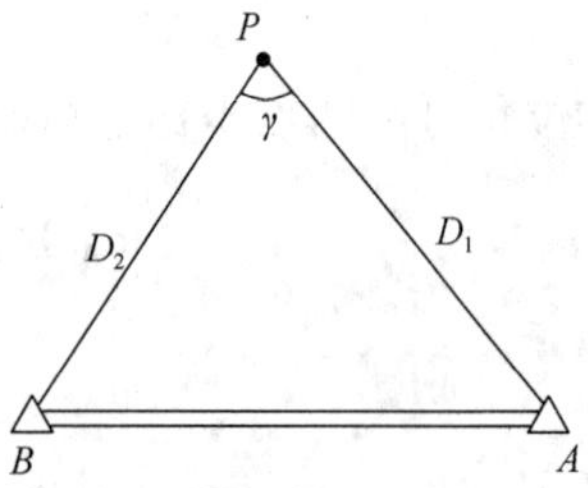

图 10-11　距离交会法

用距离交会法测设的地面点的个数超过 2 个时，应检查测设点之间的长度是否与设计值一致。

综上所述，可以看出，测设点的平面位置无外乎测设已知水平角和测设已知水平距离。测设水平角和测设水平距离也有一般测设和精密测设之分，应根据设计的精度要求确定测设方法。

五、用全站仪进行平面点位测设

全站仪放样采用坐标放样比较方便，其步骤如下：

1. 在已知点 A 上安置全站仪，量取仪器高，并开机预热 2～3min，读取气压和温度，并输入全站仪，进入坐标放样测量模式，输入测站点的三维坐标、仪器高。

2. 输入后视点的三维坐标（也可输入后视方位角），望远镜瞄准后视点棱镜，完成测站后视定向工作。

3. 输入待测设点的三维坐标及棱镜高（即目标高），全站仪会自动计算测设点位所需的水平角、水平距离和高差值并显示。

4. 转动照准部使屏幕上显示的dHR＝0，固定照准部，用望远镜观测并指挥手持棱镜的人员（司镜员）向左/向右移动棱镜杆，使棱镜杆的脚尖位于视线方向上，将棱镜竖直树立；然后测设水平距离，指挥棱镜前后移动，当全站仪显示的dHD＝0时，棱镜杆的脚尖即为要测设点的平面位置，司镜员钉桩；观测员指挥司镜员在桩顶面上标志测设的方向线，在该方向线上放棱镜，指挥其前后移动，当全站仪显示的dHD＝0时，在木桩做出标记，钉上小钉。

5. 在桩顶小钉上立好棱镜进行方向和距离的检查，使方向和距离误差都满足要求。若稍稍超限，可以敲击木桩进行少量的调整，使其达到放样精度要求。

如果只是放样点的平面位置可以不量仪器高和反射镜高，还可以不输入测站点和放样点的高程。若要用全站仪测设高程，除需要输入测站点高程、仪器高、测设点设计高程和棱镜高外，还需要上、下移动棱镜，使屏幕显示的dZ＝0，棱镜杆底部所在高度即为测设点的高程位置。

任 务 三 测 设 坡 度 线

在道路和管道工程中，线路敷设必须满足一定设计坡度，在这种情况下，需要测设一定的坡度线。

在图10-12中，A、B点为地面上放样出的线路中线点，其水平距离为D，已知A点高程为H_A，现要求沿AB方向测设一条设计坡度为m的坡度线。用水准仪测设坡度线的步骤如下：

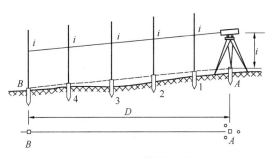

图 10-12 测设坡度线

（1）根据A点的高程、设计坡度m以及水平距离，终点B的高程为：

$$H_B = H_A + m \times D \tag{10-7}$$

（2）按前述测设高程的方法，用水准仪测设出B点的高程，并标定之。

（3）在A点安置水准仪，使水准仪的两个脚螺旋的连线与坡度线方向垂直，另一个脚螺旋在坡度线方向（如图10-12下方A点处所示），用钢卷尺量取仪器高度i。

（4）在B点竖立水准尺，旋转位于坡度线方向的脚螺旋，使B点水准尺的读数为水准仪的仪器高i，则水准仪视线的坡度与设计的坡度相同，即水准仪视线与待测设的坡度线平行。

（5）在 AB 连线上每隔一定的距离打一木桩（如图 10-12 中 1、2、3、4 桩），贴靠木桩的一侧竖立水准标尺。上下移动水准尺，使仪器在标尺上的读数为 i，则尺底的位置便是坡度线的位置，在木桩上画线标定，即得到一个坡度线点。

当坡度较大时，根据待测设坡度和平距计算 1、2、3、4 桩的高程，再用测设高程的方法测设它们的高低位置，还可用经纬仪或全站仪配合水准尺进行坡度线的测设。

习　题

1. 测设包括哪些基本工作？

2. 测设点的平面位置有哪些基本方法？

3. 水平距离和水平角测设的一般方法和精密方法的步骤有哪些？各在什么情况下使用？

4. 全站仪或光电测距仪测设水平距离的步骤有哪些？

5. 用盘左盘右分中法测设水平角 $\angle PAB = 90°$，再对其进行多测回观测测得其角值为 $89°59'24''$，已知 AP 的距离为 120.000m，试计算改正垂距，并说明测设步骤与垂距改正方向。

6. 已知 A 的高程 $H_A = 37.246$m，待测设点 B 的高程为 36.800m。若水准仪在 A 点标尺的读数为 0.889m，则前视标尺的读数应为多少？

7. 已知控制点 A、B 和 P 点坐标如表 10-1 所示，请完成以下内容：

（1）若在 A 点设站，计算用极坐标法测设 P 点的测设数据，并写出测设的过程；

（2）若分别在 A、B 两点安置仪器，互为后视，试计算用角度交会法测设 P 点数据，并写出测设的过程；

（3）若用全站仪坐标放样，试说明测设步骤。

控制点和设计点坐标　　　　　　　　　　　　　　　　表 10-1

点号	X 坐标（m）	Y 坐标（m）
A	1562.374	1607.958
B	1578.697	1689.124
P	1517.653	1674.436

项目十一 建 筑 施 工 测 量

【知识目标】建筑施工控制网的布设，民用建筑物和工业建筑施工测量的基本工作。

【能力目标】民用建筑施工放样，工业厂房施工测量。

任务一 概 述

建筑施工测量主要指工业与民用建筑在施工过程中进行的一系列测量工作。施工测量的主要任务是将在图纸上设计好的建筑物、构筑物的平面位置、高程和轴线尺寸等按照设计要求，以一定的精度标定到实地上，作为建筑施工的依据，也称为测设或放样。

在整个建筑物、构筑物的施工过程中，从场地平整、建筑物定位、基础施工、室内外管线施工到建筑物、构筑物的构件安装等，都需要进行相应的施工测量工作。为了今后的管理、维修和扩建，工业或大型民用建设项目竣工以后，还要编绘竣工总平面图。为确保高层、超高层建筑物和特殊构筑物的施工和运营安全，在施工期间和建成以后，还要进行变形测量。同时，还可积累资料，掌握建筑物、构筑物的变形规律，为今后的设计、维护和使用提供依据资料。

建筑施工现场上有各种不同的建筑物、构筑物，并且分布范围较广，往往还不是同时开工兴建。为了保证各种建筑物、构筑物的平面和高程位置都符合设计要求，并互相连成统一的整体，建筑施工测量应该像测绘地形图一样，遵循"由整体到局部，先控制后碎部"的原则。即先在建筑施工现场建立统一的平面控制网和高程控制网，再以此为基础，测设出各个建筑物或构筑物的位置。同时，必须采用各种不同的方法加强外业和内业的检核工作。

施工测量的主要工作内容包括施工控制测量和施工放样。工业与民用建筑及水工建筑的施工测量应该遵守《工程测量规范》GB 50026 和行业操作规程。

在建筑施工测量之前，应建立健全施工测量的组织和检查制度，并做好充分的准备工作。首先应核对设计图纸，检查总尺寸和细部尺寸的一致性，总平面图和大样图尺寸的一致性，不符之处要向设计单位提出，进行修正。然后对施工现场进行实地踏勘，根据实际情况编制测设详图，计算相应的测设数据。对于建筑施工测量所使用的仪器和工具应进行检验和校正，否则不能使用。此外，在建筑施工测量过程中必须注意人身安全和仪器安全，特别是在高空和危险地区进行测量时，必须采取防护措施。

任务二　建筑施工控制测量

在建筑施工现场，由于工种多，交叉作业频繁，并有大量土方的填挖，地面变动很大。原来勘测阶段为测绘地形图而建立的测量控制点大部分已被破坏，即使保存下来的部分控制点也不一定完全符合施工测量的要求。为了使施工能分区、分期地按照一定的顺序进行，并保证建筑施工测量的精度和施工速度，在施工以前，应在建筑场地上回复或建立统一的施工控制网。建筑施工控制网包括平面控制网和高程控制网，它是建筑施工测量的基础。

建筑施工控制网的布设形式，应根据建筑物的总体布置、建筑场地的大小以及测区地形条件等因素来确定。在大中型建筑施工场地上，建筑施工控制网一般布置成正方形或矩形的格网，称为建筑方格网。在面积不大且不十分复杂的建筑施工场地上，常常布置一条或几条相互垂直的线，称为建筑基线。对于山区或丘陵地区，建立方格网或建筑基线有时比较困难，此时可采用导线网或 GPS 网来代替建筑方格网或建筑基线。

一、建筑基线

建筑基线是指在建筑场地上布设的平行或垂直于建筑物主要轴线的控制点连线，作为施工控制的基准线。

1. 建筑基线的布设形式

建筑基线适用于总平面图布置比较简单的小型建筑场地，其布设形式是根据建筑物的分布、场地地形等因素来确定的，常见的布设形式有三点"一"字形、三点"L"字形、四点"T"字形和五点"十"字形，如图 11-1 所示。

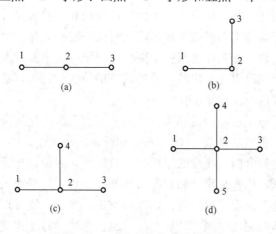

图 11-1　建筑基线的布设形式

2. 建筑基线的测设方法

根据建筑场地的条件不同，建筑基线主要有两种测设方法。

（1）根据建筑红线测设

在城市中，建筑用地的边界线，通常是根据规划部门审核批准的规划图来测设的，又称为"建筑红线"，其界桩可以作为测设建筑基线的依据，它们的连线通常是正交的直线，如图 11-2 所示，AB、BC 为建筑红线。以建筑红线为基础，可以用平行线推移法来建立建筑基线 ab、bc，a、b、c 三点为建筑基线点。建筑基线测设完成后，须进行相应的检核，方法是将经纬仪安置在 b 点，检测 $\angle abc$ 是否为直角，其角度不符值不超过 $\pm 20''$。

（2）根据测量控制点测设

如图 11-3 所示，若要测设一条由 M、O、N 三个点组成的"一"字形建筑基线，可以按照如下步骤进行：

① 根据附近的测量控制点 1、2，采用极坐标法将三个基线点测设到地面上，得到 M'、O'、N' 三点。

② 在 O' 点安置经纬仪，观测 $\angle M'O'N'$，检查其角度值是否为 $180°$，如果角度误差大于 $10''$，说明不在同一直线上，须进行调整。调整时将

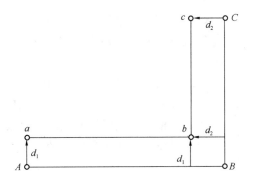

图 11-2 根据建筑红线测设建筑基线

M'、O'、N' 三点沿与基线垂直的方向移动相等的距离 l，得到位于同一直线上的 M、O、N 三点，l 的距离计算方法如下：

设 M、O 两点间的距离为 a，N、O 两点间的距离为 b，$\angle M'O'N' = \beta$，则有：

$$l = \frac{ab}{a+b}\left(90° - \frac{\beta}{2}\right)'' \frac{1}{\rho''} \tag{11-1}$$

③调整 M'、O'、N' 三点到一条直线上后，用钢尺检查 M、O 和 N、O 的距离是否与设计值一致，若偏差大于 $1/10000$，则以 O 点为基准，按设计距离调整 M、N 两点。

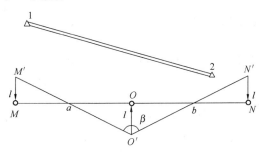

图 11-3 利用测量控制点测设建筑基线

布设建筑基线过程中，要注意以下两点：

① 主轴线应尽量位于建筑场地中心，并与主要建筑物轴线平行，主轴线的定位点不少于三个，以便能够相互检核。

② 基线点位应选在通视良好且不易被破坏的地方，并将其设置成永久性控制点，如设置成混凝土桩或石桩。

其他布设形式的建筑基线测设，可以参照以上测设方法进行。

二、建筑方格网

1. 建筑方格网的布设和主轴线的选择

在布设建筑方格网时，一般根据建筑设计总平面图上各种已建和待建的建筑物、道路及各种管线的布设情况，结合现场的地形条件来拟定。布网时应先选定方格网的主轴线，如图 11-4 中的 MON 和 COD，再布置其他的方格点。格网可布置成正方形或矩形。当场地面积较大时，方格网常分为两级来布设，首级为基本网，通常可采用"十"字形、"口"字形或"田"字形，然后再加密方格网；当场地面积不大时，应尽量布置成方格网。

布设建筑方格网应注意以下几点：

① 建筑方格网的主轴线与主要建筑物的基本轴线平行，并使控制点接近测设对象。

② 建筑方格网的边长一般为 100～200m，边长相对精度一般为 1/10000 ～ 1/20000，为了便于设计和使用，方格网的边长尽可能为 50m 的整数倍。

③ 相邻方格点必须保持通视，各桩点均应能长期保存。

④ 选点时应注意便于测角、量距，点数应尽量少。

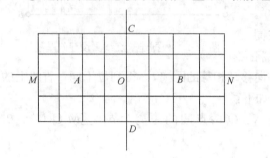

图 11-4　建筑方格网的布设

2. 确定各主点施工坐标

如图 11-4 中所示，MN、CD 为建筑方格网的主轴线，是建筑方格网扩展的基础。当场地很大时，主轴线很长，通常只测设其中的一段，如图中的 AOB 段，A、O、B 是主轴线的定位点，称为主点。主点的施工坐标一般由设计单位给出，也可在总平面图上用图解法求得。当坐标系统不一致时，还须进行坐标转换，使坐标系统统一。

3. 建筑方格网主轴线的测设

建筑方格网的主轴线测设同建筑基线的测设相似，其步骤如下：

① 准备放样数据。

② 实地放样两条相互垂直的主轴线 AB、CD，交点为 O，如图 11-5 所示，A、B、C、D、O 五点为主点。

③ 精确检测主点的相对位置关系，并与设计值相比较。若角度较差大于 ±10″，则需要横向调整点位，使角度与设计值相符；若距离较差大于 1/10 000，则需要纵向调整点位使距离与设计值相符。主点 A、B、C、D、O 要在地面上用混凝土桩做出标志。

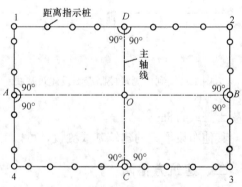

图 11-5　建筑方格网的测设

4. 建筑方格网的测设

在主轴线测设出后，就要测设方格网。具体测设工作叙述如下：

如图 11-5 所示，在主轴线的四个端点 A、B、C、D 上分别安置经纬仪，每次都以 O 点为起始方向，分别向左、向右测设 90°角，这样就交会出了方格网的四个角点 1、2、3、4。为了进行检核，还要量出 A1、A4、D1、D2、B2、B3、C3、C4 各段距离，量距精度要求与主轴线相同。若根据量距所得的角点位置和角度交会法所得的角点位置不一致时，则可适当地进行调整，以确定 1、2、3、

4 点的最终位置，并用混凝土桩标定。由 A、B、C、D、O、1、2、3、4 九个点所述构成"田"字形的各方格点，就作为基本点。为了便于以后进行厂房细部的施工放样工作，在测设矩形方格网的同时，还要每隔一定距离埋设一个"距离指标桩"。

三、建筑施工高程控制测量

在建筑施工场地上，水准点的密度应尽可能满足安置一次仪器即可测设出所需的高程点。通常情况下，测绘地形图时敷设的水准点数量是不够的，因此就需要增设一些水准点。建筑方格网点一般也可兼作高程控制点，只要是在方格网点桩面上中心点作为高程点即可。在测定各水准点的高程时，一般采用四等水准测量方法，而对连续生产的车间或下水管道等，则需采用三等水准测量的方法来测定各水准点的高程。此外，为了测设方便和减少误差，一般应在稳定位置专门设置高程为±0.000 水准点，一般以底层建筑物的室内地坪标高为±0.000，如建筑物墙、柱的侧面等用红油漆绘成上顶为水平线的"▼"形，其顶端表示±0.000 的位置。在实际施工过程中需要特别注意的是，设计中各建筑物、构筑物的±0.000 的高程不一定相等，应严格加以区别。

任务三　民用建筑施工测量

住宅楼、医院、学校、商店、食堂、办公楼、俱乐部、水塔等都属于民用建筑。按照民用建筑的层数来分，可分为单层、低层（2～3 层）、多层（4～8 层）和高层（9 层以上）。对于不同类型的建筑物，施工测量方法和精度将会有所不同，但总的放样过程基本相同，即都包括建筑物的定位、放线、基础工程施工测量、墙体工程施工测量等。在建筑场地完成了施工控制测量工作后，就可以按照施工的各个工序开展施工放样工作，即进行建筑物的位置、基础、墙、柱、门、窗、楼板、顶盖等基本结构的放样，并设置标志，作为施工依据。建筑场地的施工放样的主要过程如下：

① 准备资料，如总平面图、建筑物的相关设计与说明等；

② 熟悉资料，结合场地情况制定放样方案，并满足工程测量技术规范，见表 11-1；

③ 现场放样，检测及调整等。

建筑施工放样的主要技术要求　　　　　　　　　　　表 11-1

建筑物结构特征	测距相对中误差 K	测角中误差 m_β (″)	按距离控制点 100m，采用极坐标法测设的点位中误差 m_P（mm）	在测站上测定高差中误差（mm）	根据起始水平面在施工水平面上测定高程中误差（mm）	竖向传递轴线点中误差（mm）
金属结构、钢筋混凝土结构（建筑物高度 100～120m 或跨度 30～36m）	1/20000	±5	±5	1	6	4

续表

建筑物结构特征	测距相对中误差 K	测角中误差 m_β (″)	按距离控制点100m，采用极坐标法测设的点位中误差 m_P (mm)	在测站上测定高差中误差 (mm)	根据起始水平面在施工水平面上测定高程中误差 (mm)	竖向传递轴线点中误差 (mm)
15层房屋（建筑物高度60～100m或跨度18～30m）	1/10000	±10	±11	2	5	3
5～15层房屋（建筑物高度15～60m或跨度6～18m）	1/5000	±20	±22	2.5	4	2.5
5层房屋（建筑物高度15m或跨度6m及以下）	1/3000	±30	±36	3	3	2
木结构、工业管线或公路铁路专用线	1/2000	±30	±52	5	—	—
土工坚向整平	1/1000	±45	±102	10	—	—

一、民用建筑物的定位

民用建筑物的定位就是把建筑物外廓各轴线交点（如图 11-6 中的 A、B、C、D、E、F 点）测设到地面上，然后再根据这些轴线交点进行细部放样。建筑物主轴线的测设方法可根据施工现场情况和设计条件，采用以下几种方法。

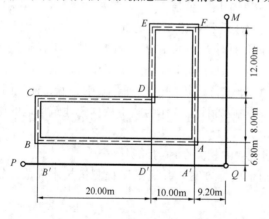

图 11-6　建筑物外廓轴线定位测量

1. 根据建筑红线、建筑基线或建筑方格网进行建筑物定位

若在施工现场已有城市规划部门在现场测设出的建筑红线桩，或者施工现场已建立了建筑基线或建筑方格网时，则可根据其中的一种控制方式进行建筑物的定位。

在图 11-6 中，PQ、QM 为建筑红线。若根据 PQ、QM 测设建筑物的主轴线 AB、AF、DE、CD 时，可按以下步骤进行：

①安置经纬仪于 Q 点上瞄准 P 点，按图上所给的尺寸自 Q 点沿视线方向用钢尺量距，依次定出 A'、D'、B' 各桩。

②分别在 A'、D'、B' 点安置仪器，后视 P 点或 Q 点，分别顺时针或逆时针方向测设 90°角，并在所得方向线上用钢尺依图上尺寸量距，分别测设出 A、F、D、E、B、C 各点，打桩钉。

③将经纬仪分别安置于 A、D 点，检查 $\angle BAF$ 和 $\angle CDE$ 是否等于 $90°$，用钢尺检查 CD、DE、EF 是否等于设计尺寸。若误差在容许范围内，则得到此建筑物的主轴线 AB、AF、DE、CD；否则，应根据情况适当调整。

2. 根据已有建筑物进行建筑物定位

如图 11-7 所示，画有晕线的为已有建筑物，没画晕线的为拟建的建筑物。

在图 11-7 (a) 中，为了准确测设出 AB 的延长线 MN，就应先测设出与 AB 边平行的直线 $A'B'$。为此，先将 DA 和 CB 向外延长，并取 $AA'=BB'$，在地面上钉出 A'、B' 两点。然后在 A' 点安置经纬仪，照准 B' 点，在 $A'B'$ 延长线上根据图纸上的 BM、MN 设计尺寸，用钢尺量距依次钉出 M' 和 N' 点。再安置仪器于 M' 和 N' 点测设垂线，从而得到主轴线 MN。

如图 11-7 (b) 所示，按照上述法测出 M' 点后，安置经纬仪于 M' 点测设垂线，从而得到主轴线 MN。

如图 11-7 (c) 所示，拟建建筑物的主轴线平行于道路中心线，首先找出道路中心线，然后用经纬仪测设垂线即可得到主轴线。

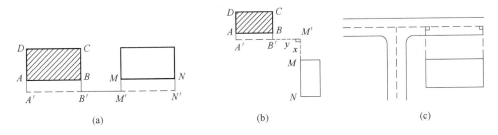

图 11-7　根据原有建筑物进行建筑物定位

(a) 延长 $A'B'$ 交于 $M'N'$；(b) 延长 $A'B'$

交于 MN；(c) 垂直道路中心线

二、民用建筑物的放线

在建筑物定位完成后，所测设的轴线交点桩（或称角桩），在开挖基槽时将被破坏。为了能方便地恢复各轴线的位置，施工时一般是把轴线延长到安全地点，并做好标志。延长轴线的方法主要有两种：龙门板法和轴线控制桩法。

在一般民用建筑物中，为了便于施工，在基槽外的一定距离处设置龙门板，如图 11-8 所示，龙门板的具体设置如下：

① 在建筑物四周和中间隔墙的两端离基槽约 $1.5\sim 2m$ 的地方设置龙门桩，桩要钉得竖直、牢固，桩面要与基槽平行。

② 根据施工场地内的水准点，在每个龙门桩上测设出室内或室外的地坪设计高程线，即 $±0.000$ 标高线。若地形条件不许可，可测设比 $±0.000$ 高或低一整数的标高线。根据标高线把龙门板钉在龙门桩上，使龙门板的上边缘标高正好为 $±0.000$。

③ 把轴线引测到龙门板上，将经纬仪安置在 H 点瞄准 F 点，沿视线方向在龙门板上钉出一点，用小钉标志，倒转望远镜在 H 点附近的龙门板上钉上一

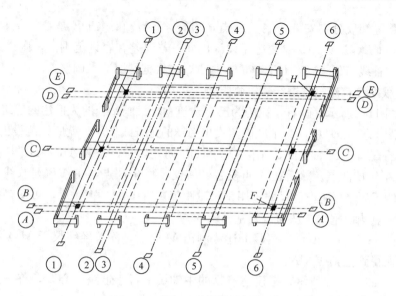

图 11-8　龙门板标定建筑物轴线

小钉。

④ 把中心钉都钉在龙门板上以后，应用钢尺沿龙门板顶面检查建筑物轴线的距离，其误差不超过 1/2000。检查合格后，就以中心钉为准将墙宽、基槽宽标在龙门板上，最后根据槽上口宽度拉上小线，撒出基槽灰线。

龙门板使用方便，可以控制 ±0.000 以下各层标高和槽宽、基础宽、墙宽，但它需要较多木材，占用场地大，所以有时用轴线控制桩法来代替龙门板法。如图 11-8 所示，轴线控制桩设置在基础轴线的延长线上，控制桩离基槽外边线的距离根据施工场地的条件而定。若附近有已建的建筑物，则也可将轴线投设在建筑物的墙上。为了保证控制桩的精度，施工过程中往往将控制桩与定位桩一起测设，有时先测设控制桩，再测设定位桩。

三、基础施工测量

1. 放样基础开挖边线和抄平

基础开挖前，按照基础详图（即基础大样图）上的基槽宽度，并顾及基础挖深应放坡的尺寸，计算出基础开挖边线的宽度。根据轴线控制桩（或龙门板）的轴线位置，由轴线向两边各量基础开挖边线宽度的一半，并作出记号。在两个对应的记号点之间拉线，在拉线位置撒白灰，即可按白灰线位置开挖基础。

为了控制基础的开挖深度，当基础挖到一定深度时，应该用水准测量的方法在基槽壁上、离坑底设计高程 0.3～0.5m 处、每隔 2～3m 和拐点位置，设置一些水平桩，如图 11-9（a）所示。在建筑施工中，称高程测设为抄平。基槽开挖完成后，应根据轴线控制桩或龙门板，复核基槽宽度和槽底标高，合格后方可进行垫层施工。

2. 垫层和基础放样

如图 11-9（b）所示，基槽开挖完成后，应在基坑底设置垫层标高桩，使桩顶面的高程等于垫层的设计高程，作为垫层施工的依据。垫层施工完成后，根据

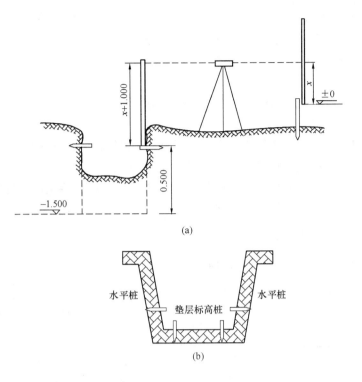

图 11-9 控制挖槽深度

轴线控制桩（或龙门板），用拉线的方法，吊垂球将墙基轴线投影到垫层上，用墨斗弹出墨线，用红油漆画出标记。墙基轴线投设完成以后，应按照相应的设计尺寸进行复核。

四、墙体施工测量

在垫层之上，±0.000m 以下的砖墙称为基础墙。基础的高度利用基础皮数杆来控制。基础皮数杆是一根木制的杆子，如图 11-10 所示。皮数杆上注明了±0.000m 的位置，并按照设计尺寸将砖和灰缝的厚度，分皮从上往下一一画出来。此外，还应注明防潮层和预留洞口的标高位置。在立皮数杆时，应把皮数杆固定在某一空间位置上，使皮数杆上标高名副其实，即使皮数杆上的±0.000m 位置与±0.000m 桩上标定位置对齐，以此作为基础墙的施工依据。

在±0.000m 以上的墙体称为主体墙。主体墙的标高是利用墙身皮数杆来控制的。根据设计尺寸，墙身皮数杆按砖、灰缝从底部往上依次标明±0.000m、门、窗、过梁、楼板预留孔以及其他各种构件的位置。同一标准

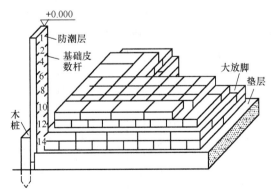

图 11-10 基础皮数杆

楼层各层皮数杆可以共用,若不是同一标准楼层,则应根据具体情况分别制作皮数杆。砌墙时,可将皮数杆撑立在墙角处,使杆端±0.000m刻划线对准基础端标定的±0.000m位置。

任务四　工业建筑施工测量

工业建筑以厂房为主体,一般工业厂房大多采用预制构件在现场装配的方法进行施工。厂房的预制构件主要有柱子(也有现场浇筑的)、吊车梁、吊车车轨和屋架等。因此,工业建筑施工测量工作的任务是保证这些预制构件安装到位,其主要工作包括:厂房矩形控制网放样、厂房柱列轴线放样、基础施工放样、厂房预制构件安装放样等。

一、工业建筑控制网的测设

与一般民用建筑相比,工业厂房的柱子多、轴线多,且施工精度要求高。因此,对于每幢厂房还应在建筑方格网的基础上,再建立满足厂房特殊精度要求的厂房矩形控制网,以其作为厂房施工的基本控制网。如图11-11描述了建筑方格网、厂房矩形控制网以及厂房车间的相互位置关系。

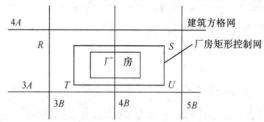

图11-11　厂房矩形控制网

厂房矩形控制网是依据已有建筑方格网按直角坐标法来建立的,其边长误差应小于1/10000,各角度误差应小于±10″。

二、柱列轴线与柱基测设

在厂房矩形控制网建立以后,再依据各柱列轴线间的距离,在矩形边上用钢

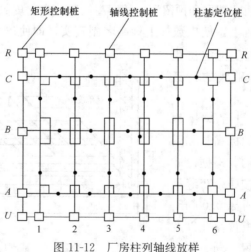

图11-12　厂房柱列轴线放样

尺定出柱列轴线的位置，如图 11-12 所示，并作好标志。其放样方法是：在矩形控制桩上安置经纬仪，如在端点 R 处安置经纬仪，照准另一端点 U，确定此方向线，根据设计距离，严格放样轴线控制桩。依次放样全部轴线控制桩，并逐桩加以检测。

柱列轴线桩确定下来之后，在两条互相垂直的轴线上各安置一台经纬仪，沿轴线方向交会出柱基的位置。然后在柱基基坑外的两条轴线上打入四个定位小桩，作为修坑和竖立模板的依据，如图 11-13 所示。

三、施工模板定位

在柱子或基础施工时，若采用现浇方式进行施工，则必须安置模板。模板内模的位置，将是柱子或基础的竣工位置。因此，模板定位就是将模板内侧安置于柱子或基础的设计位置上。在安置模板时，应先在垫层上弹出墨线，作为施工标志。在模板安装定位以后，要再检查平面位置和高程以及垂直度是否与设计相符。若与设计相差太大，应以此误差来指导施工人员进行适当调整，直到平面位置和高程以及垂直度与设计相符为止。

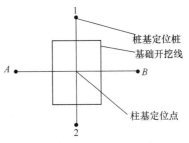

图 11-13　柱基放样

四、构件安装定位测量

装配式单层工业厂房主要预制构件包括柱子、吊车梁、屋架等，在安装这些构件时，必须使用测量仪器进行严格的检测、校正，才能正确安装到位，即它们的位置和高程与设计要求相符。柱子、桁架或梁的安装测量容许误差见表 11-2。

厂房预制构件安装容许误差　　　　　表 11-2

项　目			容许误差（mm）
杯形基础	中心线对轴线偏移		10
	杯底安装标高		+0，10
柱	中心线对轴线偏移		5
	上下柱接口中心线偏移		3
	垂直度	≤5m	5
		>5m	10
		≥10 多节柱	1/1000 柱高，且不大于 20
	牛腿面和柱高	≤5m	+0，−5
		>5m	+0，−8
梁或吊车梁	中心线对轴线偏移		5
	梁上表面标高		+0，+5

厂房预制构件的安装测量所用仪器主要是经纬仪和水准仪等常规测量仪器，所采用的安装测量方法大同小异，仪器操作也基本一致，所以这里以柱子吊装测

量为例来说明预制构件安装测量方法。

1. 投测柱列轴线

如图 11-14 所示,根据轴线控制桩用经纬仪,将柱列轴线投测到杯形基础顶面作为定位轴线,并在杯口顶面弹出杯口中心线作为定位轴线的标志。

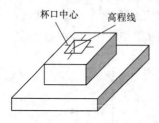

图 11-14 投测柱列轴线

2. 柱身弹线

在柱子吊装之前,应按轴线位置对每根柱子进行编号,在柱身的三个面上弹出柱子中心线,供安装时校正使用。

3. 柱身长度和杯底标高检查

柱身长度是指从柱子底面到牛腿面的距离,其值等于牛腿面的设计标高与杯底标高之差。在检查柱身长度时,应量出柱身 4 条棱线的长度,以其中最长的一条为准,同时用水准仪测定标高。若所测杯底标高与所量柱身长度之和不等于牛腿面的设计标高,则必须用水泥砂浆修填杯底。抄平时,应将靠柱身较短棱线一角填高,以保证牛腿面的标高满足设计要求。若柱子在施工过程中,水平摆置于地上,则可用钢卷尺直接测量其长度,并在柱身上画出标志线作为安置的依据。

4. 柱子吊装时垂直度的校正

柱子吊入杯底时,应使柱脚中心与定位轴线对齐,误差不超过 5mm。然后在杯口处柱脚两边塞入木楔,临时固定柱子,再在两条互相垂直的柱列轴线附近,离柱子约为柱高 1.5 倍的地方各安置一部经纬仪,如图 11-15 所示,照准柱脚中心线后固定照准部,仰倾望远镜,照准柱子中心线顶部。如重合,则柱子在这个方向上就是竖直的;如不重合,则应用牵绳或千斤顶进行调整,使柱中心线与十字丝竖丝重合为止。当柱子两个侧面都竖直时,应立即灌浆,以固定柱子的位置。观测时需要特别注意的是:千万不能将杯口中心线当成柱脚中心线去照准。

5. 吊车梁的吊装测量

吊车梁的吊装测量主要任务是保证吊装后的吊车梁中心线位置和梁面标高满足设计要求。在吊装之前,要先弹出吊车梁的顶面中心线和吊车梁两端中心线,将吊车轨道中心线投到牛腿面上。其步骤是:如图 11-16 所示,利用厂房中心线 A_1A_1,根据设计轨道间距在地面上放样出吊车轨道中心线 $A'A'$ 和 $B'B'$。然后分别安置经纬仪于吊车中线的一个端点 A' 上,瞄准另一个端点 A',仰倾望远镜,即可将吊车轨道中线投测到每根柱子的牛腿面上并弹以墨线。吊装前,要检查预制柱、梁的施工尺寸以及牛腿面到柱底长度,看是否与设计要求相符,如不相符且相差不大时,可根据实际情况

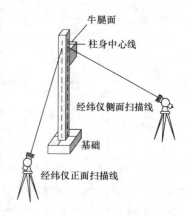

图 11-15 柱身垂直度校正

及时作出调整，确保吊车梁安装到位。吊装时使牛腿面上的中心线与梁端中心线对齐，将吊车梁安装在牛腿上。吊装完后，还需要检查吊车梁的高程，可将水准仪安置在地面上，在柱子侧面放样 50cm 的标高线，再用钢尺从该线沿柱子侧面向上量出到梁面的高度，检查梁面标高是否正确，然后在梁下用钢板调整梁面高程。

6. 吊车轨道安装测量

安装吊车轨道前，一般须先用平行线法对梁上的中心线进行检测，如图 11-16 所示。首先在地面上从吊车轨道中心线向厂房中线方向量出长度 a（$a=1m$），得平行线 $A''A''$ 和 $B''B''$。然后安置经纬仪于平行线一端点 A'' 上，瞄准另一端点，固定照准部，仰起望远镜进行投测。此时另一人在梁上移动横放的木尺，当视线正对准尺上一米刻划线时，尺的零点应与梁面上的中线重合。若不重合，则应予以改正，可用撬杠移动吊车梁，使吊车梁中线到 $A''A''$ 或 $B''B''$ 的间距等于 1m 为止。

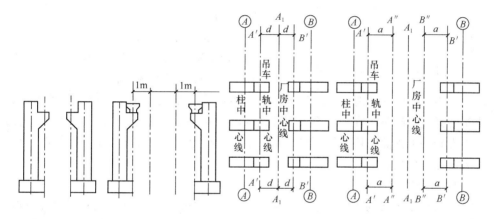

图 11-16 吊车梁及吊车轨道安装测量

吊车轨道按中心线安装就位后，可以将水准仪安置在吊车梁上，水准尺直接放在轨道顶上进行检测，每隔 3m 测一点高程，并与设计高程相比较，误差应在 3mm 以内。此外，还需用钢尺检查两吊车轨道间的跨距，并与设计跨距相比较，误差在 5mm 以内。

五、烟囱、水塔施工放样

烟囱和水塔虽然形式不同，但有一个共同特点，即基础小、主体高，其对称轴通过基础圆心的铅垂线。因此，在施工过程中，测量工作的主要目的是严格控制它们的中心位置，保证主体竖直。下面以烟囱的施工放样为例，来说明这类构筑物的放样方法和步骤，如图 11-17 所示。

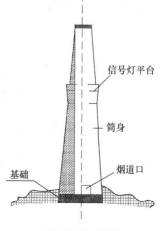

图 11-17 烟囱

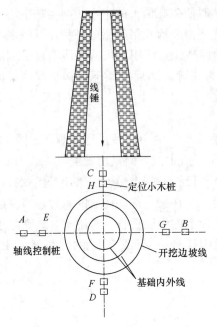

图 11-18　烟囱基础中心定位

1. 基础中心定位

首先应按设计要求，利用与已有控制点或建筑物的尺寸关系，在实地定出基础中心 O 的位置。如图 11-18 所示，在 O 点安置经纬仪，测设出两条相互垂直的直线 AB、CD，使 A、B、C、D 各点至 O 点的距离均为构筑物直径的 1.5 倍左右。另外，在离开基础开挖线外 2 m 左右标定 E、G、F、H 四个定位小桩，并使它们分别位于相应的 AB、CD 直线上。

以中心点 O 为圆心，以基础设计半径 r 与基坑开挖时放坡宽度 b 之和为半径（$R = r + b$），在地面画圆，撒上灰线，作为开挖的边界线。

2. 基础施工放样

当基础开挖到一定深度时，应在坑壁上放样出整分米的水平桩，用以控制开挖深度。当开挖到基底时，向基底投测中心点，检查基底大小是否符合设计要求。浇筑混凝土基础时，在中心面上要埋设铁桩，再根据轴线控制桩用经纬仪将中心点投设到铁桩顶面，用钢锯锯刻"+"字形中心标记，以此作为施工时控制垂直度和半径的依据。

3. 筒身施工放样

对于高度较低的烟囱、水塔，通常都是用砖砌的。为了保证筒身竖直和收坡符合设计要求，施工前要制作吊线尺和收坡尺。吊线尺用长度约等于烟囱筒脚直径的木方子制成，以中间为零点，向两头分别刻注厘米分划，如图 11-19 所示。收坡尺的外形如图 11-20 所示，两侧的斜边是严格按照设计的筒壁斜度来制作的。使用时，把斜边贴靠在筒身外壁上，若垂球线恰好通过下端缺口，则说明筒壁的收坡符合设计要求。

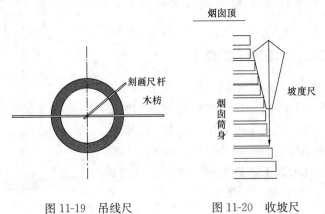

图 11-19　吊线尺　　　　　图 11-20　收坡尺

4. 筒体标高控制

筒体标高控制是用水准仪在筒壁上测出整分米数（如＋50cm）的标高线，再向上用钢尺量取高度。

任务五 高层建筑物的轴线投测和高程传递

高层建筑物的特点是层数多、高度高，特别是在繁华商业区建筑群中施工，场地十分狭窄，而且高空风力很大，给施工放样带来较大困难。在施工过程中，高层建筑物各部分的水平位置、垂直度、标高等精度都要求十分严格。高层建筑物的施工测量主要包括基础定位及建网、轴线投测和高层传递等工作。基础定位及建网的放样工作在前面已经论述，在此不再赘述。因此，高层建筑物施工放样的主要问题是，轴线投测时控制竖向传递轴线点中误差和层高误差，即各轴线如何精确向上引测的问题。

一、高层建筑物的轴线投测

表 11-1 所规定的竖向传递轴线点中误差与建筑物的结构及高度有关，如 5 层房屋、建筑物高度 15m 或跨度 6 m 以下的建筑物，竖向传递轴线点中误差不应超过 2mm；15 层房屋、建筑物高度 60m～100m 或跨度 18m～30m 的建筑物，竖向传递轴线点中误差不应超过 3mm。高层建筑的轴线投测方法主要有经纬仪引桩投测法和激光垂准仪投测法两种，下面分别介绍这两种方法。

1. 经纬仪引桩投测法

经纬仪引桩投测法就是在高层建筑物外部，利用经纬仪，根据高层建筑物轴线控制桩来进行轴线的竖向投测。具体操作方法如下：

（1）在建筑物底部投测中心轴线位置

在高层建筑的基础工程完工以后，将经纬仪分别安置在轴线控制桩 A_1、A_1'、B_1 和 B_1' 上，把建筑物主轴线精确地投测到建筑物的底部，并设立标志，如图 11-21 中的 a_1、a_1'、b_1 和 b_1'，以供下一步施工与向上投测之用。

（2）向上投测中心线

随着建筑物不断升高，要逐层将轴线向上传递。如图 11-21 所示，将经纬仪安置在中心轴线控制桩 A_1、A_1'、B_1 和 B_1' 上，严格整平仪器，用望远镜瞄准建筑物底部已标出的轴线点 a_1、a_1'、b_1 和 b_1'，用盘左和盘右分别向上投测到每层楼板上，并取其中点作为该层中心轴线的投影点，如图 11-21 中的 a_2、a_2'、b_2 和 b_2'，a_2a_2' 和 b_2b_2' 两线的交点 O_2 即为建筑物的投测中心。

（3）增设轴线引桩

若轴线控制桩距建筑物较近，随着楼房逐渐增高，望远镜的仰角也将逐渐增大，投测操作会越来越困难，投测精度也会逐渐降低。为此，要将原中心轴线控制桩引测到更远的安全地方，或者引测到附近大楼的楼顶上。具体作法是：将经纬仪安置在已经投测上去的较高层（如第十层）楼面轴线 $a_{10}'a_{10}'$ 上，如图 11-22 所示，瞄准地面上原有的轴线控制桩 A_1 和 A_1' 点，用盘左、盘右分中投点法（即取盘左和盘右所得到的两个投测点连线的中点),将轴线延长到远处 A_2 和 A_2' 点,并用标志固定其位置,A_2、A_2' 即为新投测的 A_1A_1' 轴控制桩。对于更高楼层的中心轴线,可将经纬仪安置在新的引桩上,按前述方法继续进行投测。

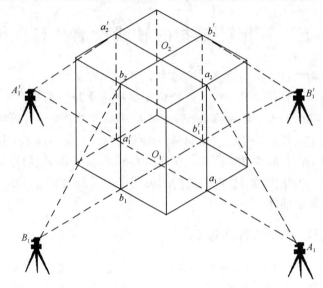

图 11-21　经纬仪投测中心轴线

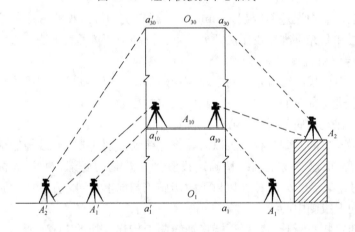

图 11-22　经纬仪引桩投测

(4)注意事项

在用经纬仪引桩投测法进行轴线投测时,经纬仪一定要经过严格检校才能使用,特别是照准部水准管轴应严格垂直于竖轴,作业时还需要仔细整平。为了减少外界条件(如日照和大风等)的不利影响,投测工作宜选择在阴天及无风天气进行。

2. 激光垂准仪投测法

(1)激光垂准仪的原理与构造

图 11-23 为苏州一光仪器有限公司生产的 DZJ2 型激光垂准仪。该仪器是在光学垂准系统的基础上添加了半导体激光器,可以分别给出上下同轴的两束激光

铅垂线，并与望远镜视准轴同心、同轴、同焦。当望远镜照准目标时，在目标处就会出现一个红色光斑，并可以从目镜中观察到；另一个激光器通过下对点系统将激光束发射出来，利用激光束照射到地面的光斑进行对中操作。

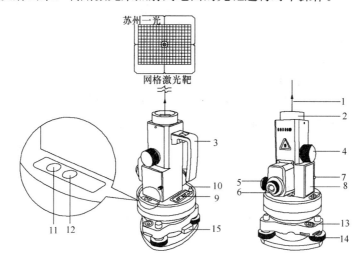

图 11-23　DZJ2 型激光垂准仪

1—望远镜端激光束；2—物镜；3—手柄；4—物镜调焦螺旋；5—激光光斑调焦螺旋；

6—目镜；7—电池盒盖固定螺栓；8—电池盒盖；9—管水准器；10—管水准器校正螺栓；

11—电源开关；12—对点/垂准激光切换开关；13—圆水准器；14—脚螺旋；

15—轴套锁定钮

激光垂准仪操作非常简单，在测站点上架好三脚架，将激光垂准仪安装到三脚架头上，按图 11-23 中的 11 键打开电源；按"对点/垂准"激光切换开关 12，使仪器向下发射激光，转动激光光斑调焦螺旋 5，使激光光斑聚焦于地面上一点，进行常规的对中整平操作安置好仪器；按"对点/垂准"激光切换开关 12，望远镜向上发射激光，转动激光光斑调焦螺旋，使激光光斑聚焦于目标面上的一点。仪器配有一个网格激光靶，将其放置在目标面上，可以使靶心精确地对准激光光斑，从而方便地将投测轴线点标定在目标面上。

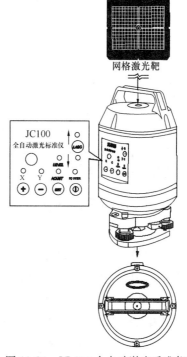

DZJ2 型激光垂准仪是利用圆水准器 13 和管水准器 9 来整平仪器。激光的有效射程白天为 120m，夜间为 250m，距离仪器 80m 处的激光光斑直径≤5mm，其向上投测一测回垂直测量标准偏差为 1/45 000，等价于激光铅垂精度为±5″。仪器使用两节 5 号碱性电池供电，发射的激光波长为 0.65μm，功

图 11-24　JC-100 全自动激光垂准仪

率为 0.1mW（更为详细内容请参考该仪器的使用说明书）。

图 11-24 为苏州一光仪器有限公司生产的 JC-100 型全自动激光垂准仪，仪器只需要通过圆水准器粗平后，通过自动安平补偿器就可以提供向上和向下的激光铅垂线，其向上和向下投测一测回垂直测量标准偏差为 1/100 000，等价于激光铅垂精度为±2″，其上、下出射激光的有效射程均为 150m，距离出射口 100m 处的激光光斑直径≤20mm，仪器使用自带的可充电电池供电。

（2）激光垂准仪投测轴线点

如图 11-25 所示，先根据建筑物的轴线分布和结构情况设计好投测点位，投测点位至最近轴线的距离一般设计为 0.5～0.8m。基础施工完成以后，将设计投测点位准确地测设到地坪层上，以后每层楼板施工时，都应在投测点位处预留 30cm×30cm 的垂准孔，如图 11-26 所示。

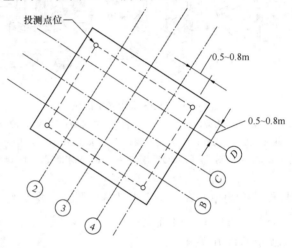

图 11-25　投测点位设计

将激光垂准仪安置在首层投测点位上，打开电源，在投测楼层的垂准孔上，就可看见一束可见激光；用压铁拉两根细麻线，使其交点与激光束重合，并在垂准孔旁的楼板面上弹出墨线标记。当以后要使用投测点时，仍然用压铁拉两根细麻线恢复其中心位置。也可以使用网格激光靶，移动网格激光靶，使靶心与激光光斑重合，拉线将投测上来的点位标记在垂准孔旁的楼板面上。根据设计投测点与建筑物轴线的关系，如图 11-26 所示，就可以测设出投测楼层的建筑轴线。

二、高层建筑物的高程传递

将±0.000 m 的高程进行传递，一般都沿着建筑物外墙、边柱或电梯间等用钢尺向上量取。一幢高层建筑物至少要有三个底层标高点向上传递，由下层传递上来的同一层几个标高点必须要用水准仪进行检核，检查各标高点是否在同一水平面上，其误差不超过±3mm。

如图 11-27 所示，在首层墙体砌筑到 1.5m 标高后，用水准仪在内墙面上测设一条"+50 mm"的标高线，作为首层地面施工及室内装修的标高依据。以后每砌一层，就通过吊钢尺从下层的"+50 mm"标高线处，向上量出设计层高，

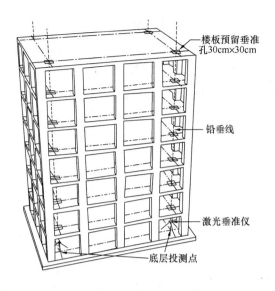

图 11-26　用激光垂准仪投测轴线点

从而测设出上一楼层的"+50 mm"标高线。以第二层为例，图中各读数间存在方程 $(a_2 - b_2) - (a_1 - b_1) = l_1$，则 b_2 为：

$$b_2 = a_2 - l_1 - (a_1 - b_1) \tag{11-2}$$

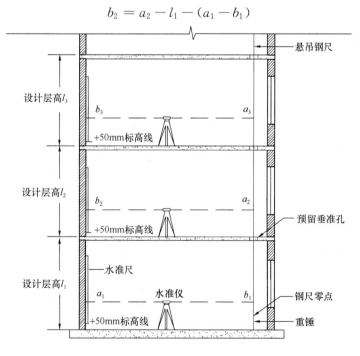

图 11-27　悬吊钢尺法传递高程

在进行第二层的水准测量时，上下移动水准尺，使其读数为 b_2，沿水准尺底部在墙面上划线，即得到该层的"+50mm"标高线。

同理，第三层 b_3 为：

$$b_3 = a_3 - (l_1 + l_2) - (a_1 - b_1) \tag{11-3}$$

对于超高层建筑，若吊钢尺有困难，可以在投测点或电梯间安置全站仪，通过对天顶方向测距的方法引测高程，如图 11-28 所示，操作步骤如下：

①在投测点上安置全站仪，置平望远镜（屏幕显示竖直角为 0°或竖盘读数为 90°），读取竖立在首层"＋50mm"标高线上水准尺的读数为 a_1，此时 a_1 即为全站仪横轴至首层"＋50mm"标高线的仪器高。

②将望远镜指向天顶（屏幕显示竖直角为 90°或竖盘读数为 0°），将一块制作好的 40cm×40cm、中间开了一个 ϕ30mm 圆孔的铁板，放置在需传递高程的第 i 层层面的垂准孔上，使圆孔的中心对准测距光线（由测站观测员在全站仪望远镜中观察指挥），将棱镜扣在铁板上，操作全站仪进行距离测量，得到距离 d_i。

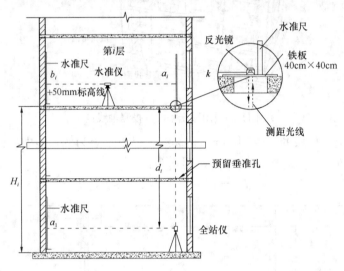

图 11-28　全站仪对天顶测距法传递高程

③在第 i 层安置水准仪，将一把水准尺立在铁板上，设其上的读数为 a_i，另一把水准尺竖立在第 i 层"＋50mm"标高线附近，设其上的读数为 b_i，则有下列方程成立：

$$a_1 + d_i - k + (a_i - b_i) = H_i \tag{11-4}$$

式中　H_i——第 i 层楼面的设计高程（以建筑物的±0.000 起算）；

　　　k——棱镜常数，可通过实验的方法测定出。

由式（11-4）可解得 b_i 为：

$$b_i = a_1 + d_i - k + (a_i - H_i) \tag{11-5}$$

上下移动水准尺，使其读数为 b_i，沿水准尺底部在墙面上划线，即可得到第 i 层的"＋50 mm"标高线。

任务六　竣 工 测 量

竣工测量是指各种工程建设竣工、验收时所进行的测绘工作。竣工测量的最终成果就是竣工总平面图，它包括反映工程竣工时的地形现状、地上与地下各种建筑物、构筑物、各类管线平面位置与高程的总现状地形图和各类专业图等。竣工总平面图是设计总平面图在工程施工后实际情况的全面反映和工程验收时的重要依据，也是竣工后工程改建、扩建的重要基础技术资料。因此，工程单位必须十分重视竣工测量。竣工测量包括两项工作，即室外的测量工作和室内的竣工总平面图编绘工作。

一、室外测量

1. 工业厂房及一般建筑物测量

对于较大的矩形建筑物至少要测三个主要房角坐标，而小型房屋可测其长边两个房角坐标，并量其房宽标注于图上。圆形建筑物应测其中心坐标，并在图上注明其半径。

2. 架空管线支架测量

架空管线要测出起点、终点、转点支架中心坐标，直线段支架用钢尺量出支架间距以及支架本身长度和宽度，在图上绘出每一个支架位置。若支架中心不能施测坐标，则可施测支架对角两点的坐标，然后取其中点来确定，或者测出支架一长边的两角坐标，并量出支架宽度标注于图上。若管线在转弯处无支架，则要求测出临近两支架中心坐标。

3. 地下管网测量

上水管线应施测起点、终点、弯头三通点和四通点的中心坐标，下水道应施测起点、终点及转点井位的中心坐标，地下电缆及电缆沟应施测其起点、终点、转点中心的坐标，井盖、井底、沟槽和管顶应实测高程。

4. 交通运输线路测量

厂区铁路应施测起点、终点、道岔岔心、进厂房点和曲线交点的坐标，还要测出曲线元素：半径 R、偏角 I、切线长 T 和曲线长 L。厂区和生活区主要干道应施测交叉路口中心坐标，公路中心线则按铺装路面量取。生活区的建筑物一般可不测坐标，只在图上表示位置即可。

5. 电信线路测量

高压线、照明线、通信线需测出起点、终点坐标，以及转点杆位的中心坐标，高压铁塔要测出一条对角线上两基础的中心坐标，另一对角的基础也应在图上表示出来，直线部分的电杆可用交会法确定其点位。

二、竣工总平面图的编绘

编绘竣工总平面图的室内工作主要包括竣工总平面图、专业分图和附表等的编绘工作。竣工总平面图上应包括建筑方格网点、主轴线点、矩形控制网点、水准点和厂房、辅助设施、生活福利设施、架空及地下管线、铁路等建筑物或构筑物的坐标和高程，以及厂区内空地和本建区的地形。有关建筑物、构筑物的符号须与设计图例相同，有关地形图的图例应使用国家地形图图式符号。

当将厂区地上和地下所有的建筑物、构筑物绘在一张竣工总平面图上时，若线条过于密集而不醒目，则可分类编图，如综合竣工总平面图、交通运输竣工总平面图、管线竣工总平面图，等等。比例尺一般采用 1：1000，工程密集部分也可采用 1：500 的比例尺。

图纸编绘完毕，要附上必要的说明及相关图表，连同原始地形图、地质资料、设计图纸文件、设计变更资料、验收记录等合编成册。

若施工的单位较多，多次转手，造成竣工测量资料不全，图面不完整或与现场情况不符，就只好进行实地施测，这样绘出的平面图，称为实测竣工总平面图。

任务七　建筑物变形观测

一、建筑物变形的基本概念

随着经济社会的快速发展，我国的城市化进程越来越快，大型及超大型建筑也越来越多，城市建筑向高空和地下两个空间方向拓展。在实际施工过程中，往往要在狭窄的场地上进行深基坑的垂直开挖，而在开挖过程中，周围高大建筑物以及深基坑土体自身的重力作用，使得土体自身及其支护结构发生失稳、裂变、坍塌等变形，从而对周围建筑物及地基产生影响。此外，随着建筑施工过程中荷载的不断增加，也会使深基坑从负向受压变为正向受压，进而对正在施工的建筑物自身下沉和周围建筑物及地基产生影响。因此，在深基坑开挖和施工中，都应对深基坑的支护结构和周边环境进行变形监测。

建筑物在施工过程中，随着荷载的不断增加，不可避免地会产生一定量的沉降。沉降量在一定范围内是正常的，不会对建筑物安全构成威胁，而超过一定范围就属于沉降异常。其一般表现形式为沉降不均匀、沉降速率过快以及累计沉降量过大。

建筑物沉降异常是地基基础异常变形的反映，会对建筑物的安全产生严重影响，或引起建筑物产生倾斜，或造成建筑物开裂，严重时甚至造成建筑物整体坍塌。因此，在建筑物的施工过程中和建筑物最初交付的使用阶段，定期观测其沉降变化是非常重要的。当建筑物主体结构沉降过大时，还要对其进行倾斜观测和挠度观测。此外，在受到台风、地震、洪水等自然灾害影响时，建筑物往往也会发生变形。

变形测量就是对建筑物及其地基或一定范围内岩体和土体的变形（包括水平位移、沉降、倾斜、挠度、裂缝等）所进行的测量工作。变形测量的意义是，通过对变形体进行动态监测，获得精确的监测数据，并对监测数据进行综合分析，及时对基坑或建筑物施工过程中的异常变形可能造成的危害作出预报，以便采取必要的技术措施，避免造成严重后果。

二、变形测量的技术要求

建筑变形测量就是每隔一定的时间，对控制点和观测点进行重复测量，通过计算相邻两次测量的变形量和累积变形量来确定建筑物的变形值，并分析变形规律。建筑变形测量应遵循技术先进、经济合理、安全适用、确保质量的原则，严格按照《建筑变形测量规程》JGJ/T 8—2007 的规定进行。

1. 变形测量的基本要求

① 建筑变形测量应能确切地反映建筑物、构筑物及其场地的实际变形程度或变形趋势，并以此作为确定作业方法和检验成果质量的基本要求。

② 变形测量工作开始之前，应该根据变形类型、测量目的、任务要求和测区条件来设计施测方案。重大工程或具有重要科研价值的项目，还应进行监测网的优化设计。施测方案应经实地勘选、多个方案精度估算和技术经济分析比较，然后择优选取。

2. 变形测量实施的程序与要求

① 按照不同变形测量的要求，分别选定测量点，埋设相应的标石作为标志，建立高程控制网或平面控制网，也可建立三维控制网。高程测量宜采用测区原有高程系统，而平面测量可采用独立坐标系统。

② 按照确定的观测周期与总次数，对监测网进行施测。对于新建的大型和重要建筑物，应从其施工开始进行系统的观测，直至变形达到规定的稳定程度为止。

③ 对各观测周期的观测成果应及时处理，并应选取与实际变形情况接近或一致的参考系统进行严密平差计算和精度评定。对于重要的监测成果，应进行变形分析，并对变形趋势做出预报。

3. 设置变形测量点的要求

变形测量点可以分为控制点和观测点（又称变形点）。控制点包括基准点、工作基点、联系点、检核点和走向点等工作点。各种测量点的选设及使用，应符合下列要求：

① 基准点应选设在变形影响范围以外且便于长期保存的稳定位置。在使用时，应作稳定性检查或检验，并应以稳定或相对稳定的点作为测定变形的参考点。

② 工作基点应选设在靠近观测目标且便于联测观测点的稳定或相对稳定位置。测定总体变形的工作基点，若按两个层次进行布网观测，则在使用前应利用基准点或检核点对其进行稳定性检测；测定区段变形的工作基点可直接用作起算点。其中，总体变形是指观测目标均为动点的变形，包括地基与基础的绝对变形与相对变形；区段变形是指观测目标具有相对定点的变形，包括独立的局部地基变形、建筑物整体变形和结构段变形等。

③ 当基准点与工作基点之间需要进行连接时，应布设联系点，选设其点位时应顾及连接的构形，位置所在处也应相对稳定。

④ 对需要单独进行稳定性检查的工作基点或基准点应布设检核点，其点位应根据使用的检核方法成组地选设在稳定位置处。

⑤ 对需要定向的工作基点或基准点应布设定向点，并应选择稳定且符合照准要求的点位作为定向点。

⑥ 观测点应选设在变形体上且能反映变形特征的位置，使得可从工作基点或邻近的基准点和其他工作点对其进行观测。

4. 建筑变形测量的精度等级

建筑变形测量的级别、精度指标及其适用范围如表 11-3 所示。

建筑变形测量的级别、精度指标及其适用范围　　　　　　　　　表 11-3

变形测量级别	沉降观测 观测点测站高差中误差（mm）	位移观测 观测点坐标中误差（mm）	主要适用范围
特级	±0.05	±0.3	特高精度要求的特种精密工程的变形测量
一级	±0.15	±1.0	地基基础设计为甲级建筑的变形测量；重要的古建筑和特大型市政桥梁等的变形测量等
二级	±0.5	±3.0	地基基础设计为甲、乙级建筑的变形测量；场地滑坡测量；重要管线的变形测量；地下工程施工及运营中的变形测量；大型市政桥梁的变形测量等
三级	±1.5	±10.0	地基基础设计为乙、丙级建筑的变形测量；地表、道路及一般管线的变形测量；中小型市政桥梁的变形测量等

注：1. 观测点测站高差中误差，系指水准测量的测站高差中误差或静力水准测量、电磁波测距三角高程测量中相邻观测点相应测段间等价的相对高差中误差？

2. 观测点坐标中误差，系指观测点相对测站点（如工作几点）的坐标中误差、坐标差中误差以及等价的观测点相对基准线的偏差值中误差、建筑物或构件相对底部固定点的水平位移分量中误差；

3. 观测点点位中误差为观测点坐标中误差的 $\sqrt{2}$ 倍。

5. 建筑变形测量的观测周期

建筑变形测量的观测周期应符合下列要求：

① 对于单一层次布网，观测点与控制点应按变形观测周期进行观测；对于两个层次布网，观测点及联测的控制点应按变形观测周期进行观测，控制网部分可按复测周期进行观测。

② 变形观测周期应以能系统反映所测变形的变化过程且不遗漏其变化时刻为原则，根据单位时间内变形量的大小及外界因素影响确定。当发现变形异常时，应及时增加观测次数。

③ 控制网复测周期应根据测量目的和点位的稳定情况确定，一般宜每半年复测一次。在建筑施工过程中应适当缩短观测时间间隔，点位稳定后可适当延长观测时间间隔。当复测成果或检测成果出现异常，或测区受到如地震、洪水、台风、爆破等外界因素影响时，应及时进行复测。

④ 变形测量的首次（即零周期）观测应适当增加观测量，以提高初始值的可靠性。

⑤ 不同周期观测时，宜采用相同的观测网形和观测方法，并使用相同类别的测量仪器。对于特级和一级变形观测，还宜固定观测人员、选择最佳观测时段、在基本相同的环境和条件下观测。

三、建筑物的沉降观测

在建筑物施工过程中，随着上部结构的逐步建成、地基荷载的逐步增加，将使建筑物产生下沉现象。建筑物的下沉是逐渐产生的，并将延续到竣工交付使用后的相当长一段时期。因此，建筑物的沉降观测应按照沉降产生的规律进行。

沉降观测在高程控制网的基础上进行。在建筑物周围一定距离远的、基础稳固、便于观测的地方，布设一些专用水准点，在建筑物上能反映沉降情况的位置设置一些沉降观测点，根据上部荷载的加载情况，每隔一定的时期观测基准点与沉降观测点之间的高差一次，据此计算与分析建筑物的沉降规律。

1. 专用水准点的设置

专用水准点分为水准基点和工作基点。每一个测区的水准基点不应少于3个，对于小测区，当确认点位稳定可靠时，水准基点可少于3个，但连同工作基点不得少于2个。水准基点的标石，应埋设在基岩层或原状土层中。在建筑区内，点位与邻近建筑物的距离应大于建筑物基础最大宽度的2倍，其标石埋深应大于邻近建筑物基础的深度。在建筑物内部的点位，其标石埋深应大于地基土压层的深度。水准基点的标石，可根据点位所在处的不同地质条件选埋基岩水准基点标石（图11-29a）、深埋钢管水准基点标石（图11-29b）、深埋双金属管水准基点标石（图11-29c）、混凝土基本水准标石（图11-29d）。

工作基点与联系点布设的位置应视构网需要确定。工作基点的位置与邻近建筑物的距离不得小于建筑物基础深度的1.5～2.0倍。工作基点与联系点也可设置在稳定的永久性建筑物墙体或基础上。工作基点的标石，可按所设点位的不同要求选埋浅埋钢管水准标石（图11-30）、混凝土普通水准标石（图11-31a）或墙角、墙上水准标志（图11-31b）等。

水准标石埋设后，应在其达到稳定后方可开始观测。稳定期根据观测要求与测区的地质条件确定，一般不少于15天。专用水准点的设置应避开交通干道、底下管线、仓库堆栈、水源地、松软填土、河岸、滑坡地段、机器振动区以及其他能使标石、标志易遭腐蚀和破坏的地点。

2. 沉降观测点的设置

建筑物上布设的沉降观测点，应能全面反映建筑物地基变形特征，并且还要结合地质情况以及建筑结构的特点来确定。沉降观测点位宜选择在下列位置：

① 建筑物的四角、大转角处及沿外墙每10～20m处或每隔2～3根柱基上。

② 高低层建筑、新旧建筑、纵横墙等交接处的两侧。

③ 建筑物裂缝、后浇带和沉降缝两侧、基础埋深相差悬殊处、人工地基与天然地基接壤处、不同结构的分界处及填挖方分界处。

④ 对于宽度大于等于15m或宽度小于15m而地质复杂以及膨胀土地区的建筑物，在承重内隔墙中部设内墙点，并在室内地面中心及四周设地面点。

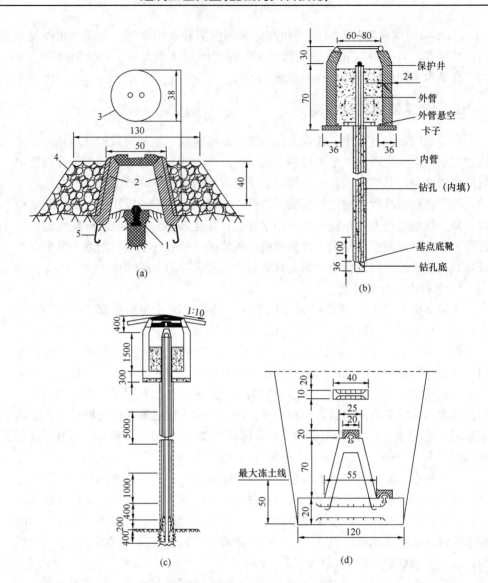

图 11-29　水准基点标石（单位：cm）

（a）基岩水准基点标石；（b）深埋钢管水准基点标石；

（c）深埋双金属管水准基点标石；（d）混凝土基本水准标石

1—抗蚀的金属标志；2—钢筋混凝土井圈；3—井盖；4—砌石土丘；5—井圈保护层

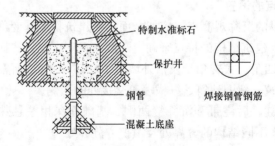

图 11-30　工作基点标石（浅埋钢管水准标石）

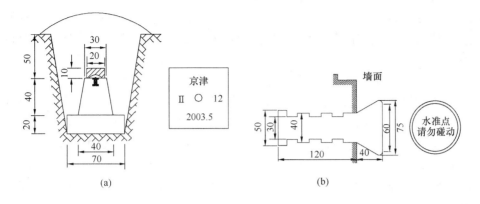

图 11-31　不同类型的水准标志（单位：mm）

（a）混凝土普通水准标石；（b）墙角水准标志埋设

⑤ 邻近堆置重物处、受振动有显著影响的部位及基础下的暗浜（沟）处。

⑥ 框架结构建筑的每个或部分柱基上或沿纵横轴线上。

⑦ 筏形基础、箱形基础底板或接近基础的结构部分的四角处及其中部位置。

⑧ 重型设备基础和动力设备基础的四角、基础形式或埋深改变处以及地质条件变化处两侧。

⑨ 对于电视塔、烟囱、水塔、油罐、炼油塔、高炉等高耸建筑，应设在沿周边在与基础轴线相交的对称位置上，点数不少于 4 个。

沉降观测的标志可根据不同的建筑结构类型和建筑材料，采用墙（柱）标志、基础标志和隐蔽式标志等形式。各类标志的立尺部位应加工成半球形或有明显的突出点，并涂上防腐剂，如图 11-32 所示。标志埋设位置应避开如雨水管、窗台线、散热器、暖水管、电气开关等有碍设标与观测的障碍物，并且视立尺需要离开墙（柱）面和地面一定距离。

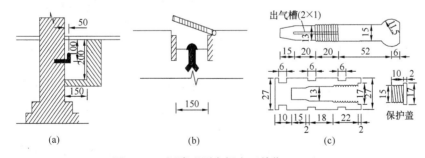

图 11-32　沉降观测点标志（单位：mm）

（a）窨井式标志（适用于建筑物内部埋设）；（b）盒式标志（适用于设备基础上埋设）；（c）螺栓式标志（适用于墙体上埋设）

3. 高差观测

高差观测宜采用水准测量方法。当不便使用水准测量或需要进行自动观测时，可采用液体静力水准测量方法；当测量点间的高差较大且精度要求低时，也可采用短视线三角高程测量方法。本节只介绍水准测量方法。

（1）水准网的布设

对于建筑物较少的测区，宜将水准点连同观测点按单一层次布设；对于建筑物较多且分散的大测区，宜按两个层次布网，即由水准点组成高程控制网、观测点与所联测的水准点组成扩展网。高程控制网应布设为闭合环、结点网或附合高程路线。

（2）水准测量精度等级的选择

水准测量的精度等级是根据建筑物最终沉降量的观测中误差来确定的。建筑物的沉降量分为绝对沉降量 s 和相对沉降量 Δs。绝对沉降的观测中误差 m_s，可按低、中、高压缩性地基土或微风化、中风化、强风化地基岩石的类别以及建筑物沉降的敏感程度的大小，分别选 ± 0.5mm、± 1.0mm、± 2.5mm。相对沉降（如沉降差、基础倾斜、局部倾斜等）、局部地基沉降（如基础回弹、地基土分层沉降等）以及膨胀土地基变形等的观测中误差 $m_{\Delta s}$，均不应超过其变形允许值的 1/20。建筑物整体变形（如工程设施的整体垂直挠曲等）的观测中误差，不应超过其允许垂直偏差的 1/10，结构段变形（如平置构件挠度等）的观测中误差，不应超过其变形允许值的 1/6。

确定了绝对沉降观测中误差 m_s 和相对沉降观测中误差 $m_{\Delta s}$ 后，按下列公式之一估算单位权中误差 μ（它也是观测点测站高差中误差）：

$$\left.\begin{aligned} \mu &= \frac{m_s}{\sqrt{2Q_H}} \\ \mu &= \frac{m_{\Delta s}}{\sqrt{2Q_h}} \end{aligned}\right\} \tag{11-6}$$

取最小者作为 μ。式中，Q_H 为水准网中最弱观测点高程 H 的协因数，Q_h 为水准网中待求观测点间高差的协因数。求出观测点测站高差中误差 μ 后，就可根据水准观测限差的相关规定确定水准测量的精度等级。

（3）沉降观测周期和观测时间

建筑沉降观测周期和观测时间可按下列要求并结合具体情况确定。

① 建筑物施工阶段的观测，应随施工进度及时进行。普通建筑可在基础完工后或地下室砌完后开始观测；大型、高层建筑可在基础垫层或基础底部完成后开始观测。

② 观测次数与间隔时间应视地基与增加荷载的情况而定。民用高层建筑可每加高 1~5 层观测一次，工业建筑可按回填基坑、安装柱子和屋架、砌筑墙体、设备安装等不同施工阶段分别进行观测；若建筑物均匀增高，应至少在增加荷载的 25%、50%、75% 和 100% 时各测一次；施工过程中如暂时停工，在停工时及重新开工时应各观测一次。停工期间，可每隔 2~3 个月观测一次。

③ 建筑物使用阶段的观测次数，应视地基土类型和沉降速率大小而定。除有特殊要求者外，可在第一年观测 3~4 次，第二年观测 2~3 次，第三年后每年 1 次，直至稳定为止。观测期限一般不少于如下规定：砂土地基 2 年，膨胀土地基 3 年，黏土地基 5 年，软土地基 10 年。

④在观测过程中，若有基础附近地面有荷载突然增减、基础四周大量积水、长时间连续降雨等情况，均应及时增加观测次数。当建筑物突然发生大量沉降、不均匀沉降或严重裂缝时，应立即进行逐日或 2~3d 一次的连续观测。

　　⑤建筑沉降是否进入稳定阶段，应由沉降量与时间关系曲线判定。对重点观测和科研观测工程，若最后三个周期观测中每周期沉降量不大于 $2\sqrt{2}$ 倍测量中误差时，可认为已进入稳定阶段。一般观测工程，当最后 100d 的沉降速率小于 $0.01\sim0.04$mm/d 时，可认为已进入稳定阶段，具体取值宜根据各地区地基土的压缩性能确定。

　　（4）沉降观测的成果处理

　　沉降观测成果处理的内容是，对水准网进行严密平差计算，求出观测点每期观测高程的平差值，计算相邻两次观测之间的沉降量和累积沉降量，分析沉降量与增加荷载的关系。表 11-4 列出了某建筑物上 6 个观测点的沉降观测结果，图 11-33 是根据表 11-4 的数据画出的 5 个观测点的沉降、荷重、时间关系曲线。

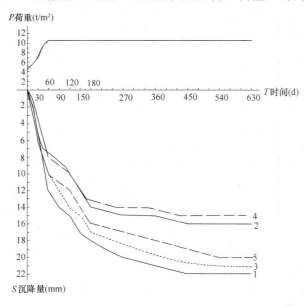

图 11-33　建筑物的沉降、荷重、时间关系曲线图

　　沉降观测应提交的图表包括：工程平面位置图及基准点分布图、沉降观测点位分布图、沉降观测成果表、时间-荷载-沉降量曲线图和等沉降曲线图。

四、建筑物的位移观测

　　建筑物的位移观测一般是在平面控制网的基础上进行。根据场地条件的不同，可采用基准线法、小角法、全站仪坐标法等测量水平位移。

1. 基准线法

　　基准线法的基本原理是：在与水平位移垂直的方向上建立一个固定不变的铅垂面，测定各观测点相对该铅垂面的距离变化，从而求得水平位移。基准线法适用于直线型建筑物的位移观测。

　　在深基坑监测中，主要是对锁口梁的水平位移进行监测。如图 11-34 所示，在锁口梁轴线两端基坑的外侧分别设立两个稳定的工作基点 A 和 B，它们的连线即为基准线方向。锁口梁上的观测点应埋设在基准线的铅垂面上，偏离的距离应

表 11-4

某建筑物六个观测点的沉降观测结果

观测日期(年、月、日)	荷重(t/m²)	观测点 1 高程(m)	1 本次下沉(mm)	1 累计下沉(mm)	2 高程(m)	2 本次下沉(mm)	2 累计下沉(mm)	3 高程(m)	3 本次下沉(mm)	3 累计下沉(mm)	4 高程(m)	4 本次下沉(mm)	4 累计下沉(mm)	5 高程(m)	5 本次下沉(mm)	5 累计下沉(mm)	6 高程(m)	6 本次下沉(mm)	6 累计下沉(mm)
1997.4.20	6.5	50.157	±0	±0	50.154	±0	±0	50.155	±0	±0	50.155	±0	±0	50.156	±0	±0	50.154	±0	±0
1997.5.5	5.5	50.155	−2	−2	50.153	−1	−1	50.153	−2	−2	50.154	−1	−1	50.155	−1	−1	50.152	−2	−2
1997.5.20	7.0	50.152	−3	−5	50.150	−3	−4	50.151	−2	−4	50.153	−1	−2	50.151	−4	−5	50.148	−4	−6
1997.6.5	9.5	50.148	−4	−9	50.148	−2	−6	50.147	−4	−8	50.150	−3	−5	50.148	−3	−8	50.146	−2	−8
1997.6.20	10.5	50.145	−3	−12	50.146	−2	−8	50.143	−4	−12	50.148	−2	−7	50.146	−2	−10	50.144	−2	−10
1997.7.20	10.5	50.143	−2	−14	50.145	−1	−9	50.141	−2	−14	50.147	−1	−8	50.145	−1	−11	50.142	−2	−12
1997.8.20	10.5	50.142	−1	−15	50.144	−1	−10	50.140	−1	−15	50.145	−2	−10	50.144	−1	−12	50.140	−2	−14
1997.9.20	10.5	50.140	−2	−17	50.142	−2	−12	50.138	−2	−17	50.143	−2	−12	50.142	−2	−14	50.139	−1	−15
1997.10.20	10.5	50.139	−1	−18	50.140	−2	−14	50.137	−1	−18	50.142	−1	−13	50.140	−2	−16	50.137	−2	−17
1998.1.20	10.5	50.137	−2	−20	50.139	−1	−15	50.137	±0	−18	50.142	±0	−13	50.139	−1	−17	50.136	−1	−18
1998.4.20	10.5	50.136	−1	−21	50.139	±0	−15	50.136	−1	−19	50.141	−1	−14	50.138	−1	−18	50.136	±0	−18
1998.7.20	10.5	50.135	−1	−22	50.138	−1	−16	50.135	−1	−20	50.140	−1	−15	50.137	−1	−19	50.136	±0	−18
1998.10.20	10.5	50.135	±0	−22	50.138	±0	−16	50.134	−1	−21	50.140	±0	−15	50.136	−1	−20	50.136	±0	−18
1999.1.20	10.5	50.135	±0	−22	50.138	±0	−16	50.134	±0	−21	50.140	±0	−15	50.136	±0	−20	50.136	±0	−18

注：数据来源：覃辉．土木工程测量(第二版)[M]．上海：同济大学出版社，2005：p357．

小于 2cm。观测点标志可埋设直
径为 16～18mm 的钢筋头，顶部
锉平后，做出"＋"字标志，一
般每 8～10m 设置一点。在观测
时，将经纬仪安置于一端工作基

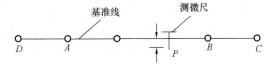

图 11-34　基准线法测位移

点 A 上，瞄准另一端工作基点 B（后视点），此视线方向即为基准线方向，通过
测量观测点 P 偏离视线的距离变化，即可得到水平位移。

2. 小角法

小角法测量水平位移的原理如下（图 11-35）：将经纬仪安置于工作基点 A，
在后视点 B 和观测点 P 分别安置观测觇牌，用测回法测出 $\angle BAP$；设第一次观
测角值为 β_1，后一次为 β_2，根据两次角度的变化量 $\Delta\beta = \beta_2 - \beta_1$，即可求算出 P
点水平位移量，即：

$$\delta = \frac{\Delta\beta}{\rho} \times D \qquad (11\text{-}7)$$

角度观测的测回数应视所使用的仪器精度和位移观测精度而定，位移的方向
根据 $\Delta\beta$ 的符号而定。工作基点在观测期间也可能发生位移，因此工作基点应尽
可能远离开挖边线；同时，两工作基点延长线上还应分别设置后视点。为减少对
中误差，必要时工作基点可做成混凝土墩台，在墩台上安置强制对中设备。

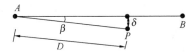

图 11-35　小角法测水平位移

观测周期应视水平位移的大小而定，位移
速度较快时，周期应短；位移速度减慢时，周
期相应增长；当出现险情如位移急剧增大、管
涌或渗漏、除去水平支撑或斜撑等情况时，可
进行间隔数小时的连续观测。

建筑物水平位移观测方法与深基坑水平位移观测方法基本相同，只是受通视
条件限制，工作基点、后视点和检核点都设在建筑物的同一侧，如图 11-36 所
示。观测点设在建筑物上，可在墙体上用油漆做"▲▲"，然后按基准线法或小
角法观测。

当建筑场地受环境限制时，
不能采用小角法和基准线法，可
用其他类似控制测量的方法测定
水平位移。首先在场地上建立水
平位移监测控制网，然后用控制
测量的方法测出各测点的坐标，

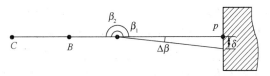

图 11-36　建筑物位移观测

将每次测出的坐标值与前一次坐标值进行比较，即可得到水平位移在 x 轴和 y 轴
方向的位移分量（Δx，Δy），则水平位移量为 $\delta = \sqrt{\Delta x^2 + \Delta y^2}$，位移的方向根
据 Δx、Δy 求出的坐标方位角来确定。x、y 轴最好与建筑物轴线垂直或平行，
这样便于通过 Δx、Δy 来判定位移方向。

当需要动态监测建筑物的水平位移时，可用 GPS 来观测点位坐标的变化情
况，从而求出水平位移。还可用全站式扫描测量仪，对建筑物全方位扫描之后，

将获得建筑物的空间位置分布情况,并生成三维景观图。将不同时刻的建筑物三维景观图进行对比,即可得到建筑物全息变形值。

水平位移观测应提交的图表包括:水平位移观测点位布置图、水平位移观测成果表和水平位移曲线图。

五、建筑物的倾斜观测

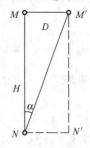

图 11-37　倾斜分量

如图 11-37 所示,根据建筑物的设计,M 点与 N 点位于同一铅垂线上。当建筑物因不均匀沉陷而倾斜时,M 点相对于 N 点移动了一段距离 D,即移位于 M' 点。设建筑物的高度为 H,这时建筑物的倾斜度为:

$$i = \tan\alpha = \frac{D}{H} \tag{11-8}$$

由上式可知,倾斜观测已转化为平距 D 和高度 H 的观测,因此就可以运用前面介绍的知识,直接测量 D 和 H,从而得到建筑物的倾斜度 i。

在大多情况下,直接测量 D 和 H 是困难的,可采用间接测量的方式。如图 11-38 所示,在建筑物顶部设置观测点 M,在离建筑物距离大于高度 H 的 A 点安置经纬仪,用正、倒镜法将 M 点向下投影,得到 N 点并作出标志。当建筑物发生倾斜时,顶角 P 点偏到了 P' 点的位置,M 点也向同一方向偏到了 M' 点位置。此时,经纬仪安置在 A 点将 M' 点向下投影得到 N' 点,N' 与 N 不重合,两点间的水平距离 D 即为建筑物在水平方向产生的倾斜量。

对于挖孔或钻孔的倾斜观测,常采用埋设测斜管的办法。如图 11-39 所示,在支护桩后 1m 范围内,将直径 70mm 的 PVC 测斜管埋设在 100mm 的垂直孔内,管外填细砂与孔壁结合。观测时,将探头定向导轮对准测斜管定向槽放入管内,再通过绞车用细钢丝绳控制探头到达的深度,测斜观测点竖向间距为 1~1.5m。打开测斜系统开关,孔斜顶角和方位角的参数以及图像会显示在监视器上。如与微机相连接,则直接可得到探头深度测点的坐标。通过比较前、后两次同上测点的坐标值的变化可求得水平位移量。测点坐标可以在任意坐标系中,主要是为了得到水平位移量。

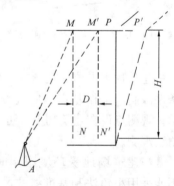

图 11-38　建筑物倾斜观测

对于圆形建筑物的倾斜观测,通常是测定其顶部中心与底部中心的偏心位移量,并将其作为倾斜量。如图 11-40 所示,欲测量烟囱的倾斜量 OO',可在烟囱附近选两测站 A 和 B,要求 AO 与 BO 大致垂直,且距烟囱的距离大于烟囱高度的 1.5 倍。将经纬仪安置在 A 点,用方向观测法观测与烟囱底部断面相切的两个方向 A1、A2 和与顶部断面相切的两个方向 A3、A4,得方向观测值分别为 α_1、α_2、α_3、α_4,则 $\angle 1A2$ 的角平分线与 $\angle 3A4$ 的角平分线的夹角为:

$$\delta_A = \frac{(\alpha_1 + \alpha_2) - (\alpha_3 + \alpha_4)}{2} \quad (11\text{-}9)$$

δ_A 即为 AO 与 AO' 两方向的水平角，则 O' 点对 O 点的倾斜位移分量为：

$$\left.\begin{array}{l} \Delta_A = \dfrac{\delta_A(D_A + R)}{\rho} \\[2mm] \Delta_B = \dfrac{\delta_B(D_B + R)}{\rho} \end{array}\right\} \quad (11\text{-}10)$$

式中 D_A、D_B——AO、BO 方向 A、B 至烟囱外墙的水平距离；

R——底座半径，由其周长计算得到。

烟囱的倾斜量为：

$$\Delta = \sqrt{\Delta_A^2 + \Delta_B^2} \quad (11\text{-}11)$$

烟囱的倾斜度为：

$$i = \frac{\Delta}{H} \quad (11\text{-}12)$$

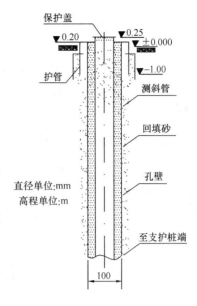

图 11-39 倾斜管埋设

O' 的倾斜方向由 δ_A、δ_B 的正负号确定。当 δ_A 或 δ_B 为正时，O' 偏向 AO 或 BO 的左侧；当 δ_A 或 δ_B 为负时，O' 偏向 AO 或 BO 的右侧。

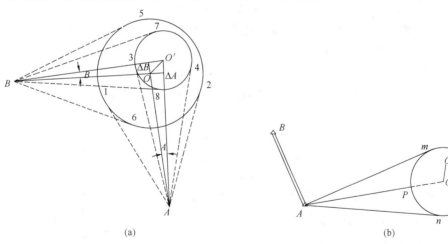

图 11-40 烟囱倾斜观测

建筑物的倾斜观测还可用坐标法来测定，图 11-40（b）中，在测站 A 点安置经纬仪，瞄准烟囱底部切线方向 Am 和 An，测得水平角 $\angle BAm$ 和 $\angle BAn$。将水平度盘读数置于二者的平均值位置，得 AO 方向。沿此方向在烟囱上标出 P 点的位置，测出 AP 的水平距离 D_A。AO 的方位角为：

$$\alpha_{AO} = \alpha_{AB} + \frac{\angle BAm + \angle BAn}{2} \quad (11\text{-}13)$$

O 点坐标为：

$$x_O = x_A + (D_A + R)\cos\alpha_{AO} \atop y_O = y_A + (D_A + R)\sin\alpha_{AO} \Bigg\} \qquad (11\text{-}14)$$

由 O 点和 O' 点的坐标可求出烟囱的倾斜量。

倾斜观测应提交的图表包括：倾斜观测点位布置图、倾斜观测成果表和倾斜曲线图。

六、建筑物的挠度观测

建筑物在应力的作用下产生弯曲和扭曲时，应进行挠度观测。对于平置的构件，在两端及中间设置三个沉降点进行沉降观测，可以测得在某时间段内三个点的沉降量 h_a、h_b、h_c，则该构件的挠度值为：

$$\tau = \frac{1}{2}(h_a + h_c - 2h_b) \cdot \frac{1}{s_{ac}} \qquad (11\text{-}15)$$

式中　h_a、h_c——构件两端点的沉降量；

　　　　h_b——构件中间点的沉降量；

　　　　s_{ac}——两端点间的平距。

对于直立的构件，要设置上、中、下三个位移观测点进行位移观测，利用三点的位移量求出挠度大小。在这种情况下，把在建筑物垂直面内各不同高程点相对于底点的水平位移称为挠度。

挠度观测的方法常采用正垂线法，即从建筑物顶部悬挂一根铅垂线，直通至底部或基岩上，在铅垂线的不同高程上设置观测点，借助光学式或机械式的坐标仪表量测出各点与铅垂线最低点之间的相对位移。如图 11-41 所示，任意点 N 的挠度 S_N 按下式计算，即：

$$S_N = S_0 - S'_N \qquad (11\text{-}16)$$

式中　S_0——铅垂线最低点与顶点之间的相对位移；

　　　　S'_N——任一点 N 与顶点之间的相对位移。

挠度观测应提交的图表包括：挠度观测点位布置图、观测成果表和挠度曲线图。

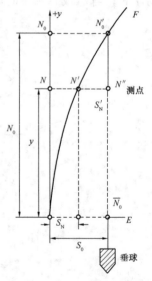

图 11-41　正垂线法机型挠度观测

七、建筑物的裂缝观测

当建筑物发生裂缝时，应系统地进行裂缝变化的观测，并画出裂缝的分布图，量出每一裂缝的长度、宽度和深度。

为了观测裂缝的发展情况，要在裂缝处设置观测标志。如图 11-42 所示，观测标志可用两片白铁皮制成：一片为 150mm×150mm，固定在裂缝的一侧，并使其一边和裂缝的边缘对齐；另一片为 50mm×200mm，固定在裂缝的另一侧，并使其一部分紧贴在对侧的一块上，两块白铁皮的边缘应彼此平行。标志固定好后，在两片白铁皮露在外面的表面涂上红色油漆，并写上编号与日期。标志设置

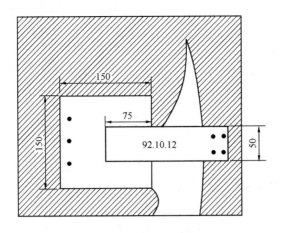

图 11-42　裂缝观测标志

好后，若裂缝继续发展，白铁皮就会被逐渐拉开，露出正方形白铁皮上没有涂油漆部分，它的宽度就是裂缝加大的宽度，可以用尺子直接量出。

裂缝观测应提交的图表包括：裂缝位置分布图、裂缝观测成果表和裂缝变化曲线图。

习　题

1. 建筑施工测量的基本任务是什么？

2. 建筑基线有哪些布设形式？建筑基线的布设有什么要求？

3. 施工平面控制网有几种形式？它们各适用于那些场合？

4. 简述建筑方格网的测设过程。

5. 民用建筑施工测量包括哪些主要工作？

6. 试述工业厂房控制网的测设方法。

7. 试述吊车梁的安装测量工作。

8. 怎样进行建筑物的轴线投测和高程传递？

9. 建筑物变形观测包括哪些内容？

10. 建筑物为什么要进行沉降观测？它有何特点？

11. 布设建筑方格网时应注意什么？

12. 如何进行柱子的竖直校正工作？应注意哪些问题？

13. 竣工测量包括哪些工作？试述各项工作包含的内容。

14. 几种主要的变形测量分别要提交哪些图表？

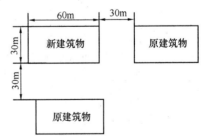

图 11-43　习题 15 用图

15. 如图 11-43 所示，已绘出新建筑物与原建筑物的相对位置关系（墙厚 370mm，轴线偏里），试述测设新建筑物的方法和步骤。

项目十二 公路、铁路线路测量

【知识目标】道路新线初测和定测的基本知识，曲线测设的基本理论和方法。

【能力目标】新线定测中的中线测量和纵横断面测量。

任务一 公路、铁路线路测量概述

公路、铁路线路测量是指公路、铁路在勘测、设计和施工等阶段所进行的各种测量工作，主要包括新线初测、定测、施工测量、竣工测量以及既有线路测量。新线初测是为选择和设计线路中线位置提供大比例尺地形图。新线定测是把图纸上设计好的线路中线测设标定于实地，测绘纵、横断面图，为施工图设计提供依据。施工测量是为路基、桥梁、隧道、站场施工而进行的测量工作。竣工测量主要是测绘竣工图，为以后的修建、扩建提供资料。既有线路测量是为已有线路的改造、维修提供的各种测量工作。

公路、铁路线路勘测的目的就是为线路设计收集所需地形、地质、水文、气象、地震等方面的资料，经过研究、分析和对比，按照经济上合理、技术上可行、能满足国民经济发展和国防建设要求等原则确定线路位置。公路、铁路建设一般要经过以下主要阶段：

1. 方案研究阶段

在中、小比例尺地形图上确定线路可行的路线，初步选定一些重要技术标准，如线路等级、限制坡度、牵引种类、运输能力等，提出多个初步方案。测绘工作为方案研究提供中、小比例尺地形图。

2. 初步设计阶段

初步设计的主要任务是根据水文地质勘查资料在大比例尺带状地形图上确定线路中心线位置，亦称纸上定线；经过经济、技术比较，在多个初步设计方案中确定一个最优方案；同时确定线路等级、限制坡度、最小半径等主要技术参数。

初测是为初步设计提供详细的地面资料，其主要任务是沿线建立控制点和测绘大比例尺带状地形图。

3. 施工图设计阶段

施工图设计是根据定测所提供的资料，对线路全线和所有个体工程做出详细设计，并提供工程数量、施工图和施工图预算。该阶段的主要工作是对道路进行纵断面设计和路基设计，对桥涵、隧道、车站、挡土墙等做出施工图设计。

定测是为施工图设计提供详细的地面资料而进行的测绘工作，其主要任务是把已批准的初步设计方案的线路中线测设到地面，并进行线路纵断面和横断面测量；对个别工点测绘大比例尺地形图。

4. 施工阶段

当施工图设计阶段的设计方案得到批准和招投标阶段完成后，新建项目进入施工阶段，路基、桥梁、隧道、站场开始全面修建。测量工作在该阶段为公路、铁路施工提供指导和质量检查，并在竣工前、后进行竣工测量，为道路的最后贯通、修建和改造提供可靠依据。

任务二　新　线　初　测

新线初测的主要任务是沿线建立控制点和测绘地形图，传统的测量工作包括选点插旗、导线测量、高程测量、测绘大比例尺带状地形图等，现代测量的测绘手段可用 GPS 建立控制网和测绘地形图。初测决定着线路的基本走向，在勘测工作中的作用至关重要。

一、选点插旗

根据方案研究阶段在中、小比例尺地形图上所确定的线路位置，在野外用红白旗标出线路的实地走向，并在选定的线路转折点和长直线的转点处用木桩标定点位，用红白旗标示，为导线测量及各专业调查指出行进方向。通常大旗点亦为导线点，选点时要考虑线路的基本走向，还要便于测角、量距及地形测绘。

二、导线测量及相关计算

1. 导线测量

初测导线是测绘线路带状地形图和定测放线的基础，导线点位置的选择应遵循以下原则：

（1）尽量接近线路中线位置且地面稳固、易于保存之处，导线点应定设方桩与标志桩。

（2）大桥及复杂中桥和隧道口附近、严重地质不良地段以及越岭垭口均应设点。

（3）视野开阔、便于测绘。

（4）导线边长以不短于 50m、不大于 400m 为宜。当地形平坦且视线清晰时，导线边长不宜大于 500m。采用光电测距仪和全站仪观测的导线点，导线边长可增至 1000m，但应在 500m 左右处钉设加点。加点应钉设方桩与标志桩。

导线点的点号自起点起依顺序编写，点号之前冠以"C"字表示初测导线。如"C6"，则表示第 6 号初测导线点。

导线测量要按照公路、铁路的测量规范中的精度要求进行施测。表 12-1 为《新建铁路工程测量规范》TB 10101－99（后简称《新铁规》）初测导线测量精度要求。

1）水平角测量，通常采用测回法观测，注意较差应满足规范要求。如《新铁规》规定使用 J_2 或 J_6 经纬仪用测回法测角观测一测回，两半测回之间要变动度盘位置，上下半测回角度较差在 ±15″（J_2）或 ±30″（J_6）以内时，取平均数作为观测结果。使用全站仪测角时,其测角精度应与上述的经纬仪相匹配。

2)导线边长量测可使用全站仪、光电测距仪或钢尺等。全站仪、光电测距仪读数可读到毫米,钢尺可读到厘米,测量精度应满足相关规范要求。

2. 导线联测及精度检验

为了保证初测导线的方位和检验导线量测精度,应不长于一定距离与国家控制点进行联测。如《新铁规》规定,导线的起、终点及每隔30km的点,应与国家大地点(三角点、导线点、Ⅰ级军控点)或其他不低于四等的大地点进行联测。有条件时,也可采用GPS加密四等以上大地点。当与国家平面控制点联测困难时,应在导线的起点、终点和不远于30km处观测真北。与国家控制网联测构成附合导线和闭合导线时,水平角的闭合差为:

$$f_\beta = \alpha'_K - \alpha_K \tag{12-1}$$

式中　α'_K——导线推算的坐标方位角;

　　　α_K——联测所得的坐标方位角。

初测导线测量精度要求　　　　　　　　　　　　　表 12-1

项目型号		仪器	DJ$_2$	DJ$_6$
水平角	检测时较差(″)		20	30
	闭合差(″)	附合和闭合导线	$25\sqrt{n}$	$30\sqrt{n}$
		延伸导线 两端测真北	$25\sqrt{n+16}$	$30\sqrt{n+10}$
		一端测真北	$25\sqrt{n+8}$	$30\sqrt{n+5}$
长度	检测较差	光电测距仪和全站仪(mm)	$2\sqrt{2}m_D$	$2\sqrt{2}m_D$
		其他测距方法	1/2000	1/2000
	相对闭合差	光电测距仪和全站仪 水平角平差	1/6000	1/4000
		水平角不平差	1/3000	1/2000
		其他测距方法 水平角平差	1/4000	1/2000
		水平角不平差	1/2000	
	附合导线长度(km)		30	30

注:1. n——置镜点总数;
　　2. m_D——测距仪标称精度;
　　3. 附合导线长度的相对闭合差应为两化改正后的值。

当导线为延伸导线时,需要在导线起点和终边测得真方位角(图12-1),并假定其无误差,角度闭合差的计算公式为:

$$f_\beta = \alpha'_K - \alpha_K = A'_K - A_K$$

$$A'_K = A_N + (n+1)180° - \sum_1^{n+1}\beta_i \pm \gamma \tag{12-2}$$

式中　A_K——BC边实测的真方位角;

　　　A'_K——由A_N推算出导线BC边的真方位角;

　　　A_N——导线$A1$边实测的真方位角;

　　　γ——子午线收敛角(′),$\gamma = (\lambda_B - \lambda_A)\sin\varphi$。

当 B 点在 A 点之东时，γ 取正号；反之取负号。λ_A、λ_B 分别为 A、B 的经度，φ 为两真北观测点 A、B 的平均纬度。

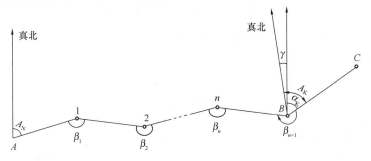

图 12-1　延伸导线的方向检核

导线测量进行精度检核时，要先进行两化改正；还要看已知点之间是否需要进行换带计算，若需要，则要进行换带计算；最后，才能进行精度检核计算。

使用 GPS 进行线路平面控制测量时，要注意控制点的间距和测量精度应满足初测导线的精度要求。

3. 导线的两化改正

初测导线的两化改正是先应将导线测量成果改化到大地水准面上，然后再归化至高斯投影平面上。两化改正后才能与国家控制点坐标进行比较检核。

设导线在地面上的长度为 S，将其改化至大地水准面上的长度 S_0 为：

$$S_0 = S\left(1 - \frac{H_\mathrm{m}}{R}\right) \tag{12-3}$$

式中　$\left(-S\dfrac{H_\mathrm{m}}{R}\right)$——距离改正；

$\quad\quad H_\mathrm{m}$——导线两端的平均高程；

$\quad\quad R$——地球平均半径。

将大地水准面上的长度 S_0 再改化到高斯平面上长度为 S_K：

$$S_\mathrm{K} = S_0\left(1 + \frac{y_\mathrm{m}^2}{2R^2}\right) \tag{12-4}$$

式中　$S_0\,\dfrac{y_\mathrm{m}^2}{2R^2}$——距离改正；

$\quad\quad y_\mathrm{m}$——导线两端点横坐标的平均值（距中央子午线的平均距离）；

$\quad\quad R$——地球平均半径。

由于 S 与 S_0 相差很小，故常用 S 代替 S_0 将式（12-4）简化计算。由于导线计算都是用坐标增量来求闭合差，所以只需求出坐标增量总和，将其经过两化改正，求出改化后的坐标增量总和后，才能计算坐标闭合差。经过两化改正后的坐标增量总和为：

$$\left.\begin{array}{l}\sum \Delta x_\mathrm{s} = \sum \Delta x + \left(\dfrac{y_\mathrm{m}^2}{2R^2} - \dfrac{H_\mathrm{m}}{R}\right)\sum \Delta x \\[4mm] \sum \Delta y_\mathrm{s} = \sum \Delta y + \left(\dfrac{y_\mathrm{m}^2}{2R^2} - \dfrac{H_\mathrm{m}}{R}\right)\sum \Delta y\end{array}\right\} \tag{12-5}$$

式中　$\Sigma\Delta x_s$、$\Sigma\Delta y_s$——高斯平面上纵、横坐标增量的总和（m）；

　　　　$\Sigma\Delta x$、$\Sigma\Delta y$——未改化前导线纵、横坐标增量的总和（m）；

　　　　　　H_m——导线两端点的 1985 国家高程基准的平均高程（km）；

　　　　　　R——地球的平均曲率半径（km）。

4. 坐标换带计算

初测导线与国家控制点联测进行精度检核时，如果它们处于两个投影带中，必须将相邻两带的坐标换算为同一带的坐标，这项工作简称坐标换带。它包括 6° 带与 6° 带的坐标换算，6° 带与 3° 带的坐标换算等。坐标换带是根据地面上任意一点 P 在西（东）带的投影坐标（x_1，y_1）与其在东（西）带的投影坐标（x_2，y_2）之间的内在联系，而进行的坐标统一计算，有严密公式和近似公式。

为方便计算，将基本公式编制成《六度带高斯、克吕格坐标换带表》和《三度带高斯、克吕格坐标换带表》，供坐标换带查表使用。每种表又分为表Ⅰ（按严密公式编制）和表Ⅱ（按近似公式编制），供不同精度要求选用。使用表Ⅰ进行坐标换带计算时，其结果的最大误差不超过 1mm；用表Ⅱ进行坐标换带计算，其结果误差不超过 1m。线路测量的坐标换带采用严密表Ⅰ计算。现在，坐标换带通常使用软件进行，详细内容请见相关的书籍。

三、高程测量

初测阶段高程测量的目的有两个：一是沿线路设置水准基点，建立线路高程控制系统；二是测量中桩（导线桩、加桩）高程，为地形测绘建立较低一级的高程控制系统。测量方法可采用水准测量、光电三角高程测量和 GPS 高程测量方法进行。

1. 线路高程控制测量——基平

线路高程控制测量的目的是沿线建立高程控制点，应与国家水准点或相当于国家等级水准点联测。如《新铁规》规定水准点高程测量不大于 30km 联测一次，构成附合水准路线；水准点应沿线路布设，一般地段每隔约 2km 设置一个，重点工程地段应根据实际情况增设水准点；水准点最好设在距线路 100m 范围内，并设在不易风化的基岩上或坚固稳定的建筑物上，亦可埋设混凝土水准点；水准点设置后，以"BM"字头加序数编号。线路高程控制测量可用水准测量、光电三角高程测量和 GPS 高程测量方法施测。

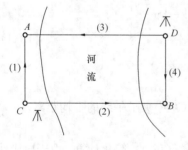

图 12-2　跨河水准测量

1）水准测量

水准点水准测量精度按五等水准测量施测，其精度要求列于表 12-2。表中 R 为测段长度，L 为附合路线长度，F 为环线长度，单位为千米。

水准测量应使用精度不低于 DS₃ 型仪器，水准尺宜用整体式标尺。水准测量应采用中丝读数法，可采用一组往返或两组单程进行，高差较差在限差以内时采用平均值。视线长度不应大于 150m，跨越河流、深谷时可增长至 200m。前、后视距应大致相等，其差值不宜大于 10m，且视线离地面不应小于 0.3m，并应在成像清晰时观测。

五等水准测量精度　表 12-2

每公里高差中数的中误差（mm）	限差（mm）			
	检测已测段高差之差	往返测不符值	附合路线闭合差	环闭合差
≤7.5	$\pm 30\sqrt{R}$	$\pm 30\sqrt{R}$	$\pm 30\sqrt{L}$	$\pm 30\sqrt{F}$

注：每千米高差中数的中误差 $=\sqrt{\dfrac{1}{4n}\left[\dfrac{\Delta\Delta}{R}\right]}$，$\Delta$ 为测段往返测高差不符值，n 为测段数。

当跨越大河、深沟视线长度大于 200m 时，水准测量应按一定要求进行。如图 12-2，在河（谷）两岸大致等高处设置转点 A、B 及测站点 C、D，并使 $AC\approx BD=15\sim20$m。往测在 C 点置镜，观测完 A、B 点所立水准尺后，应尽快到河（谷）对岸的 D 点置镜，观测 A 点时不允许调焦。返测程序与往测程序相反。往、返测得的两转点高程不符值在限差范围以内时，取用平均值以消减 i 角误差。

2）光电三角高程测量

线路高程控制测量用光电三角高程测量时，可与平面导线测量同时进行。导线点应作为高程转点，高程转点间的距离和竖直角必须往返观测，并宜在同一气象条件下完成。计算时应加入气象改正、地球曲率改正，其较差在限差内时取其均值。高程测量的闭合差及检测限差，应符合水准测量要求（表 12-2）。

水准点光电三角高程施测应满足表 12-3 的要求。当竖直角大于 20°或边长小于 200m 时，应增加测回数以提高观测精度。前后视的棱镜应安置在支架上，仪器高、棱镜高应在测量前、后分别量测一次，取位至毫米，两次量测较差小于 2mm 时，取平均值。高程测量时视线离地面或障碍物的距离不宜于小于 1.3m。

水准点光电三角高程测量技术要求　表 12-3

距离测回数	竖直角				往返观测高程较差（mm）	边长范围（m）
	测回数（中丝法）	最大角值（°）	测回间较差（″）	指标差互差（″）		
往返各一测回	往返各两测回	20	10	10	$60\sqrt{D}$	200～600

注：D 为光电测距边长度（km）。

2. 中桩高程测量——中平

中桩高程测量应在线路高程测量完成后进行，其目的是测定导线点的高程，可采用水准测量、光电三角高程和 GPS 高程测量方法进行。

1）水准测量

用水准测量进行中桩高程测量，可采用单程观测，所用水准仪应不低于 S_{10} 级。中桩水准测量取位至毫米，中桩高程取位至厘米。从已知水准基点开始，沿导线行进附合到另一个水准点上，构成附合水准路线，闭合差限差为 $\pm 50\sqrt{L}$（mm），L 为路线长度，以千米为单位。检测已测测段限差为 ± 100mm。

2）光电三角高程测量

中桩光电三角高程测量可与导线测量、水准点高程测量同时进行。若单独进行中桩光电三角高程测量时，其路线必须起闭于已知水准点，并符合中桩水准测量的闭合差限差和检测限差要求。光电三角高程的竖直角可用中丝法往返观测各一测回。

中桩光电三角高程测量应满足表 12-4 的要求，其中距离和竖直角可单向正镜观测两次（两次之间应改变反射镜高度），也可单向观测一测回，两次或半测回之差在限差以内时取平均值。

中桩光电三角高程测量观测　　　　　　　　　　　　　表 12-4

类别	距离测回数	竖直角			半测回或两次高差较差
		最大竖直角（°）	测回数	半测回间较差（″）	
高程转点	往返各一测回	30	中丝法往返各一测回	12	—
中桩	单向一测回	40	单向两次 单向一测回	30	100

四、地形测量

在导线测量、高程测量完成的基础上，根据勘测设计的要求，沿初测导线测绘比例尺为 1：500～1：2000 的带状地形图，为线路设计提供详细的地面资料。

任务三　新　线　定　测

新线定测的主要工作有线路中线测量、线路纵断面及横断面测量。

一、线路的平面组成和标志

公路、铁路线路的平面形状通常由直线和曲线组成，道路在方向改变处需要用曲线连接相邻两直线，以保证行车顺畅安全，这种曲线称为平面曲线。

公路、铁路的平面曲线主要有圆曲线和缓和曲线，如图 12-3 所示。圆曲线是具有一定曲率半径的圆弧；缓和曲线是直线与圆曲线之间加入的过渡曲线，其曲率半径由直线的无穷大逐渐变化为圆曲线半径。低等级公路与铁路可不设缓和曲线，只设圆曲线。

在地面上标定线路中线位置时常用木桩打入地下，线路的交点、主点（直线转点、曲线主点）用方桩，桩顶与地面平齐，并在桩顶面上钉一颗小钉标志线路的中心位置，在线路前进方向左侧约 0.3 m 处打一标志桩（板桩），在其上写明所标志主桩的名称及里程。所谓里程是指该点距线路起点的距离，通常线路起点里程为 K0＋000.00。图 12-4 中的主桩为直线上的直线转点（ZD），其编号为 31；里程为 K3＋402.31，K3 表示 3km，402.31 表示千米以下的米数，即此桩距线路起点 3 402.31m。交点是直线方向转折点，它不是中线上的点，但它是线路

图 12-3　线路的平面组成

重要的控制点，一般也要标明编号和里程。板桩除用作标志桩外，还用作百米桩、曲线桩，钉设在线路中线上，高出地面 15cm 左右，写明里程，桩顶不需钉钉。

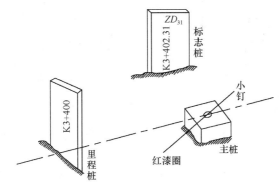

图 12-4　平面位置标志

二、中线测量

中线测量是新线定测阶段的主要工作，它的任务是把在带状地形图上设计好的线路中线测设到地面上，并用木桩标定出来。

中线测量分为放线和中桩测设两部分工作。放线，是把图纸上设计出的交点测设标定于地面上；中桩测设是在实地沿着直线和曲线详细测设中线桩（千米桩、加桩和曲线桩）。

1. 放线

常用的放线方法有拨角法、支距法、全站仪法和 GPS-RTK 法等，可根据地形条件、仪器设备及纸上定线与初测导线距离远近等情况而定。

（1）拨角法放线

根据图纸上定出的直线交点坐标和导线点坐标，计算出两相邻交点间距离及相邻两直线构成的水平角，然后根据计算资料到现场用极坐标法测设出各个交点，定出直线位置。拨角法放线分为计算放线资料、实地放线及调整误差三个步骤。

1）计算交点的测设资料

在图 12-5 中，C_0、C_1……为初测导线点，其坐标已知；JD_0、JD_1……为图纸上设计的线路起点和交点，它们的坐标可直接从数字地形图上查询得到，也可在纸质图上求得。在数字地形图上查询或由坐标反算公式求算相邻两直线交点的边长坐标方位角，进而求出各交点处的转向角。转向角即相邻两直线坐标方位角之差（后视边的坐标方位角减前视边的坐标方位角），差值为正则左转，为负则右转，如表12-5。计算出的距离和转向角应认真检查无误后，方可提供给外业放线使用。

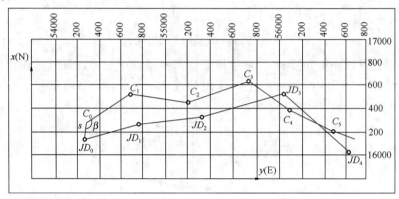

图 12-5　交点与导线点的位置关系

根据图 12-5 和表 12-5，在导线点 C_0 用极坐标法测设中线起点 JD_0 的测设数据为：

$$\beta = \alpha_{C_0 \sim JD_0} - \alpha_{C_0 \sim C_1} = 132°55'26''$$

$$s = 145.47 \text{m}$$

JD_0 的转向角为：$\alpha_0 = \alpha_{C_0 \sim JD_0} - \alpha_{JD_0 \sim JD_1} = 124°20'17''$（左）

拨角法放线距离及转角计算表　　　　　　　　　　　　　　　　　　表 12-5

桩号	坐标（m）		坐标增量（m）		坐标方位角 α (° ′ ″)	直线长度 s（m）	交点转向角 (° ′ ″)
	x	y	Δx	Δy			
C_1					246　28　26 （已知）		
C_0	28346	66422					$\beta = 132°55'26''$
			−142	−50	199　23　52	150.546	
JD_0	28204	66372					127　12　33（左）
			160	498	72　11　19	523.072	
JD_1	28364	66870					9　18　31（右）
			90	602	81　29　50	608.690	
JD_2	28454	67472					9　11　24（左）
			230	721	72　18　26	756.796	
JD_3	28684	68193					54　18　42（右）
			−463	623	126　37　08	776.207	
JD_4	28221	68816					

2）现场放线

根据事先计算好的测设资料，在 C_0 点置镜后视 C_1 点，拨角 $132°55'26''$ 定出 $C_0 - JD_0$ 方向，在该方向上测设 145.47m 定出 JD_0；然后在 JD_0 上置镜后视 C_0 点，拨该处的水平角定出 $JD_0 - JD_1$ 方向，在该方向上测设 JD_0 到 JD_1 的水平距离，得 JD_1；在 JD_1 置镜后视 JD_0，拨该点转向角得 JD_2 方向，在其方向测设 $JD_1 - JD_2$ 的水平距离得 JD_2；依次类推，根据相应的转向角 α_{JD}、s 及直线长度，

测设出 JD_2 等直线交点。

水平角测设应使用 DJ_2 或 DJ_6 级经纬仪，采用盘左盘右分中法测设；边长可用光电测距仪、钢卷尺测设；其精度要求与初测导线的测量精度相同。

在测设中线交点的同时，应测设百米桩、千米桩、加桩、曲线主点桩和曲线详细测设等。

3）联测与闭合差调整

拨角法放线速度快，但误差积累显著。为了确保测设的中线位置不至于与理论值偏差过大，应每隔 5～10km 与初测导线点、GPS 点等控制点联测一次构成闭合导线，闭合差应不超过表 12-1 中之规定。计算导线全长相对闭合差时，导线全长等于所使用的初测导线点与交点构成闭合环的所有边长之和。当闭合差超限时，应查找原因予以改正；当闭合差符合精度要求时，则应在联测处截断累积误差，使下一个点回到设计位置。下面以例题 12-1 说明联测、精度校核及闭合差调整方法。

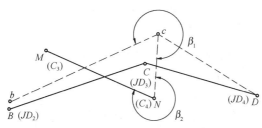

图 12-6　拨角法放线中的联测

【**例题 12-1**】在图 12-6 中，将图 12-5 中的交点 JD_2、JD_3、JD_4 分别用 B、C 及 D 表示，初测导线点 C_3、C_4 则用 M、N 表示。b、c 是线路交点 JD_2、JD_3 在现场放出的实地位置。在 c、N 点与初测导线联测，测量水平角 β_1、β_2 及水平距离 cN；根据初测导线点 N 的坐标和 MN 边的坐标方位角 α_{MN} 计算出 c 点的坐标和 bc 边的坐标方位角，见表 12-6。

在图 12-6 中 C 点是 JD_3 的设计位置，c 点是测设出 C 点的实际位置，则 cC 长度是导线全长的绝对闭合差 f；BC 的坐标方位角 α_{BC} 是理论值，bc 边的坐标方位角 α_{bc} 是放线后的实际值，二者之差即角度闭合差 f_β。

联测坐标计算表　　　　　　　　　　　　　　　　表 12-6

桩号	右角 β (° ′ ″)	坐标方位角 α (° ′ ″)	距离 (m)	坐标增量（m）		坐标（m）	
				Δx	Δy	x	y
M		135　26　36					
N	331　22　18					28538.37	68234.48
		344　04　18	151.86	146.03	−41.68		
c	271　45　20					28684.4	68192.8
b		252　18　58					

【**解**】① 计算角度闭合差 f_β

在表 12-6 中由 Nc 边坐标方位角和 β_2 推算出 bc 边坐标方位角为 $72°18'58''$，

已知 BC 边坐标方位角为 $72°18'26''$；则角度闭合差为：

$$f_\beta = \alpha_{bc} - \alpha_{BC} = 32''$$

要求 $f_\beta < f_{\beta容}$。

本例中假设转折角数 $n=9$，角度容许闭合差 $f_{\beta容} = \pm 20'' \sqrt{n}$；$f_{\beta容} = \pm 60''$；$f_\beta < f_{\beta容}$。

② 计算导线全长的相对闭合差 K

根据推算的 Nc 边坐标方位角、Nc 实测边长及 N 点坐标计算 c 点坐标（$x_c = 28684.4$ m，$y_c = 68192.8$m）。已知 C（JD_3）坐标（$x_c = 28684.0$m，$y_c = 68193.0$m），则坐标闭合差为：

$$f_x = x_c - x_C = 0.4\text{m}$$
$$f_y = y_c - y_C = -0.2\text{m}$$

导线全长的绝对闭合差：

$$f = \sqrt{f_x^2 + f_y^2} = 0.45\text{m}$$

当导线全长相对容许闭合差：

$$K_{容} = \frac{1}{2000} \text{ 时，假设本例闭合环边长总和 } \Sigma D = 3689.6\text{m},$$

其导线全长相对闭合差：

$$K = \frac{f}{\Sigma D} = \frac{0.45}{3689.6} = \frac{1}{8199} < \frac{1}{2000}$$

则满足精度要求。

③ 放线误差调整

如果放线精度合格，则闭合差在 c 点处截断，c 点及以前放样出的中线位置不再调整。此时，用 b、c 点的实际坐标和 D 点的设计坐标计算后续放线资料，在 c 点置镜，后视 b 点继续放线放出点 D。若误差超限，则应视具体情况对放出的 c 点予以调整。

（2）支距法放线

当地面平坦、初测导线与中线相距较近时，宜用支距法放线。支距法在导线点上独立测设出中线的直线转点（ZD），然后将两相邻直线延长相交得交点（JD），不存在拨角法放线所产生的误差累积。支距法放线的工作步骤为准备放线资料、实地放线和交点。

1）准备放线资料

在地形图上选定一些初测导线点或转点，作初测导线边的垂线与中线相交，

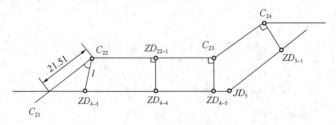

图 12-7　支距法放线

交点作为测设中线的转点，如图 12-7 中的 $ZD_{4\text{-}4}$、$ZD_{4\text{-}5}$ 等点，每一直线上不能少于三个转点，且转点间尽可能通视。直线转点选好后，用比例尺和量角器量出支距和水平角，作为放线时的依据。准备放线资料的过程又叫做图上选点、量距。

2）实地放线

（a）放点

根据放线资料，到相应的初测导线点上，按已量得的支距和角值，用极坐标法实地放线。测设距离可用皮尺，测设角度用测角仪器；放出的直线转点应打桩、插旗标示其位置。

（b）穿线

由于放线资料和实际测设都会产生误差，放出同一直线上的各转点常常不在一条直线上，必须用经纬仪将各转点调整到同一直线上，这项工作就称之为"穿线"。

穿线时将经纬仪安置在一个放线点上，照准放出最远的一个转点，由远及近检查各转点的偏差，若偏差不大，可将各点都移到视线方向上，并打桩钉。

（c）延长直线

在直线地段，当放出的直线转点还不能完全标志出直线时，需要延长直线。设图 12-8 中 AB 线段需延长，在 B 点置经纬仪，以盘左瞄准 A 点，倒转望远镜在地面上定出 C_1 点；再以盘右照准 A 点，倒镜在地面上定出 C_2。当延长直线每 100m，点 C_1 与点 C_2 间横向距离小于 5mm 时，可将 C_1 点与 C_2 点间连线中分定出 C 点，BC 段便是 AB 的延长线。当 B、C 点间距大于 400m 时，正倒镜点 C_1 与点 C_2 间位横向差不大于 20mm。延长直线时，前后视距离应大致相等，距离最长不宜大于 400m，最短不宜小于 50m。对点时，应尽可能用测钎或垂球；当距离较远时可用花杆对点，但必须瞄准花杆的最下端。

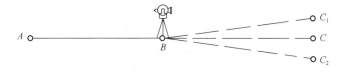

图 12-8　延长直线

3）交点

在地面上放出相邻两直线上的转点后，要测设两直线的交点，这一工作称为"交点"。交点是确定中线直线方向和测设曲线的控制点。

在图 12-9 中，A、B、C、D 为地面上不同方向两直线的转点。首先在 A 点置镜，后视 B 点，延长直线 BA，在估计与 CD 直线相交处的前后位置，打两个"骑马桩"（a、b），在 a、b 桩上钉钉、拉上细线；在 C 点安置仪器，后视 D 点，延长直线 DC 与 ab 细线相交，用水笔定出 JD 在 ab 线上的垂线位置；一人在 ab 线上定出的 JD 垂线位置吊垂球，当垂球与地面相交时，在垂球尖处打下木桩；再在 ab 线上定出的 JD 垂线位置吊垂球，垂线与仪器竖丝重合且垂球尖与桩接近时，准确地用铅笔在桩顶标出交点位置；最后用测钎或垂球在桩顶上重新对点，用经纬仪检查，点位确定无误后钉上小钉，标志出 JD 位置。

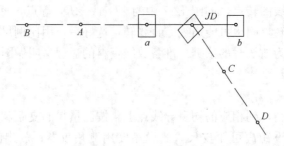

图 12-9　测设交点

为保证交点的精度,转点到交点的距离宜在 $50\sim400m$ 之间。当地面平坦且目标清晰时,也不要大于 $500m$;若点与点间距短于 $50m$,经纬仪对中、照准、对点、钉点等都应格外仔细。当地面有障碍无法测设交点桩时,可钉设副交点。

(3)全站仪法放线

全站仪法放线是将全站仪安置于导线点上,后视另一导线点,利用极坐标法或直角坐标法测设点位的原理测设 JD 和 ZD。事先将导线点 JD 和 ZD 的点号及坐标按作业文件输入仪器内存,测设时调用放样菜单和调出作业文件,选用极坐标法或坐标法放样。全站仪法放线的测设数据由微处理器自动求得,仪器还能提示反射镜前、后、左、右的移动方向和距离。全站仪法放线时,一次设站可以测设若干个直线转点或交点,也需要经过穿线来确定直线的位置。全站仪法放线速度快、精度高、测程长,提高了放线效率。同时,要注意检核。

(4)利用 GPS-RTK 技术进行放线

在公路铁路建设中,中线测量常用经纬仪和全站仪进行放线,但其野外测量劳动强度大,人力资源消耗多,作业工期长,而且还需要测站点与碎部点间相互通视。用 GPS-RTK 技术进行测定和测设具有无须通视、误差不累积、机动灵活性高等优点,已被广泛应用到公路及铁路定测中。利用 GPS-RTK 技术放样,可以获得流动站相对基准站线向量的精度达到厘米级。若已知基准站的 WGS-84 坐标,从而就可以获得流动站的 WGS-84 坐标。在公路、铁路工程建设中,线路设计坐标通常采用北京 54 坐标系或其他坐标系,而 GPS-RTK 测量获得的是 WGS-84 坐标,若利用 GPS-RTK 技术将工程设计坐标在实地进行标定,则需要将 GPS-RTK 获得的 WGS-84 坐标转换为工程设计坐标。目前坐标转换的方法很多,如七参数空间坐标转换、四参数平面相似坐标转换等,只要数据处理和作业方法得当,每一种方法均可以获得合格的成果,只是作业效率有所差别。具体过程为:

1)收集测区控制点资料,了解控制点资料的坐标系统,并确定外业作业方案;

2)将导线点 JD 和 ZD 的点号、坐标和曲线设计要素按作业文件输入 GPS-RTK 手簿存储;

3)在外业设置基准站,利用公共点坐标计算两坐标系转换参数,并将参数保存;

4）调出手簿中的有关软件和输入手簿的作业文件，进行 GPS-RTK 放样，同时还可对放样点进行测量，以便进行检核。

GPS-RTK 放线适合视野开阔的地区。事先设置好基准站及其参数后，即可调用作业文件和放样菜单用流动站测设 JD 和 ZD。GPS-RTK 放线一次设站可以测设许多交点或直线转点，也需要经过穿线来确定直线的位置。GPS-RTK 放线速度快、精度高、测程长，待测设点与控制点间无须通视，大大提高了放线效率。

2. 中桩测设

中线测量中把依据 ZD 和 JD 桩将中线桩详细测设在地面上的工作称为中桩测设。它包括直线和曲线两部分，本任务仅介绍直线部分，曲线部分的中桩测设将在后续内容介绍。

中线上应钉设百米桩、千米桩等，直线上中线桩间距不宜大于 50m；在地形变化处或按设计需要应设加桩，加桩一般宜设在整米处。中线距离应用光电测距仪或钢尺往返测量，在限差以内时取平均值。百米桩、加桩的钉设以第一次量距为准。中桩桩位误差限差为：

$$横向：\pm10cm$$

$$纵向：\left(\frac{S}{2000}+0.1\right)m$$

式中　S——转点至桩位的距离（m）。

测设出的控制桩（直线转点、交点、曲线主点桩）一般都应固桩。固桩可埋设预制混凝土桩或就地灌注混凝土桩，桩顶埋设铁钉表示点位。

三、定测阶段的基平和中平

定测阶段基平的测量任务是沿线路建立水准基点，测定它们的高程，作为线路的高程控制点，为定测、施工及日后养护提供高程依据。中平的测量任务是测定线路中线桩所在地面的标高，亦称中桩抄平，为绘制纵断面图采集数据，为设计线路的高低位置提供可靠的地面资料。

1. 线路高程测量——基平

定测阶段线路水准点布设及高程测量是在初测水准点的基础上进行的，首先对初测水准点逐一检测，其差值在 $\pm30\sqrt{K}$mm（K 为水准路线长度，以千米为单位）以内时，采用初测成果；若确认超限，方能更改。若初测水准点远离线路或遭到破坏，则必须移至或重新设置在距线路 100m 的范围内。水准点一般 2km 设置一个，但长度在 300m 以上的桥梁和长度在 500m 以上的隧道的两端，以及大型车站范围内均应设置水准点。水准点应设置在坚固的基础上或埋设混凝土标桩，以 BM 表示并统一编号。

水准点高程测量方法及精度要求与初测水准点高程测量相同。当跨越大河、深沟视线长度超过 200m 时，应按跨河水准测量进行。当跨越河流或深谷时，前、后视线长度相差悬殊或受到水面折光影响，亦应按跨河水准测量方法进行。

2. 中桩高程测量——中平

初测时，中桩高程测量是测定导线点及加桩桩顶的高程，作为地形测量时的图根高程控制。定测时的中桩高程测量则是测定中线控制桩、百米桩、加桩所在的地面高程（水准尺放在地面），为绘制线路纵断面图提供中线点的高程数据。

中桩高程测量应起闭于水准点，不符值的限差为 $\pm 50\sqrt{L}$ mm（L 为水准路线长度，以千米为单位）。中桩高程宜观测两次，其不符值不超过 10cm，取位至厘米。

中桩高程测量方法如图 12-10 所示。将水准仪安置于置镜点Ⅰ，瞄准后视点 BM_1 上的后视尺读取后视读数；然后，依次在各中线桩所在地面立尺，分别读取它们的尺读数；由于这些立尺点不起传递高程作用，故称其读数为中视读数；最后，读取转点 Z_1 的尺读数，作为前视读数。再将仪器搬至置镜点Ⅱ，后视转点 Z_1，重复上述方法直至附合于 BM_2。中视读数可读至厘米，转点读数读至毫米，记录、计算见表 12-7。

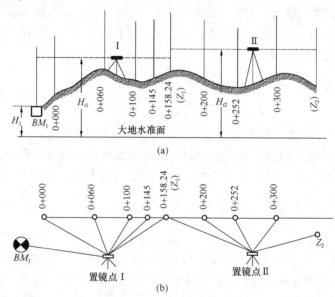

图 12-10　中桩高程测量

中桩高程计算采用仪器视线高法，先计算出仪器视线高 H_i：

$$H_i＝后视点高程＋后视读数$$

则有：　　　　　　　　　　中桩高程＝H_i－中视读数

在表 12-7 中，置镜点Ⅰ的视线高为：

$$H_i＝68.685＋3.689＝72.374\text{m}$$

中线桩 DK0＋000 的高程为：H_i－2.128＝70.25m

转点 Z_1 的高程为：

$$H_i－0.541＝71.833\text{m}。$$

线路穿越山谷时，由于地形陡峭，加桩较多，如图 12-11 所示。为了减少多次安置仪器而产生的误差，可先在测站 1 读取沟对岸的转点 2＋200 的前视读数，再以支水准路线形式测定沟底中桩高程，其测量数据宜另行记录；待沟底中桩水准测量完成后，将仪器搬至测站 4 读取转点 2+200 的后视读数，再继续往前测量。为了削减由于测站 1 前视距较后视距长而产生的测量误差，可在测站 4 或以后其他测站的后视距离适当加长，进而使得后视距离之和与前视距离之和大致相等。

中桩高程测量记录、计算表 表 12-7

| 测 点 | 水准尺读数（m） | | | 视线高程 | 高程 | 备 注 |
	后视	中视	前视	（m）	（m）	
BM_1	3.689			72.374	68.685	
0+000		2.128			70.25	
0+060		0.853			71.52	
0+100		1.256			71.12	
0+145		2.645			69.73	水准点高程：
0+158.24(Z_1)	0.569		0.541	72.402	71.833	$BM_1=68.685$m
0+200		1.732			70.67	$BM_2=73.560$m
0+252		2.974			69.43	实测闭合差：
0+300		1.839			70.56	$f_h=73.584-$
Z_2	1.548		2.106	71.844	70.296	$73.560=24$mm
……	……	……	……	……	……	允许闭合差：
ZH_2+046.15	3.798		2.140	75.046	71.248	$F_h=\pm50\sqrt{2.2}$
BM_2			1.462		73.584	$=\pm74$mm
						精度合格
Σ	32.956		28.057		73.584	
	−28.057				−68.685	
	4.899				4.899	

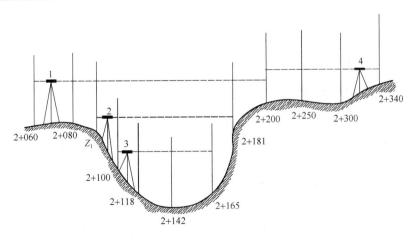

图 12-11 跨深谷中桩水准测量

跨越较宽的深谷时，也可采用跨河水准测量方法传递高程。

随着测量仪器精度的提高，中桩高程测量已普遍采用全站仪光电三角高程测量方法施测。采用 GPS 高程测量方法施测时要多于已知点联测，以便更好地与实地高程拟合。

3. 绘制纵断面图

线路纵断面图是反映线路中线地面起伏变化的断面图，以供设计线路的高低位置使用。它以线路中桩里程为横坐标，实测的中桩高程为纵坐标绘制而成（图12-12）。为凸显地面的高低起伏和满足线路纵断面设计的需要，高程比例尺一般是里程比例尺的 10 倍，通常里程的比例尺为 1∶10000，高程的比例尺为 1∶1000。图12-12 是线路高低位置设计完毕后的纵断面图，其上部表示中线地面的起伏变化、线路中线的设计坡度线以及桥隧、车站等建筑物和水准点位置等，下半部分表示线路中线经过区域的地质情况及各项设计信息。

连续里程：表示自线路起点计算的连续里程，粗短线表示千米桩的位置，其下注记的数字为千米数，粗短线左侧的注记数字为千米桩与相邻百米桩的水平距离。

线路平面：表示线路平面形状，即直线和曲线的示意图。中央的实线表示线路中线，在曲线地段表示为向上、向下凸出的折线，向上凸出表示线路向右转弯，向下凸出表示线路向左转弯，斜线部分表示缓和曲线，连接两斜线的直线表示圆曲线。在曲线处注名曲线要素，曲线起、终点的数字，表示起、终点至附近百米桩的水平距离。

里程：表示勘测里程，在整百米和整千米处注记数字。

加桩：竖线表示加桩位置，旁边注记数字表示加桩到相邻百米桩的距离。

地面标高：各中线桩所在地面的高程。

设计坡度：用斜线表示，斜线倾斜方向表示上坡或下坡，斜线上面的注记数字是设计坡度的千分率（如坡度为 5‰，注记数字为 5），下面的注字为该坡段的长度。

路肩设计标高：路基肩部的设计标高，由线路起点路肩标高、线路设计坡度及里程计算得出。

工程地质特征：表示沿线地质情况。

四、线路横断面测量

线路横断面测量的目的是在中线桩处测量垂直于中线方向的地面坡度变化，绘制线路横断面图，供路基断面设计、土石方数量计算、挡土墙设计以及路基施工放样等使用。

1. 横断面施测地点及其密度

横断面测量地点及横断面密度、宽度，应根据地形、地质情况以及设计需要而定。一般应在曲线控制点、千米桩、百米桩和线路纵向、横向地形变化处进行测绘。在铁路站场、大中桥桥头、隧道洞口、高路堤、深路堑、地质不良地段及需要进行路基防护地段，均应适当加大横断面施测密度和宽度。横断面测绘宽度应满足路基、取土坑、弃土堆及排水系统等设计的要求。

2. 横断面方向的确定

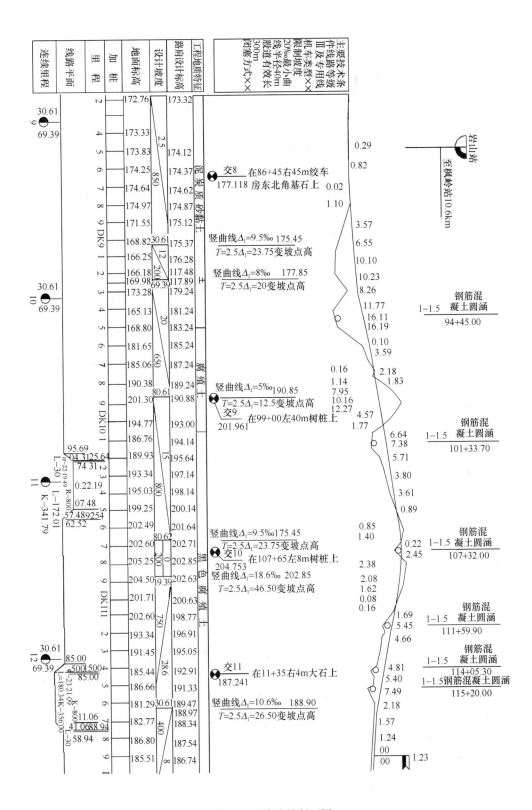

图 12-12　线路纵断面图

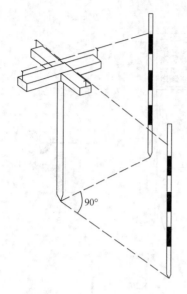

图 12-13　方向架确定横断面方向

线路横断面应与线路中线垂直,在曲线地段的横断面方向应与曲线上测点的切线垂直。确定直线地段的横断面方向可用经纬仪或方向架测设。在图 12-13 中,将方向架立于中线桩处,用其一个方向瞄准远处中线点所立标杆,则方向架确定的另一个方向就是与中线垂直的横断面方向。

在曲线上确定横断面方向,如图 12-14 所示,欲定出曲线上 B 点的横断面方向。将仪器(方向架或经纬仪等)置于 B 点,先瞄准曲线点 A,测定与弦线 AB 垂直的方向 BD',并标定出点位 D';再瞄准另一侧曲线点 C(要求 $BC=AB$),测设与弦线 BC 垂直的方向 BD'',使 $BD''=BD'$,标定出点位 D''。最后取 $D'D''$ 连线的中点得 D 点,则 BD 方向就是曲线点 B 横断面方向。

用经纬仪确定横断面方向时,先根据曲线资料计算出曲线点 B 与相邻曲线点 A 的弦切角 α,如图 12-14 所示;然后在 B 点安置经纬仪,后视 A 点,顺时针转动照准部使读数增加 $(90°+\alpha)$,则视线方向即为横断面方向。

横断面测量记录　　　　　　　　　　　　表 12-8

左　　侧			桩　　号	右　　侧		
$\dfrac{+2.1}{12.0}$	$\dfrac{-1.9}{8.7}$	$\dfrac{+2.6}{18.5}$	DK5+256	$\dfrac{-1.4}{14.5}$	$\dfrac{+1.8}{10.5}$	$\dfrac{-1.4}{16.0}$

3. 横断面测量的方法

横断面测量可采用水准仪法、经纬仪法和全站仪法进行施测。由于公路、铁路横断面数量多、工作量大,应根据精度要求、仪器设备情况及地形条件选择测量方法。

1) 水准仪测横断面

在地势平坦区域,用方向架定向,皮尺(或钢尺)量距,使用水准仪测量横断面上各坡度变化点间的高差。面向线路里程增加方向,分别测定中桩左、右两侧地面坡度变化点之间的平距和高差,按表 12-8 记录格式记录测量数据,分母是两测点间的平距,分子是两点间高差。绘制横断面图时,再统一换算成各测点到中桩的平距和高差。若仪器安置适当,置一次镜可观测多个横断面,如图 12-15 所示。为防止各断面互相混淆,存储数据时注意各断面测点编号要有序,同时画草图,做好记录。

2) 经纬仪测横断面

在中线桩上经纬仪安置,定出横断面方向后,用视距测量方法测出各测点相对于中桩的水平距离和高差。这种方法速度快、效率高,可适用于各种地形。

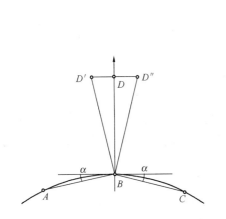

图 12-14　曲线横断面方向的确定

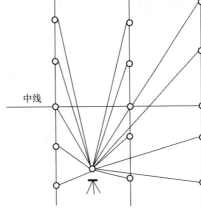

图 12-15　水准仪测量横断面

3）全站仪测横断面

用全站仪测横断面，将仪器安置在中线桩上，定出横断面方向后，测出各测点相对于中桩的水平距离和高差。这种方法速度快、精度高，受地形限制小，是目前常用的测量方法。

4. 横断面测量检测精度要求

《新建铁路工程测量规范》对线路横断面测量检测限差规定如下：

高程：
$$\pm\left(\frac{h}{100}+\frac{L}{200}+0.1\right)\text{m}$$

距离：
$$\pm\left(\frac{L}{100}+0.1\right)\text{m}$$

式中　h——检查点至线路中桩的高差（m）；

　　　L——检查点至线路中桩的水平距离（m）。

5. 横断面图绘制

根据横断面测量数据，在厘米方格纸上绘制横断面图而成，如图 12-16 所示。为了设计方便，其纵坐标（高程）、横坐标（地面坡度变化点到中线桩的平距）均采用 1∶200 的比例尺。

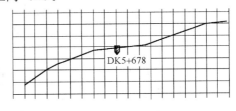

图 12-16　横断面图

横断面图最好在现场绘制，以便及时复核测量结果和检查绘图质量，还可不做测绘记录，同时还省去室内绘图时所要进行的复核工作。

任务四　圆曲线及其测设

圆曲线主要用于行车速度不高的公路和铁路专用线，常用的测设方法有偏角法和极坐标法等方法。

一、圆曲线要素及其主点测设

在图 12-17 所示的圆曲线中，有 ZY、QZ、YZ 三个圆曲线主点和一个交点，即：

ZY——直圆点，即直线与圆曲线的分界点；

QZ——曲中点，即圆曲线的中点；

YZ——圆直点，即圆曲线与直线的分界点；

JD——两直线的交点，是一个不在线路上的重要点，它与圆曲线的三个主点都是圆曲线的控制点。

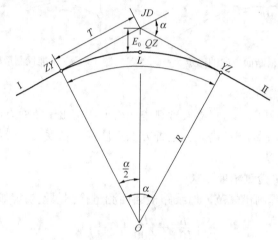

图 12-17　圆曲线主点及其要素

1. 圆曲线要素及其计算

圆曲线要素：

T——切线长，即交点至直圆点或圆直点的直线长度；

L——曲线长，即圆曲线的长度（$ZY\text{-}QZ\text{-}YZ$ 圆弧的总长度）；

E_0——外矢距，即 JD 至 QZ 之水平距离；

α——转向角，即直线方向改变的水平角；

R——圆曲线半径。

其中，α、R 为设计要素，α 是 JD 处的转向角，以定测放线测量测设出的实际角度为准；T、L、E_0 为计算要素，是以 α、R 为依据计算而来的，称之为圆曲线要素，它们的几何关系为：

$$\left.\begin{array}{l} T = R \cdot \tan\dfrac{\alpha}{2} \\[2mm] L = R \cdot \alpha \cdot \dfrac{\pi}{180°} \\[2mm] E_0 = R\left(\sec\dfrac{\alpha}{2} - 1\right) \end{array}\right\} \qquad (12\text{-}6)$$

【例题 12-2】已知 $\alpha = 55°43'24''$，$R = 500\text{m}$，求圆曲线要素 T、L、E_0。

【解】由公式（12-5）计算出圆曲线要素 $T = 264.31\text{m}$，$L = 486.28\text{m}$，E_0

＝65.56m。

2. 圆曲线主点里程计算

根据圆曲线要素和已知点里程，按里程增加的方向（$ZY \to QZ \to YZ$）推算圆曲线主点里程。在上例中若已知 JD 点的里程为 K 26＋817.55，则 ZY、QZ 及 YZ 的里程计算如下：

$$
\begin{array}{ll}
JD & 26+817.55 \\
-T & 264.31 \\
\hline
ZY & 26+553.24 \\
+\dfrac{L}{2} & 243.14 \\
\hline
QZ & 26+796.38 \\
+\dfrac{L}{2} & 243.14 \\
\hline
YZ & 27+039.52
\end{array}
$$

3. 圆曲线主点的测设

圆曲线如图 12-17 所示，在 JD 安置经纬仪或全站仪瞄准直线方向 I 上的一个直线转点，在视线方向上测设水平距离 T，则得 ZY 点；再瞄准 II 直线上的一个直线转点，沿视线方向测设水平距离 T，得 YZ 点；转动照准部用盘左、盘右分中法测设水平角（$180°-\alpha$）/2，得内分角线方向，在内分角线方向上测设 E_0，得 QZ 点。测设距离和角度按一般方法进行。三主点应在地面打方桩，桩顶面与地面平齐，加小钉标志点位，其左侧要钉设标志桩。

二、圆曲线详细测设的方法

圆曲线的主点 ZY、QZ、YZ 测设后，还不足以呈现圆曲线形状作为勘测设计及施工的依据，还必须对圆曲线进行详细测设，加密曲线点。除圆曲线的主点外，其他曲线点的里程一般要求为一定长度的倍数（例如 20m），在地形复杂处可适当减小倍数（如 10m），曲线点用写明里程的板桩在相应的中线位置标志，在地形变化处还要设置加桩。测设曲线点的工作称曲线测设，常用的测设方法有偏角法、直角坐标法、极坐标法和 GPS-RTK 等方法。

1. 偏角法测设圆曲线

（1）测设原理

偏角即弦切角，如图 12-18 所示。偏角法测设圆曲线的原理是根据偏角及弦长交会出曲线点。在 ZY 点拨偏角 δ_1，得 ZY-1 方向，沿该方向量弦长 C_1 即得曲线点 1；拨偏角 δ_2，得 ZY-2 方向，由 1 点量出弦长 C_2 与 ZY-2 方向相交，得曲线点 2；用与测设 2 点相同的方法测设出曲线上的其他各点。测设 1

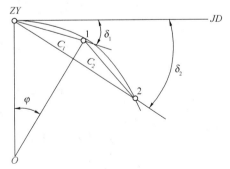

图 12-18　圆曲线偏角计算

点用极坐标法，测设 2 点及以后各点则是角度与距离交会法。

（2）偏角及弦长的计算

按几何关系，偏角等于其弦长所对应的圆心角之半。若两圆曲线点间曲线长为 k，其所对应的圆心角为：

$$\varphi = \frac{k}{R} \cdot \frac{180°}{\pi} \tag{12-7}$$

则相应的偏角 δ 和弦长 C 为：

$$\left. \begin{array}{l} \delta = \dfrac{\varphi}{2} = \dfrac{k}{2R} \cdot \dfrac{180°}{\pi} \\ C = 2R\sin\delta \end{array} \right\} \tag{12-8}$$

在圆曲线测设中，一般每隔等距弧长（如 20m）测设一个曲线点，当曲线半径较大时，等距弧长与其相应的弦长相差很小，可用弧长代替相应的弦长进行曲线测设。当 $R \leqslant 400m$ 时，测设圆曲线才考虑弧弦差的影响，此时要根据弦长公式计算弦长。

在实际测设中，要求详细测设出的圆曲线点里程为定长的倍数，例如 20m。由于曲线主点 ZY、QZ、YZ 里程往往不是 20m 的倍数，因此在曲线主点附近就会出现曲线弧长小于 20m 曲线点，称其所对应的弦长为分弦。如上例中 ZY 的里程为 26+553.24，QZ 的里程为 26+796.38，YZ 的里程为 27+039.52，在曲线两端及中间出现四段分弦（图 12-19），它们所对应的曲线长分别为 k_1、k_2、k_3、k_4，其值分别为：

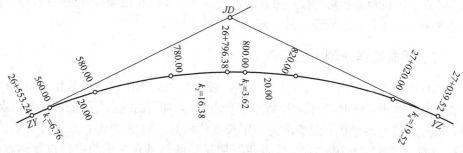

图 12-19　圆曲线的分弦

$k_1 = 560.00 - 553.24 = 6.76m$，

$k_2 = 796.38 - 780.00 = 16.38m$，

$k_3 = 800.00 - 796.38 = 3.62m$，

$k_4 = 039.52 - 020.00 = 19.52m$。

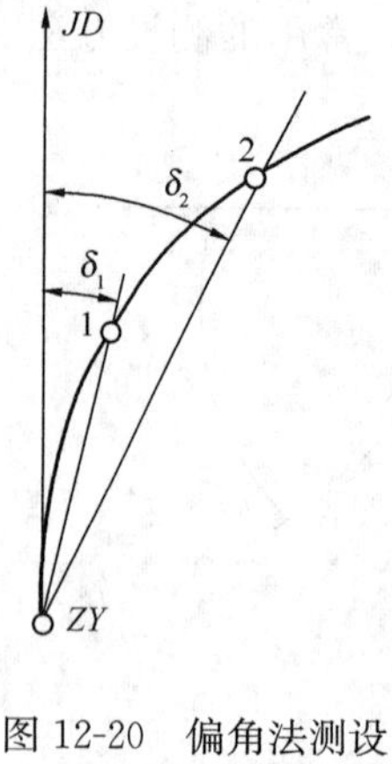

【例题 12-3】已知 $R = 500m$，$\alpha = 55°43'24''$，ZY 的里程为 K26+553.24，QZ 点里程为 K26+796.38，要在圆曲线 ZY-QZ 之间每隔 20m 测设一曲线点，且要求曲线点里程为 20m 的倍数，试计算偏角法测设的资料。

图 12-20　偏角法测设圆曲线（正拨）

【解】如图 12-20，在 ZY 点设测站，以切线 ZY-JD 为零方向，测设 ZY-QZ 间曲线点的偏角照准部为顺时针方向旋转，与水平度盘读数增加方向一致，度盘读数增加，此时拨各曲线点的偏角称之为"正拨"。测设资料见表 12-9。

圆曲线偏角计算表（正拨）　　　　表 12-9

置镜点及曲线点里程	曲线点间曲线长（m）	累计偏角 （° ′ ″）	备 注
ZY　26+553.24	6.76	0　00　00	置镜 ZY，后视 JD
+560.00	20.00	0　23　15	
+580.00	…	1　32　00	
…	20.00	…	
+760.00	16.38	12　59　33	
+780.00		13　55　51	
QZ　26+796.38			（=α/4）　核！

测设 QZ-YZ 间的圆曲线时，在 YZ 点（图 12-21）设置测站，以切线 YZ-JD 方向为零方向。测设偏角时照准部为逆时针方向旋转，与水平度盘读数增加方向相反，度盘读数减少，测设各曲线点的偏角称为"反拨"。偏角值曲线点里程和偏角值列于表 12-10。

圆曲线偏角计算表（反拨）　　　　表 12-10

置镜点及曲线点里程	曲线点间曲线长（m）	累计偏角 （° ′ ″）	备 注
YZ　27+039.52	0.00	0　00　00	置镜 YZ，后视 JD
+020.00	19.52	358　52　54	
	20.00	357　44　09	
+26+000.00	…	…	
…			
26+820.00	20.00	346　16　36	
+800.00	3.62	346　04　09	（=360°α/4）　核！
QZ　26+796.38			

（3）测设方法

偏角法详细测设圆曲线，通常在 ZY 和 YZ 设测站分别测设两个半个曲线，于 QZ 闭合以资检核。现以例题 12-3 的测设资料为例说明测设步骤。

以 ZY 点为测站，测设 ZY-QZ 间曲线点的步骤如下：

1）将经纬仪或全站仪安置于 ZY 点（图 12-20），后视 JD 点，度盘配置为 0°00′00″。

2）松开照准部，顺时针转动照准部，当水平度盘读数为 23′15″时，在视线上用钢尺量出弦长 6.76m，在地面插一测钎，定出曲线点 1。

3）松开照准部，顺时针转动照准部，使水平度盘读数为 1°32′00″；同时测设距离，用钢尺的零刻划对准 1 点，使

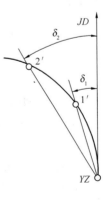

图 12-21　偏角法测
设圆曲线（反拨）

20m 长的刻划与望远镜视线相交，在交点处插测钎，定出曲线点 2。此时，拔去

1 点测钎打入板桩。

4）以与测设 2 点相同的方法继续测出曲线点 3、4……直至测设出 QZ' 点。

测设出 QZ' 点后与主点 QZ 位置进行检核，当纵向（该点切线方向）闭合差小于半个曲线长的 1/2000，横向闭合差小于 10cm 时，曲线点不做调整；若闭合差超限，则应查找原因重测曲线点。

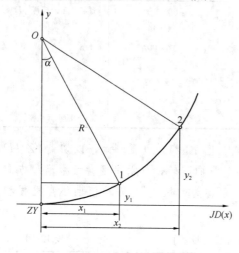

图 12-22　切线坐标系

以 YZ 点为测站，测设 QZ-YZ 间曲线点的步骤如下：

将仪器安置在 YZ 点（图 12-21），后视 JD 点，度盘配置为 $0°00'00''$。测设方法与在 ZY 点置镜测设前半个曲线的方法基本相同，不同的是测设偏角时照准部逆时针方向转动反拨偏角，测设 $1'$ 点的度盘读数为（$360°-\delta_1$），测设 $2'$ 点的度盘读数为（$360°-\delta_2$），……测设 QZ 点时的度盘读数应为（$360°-\alpha/4$）。

当用全站仪偏角法测设曲线反拨时，将其测角方式设为反时针转动时读数增加状态 HL，即逆时针转动照准部时水平度盘读数增加，可直接测设偏角。

偏角法测设速度较快，但误差累积，应注意检核。

2. 直角坐标法测设圆曲线

直角坐标法首先要计算曲线点在切线坐标系下的坐标。

切线坐标系以 ZY 点（或 YZ 点）为坐标原点，以 ZY 点（或 YZ）到 JD 方向为 x 轴，过原点作切线的垂线为 y 轴，如图 12-22 所示。曲线点在切线坐标系下的直角坐标为：

$$\left. \begin{aligned} x_i &= R \cdot \sin\alpha_i \\ y_i &= R - R \cdot \cos\alpha_i = R(1-\cos\alpha_i) \\ \alpha_i &= \frac{L_i}{R} \cdot \frac{180°}{\pi} \end{aligned} \right\} \quad (12\text{-}9)$$

式中　R——圆曲线半径；

　　　L_i——曲线点 i 至 ZY（或 YZ）的曲线长。

在实际工程中常用经纬仪和全站仪测设，下面分别叙述其测量方法。

1）经纬仪直角坐标法测设圆曲线

置镜在 ZY 点或 YZ 点，瞄准 JD 点，在视线方向用钢尺测设水平距离，其长度分别为各曲线点的 x 坐标值，得各曲线点在 x 坐标轴上的垂足；再分别在各垂足上置镜，后视 JD，测设 $90°$ 角，在相应的视线方向上用钢尺测设曲线点的 y 坐标值，得各曲线点。

2）全站仪直角坐标法测设圆曲线

当圆曲线主点测设出来后，先将 ZY（YZ）和 JD 及曲线点的点号及坐标按作业文件输入仪器内存储；测设时将全站仪安置在 ZY 或 YZ 点上，后视 JD 点，调用放样菜单，选择坐标放样，当测站和后视设置完毕后调出作业文件，仪器自动计算出测设数据，还可显示反射镜的当前位置与理论位置的差值，观测者可指挥反射镜前、后、左、右移动测设曲线点。曲线点测设中要对主点再次测设，以便进行检核。

用全站仪测设圆曲线时，还可置镜在附近的导线点上将曲线主点和曲线点同时测设。主点、曲线点在测量坐标系下的坐标可直接在数字图上查询获得，若无法查询，要先将它们在切线坐标系下的坐标转换为测量坐标，存为作业文件，再调用坐标放样菜单进行测设。

主点测设要盘左、盘右取均值，曲线点可只用盘左位置测设。

3. 极坐标法测设圆曲线

极坐标法详细测设圆曲线是利用极坐标法测设平面点位的原理，在极点上置镜，后视极方向，测设极角得曲线点方向，在该方向上测设极距得曲线点。通常有置镜在曲线主点或曲线外任意点上两种方法：

1）置镜在 ZY 点或 YZ 点，后视 JD 点，测设偏角 δ，得置镜点到曲线点方向，在该方向上测设弦长 C，则得曲线点。这种方法又称为长弦偏角法，其偏角和弦长计算公式见公式（12-8）。

2）置镜在曲线外任意点，后视曲线主点或导线点。测设时首先要测算出置镜点的坐标，同时计算出各曲线点的切线坐标；然后将它们的坐标变换成某一坐标系下的坐标；最后，根据置镜点、后视点和各曲线点换算后的坐标，计算出要测设相应曲线点的水平角 β 和水平距离 d。其测设方法与用极坐标法测设点的平面位置方法相同。

4. 利用 GPS-RTK 技术测设圆曲线

利用 GPS-RTK 技术法测设圆曲线，首先将它们的切线坐标换算为测量坐标，或者在数字图上查询圆曲线主点和曲线点在测量坐标系下的坐标，并把它们存储在 GPS 手簿的项目文件内，在基准站设置好参数后，调用测设菜单即可用流动站进行测设。

任务五　圆曲线加缓和曲线及其测设

一、缓和曲线的作用及其线形选用的前提条件

火车和汽车在曲线上运行时，会受到离心力的作用，当离心力超过一定值时，车辆就会倾覆。为了抵消离心力的影响，铁路、公路在曲线部分把外轨或路面外侧抬高一定数值，使得车辆在运行中向曲线内倾斜，以达到平衡离心力的作用，从而保证车辆行驶安全。图 12-23 为铁路外轨超高后的情况。此外，由于铁路车辆的构造要求，需进行轨距加宽。无论是外轨超高还是轨距加宽，都需要在直线与圆曲线之间加设过渡曲线逐渐完成。

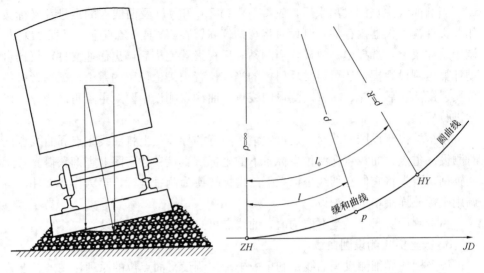

图 12-23　外轨超高　　　　　图 12-24　缓和曲线的曲率半径

缓和曲线是直线与圆曲线之间的一种过渡曲线，曲率半径由直线的无穷大逐渐变化到圆曲线半径 R，如图 12-24 所示。在缓和曲线上任一点 P 的曲率半径 ρ 与该点到缓和曲线起点的曲线长度 l 成反比，即：

$$\rho \propto \frac{1}{l} \text{ 或 } \rho \cdot l = C \tag{12-10}$$

式中　C——缓和曲线的曲率变更率，是一个常数。

当缓和曲线点 P 到曲线起点的曲线长度 l 等于缓和曲线总长 l_0 时，$\rho = R$，则有：

$$C = \rho \cdot l = R \cdot l_0 \tag{12-11}$$

式（12-10）或式（12-11）是缓和曲线线形选用的必要前提条件。符合这一条件的曲线有辐射螺旋线和三次抛物线，我国采用辐射螺旋线作为缓和曲线。

二、缓和曲线的参数方程

如图 12-25 所示，缓和曲线上任一点在以缓和曲线起点——直缓（ZH）点或缓直（HZ）点为原点的切线坐标系中的直角坐标 x、y 为：

$$x = l - \frac{l^5}{40C^2} + \frac{l^9}{3456C^4} \cdots\cdots$$

$$y = \frac{l^3}{6C} - \frac{l^7}{336C^3} + \frac{l^{11}}{42240C^5} \cdots\cdots$$

实际应用时，x 取前两项，y 值取一项（高速铁路 x、y 要多取一项），再将 $C = R \cdot l_0$ 代入上式，其参数方程为：

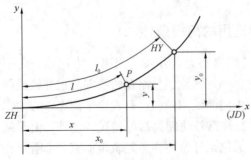

图 12-25　缓和曲线点的坐标

$$
\left.\begin{array}{l}
x = l - \dfrac{l^5}{40R^2 l_0^2} \\[3mm]
y = \dfrac{l^3}{6Rl_0}
\end{array}\right\}
\tag{12-12}
$$

式中　l——缓和曲线点 P 到直缓（ZH）点的曲线长；

　　　R——圆曲线半径；

　　　l_0——缓和曲线总长度。

当 $l=l_0$ 时，则 $x=x_0$，$y=y_0$，代入式（12-12），得：

$$
\left.\begin{array}{l}
x_0 = l_0 - \dfrac{l_0^3}{40R^2} \\[3mm]
y_0 = \dfrac{l_0^2}{6R}
\end{array}\right\}
\tag{12-13}
$$

式中　x_0、y_0——缓圆（HY）点或圆缓（YH）点在切线坐标系下的坐标。

三、缓和曲线的插入和缓和曲线常数

在直线和圆曲线之间插入缓和曲线的基本要求是要保证不改变线路的直线方向。如图 12-26 所示，缓和曲线插入后，约有缓和曲线长度 l_0 的一半是靠近原来的直线部分，而另一半是靠近原来的圆曲线部分；使圆曲线沿与曲线起点切线相垂直的方向移动一段距离 p，圆心就由 O' 移到 O，显然，$O'O = p\sec\dfrac{\alpha}{2}$，而圆曲线的半径 R 保持不变。

由图 12-26 中可以看出，插入缓和曲线后，原来圆曲线的两端由部分缓和曲线代替，原来的圆曲线变短了，只剩下 HY 到 YH 这段弧长。由于在圆曲线两端加设了等长的缓和曲线 l_0，曲线的主点由原来的三大主点变为直缓（ZH）点、缓圆（HY）点、曲中（QZ）点、圆缓（YH）点、缓直（HZ）点五大主点。

图 12-26 中的 β_0、δ_0、m、p、x_0、y_0 统称为缓和曲线常数。其中，β_0 为缓和曲线的总切线角，即 HY 点（或 YH 点）的切线与 ZH 点（或 HZ 点）切线的交角，亦即圆曲线向两端各延长 $l_0/2$ 部分所对应的圆心角。m 为切垂距，即由圆心 O 作与 ZH 点（或 HZ 点）的切线的垂线，垂足到 ZH 点（或 HZ 点）的距离。p 为内移距，即圆曲线沿垂线方向的移动量。δ_0 为缓和曲线总偏角，即从 ZH 点（或 HZ 点）的切线与其到 HY 点（或 YH 点）弦线的夹角。x_0、y_0 为 HY（或 YH）的坐标，由式（12-13）计算求出。

β_0、p、m、δ_0 的计算式如下：

$$
\left.\begin{array}{l}
\beta_0 = \dfrac{l_0}{2R} \cdot \dfrac{180^\circ}{\pi} \\[3mm]
p = \dfrac{l_0^2}{24R} - \dfrac{l_0^4}{2688R^3} \approx \dfrac{l_0^2}{24R} \\[3mm]
m = \dfrac{l_0}{2} - \dfrac{l_0^3}{240R^2} \\[3mm]
\delta_0 = \dfrac{\beta_0}{3} = \dfrac{l_0}{6R} \cdot \dfrac{180^\circ}{\pi}
\end{array}\right\}
\tag{12-14}
$$

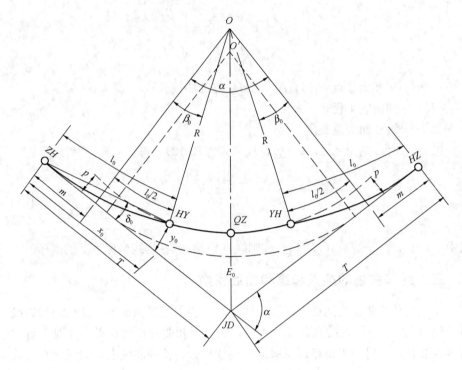

图 12-26　缓和曲线的插入

如图 12-27 所示，l 为缓和曲线上任一点到 ZH 点的缓和曲线长，其曲率半径为 ρ，切线角为 β（该点的切线与 ZH 点或 HZ 点切线的夹角），在切线坐标系下的坐标为 x、y。根据微积分原理，缓和曲线常数推导如下所述。

1. 推导总切线角 β_0

在图 12-27 中的缓和曲线某点作一弧线微量 $\mathrm{d}l$，已知该点的曲率半径为 ρ，则对应 $\mathrm{d}l$ 的切线角的微量为：

$$\mathrm{d}\beta = \frac{\mathrm{d}l}{\rho} = \frac{l \cdot \mathrm{d}l}{R \cdot l_0}（因为 C = \rho l = R l_0，则有 \rho = \frac{R \cdot l_0}{l}）$$

$$\beta = \int_0^l \mathrm{d}\beta = \int_0^l \frac{l \cdot \mathrm{d}l}{R \cdot l_0} = \frac{1}{R \cdot l_0}\int_0^l l \cdot \mathrm{d}l = \frac{l^2}{2R \cdot l_0}　或$$

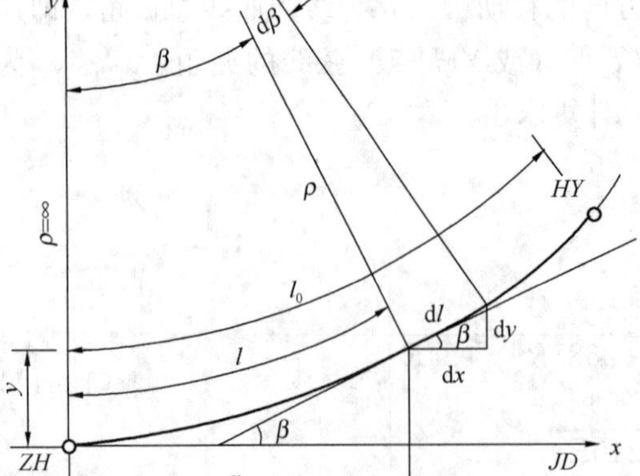

$$\beta = \frac{l^2}{2R \cdot l_0} \cdot \frac{180°}{\pi}$$

当 $l = l_0$ 时，$\beta = \beta_0$，所以：

$$\beta_0 = \frac{l_0}{2R} \cdot \frac{180°}{\pi}$$

2. 推导 HY（YH）点的切线坐标 x_0、y_0

在图 12-27 中，由缓和曲线某点所作弧线微量 $\mathrm{d}l$ 和该点的切线角可知：

图 12-27　缓和曲线常数推导

$$\mathrm{d}x = \mathrm{d}l \cdot \cos\beta$$

$$dy = dl \cdot \sin\beta$$

将 $\cos\beta$、$\sin\beta$ 按级数展开：

$$\cos\beta = 1 - \frac{\beta^2}{2!} + \frac{\beta^4}{4!} - \cdots\cdots$$

$$\sin\beta = \beta - \frac{\beta^3}{3!} + \frac{\beta^5}{5!} - \cdots\cdots$$

已知 $\beta = \dfrac{l^2}{2R \cdot l_0}$ ，与上两式一起代入 dx、dy 式中积分，略去高次项得 x、y 的一般表达式：

$$\left.\begin{array}{l} x = l - \dfrac{l^5}{40R^2 l_0^2} \\[3mm] y = \dfrac{l^3}{6Rl_0} \end{array}\right\}$$

即式（12-12）。当 $l = l_0$ 时，有：

$$\left.\begin{array}{l} x_0 = l_0 - \dfrac{l_0^3}{40R^2} \\[3mm] y_0 = \dfrac{l_0^2}{6R} \end{array}\right\}$$

即式（12-13）。

3. 推导切垂距 m

由图 12-28 中几何关系知：

$$m = x_0 - R \cdot \sin\beta_0$$

将 x_0 及 $\sin\beta_0$ 的表达式代入上式得：

$$m = \frac{l_0}{2} - \frac{l_0^3}{240R^2}（取至 l_0 三次方）$$

4. 推导内移距 p

由图 12-28 中几何关系知：

$$p = y_0 - R(1 - \cos\beta_0)$$

将 y_0 及 $\cos\beta_0$ 代入上式即得：

$$p = \frac{l_0^2}{24R}（取至 l_0 二次方）$$

5. 推导总偏角 δ_0

由图 12-28 可知：

$$\tan\delta_0 = \frac{y_0}{x_0}$$

因 δ_0 很小，则取：

$$\delta_0 \approx \tan\delta_0 = \frac{y_0}{x_0}$$

将 x_0、y_0 代入上式，仅取至 l_0 二次方项（忽略三次方及其以上项），则有：

$$\delta_0 = \frac{l_0}{6R} = \frac{\beta_0}{3}$$

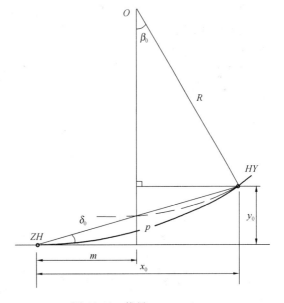

图 12-28　推导 m、p、δ_0

【**例题 12-4**】当 $R=500\text{m}$，$l_0=60\text{m}$，求缓和曲线常数。

【**解**】根据式（12-14）、式（12-13）计算得：

$$\beta_0 = 3°26'16''; \qquad \delta_0 = 1°08'45'';$$
$$m = 29.996\text{m}; \qquad p = 0.300\text{m};$$
$$x_0 = 59.978\text{m}; \qquad y_0 = 1.200\text{m}。$$

四、圆曲线加缓和曲线的综合要素及主点测设

从图 12-26 中可以看出，在直线和圆曲线之间加入缓和曲线后的综合要素为切线长 T、曲线长 L、外矢距 E_0，还有两倍的切线与曲线之差——切曲差 q，它们的计算公式分别为：

$$\left.\begin{array}{l} T = (R + p) \cdot \tan\dfrac{\alpha}{2} + m \\[3mm] L = L_0 + 2l_0 = R(\alpha - 2\beta_0)\dfrac{\pi}{180°} + 2l_0 \\[3mm] E_0 = (R + p)\sec\dfrac{\alpha}{2} - R \\[3mm] q = 2T - L \end{array}\right\} \tag{12-15}$$

式中，圆曲线半径 R、缓和曲线长 l_0 及转向角 α 是设计值，当 α 的测设的实测值与设计值不一致时，取实测值。

【**例题 12-5**】已知 $R=500\text{m}$，$l_0=60\text{m}$，$\alpha=28°36'20''$，ZH 点里程为 $86+424.67$，求综合要素及主点的里程。

【**解**】（1）先根据式（12-14）计算缓和曲线常数，再根据式（12-15）计算综合要素，得：

$$T = 157.55\text{m};$$
$$L = 309.63\text{m};$$
$$E_0 = 16.30\text{m};$$
$$q = 5.46\text{m}。$$

（2）主点里程计算

已知 ZH 点里程为 $86+424.67$，则有：

$$\begin{array}{ll} ZH & 86+424.67 \\ \underline{+l_0 \qquad\quad 60} \\ HY & 86+484.67 \\[2mm] \underline{+\left(\dfrac{L}{2}-l_0\right)\ \ 94.82} \\ QZ & 86+579.49 \\[2mm] \underline{+\left(\dfrac{L}{2}-l_0\right)\ \ 94.82} \\ YH & 86+674.31 \\[2mm] \underline{+l_0 \qquad\quad 60} \\ HZ & 86+734.31 \end{array}$$

$$\begin{array}{ll} ZH & 86+424.67 \\ \underline{+2T \qquad 315.10} \\ & 86+739.77 \\ \underline{-q \qquad\quad 5.46} \\ HZ & 86+734.31 \end{array}\text{（核！）}$$

测设 ZH、HZ、QZ 点的方法与测设圆曲线主点 ZY、YZ、QZ 点的方法相

同。测设 HY 和 YH 时，经纬仪安置在 JD 点上，后视 ZH 点（或 HZ 点），自 ZH 点（或 HZ 点）起沿 $ZH{\rightarrow}JD$（或 $HZ{\rightarrow}JD$）切线方向测设平距 x_0，打桩、钉小钉；然后在切线的 x_0 点上置镜，后视 JD，测设垂直于切线的方向，在垂线上测设平距 y_0，打桩、钉小钉，定出 HY 点（或 YH 点）。也可以在切线方向上自 JD 起向 ZH（或 HZ）测设平距 $(T-x_0)$，打桩、钉小钉，然后在这点置镜，测设垂直于切线的方向，在垂线方向测设平距 y_0，打桩、钉小钉，定出 HY 点（或 YH 点）。

为保证主点测设精度，角度测设要采用盘左、盘右分中法；距离测设应往返丈量，互差在限差内取平均位置。曲线主点测设完毕后，应在 ZH 或 HZ 点安置仪器，检查 HY 或 YH 点的总偏角 δ_0 是否正确。

当使用全站仪和 GPS-RTK 测设曲线主点时，要事先在数字图上查询出它们的测量坐标并存在仪器内或手簿中；然后将全站仪或 GPS 基准站安置好，置好参数后，调用测设菜单，直接测设五大主点。

五、圆曲线加缓和曲线的详细测设

1. 偏角法测设圆曲线加缓和曲线

（1）偏角法测设缓和曲线部分

通常将缓和曲线总长 l_0 设计为 10m 的整倍数，用偏角法测设缓和曲线时，将缓和曲线分为 N 等份，即每 10m 测设一个缓和曲线点。偏角法测设缓和曲线时其方法与偏角法测设圆曲线方法相同，依次拨各缓和曲线点的累计偏角并与 10m 长的距离交会，即可定出各缓和曲线点。

在图 12-29 中，l 为缓和曲线上任一点 A 到 ZH 的曲线长，δ 为对应的偏角，b 为 A 点的反偏角，即 A 点到 ZH 点的弦线与 A 点切线构成的夹角；x、y 为 A 点在 ZH 点切线坐标系下的坐标；可以看出：

$$\sin\delta = \frac{y}{l}$$

因 δ 很小，则有 $\delta \approx \sin\delta$。

已知：

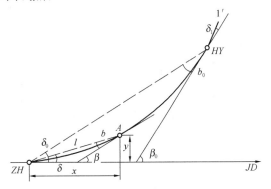

图 12-29　缓和曲线偏角计算

$$y = \frac{l^3}{6Rl_0}$$

则有：

$$\delta = \frac{l^2}{6Rl_0} = \delta = \frac{l^2}{6Rl_0} \cdot \frac{180°}{\pi} \tag{12-16}$$

又已知缓和曲线点 A 的切线角为：

$$\beta = \frac{l^2}{2Rl_0} \cdot \frac{180°}{\pi}$$

所以：
$$\beta = 3\delta$$

由图中几何关系可知：

$$b = \beta - \delta = \frac{2}{3}\beta = 2\delta \tag{12-17}$$

可以看出：
$$\delta : b : \beta = 1 : 2 : 3 \tag{12-18}$$

当 $l = l_0$ 时，$\delta = \delta_0$、$b = b_0$、$\beta = \beta_0$，

$$\beta_0 = 3\delta_0$$
$$b_0 = 2\delta_0$$

则有：
$$\delta_0 : b_0 : \beta_0 = 1 : 2 : 3$$

式中　δ_0——缓和曲线总偏角，即缓和曲线总长对应的偏角；

b_0——HY点的总反偏角。

当缓和曲线分成 N 等份时，各缓和曲线点到 ZH 点或 HZ 点的曲线长分别为：

$$l_2 = 2l_1, l_3 = 3l_1, \cdots\cdots l_0 = N \cdot l_1$$

根据偏角计算公式（12-16），则有：

$$\delta_1 = \frac{l_1^2}{6Rl_0} \cdot \frac{180^\circ}{\pi};$$

$$\delta_2 = \frac{l_2^2}{Rl_0} \cdot \frac{180^\circ}{\pi} = \frac{2^2 l_1^2}{6Rl_0} \cdot \frac{180^\circ}{\pi} = 2^2 \delta_1;$$

$$\cdots\cdots$$

$$\delta_N = \frac{l_N^2}{6Rl_0} \cdot \frac{180^\circ}{\pi} = \frac{N^2 l_1^2}{6Rl_0} \cdot \frac{180^\circ}{\pi} = N^2 \delta_1 = \delta_0;$$

所以：
$$\delta_1 = \frac{\delta_0}{N^2} \tag{12-19}$$

由上述推导可以看出，若缓和曲线分成 N 等份，则各缓和曲线点的偏角等于各曲线点序号平方与 δ_1 的乘积；若先算出 δ_0，即可算出 δ_1 和其他偏角；还可看出，各缓和曲线点的偏角与各曲线点到缓和曲线起点的曲线长的平方成正比。即：

$$\delta_1 : \delta_2 : \cdots : \delta_n = l_1^2 : l_2^2 : \cdots : l_N^2 \tag{12-20}$$

【例题 12-6】设 $R = 500$m、$l_0 = 60$m、$N = 6$，即每分段曲线长 $l_1 = 10$m，ZH 点里程为 K86＋424.67，计算各点的偏角。

【解】1）$\beta_0 = \dfrac{l_0}{2R} \cdot \dfrac{180^\circ}{\pi} = \dfrac{60}{2 \times 500} \times \dfrac{180^\circ}{3.1416} = 3^\circ 26' 16'''$

2）$\delta_0 = \dfrac{\beta_0}{3} = \dfrac{3^\circ 26' 16''}{3} = 1^\circ 08' 45''$

3）缓和曲线按 10m 测设一点，$N = 6$，则有：

$$\delta_1 = \frac{\delta_0}{N^2} = \frac{1^\circ 08' 45''}{36} = 1' 54''.59 = 1' 55''$$

4）各点偏角值列表计算于表 12-11 中。

缓和曲线偏角计算　　　　　　　　　　　　表 12-11

里程	曲线长（m）	累计偏角（°　′　″）	备　注
ZH　K86+424.67	00	0　00　00	ZH 点置镜，后视 JD 方向
+434.67	10	0　01　55	
+444.67	10	0　07　38	
+454.67	10	0　17　11	
+464.67	10	0　30　33	
+474.67	10	0　47　45	
HY　K86+484.67	10	1　08　45	$=\delta_0$　（核）

偏角法测设缓和曲线部分时，将经纬仪安置在 ZH 点（或 HZ 点）上，后视 JD，配置度盘为 $0°00'00''$；如果是右转曲线，先拨偏角 δ_0，若为左转曲线，先拨 $(360°-\delta_0)$，如 HY（YH）点在视线上说明主点测设正确；然后，与偏角法测设圆曲线方法相同，拨角 δ_1 并从 ZH 点（或 HZ 点）起沿视线方向量 10m 得 1 点，拨角 δ_2，钢尺零刻划对 1 点，10m 刻划与 δ_2 方向相交得 2 点……，依次测设出其他曲线点，直至 HY（YH）点，检核是否与主点重合。图 12-30 所示为左转曲线，拨角时度盘读数应为 $(360°-\delta_i)$。

一个曲线若在 ZH 点置镜用偏角法测设缓和曲线为正拨，则在 HZ 点上测设必为反拨，反之亦然。

（2）偏角法测设圆曲线部分

图 12-30 中的曲线为左转曲线，用偏角法测设圆曲线部分时，在 HY 点安置经纬仪，后视 ZH 点，度盘上配置反偏角 b_0，倒镜后使度盘读数为 $0°00'00''$ 时，视线方向则为 HY 点的

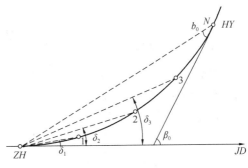

图 12-30　偏角法测设缓和曲线

切线方向，可按偏角法测设圆曲线的方法反拨偏角测设圆曲线点，直到 QZ 点。

在图 12-26 中的 YH 点置镜，后视 HZ 点，度盘上配置为 $(360°-b_0)$，倒镜后则 YH 点的切线方向的度盘读数为 $0°00'00''$，可正拨偏角测设圆曲线另一半圆曲线点，直至 QZ 点。

为了避免视准轴误差的影响，在 HY（YH）点置镜，后视 ZH（HZ）点，可将度盘配置为 $180°\pm b_0$，然后转动照准部，使度盘读数为 $0°00'00''$，则视线方向为 HY（YH）点的切线方向。偏角为正拨时，取"—"号，反拨时取"+"号。

偏角法的优点是测设速度快、有检核，适用于山区；缺点是误差积累。应加强检核，方法是用偏角法测设曲线主点与已测设出的主点进行比较，横向误差小于 10cm，纵向误差不超过本段曲线的 1/2000，则认为测设合格。否则，需要重测。

2. 极坐标法测设圆曲线加缓和曲线

极坐标法测设圆曲线加缓和曲线，亦分为置镜在曲线主点和置镜在线外任意

点两种情况,无论哪种情况都要计算曲线点的坐标。

(1) 曲线点切线坐标的计算

在缓和曲线部分曲线点的坐标为:

$$\left.\begin{array}{l} x = l - \dfrac{l^5}{40R^2 l_0^2} \\[3mm] y = \dfrac{l^3}{6Rl_0} \end{array}\right\}$$

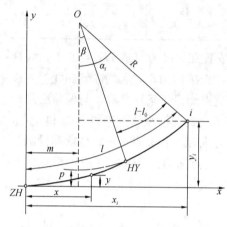

图 12-31　圆加缓圆曲线点坐标计算

在圆曲线部分,由图 12-31 知圆曲线点 i 的坐标为:

$$\left.\begin{array}{l} x_i = R \cdot \sin\alpha_i + m \\[2mm] y_i = R(1 - \cos\alpha_i) + p \end{array}\right\} \quad (12\text{-}21)$$

式中　$\alpha_i = \dfrac{l_i - l_0}{R} \cdot \dfrac{180°}{\pi} + \beta_0$;

l_i——曲线点 i 到曲线起点的曲线长。

(2) 两个切线坐标系的坐标统一换算

由于一个曲线有两个切线坐标系,要在一个置镜点用极坐标法测设整个曲线,需要将另半个曲线在 HZ 点切线坐标系下的 x'、y' 坐标转换为 ZH 点切线坐标系下的坐标 x、y。在图 12-32 中的左侧为右转曲线,右侧为左转曲线,将以 HZ 点为原点的切线坐标转换到以 ZH 点为原点的坐标系中的通用公式为:

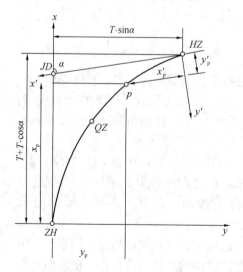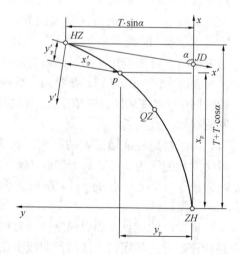

图 12-32　坐标变换

$$\binom{x}{y} = \binom{T(1+\cos\alpha)}{T\sin\alpha} + \begin{pmatrix} -\cos\alpha & -\sin\alpha \\ -\sin\alpha & \cos\alpha \end{pmatrix} \cdot \binom{x'}{y'} \qquad (12\text{-}22)$$

式中 T——切线长；

$\quad\quad\alpha$——转向角；

$\quad x$、y——以 ZH 为原点切线坐标系下的坐标；

$\quad x'$、y'——以 HZ 为原点切线坐标系下的坐标。

若要在线外任意点置镜测设曲线时，需要将置镜点、后视点、曲线点的坐标变换为一个坐标系下的坐标，才能计算测设资料进行测设。

（3）测设方法

测设前应首先计算出各曲线点相对于置镜点和后视点的测设参数——极坐标 (θ, ρ)，即可用经纬仪或全站仪测设。用极坐标法测设曲线时应注意如下事项：

1）曲线主点应单独测设，不得与曲线测设同时进行；用全站仪测设时主点与曲线点测设可同时进行，但主点应盘左盘右测设取均值；

2）用任意点极坐标法测设主点时，必须更换测站点或后视点以作检核，其点位误差不大于 5cm；

3）用极坐标法详细测设曲线时应加强检核，每百米不宜少于 1 个点；当置镜点多于 2 个时，应形成闭合环，闭合差应满足放线精度要求。

【例题 12-7】已知某曲线 $R = 500$m，$l_0 = 60$m，$\alpha_{右} = 28°36'20''$，$m = 29.996$m，$p = 0.300$m，$\beta_0 = 3°26'16''$，$x_0 = 59.978$m，$y_0 = 1.200$m，$T = 157.56$m，$L = 309.64$m，ZH 点里程为 86+424.67，HY 点里程为 86+487.67，QZ 点里程为 86+579.49，YH 点里程为 86+674.31，HZ 点里程为 86+743.31。

1）求 ZH-QZ 间曲线点在 ZH 点切线坐标系下的坐标；

2）求 HZ-QZ 间曲线点在 HZ 点切线坐标系下的坐标；

3）现有线外 E 点，测得它在 ZH 点切线坐标系下的坐标为：

$$x_E = 50.000\text{m}, \quad y_E = 86.603\text{m},$$

仪器置于 E 点，后视 ZH 点，测设 HZ-QZ 间曲线点的极坐标法测设资料。

【解】1）根据式（12-12）和式（12-21）计算 HZ-QZ 间曲线点在 ZH 点切线坐标系下的坐标如表 12-12。

ZH-QZ 曲线点坐标　　　　　　　　　　表 12-12

里程	曲线长（m）	X 坐标（m）	Y 坐标（m）	备注
ZH K86+424.67	0	0.000	0.000	
+434.67	10	10.000	0.006	
+444.67	20	20.000	0.044	
+454.67	30	29.999	0.150	
+464.67	40	39.997	0.356	
+474.67	50	49.991	0.694	与 HY 坐标相等
HY 86+484.67	60	59.978	1.200	
+500.00	15.33	75.264	2.353	
+520.00	35.33	95.140	4.561	
+540.00	55.33	114.913	7.564	
+560.00	75.33	134.549	11.353	
QZ 86+579.49	94.82	153.524	15.799	

2）根据式（12-12）和式（12-21）求 *HZ-QZ* 间曲线点在 *HZ* 点切线坐标系下的坐标如表 12-13。

HZ-QZ 曲线点坐标   表 12-13

里程	曲线长（m）	X′坐标（m）	Y′坐标（m）	备注
HZ K86+734.31	0	0.000	0.000	
+724.31	10	10.000	0.006	
+714.31	20	20.000	0.044	
+704.31	30	29.999	0.150	
+694.31	40	39.997	0.356	
+684.31	50	49.991	0.694	
YH 86+674.31	60	59.978	1.200	与 YH 坐标相等
+660.00	14.31	74.248	2.262	
+640.00	34.31	94.129	4.430	
+620.00	54.31	113.907	7.391	
+600.00	74.31	133.551	11.141	
+580.00	94.31	153.030	15.674	
QZ 86+579.49	94.82	153.524	15.799	

3）先据式（12-22）计算 *HZ* 点坐标变换的平移量：

$$T(1+\cos\alpha)=157.56(1+\cos28°36'20'')=295.888\text{m},$$
$$T\times\sin\alpha=157.56\times\sin28°36'20''=75.436\text{m};$$

再按式（12-20）计算 *HZ-QZ* 间曲线点在 *ZH* 点切线坐标系下的坐标，列于表 12-14。

HZ-QZ 间曲线点在 ZH 点切线坐标系下的坐标   表 12-14

里程	X′坐标（m）	Y′坐标（m）	X 坐标（m）	Y 坐标（m）	备注
HZ K86+734.31	0.000	0.000	295.888	75.436	
+724.31	10.000	0.006	287.106	70.653	
+714.31	20.000	0.044	278.119	65.899	
+704.31	29.999	0.150	269.479	61.205	
+694.31	39.997	0.356	260.603	56.599	
+684.31	49.991	0.694	251.667	52.111	
YH 86+674.31	59.978	1.200	242.656	47.773	
+660.00	74.248	2.262	229.620	41.874	
+640.00	94.129	4.430	211.128	34.258	
+620.00	113.907	7.391	192.346	27.389	
+600.00	133.551	11.141	173.305	21.276	
+580.00	153.030	15.674	154.033	15.930	
QZ 86+579.49	153.524	15.799	153.539	15.803	较差满足要求！

解得 $\alpha_{E-2H}=240°$，极坐标法测设曲线点的测设资料计算见表 12-15。

HZ-QZ 间曲线点在 E 点置镜的测设资料　　　　表 12-15

里程	X 坐标 (m)	Y 坐标 (m)	α_{E-i} (° ′ ″)	θ (° ′ ″)	d (m)
HZ K86+734.31	295.888	75.436	357 23 59	117 23 59	246.141
+724.31	287.106	70.653	356 09 06	116 09 06	237.642
+714.31	278.119	65.899	354 48 51	114 48 51	229.057
+704.31	269.479	61.205	353 23 57	113 23 57	220.944
+694.31	260.603	56.599	351 53 30	111 53 30	212.730
+684.31	251.667	52.111	350 17 40	110 17 40	204.595
YH 86+674.31	242.656	47.773	348 36 17	108 36 17	196.530
+660.00	229.620	41.874	345 59 10	105 59 10	185.105
+640.00	211.128	34.258	342 00 28	102 00 28	169.417
+620.00	192.346	27.389	337 24 48	97 24 48	154.171
+600.00	173.305	21.276	332 05 07	92 05 07	139.541
+580.00	154.033	15.930	325 48 38	85 48 38	125.768
QZ 86+579.49	153.539	15.803	325 38 08	85 38 08	125.431

（4）直角坐标法详细测设圆曲线加缓和曲线

直角坐标法测设圆曲线加缓和曲线，同直角坐标法测设圆曲线一样有经纬仪和全站仪测设之分。不同的是在 ZH 点或 HZ 点置镜测设。

曲线主点要盘左、盘右测设，若互差在 5cm 内取均值位置，曲线点可用盘左位置测设。

（5）利用 GPS-RTK 技术测设圆曲线加缓和曲线

利用 GPS-RTK 技术详细测设圆曲线加缓和曲线方法与测设圆曲线方法相同，要注意加强检核。

3. 曲线测设的限差

在曲线测设中，由于拨角及量距误差的影响，从一个主点测设到另一个主点时，往往产生闭合差。如图 12-33，曲线测设由 ZH 点测设到 QZ 点时，测设出的点为 M'，与主点测设时定出的 QZ（M）点不在同一位置，产生闭合差 f。f 可在 M' 处分解为外矢距方向及 QZ 点切线方向的两个分量。切线方向的分量为纵向闭合差 $f_{纵}$，外矢距方向分量为横向闭合差 $f_{横}$。

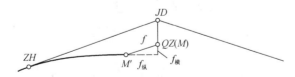

图 12-33　曲线测设误差

《新铁规》规定曲线测设闭合差的允许值：

（1）偏角法：
$$f_{纵} \leqslant \frac{l}{2000}$$

$$f_{横} \leqslant 0.1 \text{m}$$

其中，l 为测设两主点之间的曲线长。当曲线半径较大时，认为纵向闭合差主要是由量距引起的，所以纵向允许闭合差是一个相对值；认为横向闭合差主要是由拨角引起的，因此，横向允许闭合差是一个绝对值。

(2) 极坐标法：中桩检测点位误差小于±10cm。

任务六　线路施工测量

在施工阶段，线路施工测量的主要任务是将线路施工桩点的平面位置和高程测设于实地。施工桩点包括中线桩和标志路基施工边界线的边桩。线路中线在线路施工中起平面控制作用，也是路基施工的主要依据，在施工中中线位置必须与定测一致。由于定测以后要经过施工图设计、招投标阶段才能进行施工阶段，定测钉设的某些桩点可能丢失或被移动。因此，在线路施工之前，必须进行复测，恢复受到破坏的控制点，恢复定测测设的中线桩，检查定测资料，这项工作称为线路复测。此外，在修筑路基前，需要在地面上把标志路基中线方向不填不挖的施工零点和路基施工边界桩钉出来，作为线路施工的依据。测设施工零点桩和边桩的工作称为路基放样。

一、线路复测

线路复测的目的是检测定测质量和恢复定测桩点。施工单位在施工复测前应检核定测资料及有关图表，会同设计单位在现场进行交接平面控制点和水准点、ZD桩、JD桩、曲线主点桩、中线桩等。施工复测应对全线的控制点和中线进行复测，其工作内容和方法与定测时基本相同，精度要求与定测一致。

当复测结果与定测成果互差在限差范围内时，可按定测成果。当复测与定测成果互差超限时，应多方寻找原因。如确属定测资料错误或桩点发生移动时，则应改动定测成果。

《新铁规》复测与定测成果不符值的限差规定如下：

水平角：±30″；

距离：钢尺 1/2000，光电测距 1/3000；

转点点位横向差：每100m 不应大于 5mm，当距离超过 400m 时，亦不应大于 20mm；

曲线横向闭合差：10cm（施工时应调整桩位）；

水准点高程闭合差：$±30\sqrt{K}$ mm（K 为路线长度的千米数）；

中桩高程：±10cm。

此外，在施工阶段对土石方的计算要求比设计阶段准确。因此，横断面要求测得密些，通常在地势平坦地区为每50m 一个；在土石方量大的复杂地区，应不远于每20m 一个。所以，在施工中线上的里程桩也要加密为每50m 或20m 一个。

二、路基放样

路基放样的主要内容是测设路基中线的施工零点和路基边桩。

1. 路基中线施工零点的测设

路基横断面是在横断面图上设计的，在路基中需要填方的横断面称为路堤，需要挖方的称为路堑。当在线路中线方向某点的填挖量为零时，该点为线路中线方向上不填不挖的点，也就是线路纵断面图上设计中线与地面线的交点，是路基中线的施工零点。

在图 12-34 中，A、B 为中线上的里程桩，O 是路基在线路中线方向的施工零点。要测设施工零点，首先求算零点距邻近里程桩的距离。

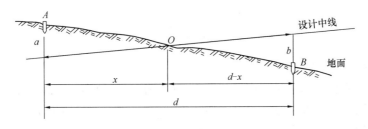

图 12-34　路基施工施工零点的测设

设 x 为路基中线的施工零点距邻近里程桩 A 的水平距离，d 为两相邻里程桩 A、B 之间的水平距离，a 为 A 点挖深，b 为 B 点填高，根据几何关系有：

$$\frac{a}{x} = \frac{b}{d-x}$$

故：

$$x = \frac{a}{a+b} \cdot d$$

施工时，自 A 起沿中线方向量取水平距离 x，即可测设出施工零点桩 O。

2. 路基边桩的测没

路基施工前，要在线路中桩两侧横断面上用边桩标志出路堤坡脚或路堑坡顶的位置，作为填土或挖土的边界依据。要正确测设边桩，必须熟悉路基设计资料。边桩测设的方法很多，常用的有图解法、解析法和逐渐趋近法。

1）图解法

在较平坦地区，当横断面测量精度较高时，首先在横断面图上量取边坡线与地面线交点至中桩的水平距离，然后在实地根据中桩测设边桩。

2）解析法

在地势平坦路段，如图 12-35 所示（左图为路堤，右图为路堑），首先要计算出边桩到中线桩的水平距离 D，D 等于中线一侧路堤路肩宽（或路堑底面宽）与填（挖）高 H 乘以设计边坡坡度之和。即：

$$D_1 = D_2 = \frac{b}{2} + m \times H \tag{12-23}$$

式中　b——路堤或路堑（包括侧沟）的宽度，由设计确定；

　　　m——路基边坡坡度比例系数；

　　　H——填（挖）高度。

测设时，以中桩为依据，分别向中桩左右两侧量取水平距离 D_1、D_2，即可钉出边桩。

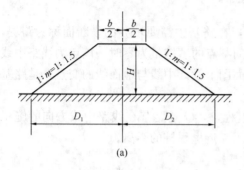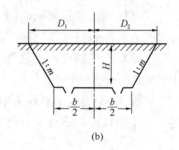

图 12-35　平坦地面路堑、路堤边桩测设

3）逐渐趋近法

地面高低起伏不平时，边桩到中线桩的距离随地面的高低起伏而发生变化。此时，要用逐渐趋近法进行测设，如图 12-36 所示。首先在横断面图上量得的边桩到中桩的平距，在实地确定其大概位置点 1；再用水准仪测出 1 点与中桩的高差 h_1，用尺量出 1 点至中桩的平距 D'；然后，根据高差 h_1，按公式（12-24）计算边坡桩至中桩的距离 D：

$$D = b/2 + m \times (H \pm h_1) \tag{12-24}$$

式中　b——中桩路堤顶面或路堑底部宽度；

　　　m——设计边坡的坡度系数；

　　　H——路基中桩填（挖）高；

　　　h_1——1 点与中桩的实测高差。

h_1 的"$\pm$"号规定为：

当边桩在测设路堤下坡一侧时，h_1 取"$+$"，在测设路堤上坡一侧时，h_1 取"$-$"；

当边桩在测设路堑下坡一侧时，h_1 取"$-$"，在测设路堑上坡一侧时，h_1 取"$+$"。

若 $D > D'$，说明边桩的位置应在 1 点的外边，向外移动 $\Delta D = D - D'$；若 $D < D'$，则边桩应在 1 点里边，向里移动 ΔD。图 12-36（a）中，$D > D'$，水准尺向外移动 ΔD，再次进行测算，直至 $\Delta D < 0.1 m$ 时，即可认为立尺点即为边桩的位置。用逐渐趋近法测设边桩，需要在现场边测边算，试测一两次后即可确定边坡位置。在地形复杂地段采用此法较为快捷、准确。

三、竣工测量

新建公路、铁路应在路基工程、桥梁工程、隧道工程完成之后，路面和轨道铺设之前进行竣工测量，其目的是最后测定线路中线位置，同时检查路基施工质量是否符合设计要求，为路面铺设和铺轨提供依据。此外，还为运营阶段的维护、扩建、改建提供依据。它的主要内容包括中线测量、高程测量和横断面测量。

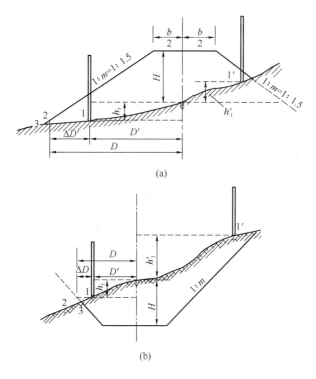

图 12-36　逐渐趋近法测设边桩

1. 中线测量

首先根据护桩或控制点将线路的主要控制点恢复到路基上，进行线路中线贯通测量；在有桥隧的路段，从桥梁、隧道的线路中线向两端引测贯通。贯通测量后的中线位置应符合路基宽度和建筑物限界的要求，中线控制桩和交点桩应固桩。

在曲线地段，应交出交点，重新测量转向角；当新测角值与原来转向角之差在允许范围内时，仍采用原来的资料，测角精度与复测相同。应检查曲线控制点、切线长、外矢距等长度的相对误差，在 1/2000 以内，横向闭合差不大于 5cm 时，仍用原桩点。

在中线上，直线路段每 50m、曲线路段每 20m 设一桩；道岔中心、变坡点、桥涵中心等处均需钉设加桩，全线里程自起点连续计算，消灭由于局部改线或分段施工而造成的里程不能连续的"断链"。

2. 高程测量

新建公路、铁路竣工测量时，应将水准点移设到稳固的建筑物上，或埋设永久性混凝土水准点，其间距不应大于 2km，其测量精度与定测时相同，全线高程必须统一，消灭因分段施工而产生的"断高"。

中桩高程按复测方法进行，路基高程与设计高程之差不应超过 5cm。

3. 横断面测量

主要检查路基宽度，侧沟、天沟的深度，宽度与设计值之差不得大于 5cm，路堤护道宽度误差不得大于 10cm。若不符合要求且误差超限应进行整修。

习　题

1. 线路初测的目的是什么？有哪些主要工作？

2. 初测导线选点的原则有哪些？

3. 为什么在计算导线全长的相对闭合差时要对坐标增量总和进行两次改化？

4. 何谓坐标换带？导线计算在哪些情况下要进行坐标换带？

5. 新建公路、铁路在初测阶段水准点高程测量的任务是什么？中平的目的是什么？

6. 线路定测的目的是什么？有哪些主要工作？

7. 定测放线常用哪些方法？

8. 定测时的中平与初测时的中平有哪些异同？

9. 在公路、铁路转弯处为什么要加入缓和曲线？加入的缓和曲线需要具有何种特性？

10. 测设曲线的主要方法有哪些？

11. 试叙述用偏角法测设具有缓和曲线的圆曲线时，在 HY 点和 YH 点置镜应如何找出切线方向？

12. 试述用逐渐趋近法测设路基边桩的方法。

13. 已知初测导线点 c_1 的坐标为 $x_{c_1}=10117m$，$y_{c_1}=10259m$；c_1c_2 边的坐标方位角为 $68°24'16''$；中线交点 JD_1 的设计坐标为（10045m，10268m），JD_2 的设计坐标为（11186m，12094m），分别在 c_1 点和 JD_1 置镜，试计算用拨角放线法测设 JD_1 和 JD_2 所需要的资料。

14. 圆曲线半径 $R=500m$，转向角 $\alpha_{右}=25°30'16''$，若 ZY 点的里程为 K28+615.36，试计算圆曲线要素、各主点的里程及仪器设置在 ZY 点时测各曲线点时的偏角。

15. 某左转曲线 $\alpha=28°36'00''$，半径 $R=800m$，缓和曲线长 $l_0=100m$，JD 点的里程为 K39+305.38。

（1）计算缓和曲线常数和曲线综合要素；

（2）计算各主点里程；

（3）试计算：当仪器设置在 ZH 点时，测设 ZH-HY 点间各曲线点的偏角；当仪器设置在 HY 点时，测设 HY-YH 点间各点的偏角；当仪器设置在 HZ 点时，测设 HZ-YH 点间各点的偏角。

16. 曲线半径 $R=500m$，缓和曲线长 $l_0=60m$，转向角 $\alpha_{右}=28°36'20''$，JD 点里程为 K3+246.25，在 ZH 点上安置仪器，后视 JD 点，试计算用直角坐标法测 ZH 到 QZ 点间各曲线点在切线坐标系下各点坐标，要求缓和曲线每隔10m测设一点，圆曲线点里程为20m倍数。

项目十三 桥梁施工测量

【知识目标】桥梁施工控制测量和桥轴线长度所需精度估算的基本知识，桥梁墩台中心的定位和放样的基本工作。

【能力目标】桥梁施工控制测量的方法，梁墩台中心的定位和放样的方法。

桥梁是道路工程的重要组成部分，有铁路桥梁、公路桥梁、铁路公路两用桥梁以及陆地上的立交桥和高架道路。在工程建设中，无论是投资比重、施工期限、技术要求等各个方面，它都居于重要位置。特别是一般特大桥、复杂特大桥等技术较复杂的桥梁建设，对一条路线能否按期、高质量地建成通车，均具有重要影响，有时甚至起着控制工程的作用。桥梁按其轴线长度一般分为特大型桥（>500m）、大型桥（100~500m）、中型桥（30~100m）和小型桥（<30m）四类。

任务一 桥梁控制测量

一座桥梁的建设，在勘测设计、建筑施工和运营管理期间都需要进行大量的测量工作，其中包括：勘测选址、地形测量、施工测量、竣工测量；在施工过程中及竣工通车后，还要进行变形观测。本章主要讨论施工阶段的测量工作。桥梁施工测量的内容和方法，随桥长及其类型、施工方法、地形复杂情况等因素的不同而有所差别，概括起来主要有桥轴线长度测量、桥梁控制测量、墩台定位及轴线测设、墩台细部放样及梁部放样等。另外，还要按规范要求等级进行水准测量。对于小型桥一般不进行控制测量。

现代的施工方法，日益走向工厂化和拼装化，尤其对于铁路桥量，梁部构件一般都在工厂制造，在现场进行拼接和安装，这就对测量工作提出了十分严格的要求。

一、桥梁平面控制测量

在选定的桥梁中线上，于桥头两端埋设两个控制点，两控制点间的连线称为桥轴线。由于墩、台定位时主要以这两点为依据，所以桥轴线长度的精度直接影响墩、台定位的精度。为了保证墩、台定位的精度要求，首先需要估算出桥轴线长度需要的精度，以便合理地拟定测量方案。

1. 桥轴线长度所需精度估算

在现行的《铁规》中，根据梁的结构形式、施工过程中可能产生的误差，推导出了如下的估算公式：

（1）钢筋混凝土简支梁

$$m_{\mathrm{L}} = \pm \frac{\Delta_{\mathrm{D}}}{\sqrt{2}} \sqrt{N_1} \qquad (13\text{-}1)$$

（2）钢板梁及短跨（$l \leqslant 64\text{m}$）简支钢桁梁

单跨：
$$m_l = \pm \frac{1}{2} \sqrt{\left(\frac{l}{5000}\right)^2 + \delta^2} \qquad (13\text{-}2)$$

多跨等跨：
$$m_L = m_l \sqrt{N_2} \qquad (13\text{-}3)$$

多跨不等跨：
$$m_L = \pm \sqrt{m_{l1}^2 + m_{l2}^2 + \cdots} \qquad (13\text{-}4)$$

（3）连续梁及长跨（$l > 64\text{m}$）简支钢桁梁

单联（跨）：
$$m_l = \pm \frac{1}{2} \sqrt{n\Delta_l^2 + \delta^2} \qquad (13\text{-}5)$$

多联（跨）等联（跨）：
$$m_L = m_l \sqrt{N_2} \qquad (13\text{-}6)$$

多联（跨）不等联（跨）：$m_L = \pm \sqrt{m_{l1}^2 + m_{l2}^2 + \cdots\cdots} \qquad (13\text{-}7)$

式中　m_L——桥轴线（两桥台间）长度中误差（mm）；

　　　m_{li}——单跨长度中误差（mm）（$i = 1, 2, \cdots\cdots$）；

　　　L——梁长；

　　　N_1——联（跨）数；

　　　N_2——每联（跨）节间数；

　　　Δ_D——墩中心的点位放样限差（±10mm）；

　　　Δ_l——节间拼装限差（±2mm）；

　　　δ——固定支座安装限差（±7mm）；

　1/5000——梁长制造限差。

2. 桥轴线长度测量方法

一般地，直线桥或曲线桥的桥轴线长度可用光电测距仪或钢卷尺直接测定。但如果精度需要或对于复杂特大桥，则应布设 GPS 网与导线网进行平面控制测量，这时桥轴线长度的精度估算还应考虑利用平面控制点交会墩位的误差影响。

3. 桥梁平面控制测量

桥梁平面控制测量的目的是测定桥轴线长度并据以进行墩、台位置的放样，同时，也可用于施工过程中的变形监测。

根据桥梁跨越的河宽及地形条件，平面控制网多布设成如图 13-1 所示的形式。

选择控制点时，应尽可能使桥的轴线作为三角网的一条边，以利于提高桥轴线的精度。若不可能，也应将桥轴线的两个端点纳入网内，以便间接求算桥轴线长度，如图 13-1（d）。

对于控制点的要求，除了图形简单、图形强度良好外，还要求地质条件稳定，视野开阔，便于交会墩位，其交会角不致太大或太小。基线应与桥梁中线近似垂直，其长度宜为桥轴线的 0.7 倍，困难时也不应小于其 0.5 倍。在控制点上要埋设标石及刻有"＋"字的金属中心标志。如果兼作高程控制点用，则中心标志宜做成顶部为半球状。

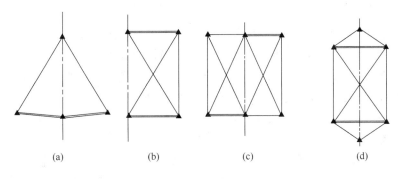

图 13-1 桥梁平面控制网

控制网可采用测角网、测边网或边角网。采用测角网时宜测定两条基线，如图 13-1 中的双线所示；测边网是测量所有的边长而不测角度；边角网则是边长和角度都测。一般说来，在边、角精度互相匹配的条件下，边角网的精度较高。

桥梁控制网分为五个等级，它们分别对测边和测角精度的规定如表 13-1 所示。

测边和测角的精度规定　　　　　　　　　　　　　　表 13-1

三角网等级	桥轴线相对中误差	测角中误差（″）	最弱边相对中误差	基线相对中误差
一	1/175000	±0.7	1/150000	1/400000
二	1/125000	±1.0	1/100000	1/300000
三	1/75000	±1.8	1/60000	1/200000
四	1/50000	±2.5	1/40000	1/100000
五	1/30000	±4.0	1/25000	1/75000

上述规定是对测角网而言，由于桥轴线长度及各个边长都是根据基线及角度推算的，为保证轴线有可靠的精度，基线精度要高于桥轴线精度 2～3 倍。如果采用测边网或边角网，由于边长是直接测定的，所以不受或少受测角误差的影响，测边的精度与桥轴线要求的精度相当即可。

由于桥梁三角网一般都采用独立坐标系统，它所采用的坐标系，一般是以桥轴线作为 x 轴，桥轴线始端控制点的里程作为该点的 x 值。这样，桥梁墩台的设计里程即为该点的 x 坐标值，便于以后施工放样的数据计算。

在施工时，如果因机具、材料等遮挡视线，无法利用主网的点进行施工放样时，可以根据主网两个以上的点将控制点加密，这些加密点称为插点。插点的观测方法与主网相同，但在平差计算时，主网上点的坐标不得变更。

此外，随着 GPS 应用技术的发展，在桥梁控制网建立中使用 GPS 方法日益增多，尤其在特长桥梁控制网中，更显示出其优越性。具体方法可参考 GPS 测量有关内容。

二、桥梁高程控制测量

在桥梁的施工阶段，应建立高程控制网，作为放样的高程依据。即在河流两岸建立若干个水准基点，这些水准基点除用于施工外，也可作为以后变形观测的高程基准点。

水准基点布设的数量视河宽及桥的大小而异。一般小桥可只布设一个；在200m 以内的大、中桥，宜在两岸各设一个；当桥长超过 200m 时，由于两岸连测不便，为了在高程变化时易于检查，则每岸至少设置两个。水准基点是永久性的，必须十分稳固。除了它的位置要求便于保护外，根据地质条件，可采用混凝土标石、钢管标石、管柱标石或钻孔标石。在标石上方嵌以凸出半球状的铜质或不锈钢标志。

为了方便施工，也可在附近设立施工水准点，由于其使用时间较短，在结构上可以简化，但要求使用方便，也要相对稳定，且在施工时不致破坏。

桥梁水准点与线路水准点应采用同一高程系统。与线路水准点连测的精度根据设计和施工要求确定，如当包括引桥在内的桥长小于 500m 时，可用四等水准连测，大于 500m 时可用三等水准进行测量。但桥梁本身的施工水准网，则宜用较高精度，因为它是直接影响桥梁各部放样精度的。

当跨河距离大于 200m 时，宜采用过河水准法连测两岸的水准点。跨河点间的距离小于 800m 时，可采用三等水准；大于 800m 时，采用二等水准进行测量。

任务二　墩台中心定位和轴线测设

一、墩台中心定位

在桥梁施工过程中，最主要的工作是测设出墩、台的中心位置和它的纵横轴线。其测设数据由控制点坐标和墩、台中心的设计坐标计算确定，若是曲线桥还需桥梁偏角、偏距及墩距等原始资料。测设方法则视河宽、水深及墩位的情况，可采用直接测设或角度交会等方法。墩、台中心位置定出以后，还要测设出墩、台的纵横轴线，以固定墩、台方向，同时它也是墩台施工中细部放样的依据。

1. 直线桥的墩、台中心定位

直线桥的墩、台中心都位于桥轴线的方向上。墩、台中心的设计里程及桥轴线起点的里程是已知的，如图 13-2 所示，相邻两点的里程相减即可求得它们之间的距离。根据地形条件，可采用直接测距法或交会法测设出墩、台中心的位置。

（1）直接测距法

这种方法适用于无水或浅水河道。

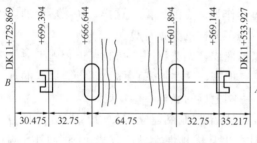

图 13-2　直线桥墩台

根据计算出的距离，从桥轴线的一个端点开始，用检定过的钢尺测设出墩、台中心，并附合于桥轴线的另一个端点上。若在限差范围之内，则依各端距离的长短按比例调整已测设出的距离。在调整好的位置上钉一小钉，即为测设的点位。

若用光电测距仪测设，则在桥轴线起点或终点架设仪器，并照准另一个端点。在桥轴线方向上设置反光镜，并前后移动，直至测出的距离与设计距离相符，则该点即为要测设的墩、台中心位置。为了减少移动反光镜的次数，在测出的距离与设计距离相差不多时，可用小钢尺测出其差数，以定出墩、台中心的位置。

（2）角度交会法

当桥墩位于水中，无法直接丈量距离及安置反光镜时，则采用角度交会法。

如图 13-3 所示，C、A、D 为控制网的三角点，且 A 为桥轴线的端点，E 为墩中心设计位置。C、A、D 各控制点坐标已知，若墩心 E 的坐标与之不在同一坐标系，可将其进行改算至统一坐标系中。利用坐标反算公式即可推导出交会角 α、β。如利用计算器的坐标换算功能，则 α 的计算过程更为简捷。以 CASIO fx-4500P 为例：

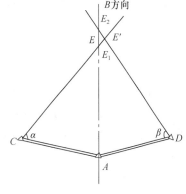

图 13-3　角度交会法

$$pol\left((x_{E}-x_{C}),(y_{E}-y_{C})\right)\rfloor ,\alpha_{CE}=W$$

$$pol\left((x_{A}-x_{C}),(y_{A}-y_{C})\right)\rfloor ,\alpha_{CA}=W$$

则交会角 α：　　　　$\alpha=\alpha_{CA}-\alpha_{CE}$

其中，pol 为直角坐标、极坐标的换算功能；W 为极角的存储区，$W<0$ 时，加 $360°$ 赋予方位角。

同理，可求出交会角 β。当然也可以根据正弦定理或其他方法求得。

在 C、D 点上安置经纬仪，分别自 CA 及 DA 方向测设出交会角 α、β，则两方向的交点即为墩心 E 点的位置。为了检核精度及避免错误，通常还利用桥轴线 AB 方向，用三个方向交会出 E 点。

由于测量误差的影响，三个方向一般不交于一点，而形成一如图 13-3 所示的三角形，该三角形称为示误三角形。示误三角形的最大边长，在建筑墩台下部时不应大于 25mm，上部时不应大于 15mm。如果在限差范围内，则将交会点 E' 投影至桥轴轴线上，作为墩中心 E 的点位。

随着工程的进展，需要经常进行交会定位。为了工作方便，提高效率，通常都是在交会方向的延长线上设置标志，以后交会时可不再测设角度，而直接瞄准该标志即可。

当桥墩筑出水面以后，即可在墩上架设反光镜，利用光电测距仪，以直接测距法定出墩中心的位置。

2. 曲线桥的墩、台中心定位

位于直线桥上的桥梁，由于线路中线是直的，梁的中心线与线路中线完全重合，只要沿线路中线测出墩距，即可定出墩、台中心位置。但在曲线桥上则不然，曲线桥的线路中线是曲线，而每跨梁本身却是直的，两者不能完全吻合，而是如图 13-4 所示。梁在曲线上的布置，是使各梁的中线连接起来，成为与线路中线基本吻合的折线，这条折线称为桥梁工作线。墩、台中心一般位于桥梁工作线转折角的顶点上，所谓墩台定位，就是测设这些转折角顶点的位置。

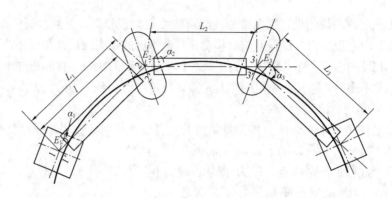

图 13-4　曲线桥墩台

在桥梁设计时，为使车辆运行时梁的两侧受力均匀，桥梁工作线应尽量接近线路中线，所以梁的布置应使工作线的转折点向线路中线外移动一段距离 E，这段距离称为桥墩偏距，如图 13-4，其中 $11'$、$22'$ 和 $33'$ 分别为桥墩台的偏距 E_1、E_2 和 E_3。偏距 E 一般是以梁长为弦线的中矢值的一半，这是铁路桥梁的常用布置方法，称为平分中矢布置。相邻两梁跨工作线构成的偏角 α 称为桥梁偏角。每段折线的长度 L 称为桥墩中心距。E、α、L 在设计图中都已经给出，结合这些资料即可测设墩位。

综上所述可以看出，若直线桥的墩、台定位，主要是测设距离，其所产生的误差，也主要是距离误差的影响；而在曲线桥时，距离和角度的误差都会影响到墩、台点位的测设精度，所以它对测量工作的要求比直线桥要高，工作也比较复杂，在测设过程中一定要多方检核。

在曲线上的桥梁是线路组成的一部分，故要使桥梁与曲线正确地连接在一起，必须以高于线路测量的精度进行测设。曲线要素要重新以较高精度取得。为此需对线路进行复测，重新测定曲线转向角，重新计算曲线要素，而不能利用原来线路测量的数据。

曲线桥上测设墩位的方法与直线桥类似，也要在桥轴线的两端测设出两个控制点，以作为墩、台测设和检核的依据。两个控制点测设精度同样要满足估算出的精度要求。在测设之前，首先要从线路平面图上弄清桥梁在曲线上的位置及墩台的里程。位于曲线上的桥轴线控制桩，要根据切线方向用直角坐标法进行测设。这就要求切线的测设精度要高于桥轴线的精度。至于哪些距离需要高精度复测，则要看桥梁在曲线上的位置而定。

将桥轴线上的控制桩测设出来以后，就可根据控制桩及给出的设计资料进行墩、台的定位。根据条件，可采用直接测距法或交会法。

（1）直接测距法

在墩、台中心处可以架设仪器时，宜采用这种方法。由于墩中心距 L 及桥梁偏角 α 是已知的，可以从控制点开始，逐个测设出角度及距离，即直接定出各墩、台中心的位置，最后再附合到另外一个控制点上，以检核测设精度。这种方法称为导线法。

利用光电测距仪测设时，为了避免误差的积累，可采用长弦偏角法（也称极坐标法）。因为控制点及各墩、台中心点在切线坐标系内的坐标是可以求得的，故可据此算出控制点至墩、台中心的距离及其与切线方向间的夹角 δ_i。架仪器于控制点，自切线方向开始拨出 δ_i，再在此方向上测设出 D_i，如图 13-5 所示，即得墩、台中心的位置。该方法特点是独立测设，各点不受前一点测设误差的影响；但在某一点上发生错误或有粗差也难于发现。所以一定要对各个墩台中心距进行检核测量，可检核相邻墩台中心间距，若误差在 2cm 以内时，则认为成果是可靠的。

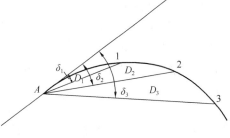

图 13-5 长弦偏角法

（2）角度交会法

当桥墩位于水中，无法架设仪器及反光镜时，宜采用交会法。

与直线桥上采用交会法定位所不同的是，由于曲线桥的墩、台心未在线路中线上，故无法利用桥轴线方向作为交会方向之一；另外，在三方向交会时，当示误三角形的边长在容许范围内时，是取其重心作为墩中心位置。

由于这种方法是利用控制网点交会墩位，所以墩位坐标系与控制网的坐标系必须一致，才能进行交会数据的计算。如果两者不一致时，则须先进行坐标转换。交会数据的计算与直线桥时类似，根据控制点及墩位的坐标，通过坐标反算出相关方向的坐标方位角，再依此求出相应的交会角度。

二、墩台轴线测设

为了进行墩、台施工的细部放样，需要测设其纵、横轴线。

纵轴线是指过墩、台中心平行于线路方向的轴线；横轴线是指过墩、台中心垂直于线路方向的轴线；桥台的横轴线是指桥台的胸墙线。

直线桥墩、台的纵轴线于线路的中线方向重合，在墩、台中心架设仪器，自线路中线方向测设 90°角，即为横轴线的方向（图 13-6）。

曲线桥的墩、台纵轴线位于桥梁偏角的分角线上，在墩、台中心架设仪器，照准相邻的墩、台中心，测设 $\alpha/2$ 角，即为纵轴线的方向。自纵轴线方向测设 90°角，即为横轴线方向（图 13-7）。

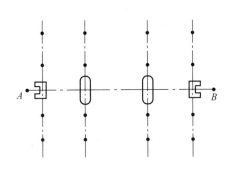

图 13-6 直线桥纵横轴线

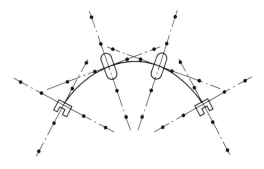

图 13-7 曲线桥纵横轴线

墩、台中心的定位桩在基础施工过程中要被挖掉，实际上，随着工程的进行，原定位桩常被覆盖或破坏，但又经常需要恢复以便于指导施工。因而需在施工范围以外钉设护桩，以方便恢复墩台中心的位置。

所谓护桩，即指在墩、台的纵、横轴线上，于两侧各钉设至少两个木桩，因为有两个桩点才可恢复轴线的方向。为防止破坏，可以多设几个。在曲线桥上相近墩台的护桩纵横交错，使用时极易弄错，所以在桩上一定注意要注明墩台的编号。

任务三　桥梁细部施工放样

所有的放样工作都遵循这样一个共同原则，即先放样轴线，再依轴线放样细部。就一座桥梁而言，应先放样桥轴线，再依桥轴线放样墩、台位置；就每一个墩台而言，则应先放样墩台本身的轴线，再根据墩台轴线放样各个细部。其他各个细部也是如此。这就是所谓"先整体，后局部"的测量基本原则。

在桥梁的施工过程中，随着工程的进展，随时都要进行放样工作，细部放样的项目繁多，桥梁的结构及施工方法千差万别，所以放样的内容及方法也各不相同。总的说来，主要包括基础放样、墩台细部放样及架梁时的测设工作。现择其要者简单说明。

中小型桥梁的基础，最常用的是明挖基础和桩基础。明挖基础的构造如图13-8（a）所示。它是在墩、台位置处挖出一个基坑，将坑底平整后，再灌注基础及墩身。根据已经测设出的墩中心位置及纵、横轴线及基坑的长度和宽度，测设出基坑的边界线。在开挖基坑时，根据基础周围地质条件坑壁须放有一定的坡度，可根据基坑深度及坑壁坡度测设出开挖边界线。边坡桩至墩、台轴线的距离 D 依下式计算：

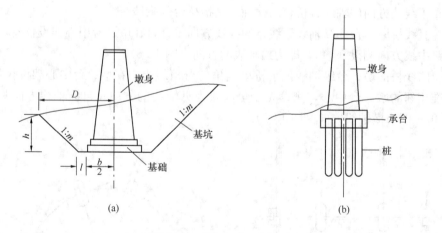

图 13-8　明挖基础和桩基础

$$D = \frac{b}{2} + h \cdot m + l \tag{13-8}$$

式中　b——基础底边的长度或宽度；

h——坑底与地面的高差；

m——坑壁坡度系数的分母；

l——基底每侧加宽度。

桩基础的构造如图 13-8（b）所示，它是在基础的下部打入基桩，在桩群的上部灌注承台，使桩和承台连成一体，再在承台以上灌筑墩身。

基桩位置的放样如图 13-9 所示，它是以墩、台的纵、横轴线为坐标轴，按设计位置用直角坐标法测设；或根据基桩的坐标依极坐标的方法置仪器于任一控制点进行测设。后者更适合于斜交桥的情况。在基桩施工完成以后，承台修筑以前，应再次测定其位置，以作竣工资料。

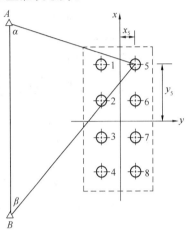

图 13-9 基桩放样

明挖基础的基础部分、桩基的承台以及墩身的施工放样，都是先根据护桩测设出墩、台的纵、横轴线，再根据轴线设立模板。即在模板上标出中线位置，使模板中线与桥墩的纵、横轴线对齐，即为其应有的位置。

架梁是建造桥梁的最后一道工序。无论是钢梁还是混凝土梁，无论是预制梁还是现浇梁，同样需要相应的梁部放样工作。

梁的两端是用位于墩顶的支座支撑，支座放在底板上，而底板则用螺栓固定在墩台的支撑垫石上。架梁的测量工作，主要是测设支座底板的位置，测设时也是先设计出它的纵、横中心线的位置。支座底板的纵、横中心线与墩、台的纵、横轴线的位置关系是在设计图上给出的，因而在墩、台顶部的纵、横轴线设计出以后，即可根据它们的相互关系，用钢尺将支座底板的纵、横中心线放样出来。对于现浇梁则其测设工作相对更多些，需要放样模板的位置和根据设计测设和检查模板不同部位的高程等。

另外，桥梁细部放样过程中，除平面位置的放样外，还有高程放样。墩台施工中的高程放样，通常都在墩台附近设立一个施工水准点，根据这个水准点以水准测量方法测设各部的设计高程。但在基础底部及墩、台的上部，由于高差过大，难于用水准尺直接传递高程时，可用悬挂钢尺的办法传递高程。

任务四 桥梁墩台的变形观测

在桥梁的建造过程中及建成运营时，由于基础的地质条件不同，受力状态发生改变，结构设计、施工、管理不合理，外界环境影响等一些原因，总会产生变形。

变形观测的任务，就是定期地观测墩台及上部结构的垂直位移、倾斜和水平位移（包括上部结构的挠曲），掌握其随时间的推移而发生的变形规律，以便在未危及行车安全时，及时采取补救措施。同时，也为以后的设计提供参考数据。

随着桥梁结构的更新,如箱型无碴无枕梁的采用,对桥梁变形的要求日益严格,因为微小的变形,会引起桥梁受力状态的重大变化,所以桥梁的变形观测是一项十分重要的工作。至于观测的周期,则应视桥梁的具体情况而定。一般来说,在建造初期应该短些,在变形逐步稳定以后则可以长些。在桥梁遇有特殊情况时,如遇洪水、船只碰撞等,则应及时观测。观测的开始时间,应从施工开始时即着手进行,在施工时情况变化很快,观测的周期应短,观测工作应由施工单位执行。在竣工以后,施工单位应将全部观测资料移交给运营部门,在运营期间,则由运营部门继续观测。

一、墩台的垂直位移观测

1. 水准点及观测点的布设

为进行垂直位移观测,必须要在河流两岸布设作为高程依据的水准点,在桥梁墩台上还要布设观测点。垂直位移观测对水准点的要求是要十分稳定,因而必须建在基岩上。有时为了选择适宜的埋设地点,不得不远离桥址,但这样工作又不方便,所以通常在桥址附近便于观测的地方布设工作基点。日常的垂直位移观测,即自工作基点施测,但工作基点要定期与水准基点联测,以检查工作基点的高程变化情况。在计算桥梁墩台的垂直位移值时,要把工作基点的垂直位移考虑在内,如果条件有利,或桥梁较小,则可不另设水准基点,而将工作基点与水准基点统一起来,即只设一级控制。无论是水准基点还是工作基点,在建立施工控制时就要予以考虑,即在施工以前,就要选择适宜的位置将它们布设好,以求得施工以及运营中的垂直位移观测,保持高程的统一。

观测点应在墩台顶部的上下游各埋设一个,其顶端做成球形,之所以要在上下游各埋设一个,是为了观测墩台的不均匀下沉及墩台的倾斜。

2. 垂直位移观测

垂直位移观测的精度要求甚高,所以一般都采用精密水准测量。但这种要求并非指的绝对高程,而是指水准基点与观测点之间的相对高差。

观测内容包括两部分:一部分是水准基点与工作基点联测,这称为基准点观测;另一部分是根据工作基点测定观测点的垂直位移,称为观测点观测。

基准点观测,当桥长在300m以下时,可用三等水准测量的精度施测;在300m以上时,用二等水准的精度施测;当桥长在1000m以上时,则用一等水准测量的精度施测。基准点观测的水准路线必须构成环线。

基准点的观测,每年进行一次或两次,各次观测时间及条件应尽可能相近,以减少外界条件对成果的影响。由于各次观测路线相同,而在转点处也可埋设一些简易的标志,这样既省去每次选点的时间,同时各次的前后视距相同,有利于提高观测的精度。

观测点的观测则是从一岸的工作基点附合到另一岸的工作基点上。由于桥梁构造的特殊条件,只能在桥墩上架设仪器,而且受梁的阻挡,还不能观测同一墩上的两个水准点,所以只能由上下游的观测点分别构成两条水准路线。

基准点闭合线路及观测点附合路线的闭合差,均采取按测量的测站数多少进行分配，将每次观测求得的各观测点的高程与第一次观测数值相比，即得该次所求得的观测点的垂直位移量。如果高程控制是采用两级控制，设置水准基点和工作基点，则计算垂直位移时还应考虑工作基点的下沉量。

为了计算观测精度，需要计算出一个测站上高差的中误差。在桥梁垂直位移观测中，路线比较单一，也比较固定。即从一岸的工作基点到对岸的工作基点，期间安置仪器的次数受墩位的限制都是固定的，因而可视为等权观测。根据每条水准路线上往返测高差的较差，按式（13-9）即可算出一个测站上高差的中误差：

$$m_{站} = \pm \sqrt{\frac{[d\,d]}{4n}} \tag{13-9}$$

式中　d——每条水准路线上往返测高差的较差，以毫米为单位；

　　　n——水准路线上单程的测站数。

在桥梁中间的桥段上的观测点离工作基点最远，因而其观测精度也最低，称之为最弱点。最弱点相对工作基点的高程中误差按式（13-10）计算：

$$m_{弱} = m_{站} \sqrt{k}$$
$$k = \frac{k_1 \cdot k_2}{k_1 + k_2} \tag{13-10}$$

式中　k_1、k_2——自两岸工作基点到最弱点的测站数。

垂直位移量是各次观测高差与第一次观测高差之差，因而最弱点垂直位移量的测定中误差为：

$$m_{垂} = \sqrt{2} m_{弱} \tag{13-11}$$

它应该满足 $\pm 1mm$ 的精度。

3. 垂直位移观测的成果处理

根据历次垂直位移观测的资料，应按日期先后编制成垂直位移观测成果表，格式如表 13-2。

垂直位移观测

表 13-2

时间 沉降量	1998.6.24	1998.12.8	1999.6.20	备注
3# 上	4.2	5.4	6.8	

为了更加直观起见，通常还要根据上表，以时间为横坐标，以垂直位移量为纵坐标，对于每个观测点都绘出一条垂直位移过程线（图 13-10）。绘制垂直位移过程线时，先依时间及垂直位移量绘出各点，将相邻点相连，构成一条折线，再根据折线修绘成一条圆滑的曲线。从垂直位移过程线上，可以清楚地看出每个点的垂直位移趋势、垂直位移规律和大小，这对于判断变形情况是非常有利的。如

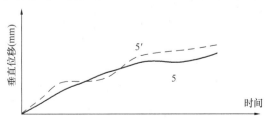

图 13-10　垂直位移过程线

果垂直位移过程线的趋势是日渐稳定,则说明桥梁墩台是正常的,而且日后的观测周期可以适当延长,如果这一过程线表现为位移量有明显的变化,且有日益加速的趋势,则应及时采取工程补救措施。如果每个桥墩的上下游观测点垂直位移不同,则说明桥墩发生倾斜。

二、墩台的水平位移观测

1. 平面控制网的布设

为测定桥梁墩台的水平位移,首先要布设平面控制网。对于平面控制网的设计,如果在桥梁附近找到长期稳定的地层来埋设控制点,可以采用一级布点,即只埋设基准点;如果必须远离桥梁才能找到稳定的地层,则需采用两级布点,即在靠近桥梁的适宜位置布设工作基点,用于直接测定墩台位移,而再在地层稳定的地方布设基准点,作为平面的首级控制。根据基准点定期检测工作基点的点位,以期求出桥梁上各观测点的绝对位移值。

2. 墩台位移的观测方法

墩台位移主要产生于水流方向,这是因为它经常受水流的冲击,但由于车辆运行的冲击,也会产生顺桥轴线方向的位移,所以墩台位移的观测,主要就是测定在这两个互相垂直的方向上的位移量。

由于位移观测的精度要求很高,通常都需要达到毫米级,为了减少观测时的对点误差,在埋设标志时,一般都安设强制对中设备。

对于墩台沿桥轴线方向的位移,通常都是观测各墩中心之间的距离。采用这种方法时,各墩上的观测点最好布设成一条直线,而工作基点也应位于这条直线上。有些墩台的中心连线方向上有附属设备的阻挡,此时,可在各墩的上游一侧或下游一侧埋设观测点,而测定这些观测点之间的距离。

每次观测所得观测点至工作基点的距离与第一次观测距离之差,即为墩台沿轴线方向的位移值。

对于沿水流方向的位移,在直线桥上最方便的方法是视准线法。这种方法的原理是在平行于桥轴线的方向上建立一个固定不变的铅直面,从而测定各观测点相对于该铅直面的距离变化,即可求得沿水流方向墩台的位移值。

用视准线法测定墩台位移,有测小角法及活动觇牌法,现分别说明于下:

(1) 测小角法

这种方法如图 13-11 所示,图中 A、B 为视准线两端的工作基点,C 为墩上的观测点。观测时在 A 点架设经纬仪,在 B 点和 C 点安置固定觇牌,当测出 $\angle BAC$ 以后,即可以用下式计算出 C 点偏离 AB 的距离 d,即:

$$d = \frac{\Delta\alpha''}{\rho''} \cdot l \tag{13-12}$$

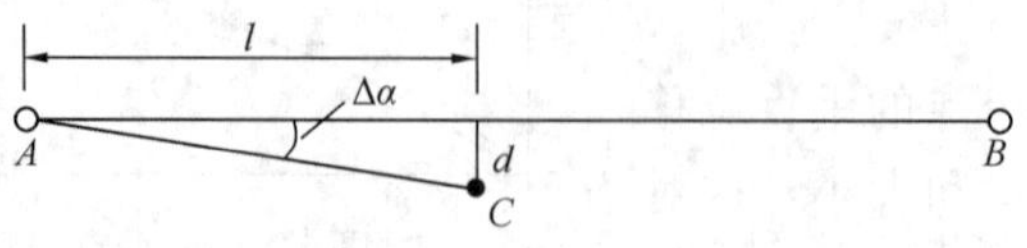

图 13-11　测小角法

角度观测的测回数视仪器精度及要求的位移观测精度而定。当距离较远时，由于照准误差的增大，测回数要相应增加。每次观测所求得的 d 值与第一次相较，即可求得该点的位移量。

（2）活动觇牌法

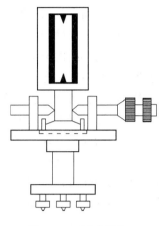

所谓活动觇牌法，是指在观测点上所用的觇牌是可以移动的，其构造如图 13-12 所示。它有微动和读数设备，转动微动设备，则觇牌可沿导轨作微小移动，并可在读数设备上读出读数，其最小读数可达 0.1mm。

观测时将经纬仪安置于一端的工作基点上，并照准另一端的工作基点上的固定觇牌，则此视线方向即为基准方向。然后移动位于观测点上的活动觇牌，直至觇牌上的对称轴线位于视线上，则可从读数设备上读出读数。为了消除活动觇牌移动的隙动差，觇牌应从左至右及从右至左两次导入视线，并取两次读数的平均值。为提高精度，应连续观测多

图 13-12 活动觇牌

次，将观测读数的平均值减去觇牌零位（即觇牌对称轴与标志中心在同一铅直线上时的读数），即得该观测点偏离视准线的距离。将每次观测结果与第一次观测结果相较，其差值即为该点在水流方向上的位移值。

在曲线桥上，由于各墩不在同一条直线上，因而不便采用上述的直线丈量法及视准线法观测两个方向上的位移，这时，通常都采用前方交会。

如果采用前方交会，则工作基点的选择除了考虑稳定、通视、避免旁折光外，尽量考虑优化设计的结果，使误差椭圆的短轴大致沿水流方向，且在水流方向上的交会精度应满足位移观测的精度要求。

根据前方交会的观测资料计算出观测点的坐标，每次求得的坐标与第一次观测结果相比较，即为观测点的位移量。根据坐标轴与桥轴线及水流方向的方向关系，还可将其化算为沿桥轴线方向及水流方向上的位移量。

由于变形观测的精度要求极高，所以观测所用的经纬仪应采用 J_1 级。

不论采用什么方法，都要考虑工作基点也可能发生位移。如果是采用两级布网，还要定期进行工作基点与基准点的联测，在计算观测点的位移时，应将工作基点位移产生的影响一起予以考虑。

如果在桥墩的上下游两侧均设置观测点并定期进行观测，还可发现桥墩的扭动。对于在桥墩处水流方向不是很稳定的桥梁，这项观测也是十分必要的。

三、上部结构的挠曲观测

桥梁通车以后，桥梁上承受静荷载或动荷载后，必然会产生挠曲。挠曲的大小，对上部结构各部分的受力状态影响极大。在设计桥梁时，已经考虑了一定荷载下它应有的挠曲值，挠曲值是不应超过一定限度的，如果超过，则会危及行车安全。

　　挠曲的观测是在承受荷载的条件下进行的,对于承受静荷载时的挠曲观测与架梁时的拱度观测可以采用相同的方法。即按规定位置将车辆停稳以后,用水准测量的方法测出下弦杆上每个节点处的高程,然后绘出下弦杆的纵断面图,从图上即可求得其挠曲值。

　　在承受动荷载的情况下,挠曲值是随着时间变化的,因而无法用水准测量的方法观测。在这种情况下,可以采用高速摄影机进行单片或立体摄影。在摄影以前,应在上部结构及墩台上预先绘出一些标志点,在未加荷载的情况下,应先进行摄影,并根据标志点的影像,量测出它们之间的相对位置。在加了荷载以后,再用高速摄影机进行连续摄影,并量测出各标志点的相对位置。由于摄影是连续的,所以可以求出在加了动荷载的情况下的最大瞬时挠曲值。现在已有了带伺服系统的全站仪和高速摄影机一体化的挠度仪,用于挠度观测和数据处理更为方便。应该注意的是桥梁上部结构的挠曲与行车重量及行车速度是密切相关的。在观测挠曲的同时,应记下车辆重量及行车速度。这样,即可求得车辆重量、行车速度与桥梁上部结构挠曲的关系。它一方面可以作为对设计的检验,同时也为运营管理提供科学的依据。

习　题

　　1. 桥梁施工测量的主要内容有哪些?

　　2. 何谓桥轴线长度?其所需精度与那些因素有关?

　　3. 桥梁控制网主要采取哪些形式?桥梁施工控制网的坐标系一般如何建立?

　　4. 何谓桥梁工作线、桥梁偏角、桥墩偏距?画图示意。

　　5. 桥梁墩台变形观测有哪些内容?

　　6. 某桥梁施工三角网如图 13-13 所示,各控制点及墩台中心的坐标值如下表 13-3 所示。现拟在控制点Ⅰ、Ⅱ、Ⅲ处安置经纬仪,用交会法测设墩台中心位置,试计算放样时的交会数据。

习题 6 用表　　　　表 13-3

编号	x 坐标（m）	y 坐标（m）
Ⅰ点	21. 563	−316. 854
Ⅱ点	0. 000	0. 000
Ⅲ点	−7. 686	+347. 123
Ⅳ点	+473. 435	
0# 台	+11. 120	0. 000
2# 墩	+75. 120	0. 000
4# 墩	139. 120	0. 000

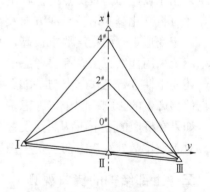

图 13-13　习题 6 用图

项目十四 隧 道 测 量

【知识目标】隧道洞外控制测量、洞内控制测量和隧道横向贯通误差预计的理论。

【能力目标】隧道洞内、外控制测量的方法，隧道横向贯通误差预计的方法。

任务一 概 述

一、 隧道工程的特点

随着经济建设的发展，地下隧道工程日益增多，特别是在铁路、公路、水利等工程领域，应用更加普遍。与从前的设计相比，现代设计中隧道占线路总长的比重逐步增大，并且特长大隧道（详见表 14-1 隧道长度的划分）不断涌现，新的长度记录不断刷新。隧道工程的大量增加，大大缩减了线路的长度，提高了运行效率，刚投入运营的全长约 28km 的石太客运专线太行山隧道，辽宁全长 85.3km 的大伙房输水隧道，全长 18.02km 的秦岭终南山特长公路隧道等，都已经或即将在我国的效益建设中发挥重要作用，显现出良好的经济效益和社会效益。

隧道长度的划分   表 14-1

	特长隧道	长隧道	中隧道	短隧道
铁路隧道	≥10000m	10000m～3000m	3000m～500m	≤500m
公路隧道	≥3000m	3000m～1000m	1000m～500m	≤500m

隧道工程测量与地面工程的测量相似，需要先建立控制系统，然后再测设开挖方向，测设出设计中线的平面位置和高程，放样各细部，如衬砌、避车洞、排水沟等的位置，等等。但隧道地下工程的显著特点是施工面狭窄，工期长，为增加工作面而开设的施工面在不同工段之间互不通视（图 14-1）；隧道工程测量不便组织校核，错误往往不能及时发现。因此，测量工作在隧道工程中更加重要，常常被誉为指挥员的眼睛。

二、隧道测量的内容

隧道工程施工需要进行的主要测量工作包括：

1. 洞外控制测量：在洞外建立平面和高程控制网，测定各洞口控制点的坐标和高程。

2. 进洞测量：将洞外的坐标、方向和高程传递到隧道内，建立洞内、洞外统一坐标系统。

3. 洞内控制测量：包括隧道内的平面和高程控制测量。

4. 隧道施工测量：根据隧道设计要求进行施工放样、指导开挖。

5. 竣工测量：测定隧道竣工后的实际中线位置和断面净空及各建筑物、构筑物的位置尺寸。

隧道测量的主要目的，是保证隧道相向开挖时，能按规定的精度正确贯通，并使各建筑物的位置和尺寸符合设计规定，不使侵入建筑限界，以确保运营安全。

三、隧道贯通测量的含义

在长大隧道施工中，为加快进度，常采用多种措施增加施工工作面，如图14-1所示。

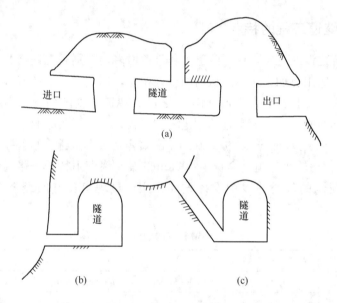

图 14-1　隧道增加施工工作面的方法
（a）竖井；（b）平洞；（c）斜井

两个相邻的掘进面，按设计要求在预定地点彼此接通，称为隧道贯通，为此而进行的相关测量工作称为贯通测量。贯通测量涉及大部分的隧道测量内容。由于各项测量工作中都存在误差，导致相向开挖中具有相同贯通里程的中线点在空间不相重合，此两点在空间的连接误差（即闭合差）称为贯通误差。该线段在线路中线方向的分量称为纵向贯通误差（简称纵向误差）；在水平面内垂直于中线方向的分量称为横向贯通误差（简称横向误差）；在高程方向的分量称为高程贯通误差（简称高程误差）。

三种贯通误差对隧道的质量将产生不同影响：高程贯通误差对隧道的设计坡度产生影响；横向贯通误差对隧道的平顺质量有显著影响；纵向贯通误差仅在距离上（隧道长度）有影响。不同的隧道工程对贯通误差的容许值有各自具体的规定。如何保证隧道在贯通时，两相向开挖的施工中线的闭合差（包括横向、纵向及高程方向）不超过规定的限值，成为隧道测量的关键问题。

接到隧道测量任务之后，应先了解隧道设计的意图和要求，收集有关资料，经实地踏勘后，确定具体的测量方案（即确定布网形式、观测方法、仪器设备类型、控制网的等级、误差参数等）。对于一些重要的或精度要求较高的隧道，还需根据确定的方案进行贯通误差预计，若预计误差在工程设计要求范围之内，即可按此方案实施；否则，需对原方案进行修改调整，重新预计，直到符合要求为止。

各项贯通误差的允许数值，根据我国铁路隧道工程建设的要求及多年来贯通测量的实践，在《新铁规》中规定如表 14-2 所示。

贯通误差的限差　　　　　　　　　　　　　　　表 14-2

两开挖洞口间长度（km）	<4	4～<8	8～<10	10～<13	13～<17	17～<20
横向贯通误差（mm）	100	150	200	300	400	500
高程贯通误差（mm）				50		

公路隧道洞内两相向施工中线，在贯通面上的极限误差：当两相向开挖洞口间长度小于 3000m 时，为 ± 150mm；当两相向开挖洞口间长度在 $3000\sim6000$m 时，为 ± 200mm；高程极限贯通误差定为 ± 70mm。

对于纵向贯通误差虽然没有做出具体规定，但一般小于隧道长度的 1/2000，由于测距精度的提高，在纵向方面所产生的贯通误差，远远小于这一要求，且一般对隧道施工和隧道质量不产生影响。隧道高程所要求的精度，使用一般等级水准测量方法即可满足。可见，横向贯通误差的大小，则直接影响隧道的施工质量，严重者甚至会导致隧道报废。所以，一般意义上的贯通误差，主要是指隧道的横向贯通误差。

任务二　隧道洞外平面控制测量

隧道的设计位置，一般是以定测的精度初步标定在地面上。在施工之前必须进行施工复测，检查并确认两端洞口中线控制桩（也称为洞口投点）的位置，还要与中间其他施工进口的控制点进行联测，这是进行隧道施工测量的主要任务之一，也为后续洞内施工测量提供依据。

一般要求在每个洞口应测设不少于 3 个平面控制点（包括洞口投点及其相联系的三角点或导线点、GPS 点）。直线隧道上，两端洞口应各确定一个中线控制桩，以两桩连线作为隧道的中线；在曲线隧道上，应在两端洞口的切线上各确定两个间距不小于 200m 的中线控制桩，以两条切线的交角和曲线要素为依据，来确定隧道中线的位置。平面控制网应尽可能包括隧道各洞口的中线控制点，可以在施工测量时提高贯通精度，又可减少工作量。

隧道洞外控制测量的目的是在各开挖洞口之间建立一精密的控制网，以便据此精确地确定各开挖洞口的掘进方向，使之正确相向开挖，保证准确贯通。洞外平面控制测量应结合隧道长度、平面形状、线路通过地区的地形和环境等条件进行设计，常采用 GPS、精密导线、中线和三角锁等测量方法进行施测。

一、GPS 测量法

GPS 是全球定位系统的简称，它的原理和使用方法，可参阅本书项目七有关内容。

隧道洞外控制测量可利用 GPS 相对定位技术，采用静态测量方式进行。测量时仅需在各开挖洞口附近测定几个控制点的坐标，工作量小，精度高，而且可以全天候观测，因此是大中型隧道洞外控制测量的首选方案。

隧道 GPS 控制网的布网设计，应满足下列要求：

1. 控制网由隧道各开挖口的控制点点群组成，GPS 定位点之间一般不要求通视，但布设同一洞口控制点时，考虑到用常规测量方法检核及引测进洞的需要，洞口控制点间应当通视。

2. 基线最长不宜超过 30km，最短不宜短于 300m。

3. 每个控制点应有三个或三个以上的边与其连接，极个别的点才允许由两个边连接。

4. 点位上空视野开阔，保证至少能接收到 4 颗卫星的信号。

5. 测站附近不应有对电磁波有强烈吸收或反射影响的金属和其他物体。

6. 各开挖口的控制点及洞口投点高差不宜过大，尽量减小垂线偏差的影响。

二、精密导线法

在隧道进、出口之间，沿勘测设计阶段所标定的中线或离开中线一定距离布设导线，采用精密测量的方法测定各导线点和隧道两端控制点的点位。

在进行导线点布设时，除应满足本文项目六的有关要求外，导线点还应根据隧道长度和辅助坑道的数量及位置分布情况布设。导线宜采用长边，且尽量以直伸形式布设，这样可以减少转折角的个数，以减弱边长误差和测角误差对隧道横向贯通误差的影响。为了增加检核条件和提高测角精度评定的可行性，导线应组成多边形导线闭合环或具有多个闭合环的闭合导线网，导线环的个数不宜太少，每个环的边数不宜太多，一般在一个控制网中，导线环的个数不宜少于 4 个；每个环的边数宜为 4~6 条。导线可以是独立的，也可以与国家高等级控制点相连。

导线水平角的观测，宜采用方向观测法，测回数应符合表 14-3 的规定。

测角精度、仪器型号和测回数　　　　　　　　　　　　　　　　表 14-3

三角锁、导线测量等级	测角中误差（″）	仪器型号	测回数
二	1.0	DJ_1	6~9
		DJ_2	9~12
三	1.8	DJ_1	4
		DJ_2	6
四	2.5	DJ_1	2
		DJ_2	4
五	4.0	DJ_2	2

当水平角为两方向时，则以总测回数的奇数测回和偶数测回分别观测导线的左角和右角。左、右角分别取中数后应按式（14-1）计算圆周角闭合差 Δ，其值应符合表 14-4 的规定。再将它们统一换算为左角或右角后取平均值作为最后结果，这样可以提高测角精度。

$$\Delta = [左角]_中 + [右角]_中 - 360°\qquad(14-1)$$

测站圆周角闭合差的限差（"）　　　　　　　　　表 14-4

导线等级	二	三	四	五
Δ	2.0	3.6	5.0	8.0

导线环角度闭合差，应不大于按下式计算的限差：

$$f_{\beta限} = 2m\sqrt{n}\qquad(14-2)$$

式中 m——设计所需的测角中误差（"）；

n——导线环内角的个数。

导线的实际测角中误差应按下式计算，并应符合控制测量设计等级的精度要求。

$$m_\beta = \pm\sqrt{\dfrac{[f_\beta^2/n]}{N}}\qquad(14-3)$$

式中 f_β——每一导线环的角度闭合差（"）；

n——每一导线环内角的个数；

N——导线环的总个数。

导线环（网）的平差计算，一般采用条件平差或间接平差（可参考有关"测量平差"的教材）。当导线精度要求不高时，亦可采用近似平差。

用导线法进行平面控制比较灵活、方便，对地形的适应性强。我国长达 14.3km 的大瑶山隧道和 8km 多的军都山隧道，就是采用光电测距导线网作控制测量，均取得了很好的效果。

三、中线法

中线法就是将隧道中线的平面位置，测设在地表上，经反复核对改正误差后，把洞口控制点确定下来，施工时就以这些控制点为准，将中线引入洞内。在直线隧道，于地表沿勘测设计阶段标定的隧道中线，用经纬仪正倒镜延伸直线法测设中线；在曲线隧道，首先精确标出两端切线方向，然后测出转向角，将切线长度正确地标定在地表上，再把线路中线测设到地面上。经反复校核，与两端线路正确衔接后，再以切线上的控制点（或曲线主点及转点等）为准，将中线引入洞内。

中线法平面控制简单、直观，但精度不高，适用于长度较短或贯通精度要求不高的隧道。

四、三角锁网法

将测角三角锁布置在隧道进出口之间，以一条高精度的基线作为起始边，并在三角锁的另一端增设一条基线,以增加检核和平差的条件。三角测量的方向控制较中线法、导线法都高,如果仅从提高横向贯通精度的观点考虑,它是最理想的隧道平面控制方法。

由于光电测距仪和全站仪的普遍应用,三角测量除采用测角三角锁外,还可采用边角网和三边网作为隧道洞外控制。但从其精度、工作量等方面综合考虑,以测角单三角形锁最为常用。经过近似或严密平差计算可求得各三角点和隧道轴线上控制点的坐标,然后以这些控制点为依据,可计算各开挖口的进洞方向。

比较上述几种平面控制测量方法可以看出,中线法控制形式计算简单,施测方便,但由于方向控制较差,故只能用于较短的隧道(长度1km以下的直线隧道,0.5km以下的曲线隧道)。三角测量方法方向控制精度高,故在测距效率比较低、技术手段落后而测角精度较高的时期,是隧道控制的主要形式,但其三角点的定点布设条件苛刻。而精密导线法,图形布设简单、选点灵活,地形适应性强,随着光电测距仪的测程和精度的不断提高,已成为隧道平面控制的主要形式。若在水平角测量时,使用精度较高的经纬仪、适度增加测回数或组成适当的网形,都可以大大提高其方向控制精度,而且光电测距导线和光电测距三角高程还可同步进行,提高了效率,减小了野外劳动强度。GPS测量是近年发展起来的最有前途的一种全新测量形式,已在多座隧道的洞外平面控制测量中得到应用,效果显著。随着其技术的不断发展、观测精度的不断提高,必将成为未来既满足精度要求又效率最高的隧道洞外控制方式。

任务三　隧道洞内平面控制测量

在隧道施工中,随着开挖的延伸进展,需要不断给出隧道的掘进方向。为了正确完成施工放样,防止误差积累,保证最后的准确贯通,应进行洞内平面控制测量。此项工作是在洞外平面控制测量的基础上展开的。

隧道洞内平面控制测量应结合洞内施工特点进行。由于场地狭窄,施工干扰大,故洞内平面控制常采用中线或精密导线两种形式。

一、精密导线法

精密导线法是在隧道洞内布设精密导线进行平面控制测量。导线控制的方法较中线形式灵活,点位易于选择,测量工作也较简单,而且可有多种检核方法;当组成导线闭合环时,角度经过平差,还可提高点位的横向精度。施工放样时的隧道中线点依据临近导线点进行测设,中线点的测设精度能满足局部地段施工要求。洞内导线平面控制方法适用于长大隧道。

洞内导线与洞外导线相比,具有以下特点:洞内导线是随着隧道的开挖而向前延伸,只能敷设支导线或狭长形导线环,而不可能将贯穿洞内的全部导线一次测完;测量工作间歇时间取决于开挖面的进展速度;导线的形状(直伸或曲折)完全取决于坑道的形状和施工方法。支导线或狭长形导线环只能用重复观测的方法进行检核,定期进行精确复测,以保证控制测量的精度。洞内导线点不宜保存，观测条件差，标石顶面最好比洞内地面低 20～30cm，上面加设坚固护盖，然后填平地面，注意护盖不要和标石顶点接触，以免在洞内运输或施工中使标石遭受破坏。

1. 洞内导线可以采用下列几种形式：

（1）单导线。导线布设灵活，但缺乏检测条件。测量转折角时最好半数测回测左角，半数测回测右角，以加强检核。施工中应注意定期检查各导线点的稳定情况。

（2）导线环。如图 14-2 所示，是长大隧道洞内控制测量的首选形式，有较好的检核条件，而且每增设一对新点，如 5 和 5′ 点，可按两点坐标反算 5～5′ 的距离，然后与实地丈量的 5～5′ 距离比较，这样每前进一步均有检核。

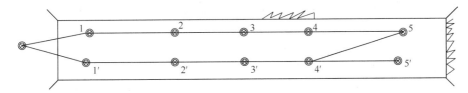

图 14-2　导线环

（3）主、副导线环。如图 14-3 所示，图中双线为主导线，单线为副导线。主导线既测角又测边长，副导线只测角不测边，增加角度的检核条件。在形成第二闭合环时，可按虚线形式，以便主导线在 2 点处能以平差角传算 2～3 边的方位角。主副导线环可对测量角度进行平差，提高了测角精度，对提高导线端点的横向点位精度非常有利。

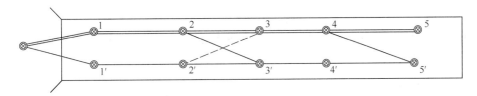

图 14-3　主、副导线环

此外，还有交叉导线、旁点闭合环等方式。

当有平行导坑时，还可利用横通道形成正洞和导坑联系起来的导线闭合环，重新进行平差计算，可进一步提高导线的精度。

2. 在洞内进行平面控制的注意事项

（1）每次建立新点，都必须检测前一个旧点的稳定性，确认旧点没有发生位移，才能用来发展新点。

（2）导线点应布设在避免施工干扰、稳固可靠的地段，尽量形成闭合环。导线边以接近等长为宜，一般直线地段不短于 200m，曲线地段不宜短于 70m。

（3）测角时，必须经过通风排烟，使空气澄清以后，能见度恢复时进行。根据测量的精度要求确定使用仪器的类型和测回数。

（4）洞内边长丈量，用钢尺丈量时，钢尺需经过检定；当使用光电测距仪测边时，应注意洞内排烟和漏水地段测距的状况，准确进行各项改正。

二、中线法

中线法是指采用直接定线法，即以洞外控制测量定测的洞口投点为依据，向洞内直接测设隧道中线点，并不断延伸作为洞内平面控制，这是一种特殊的支导线形式，即把中线控制点作为导线点，直接进行施工放样。一般以定测精度测设出待定中线点，其距离和角度等放样数据由理论坐标值反算。这种方法一般适用于小于 500m 的曲线隧道和小于 1000m 的直线隧道。若将上述测设的中线点，辅以高精度的测角、量距，可以计算出新点实际的精确点位，并和理论坐标相比较，根据其误差，再将新点移到正确的中线位置上，这种方法也可以用于较长的隧道。中线法的缺点是受施工运输的干扰大，不方便观测，点位易被破坏。

三、陀螺经纬仪定向法

陀螺经纬仪可以直接测定方位角。早期的陀螺经纬仪由于定向精度不高，主要用在矿山、水利等要求较低的隧道施工测量中。随着技术的进步，新型陀螺经纬仪在性能、自动化程度、精度等方面都有较大改进。陀螺经纬仪精确测定方位角，配合精密光电测距仪的边长测量，这种方法在隧道测量中的应用前景越来越广。

任务四　隧道高程控制测量

为相互检核，在隧道每个施工洞口应布设不少于 2 个高程控制点，同时进行高程控制测量，联测各洞口水准点的高程以便引测进洞，保证隧道在高程方向正确开挖和贯通。

一、洞外高程控制测量

洞外高程控制测量，是按照设计精度施测各开挖洞口附近水准点之间的高差，以便将整个隧道的统一高程系统引入洞内，保证在高程方向按规定精度正确贯通，并使隧道各附属工程按要求的高程精度正确修建。

高程控制常采用水准测量方法，但当山势陡峻采用水准测量困难时，三、四、五等高程控制亦可采用光电测距三角高程的方法进行。随着新型精密全站仪的出现和使用，在特定条件下，光电测距三角高程可以有条件地代替二等几何水准测量。

高程控制路线应选择连接各洞口最平坦和最短的线路，以期达到设站少、观测快、精度高的要求。每一个洞口应埋设不少于 2 个水准点，以相互检核；两水准点的位置，以能安置一次仪器即可联测为宜，方便引测并避开施工的干扰。

高程控制水准测量的精度，应参照相应行业的测量规范实施，下表 14-5 列举了《新铁规》中要求。

各等级水准测量的路线长度及仪器等级的规定 表 14-5

测量 部位	测量 等级	每千米水准测量的偶 然中误差 M_Δ（mm）	两开挖洞口间水准 路线长度（km）	水准仪等级/ 测距仪精度等级	水准标尺类型
洞 外	二	≤1.0	>36	$DS_{0.5}$、DS_1	线条式铟瓦水准尺
	三	≤3.0	13~36	DS_1	线条式铟瓦水准尺
				DS_3	区格式水准尺
	四	≤5.0	5~13	DS_3/Ⅰ、Ⅱ	区格式水准尺
	五	≤7.5	<5	DS_3/Ⅰ、Ⅱ	区格式水准尺
洞 内	二	≤1.0	>32	DS_1	线条式铟瓦水准尺
	三	≤3.0	11~32	DS_3	区格式水准尺
	四	≤5.0	5~11	DS_3/Ⅰ、Ⅱ	区格式水准尺
	五	≤7.5	<5	DS_3/Ⅰ、Ⅱ	区格式水准尺

二、洞内高程控制测量

洞内高程控制测量是将洞外高程控制点的高程通过联系测量引测到洞内，作为洞内高程控制和隧道构筑物施工放样的基础，以保证隧道在竖直方向正确贯通。

洞内水准测量与洞外水准测量的方法基本相同，但有以下特点：

1. 隧道贯通之前，洞内水准路线属于水准支线，故需往返多次观测进行检核。

2. 洞内三等及以上的高程测量应采用水准测量，进行往返观测；四、五等也可采用光电测距三角高程测量的方法，应进行对向观测。

3. 洞内应每隔 200～500m 设立一对高程控制点以便检核。为了施工便利，应在导坑内拱部边墙至少每 100m 设立一个临时水准点。

4. 洞内高程点必须定期复测。测设新的水准点前，注意检查前一水准点的稳定性，以免产生错误。

5. 因洞内施工干扰大，常使用倒、挂尺传递高程，如图 14-4 所示，高差的计算公式仍用 $h_{AB}=a-b$，但对于零端在顶上的倒、挂尺（如图中 B 点倒尺），读数应作为负值计算，记录时必须在挂尺读数前冠以负号。

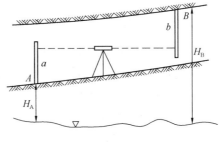

图 14-4 倒尺高程传递

B 点的高程： $H_B=H_A+a-(-b)=H_A+a+b$

洞内高程控制测量的作业要求、观测限差和精度评定方法符合洞外高程测量的有关规定。洞内测量结果的精度必须符合洞内高程测量设计要求或规定等级的精度（表 14-5）。

当隧道贯通之后，求出相向两支水准路线的高程贯通误差，在允许误差以内时，可在未衬砌地段进行调整。所有开挖、衬砌工程应以调整后的高程指导施工。

任务五　隧道贯通精度的预计

一、贯通精度预计的意义

隧道施工通常是在进口和出口相向开挖，为了加快隧道的施工进度，需要增加开挖工作面，这就必需严格保证其施工质量，特别是各开挖面的贯通质量。由于隧道施工是在洞内、外控制测量的基础上进行的，因此必须根据控制测量的设计精度或实测精度，在隧道施工前或施工中对其未来的贯通质量进行预计，以确保准确贯通，避免重大事故的发生，对于长大隧道尤其重要。

鉴于横向贯通误差对隧道贯通影响最大，直线隧道大于1000m，曲线隧道大于500m就要进行误差预计，即在进行平面控制测量设计时，应进行横向贯通误差的估算。考虑到横向贯通误差是受洞外、洞内控制的综合影响，应对其影响程度分别进行预计。《新铁规》对隧道横向贯通中误差和高程中误差做出规定，如表14-6所示。

隧道贯通精度要求　　　　　　　　　　　　　　表 14-6

测量部位	横向贯通中误差（mm）						高程中误差（mm）
	两开挖洞口间长度（km）						
	<4	4~8	8~10	10~13	13~17	17~20	
洞外	30	45	60	90	120	150	18
洞内	40	60	80	120	160	200	17
总和	50	75	100	150	200	250	25
限差	100	150	200	300	400	500	50

二、洞外、洞内平面控制测量对横向贯通误差的估算

当洞内、外的控制点在图纸（或数字图）上设计好后，再分别估算洞外控制和洞内控制对隧道横向贯通误差的影响。

预计洞外平面控制测量对横向贯通误差的影响时，不考虑洞内平面控制测量和进洞联系测量的影响，从进、出口两端相向推算出贯通点的坐标，其坐标差即为 X 和 Y 轴方向的贯通误差。这个差值是洞外观测值的函数，利用误差传播定律即可求得洞外控制测量误差对贯通误差的影响值。

在此，我们仅介绍一种简易的估算方法，估算洞内、外控制测量对隧道横向贯通误差的影响。在误差估算

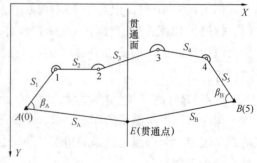

图 14-5　隧道贯通误差估算

时，将洞外平面控制网看作单导线，如图 14-5 所示。设在两洞口处的控制点 A、B 间布设一条单导线，E 为贯通点。洞外导线测量了 S_1、S_2、……、S_5 各边长，其相对中误差为 m_s/S_i；测量了导线的各转折角的角度，其测角中误差为 m_β。假设洞内导线无误差，故可用 AE、BE 两边分别代表从两洞口引入洞内的导线边，其边长分别为 S_A、S_B；β_A、β_B 是洞内、洞外导线边间的连接角。

为贯通误差估计方便，通常将垂直于贯通面的方向为 X 坐标轴，与贯通面平行的方向为 Y 坐标轴。洞外导线的起算点为 A 点，起算方位角 $\alpha_{A1} = \alpha_1$，其他各边对应于 S_i 的方位角为 α_i。从 A 点沿洞内导线推算 E 点 Y 坐标为：

$$y'_E = y_A + S_A \sin\alpha_{AE}$$

从 B 点沿洞内导线推算 E 点 Y 坐标为：

$$y''_E = y_A + \sum_{i=1}^{5} S_i \sin\alpha_i + S_B \cdot \sin\alpha_{BE}$$

则横向贯通误差为：

$$y''_E - y'_E = \sum_{i=1}^{5} S_i \sin\alpha_i + S_B \cdot \sin\alpha_{BE} - S_A \cdot \sin\alpha_{AE} \tag{14-4}$$

对其求全微分，同时考虑：

$$\begin{cases} \alpha_{AE} = \alpha_1 + \beta_A - 360° \\ \alpha_{BE} = \alpha_1 + \sum_{1}^{4} \beta_i - \beta_B - 3 \times 180° \end{cases}$$

则有：

$$\begin{aligned} \mathrm{d}(y''_E - y'_E) &= S_1 \sin\alpha_1 \frac{\mathrm{d}S_1}{S_1} + S_2 \sin\alpha_2 \frac{\mathrm{d}S_2}{S_2} + \cdots S_5 \sin\alpha_5 \frac{\mathrm{d}S_5}{S_5} + \\ &+ S_1 \cos\alpha_1 \frac{d\alpha_1}{\rho} + S_2 \cos\alpha_2 \frac{d\alpha_2}{\rho} + \cdots S_5 \cos\alpha_5 \frac{d\alpha_5}{\rho} + \\ &+ S_B \cos\alpha_{BE} \frac{d\alpha_{BE}}{\rho} \end{aligned}$$

因为假定起始方位角无误差，即 $\mathrm{d}\alpha_{A1} = 0$，其中：

$$\mathrm{d}\alpha_2 = \mathrm{d}\alpha_1 + \mathrm{d}\beta_1$$
$$\mathrm{d}\alpha_3 = \mathrm{d}\alpha_1 + \mathrm{d}\beta_1 + \mathrm{d}\beta_2$$
$$\mathrm{d}\alpha_4 = \mathrm{d}\alpha_1 + \mathrm{d}\beta_1 + \mathrm{d}\beta_2 + \mathrm{d}\beta_3$$
$$\mathrm{d}\alpha_5 = \mathrm{d}\alpha_1 + \mathrm{d}\beta_1 + \mathrm{d}\beta_2 + \mathrm{d}\beta_3 + \mathrm{d}\beta_4$$
$$\mathrm{d}\alpha_{BE} = \mathrm{d}\alpha_1 + \mathrm{d}\beta_1 + \mathrm{d}\beta_2 + \mathrm{d}\beta_3 + \mathrm{d}\beta_4 + \mathrm{d}\beta_B$$

将它们带入上式有：

$$\begin{aligned} \mathrm{d}(y''_E - y'_E) &= \sum_{i=1}^{5} \Delta y \frac{\mathrm{d}S_i}{S_i} + \Delta x_2 \frac{\mathrm{d}\beta_1}{\rho} + \Delta x_3 \frac{\mathrm{d}\beta_1 + \mathrm{d}\beta_2}{\rho} \\ &+ \Delta x_4 \frac{\mathrm{d}\beta_1 + \mathrm{d}\beta_2 + \mathrm{d}\beta_3}{\rho} + \Delta x_5 \frac{\mathrm{d}\beta_1 + \mathrm{d}\beta_2 + \mathrm{d}\beta_3 + \mathrm{d}\beta_4}{\rho} \\ &+ \Delta x_{BE} \frac{\mathrm{d}\beta_1 + \mathrm{d}\beta_2 + \mathrm{d}\beta_3 + \mathrm{d}\beta_4 + \mathrm{d}\beta_B}{\rho} \end{aligned}$$

$$= \sum_{i=1}^{5} \Delta y_i \frac{dS_i}{S_i} + \frac{d\beta_1}{\rho}(\Delta x_2 + \Delta x_3 + \Delta x_4 + \Delta x_5 + \Delta x_{BE}) +$$

$$+ \frac{d\beta_2}{\rho}(\Delta x_3 + \Delta x_4 + \Delta x_5 + \Delta x_{BE}) + \frac{d\beta_3}{\rho}(\Delta x_4 + \Delta x_5 + \Delta x_{BE})$$

$$+ \frac{d\beta_4}{\rho}(\Delta x_5 + \Delta x_{BE})$$

$$= \sum_{i=1}^{5} \Delta y_i \frac{dS_i}{S_i} + \frac{d\beta_1}{\rho}(x_E - x_1) + \frac{d\beta_2}{\rho}(x_E - x_2) + \frac{d\beta_3}{\rho}(x_E - x_3)$$

$$+ \frac{d\beta_4}{\rho}(x_E - x_4)$$

整理为:

$$d(y''_E - y'_E) = \sum_{i=1}^{5} \Delta y_i \frac{dS_i}{S_i} + \frac{1}{\rho}\sum_{i=1}^{4} d\beta_i(x_E - x_i)$$

$$= \sum_{i=1}^{n} \Delta y_i \frac{dS_i}{S_i} + \frac{1}{\rho}\sum_{i=1}^{n-1} d\beta_i(x_E - x_i) \tag{14-5}$$

运用误差传播定律则得到横向贯通的中误差 $m_{外}$ 为:

$$m_{外} = \pm\sqrt{\sum_{i=1}^{n}\left(\frac{m_{S_i}}{S_i}\right)^2 \Delta y_i^2 + \frac{m_{\beta}^2}{\rho^2}\sum_{i=1}^{n-1}(x_E - x_i)^2} \tag{14-6}$$

式中　$\rho = 206265''$;

x_i——各导线点在图 14-5 所示坐标系下的 x 坐标(可在设计图上获得)。

一般认为根号内的第一部分是测距误差的影响,第二部分是测角误差的影响。

由于测边精度相同,可将式(14-5)中的各边相对中误差统一用设计值代替。通常将 Δy_i 记为 dy_i,是第 i 条导线边在贯通面上的投影长度;将 $(x_E - x_i)$ 记为 R_{xi},它是第 i 点到贯通面的垂直距离,则有:

$$m_{外} = \pm\sqrt{\left(\frac{m_S}{S}\right)^2 \sum_{i=1}^{n} dy_i^2 + \frac{m_{\beta}^2}{\rho^2}\sum_{i=1}^{n-1} R_{xi}^2} \tag{14-7}$$

实际工作中,洞外网不会布设成单导线的形式,用式(14-7)估算得出的中误差偏大,比较安全。但因其计算简单方便,一般都用式(14-7)估算。

当估算值大于表 14-6 中相应的洞外中误差分配限值时,应重新确定 $\frac{m_S}{S}$、m_{β} 值。若满足要求,即可根据选用的 $\frac{m_S}{S}$、m_{β} 值和现有的仪器设备确定洞外控制网的等级及其施测方案。

【例题 14-1】某隧道洞外控制导线布置如图 14-6 所示,1、6 点为洞口点,2、3、4、5 为导线点,在 1:1000 地形图上截得各点相对于贯通面垂直距离和各导线边在贯通面上的投影长度如表 14-7,假设测角中误差为 $\pm4''$,测距的相对中误差为 1/10000。试计算洞外导线对横向贯通误差的影响程度。

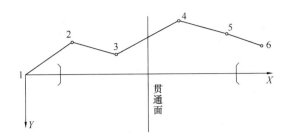

图 14-6　隧道贯通误差估算

贯通误差估算表　　　　　　　　　　　　　　表 14-7

各导线点到贯通面的垂直距离 R_x			各导线边在贯通面上的投影长度 dy		
点号	R_x (m)	R_x^2 (m²)	边名	dy (m)	dy (m²)
2	390	152100	1-2	130	16900
3	150	22500	2-3	50	2500
4	240	57600	3-4	150	22500
5	470	220900	4-5	80	6400
			5-6	120	14400
	$\sum R_x^2 = 453100 \text{m}^2$			$\sum dy^2 = 62700 \text{m}^2$	

【解】首先在表 14-7 中计算出 R_x^2 和 $\sum dy^2$，然后将它们和测角中误差、量距相对中误差代入式（14-7），有：

$$m_{外} = \pm \sqrt{\left(\frac{m_S}{S}\right)^2 \sum_{i=1}^{n} dy_i^2 + \frac{m_\beta^2}{\rho^2} \sum_{i=1}^{n-1} R_{xi}^2}$$

$$= \pm \sqrt{\left(\frac{1}{10000}\right)^2 \times 62700 + \frac{4^2}{206265^2} \times 453100} = \pm 28.2 \text{mm}$$

此隧道长度小于 4km，洞外导线产生的横向贯通中误差小于表 14-6 的 30mm 精度要求。

洞内平面控制测量对横向贯通精度影响的估算方法与洞外的估算方法基本相同，不同之处有两点：一是在两洞口处的控制点在测洞内导线时需要测水平角，其测角误差应算入洞内测量误差，即要计算这两点的 R_x 值；二是将贯通点当作一个导线点。

当洞外、洞内平面控制测量对横向贯通影响估算出后，即使它们都满足要求，还要计算它们的综合影响是否满足要求。它们的综合影响为：

$$m_{综} = \pm \sqrt{m_{外}^2 + m_{内}^2} \tag{14-8}$$

【例题 14-2】假设隧道长度小于 4km，$m_{内} = \pm 20.3 \text{mm}$；取 $m_{外} = \pm 28.2 \text{mm}$，试计算隧道洞内、外平面控制测量的综合影响。

【解】将其带入式（14-8），得：

$$m_{综} = \pm \sqrt{m_{外}^2 + m_{内}^2} = \pm \sqrt{28.2^2 + 20.3^2} \approx \pm 35 \text{mm}$$

洞内、外平面控制测量对横向贯通的影响均满足表 14-6 中 50mm 的规定要求。

任务六　隧　道　施　工　测　量

一、隧道进洞测量

在隧道开挖之前，必须根据洞外控制测量的结果，测算洞口控制点的坐标和高程。同时，按设计要求计算洞内中线点的设计坐标和高程，通过坐标反算，求出洞内待定点与洞口控制点（或洞口投点）之间的距离和角度关系。也可按极坐标或其他方法测设出进洞的开挖方向，并放样出洞门内中线点，这就是隧道洞外和洞内的联系测量（即进洞测量）。

1. 洞门的施工测量

进洞数据通过坐标反算得到后，应在洞口控制点（或洞口投点）安置仪器，测设出进洞方向，并将此掘进方向标定在地面上，即测设洞口投点的护桩表示方向，如图 14-7 所示。

在洞口的山坡面上标出中线位置和高程，按设计坡度指导劈坡工作。劈坡完成后，在洞帘上测设出隧道断面轮廓线，就可以进行洞门的开挖施工了。

2. 正常进洞关系的计算和进洞测量

洞外控制测量完成之后，应把各洞口的线路中线控制桩和洞外控制网联系起来，为施工测量方便，也可建立施工坐标系。如若控制网和线路中线两者的坐标系不一致，应首先把洞外控制点和中线控制桩的坐标纳入同一坐标系统内，即进行坐标转

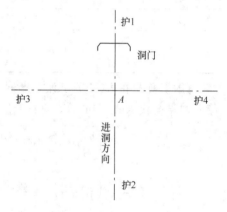

图 14-7　洞门施工测量

换。在直线隧道，一般以线路中线作为 X 轴；在曲线隧道，则以一条切线方向作为 X 轴，建立施工坐标系。用控制点和隧道内待测设的线路中线点的坐标，反算两点的距离和方位角，从而确定进洞测量的数据，把中线引进洞内。

（1）直线隧道进洞

直线隧道进洞计算比较简单，常采用拨角法。

如图 14-8 所示，A、D 为隧道的洞口投点，位于线路中线上，当以 AD 为坐标纵轴方向时，可根据洞外控制测量确定的 A、B 和 C、D 点坐标进行坐标反算，分别计算放样角 β_1 和 β_2。测设放样时，仪器安置在 A 点，后视 B 点，拨角水平角 β_1，就得到 A 端隧道口的进洞方向；仪器安置在 D 点，后视 C 点，拨水平角 β_2，得到 B 端隧道口的进洞方向。

（2）曲线隧道进洞

曲线隧道每端洞口切线上的两

图 14-8　直线隧道

个投点的坐标在平面控制测量中已计算出，根据四个投点的坐标可算出两切线间的偏角 α（α 为两切线方位角之差），α 值与原来定测时所测得的偏角值可能不相符，应按此时所得 α 值、设计所采用曲线半径 R 和缓和曲线长 l_0，重新计算曲线要素和各主点的坐标。

曲线进洞测量一般有两种方法：一是洞口投点移桩法，另一是洞口控制点与曲线上任一点关系计算法。

1）洞口投点移桩法

即计算定测时原投点偏离中线（理论中线）的偏移量和移桩夹角，并将它移到正确的中线上，再计算出移桩后该点的隧道施工里程和切线方向，于该点安置仪器，就可按曲线测设方法测设洞门位置或洞门内的其他中线点。

2）洞口控制点与曲线上任一点关系计算法

将洞口控制点坐标和整个曲线转换为同一施工坐标系，无论待测设点位于切线、缓和曲线还是圆曲线上，都可根据其里程计算出施工坐标，在洞口控制点上安置仪器用极坐标法测设洞口待定点。

二、洞内施工中线测量

隧道洞内掘进施工，是以中线为依据进行的。当洞内敷设导线之后，导线点不一定恰好在线路中线上，也不可能恰好在隧道的轴线上。隧道衬砌后两个边墙间隔的中心即为隧道中心轴线，其在直线部分与线路中线重合；而曲线部分由于隧道断面的内、外侧加宽值不同，所以线路中心线与隧道中心线并不重合。施工中线分为永久中线和临时中线，永久中线应根据洞内导线测设，中线点间距应符合表 14-8 的规定。

永久中线点间距（m）　　　　　　　　　　　表 14-8

中线测量	直线地段	曲线地段
由导线测设中线	150～250	60～100
独立的中线法	不小于 100	不小于 50

1. 由导线测设中线

用精密导线进行洞内控制测量时，应根据导线点位的实际坐标和中线点的理论坐标，反算出距离和角度，用极坐标法测设出中线点。为方便使用，中线桩可同时埋设在隧道的底部和顶板，底部宜采用混凝土包木桩，桩顶钉一小钉以示点位；顶板上的中线桩点，可灌入拱部混凝土中或打入坚固岩石的钎眼内，且悬挂垂球线以标示中线。测设完成后应进行检核，确保无误。

2. 独立中线法

对于较短隧道，若用中线法进行洞内控制测量，则在直线隧道内应用正倒镜分中法延伸中线；在曲线隧道内一般采用弦线偏角法，也可采用其他曲线测设方法延伸中线。

3. 洞内临时中线的测设

隧道的掘进延伸和衬砌施工应测设临时中线。随着隧道掘进的深入，平面测量的控制工作和中线测量也需紧随其后。当掘进的延伸长度不足一个永久中线点的间距时，应先测设临时中线点，如图 14-9 中的 1、2……，点间距离，一般直线上不大于 30m，曲线上不大于 20m。为方便掌子面的施工放样，当点间距小于此长度时，可采用串线法延伸标定简易中线；超过此长度时，应该用仪器测设临时中线；当延伸长度已大于永久中线点的间距时，就可以建立一个新的永久中线点，如图 14-9 中的 e 点。永久中线点应根据导线或用独立中线法测设，然后根据新设的永久中线点继续向前测设临时中线点。当采用全断面法开挖时，导线点和永久中线点都应紧跟临时中线点，这时临时中线点要求的精度也较高；供衬砌用临时中线点，直线上应采用正倒镜压点或延伸，曲线上可用偏角法、长弦支距法等方法测定，宜每 10m 加密一点。

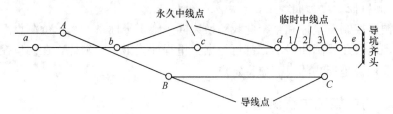

图 14-9　洞内临时中线的测设

三、高程控制

隧道施工中要随时测设和检查洞底高程，为方便起见，通常在隧道侧壁沿中线方向比洞底高程高 1m 的位置每隔一定距离测设并标出一个高程点，这些点构成一条线，称其为腰线。腰线与隧道底板的中线高程平行，与隧道底板具有相同的坡度，掘进时用腰线控制掌子面的高程。一般在隧道内的临时水准点上测设腰线，测设腰线时先要检查临时水准点有无错误，要保证高程控制万无一失。

四、掘进方向指示

应用经纬仪指示，根据导线点和待定点的坐标反算数据，用极坐标的方法测设出掘进方向。还可应用激光定向经纬仪或激光指向仪来指示掘进方向。利用它发射的一束可见光，指示出中线及腰线方向或它们的平行方向。它具有直观性强、作用距离长，测设时对掘进工序影响小，便于实现自动化控制的优点。如采用机械化掘进设备，则配以装在掘进机上的光电跟踪靶，当掘进方向偏离了指向仪的激光束，光电接收装置将会通过指向仪表给出掘进机的偏移方向和偏移量，并能为掘进机的自动控制提供信息，从而实现掘进定向的自动化。激光指向仪可以被安置在隧道顶部或侧壁的锚杆支架上，如图 14-10 所示，以不影响施工和运输为宜。

五、开挖断面的放样

开挖断面的放样是在中垂线和腰线基础上进行的，包括两侧边墙、拱顶、底板（仰拱）三部分。根据设计断面的宽度、拱脚和拱顶的标高、拱曲线半径等数

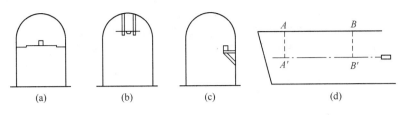

图 14-10　激光指向仪的安置

（a）安装在横梁上；（b）安装在锚杆上；（c）安装在侧面钢架上；（d）指向仪定向

据放样，常采用断面支距法测设断面轮廓。

全断面开挖的隧道，当衬砌与掘进工序紧跟时，两端掘进至距预计贯通点各 100m 时，开挖断面可适当加宽，以便于调整贯通误差，但加宽值不应超过该隧道横向预计贯通误差的一半。

六、结构物的施工放样

在结构物施工放样之前，应对洞内的中线点和高程点加密。中线点加密的间隔视施工需要而定，一般为 5～10m 一点，加密中线点应以铁路定测的精度测设。加密中线点的高程，均以五等水准精度测定。

在衬砌之前，还应进行衬砌放样，包括立拱架测量、边墙及避车洞和仰拱的衬砌放样等一系列的测量工作。鉴于篇幅所限，请参阅相关书籍。

任务七　隧 道 变 形 监 测

为确保施工安全，监控工程对周围环境的影响，以便为信息化设计与施工提供依据，隧道监控量测应作为关键工序列入施工组织，并认真实施。隧道变形监测以洞内、外观察，净空收敛量测，拱顶下沉量测，洞身浅埋段地表下沉量测为必测项目。

一、隧道地表沉降监测

隧道地表沉降监测包括纵向地表和横向地表沉降观测。隧道地表沉降监测点应在隧道开挖前布设，地表沉降测点应与隧道内测点布置在同一里程的断面内。一般条件下，地表沉降测点纵向间距应按表 14-9 要求布置。

地表沉降测点纵向间距　　　　　　　　　　　　　　表 14-9

隧道埋深与开挖宽度	纵向测点间距（m）
$2B < H_0 < 2.5B$	20～50
$B < H_0 \leq 2B$	10～20
$H_0 \leq 2B$	5～10

注：H_0 为隧道埋深，B 为隧道开挖宽度。

地表沉降测点横向间距为 2～5m。在隧道中线附近测点应适当加密，隧道中线两侧量测范围不应小于 $H_0 + B$，地表有控制性建筑物时，量测范围应适当加宽，测点布置如图 14-11 所示。

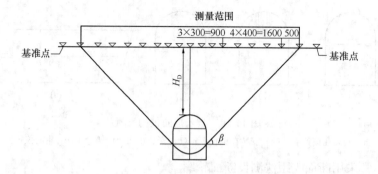

图 14-11　地表沉降横向测点布置示意图（cm）

地表沉降监测精度等级视施工现场和设计要求确定，在地表有重要设施和人口密集区域应用二等水准测量精度等级施测。

二、隧道洞内变形监测

洞内拱顶下沉测点和净空变化测点应布置在同一断面上，拱顶下沉测点原则上设置在拱顶轴线附近，当隧道跨度较大时，应结合设计和施工方法在拱部增设测点，如图 14-12 所示。

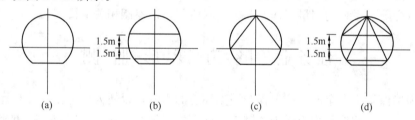

图 14-12　洞内变形监测测线布置
（a）、（c）单线隧道；（b）、（d）双线隧道

由于铁路客运专线无砟轨道对线路高平顺性的要求，在上述必测项目的基础上，增加了沉降观测和评估的内容。隧道工程沉降观测是指隧道基础的沉降观测，即隧道的仰拱部分。隧道的进出口进行地基处理的地段、地应力较大、断层或隧底溶蚀破碎带、膨胀土等不良

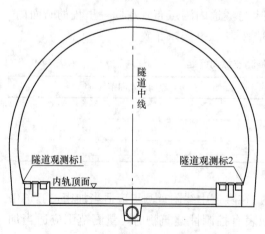

图 14-13　客运专线铁路沉降观测断面

和复杂地质区段，特殊基础类型的隧道段落，隧底由于承载力不足进行过换填、注浆或其他措施处理的复合地基段落适当加密布设。围岩级别、衬砌类型变化段及沉降变形缝位置应至少布设两个断面。一般地段沉降观测断面的布设根据地质围岩级别确定，一般情况下Ⅲ级围岩每 400m、Ⅳ级围岩每 300m、Ⅴ级围岩每 200m 布设一个观测断面，如图 14-13 所示。

任务八 隧 道 竣 工 测 量

隧道竣工后，为了检查主要结构物及线路位置是否符合设计要求并提供竣工资料，为将来运营中的检修工作和设备安装等提供测量控制点，应进行竣工测量。

隧道竣工时，首先检测中线点，从一端洞口至另一端洞口。检测闭合后，应在直线上每 200～250m、各曲线主点上埋设永久中线桩；洞内高程点应在复测的基础上每千米埋设一个永久水准点。永久中线点、水准点经检测后，除了在边墙上加以标示之外，还需列出实测成果表，注明里程，必要时还需绘出示意图，作为竣工资料之一。

竣工测量另一主要内容是测绘隧道的实际净空断面，应在直线地段每 50m，曲线地段每 20m 或需要加测断面处施测。如图 14-14 所示，净空断面测量应以线路中线为准，测量拱顶高程、起拱线宽度、轨顶面以上 1.1m、3.0m、5.8m 处的宽度。其他断面形式的隧道，其具体测量部位应按设计要求确定。隧道断面测量现在大都采用激光断面仪量测，其采集信息由专用软件处理，随即绘出断面图，其精度完全满足断面测量精度要求。

竣工测量后一般要求提供下列图表：隧道长度表、净空表、隧道回填断面图、水准点表、中桩表、断链表、坡度表。

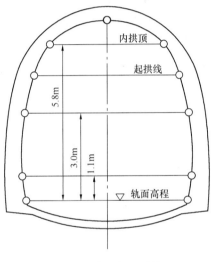

图 14-14 净空断面测量

习 题

1. 隧道工程测量的主要任务是什么？有哪几项主要测量工作？
2. 隧道贯通测量误差包括哪些内容？什么贯通误差是应主要控制的？
3. 隧道洞内平面控制测量有何特点？常采用什么形式？
4. 为什么要进行隧道洞内、外的联系测量？
5. 如图 14-15，A、C 投点在线路中线上，导线坐标计算如下：A（0，0）、B（318.582，−29.376）、C（2630.566，0）、D（2916.768，36.113），问仪器安置在 A、C 点怎样测设进洞方向。

图 14-15 习题 5 用图

6. 假设某隧道长 5km，洞外导线设计测角中误差 $m_\beta = \pm 1.8''$，测距相对中误差为 10 万分之一，导线点到贯通面的垂直距离和各导线边在贯通面上的投影长度列于表 14-10，试计算洞外导线测量对横向贯通的影响。

第 6 题表   表 14-10

点号	导线点到贯通面的垂直距离（m）	导线边	导线边在贯通面上的投影长度（m）
2	3200	1-2	125
3	1930	2-3	420
4	620	3-4	80
5	260	4-5	440
6	300	5-6	210
7	500	6-7	180
8	1650	7-8	350
		8-9	160

项目十五 管道工程测量

【知识目标】管道中线测量，管道纵横断面测量，管道施工测量和顶管施工测量。

【能力目标】管道纵、横断面测量的方法，管道施工测量方法。

任务一 概 述

随着城市基础设施建设和其他各种工程建设的不断推进，在街道和工矿企业中敷设的管道也越来越多，如上下水、热力、输气、输油管道等。这些管道从设计、施工到竣工验收和运营维护都需要测量工作的支持，我们把这种为管道工程服务的测量工作称为管道工程测量。管道工程测量的主要内容包括管道中线测量、管道纵横断面测量、管道施工测量和管道竣工测量等。

管道工程测量是衔接管道设计与施工的关键步骤，也是管道工程顺利实施的重要保证。因此，对管道工程测量工作必须充分准备、合理安排、认真校核。一是要充分了解设计意图，仔细阅读设计图，对设计图纸和实际情况要进行对比，及时发现设计中的错误并处理。二是对工程精度要有足够的认识和掌控，如厂区内部管道比外部要求精度高，永久性管道比临时性管道要求精度高。仔细核实已知点的精度，若控制点较少或没有控制点，应补测控制点；若控制点精度较低，应重新布设或引测等级较高的控制点。三是认真校核，平面和高程控制系统是否统一；对计算的放样数据检核无误后方可使用，放样完成后应对放样数据进行检查；测量时严格按照设计要求，做到步步有检核。四是对工程进度要进行合理的施测安排，避免重复作业或耽误工期。

任务二 管道中线和纵横断面测量

一、管道中线测量

管道中线测量与道路的中线测量基本相同，就是将设计的管道中线的平面位置测设标定于实地，其任务包括主点测设、转向角测量、中桩测设等。

1. 主点测设

管道主点（起点、终点和转向点）的位置在设计资料中已给出。主点的测设方法有图解法和解析法两种。

（1）图解法

图解法是指在规划或设计图纸上，量取主点与附近控制点或固定地物间的位置关系，据此在实地确定主点位置的方法。如图 15-1 所示，Ⅰ、Ⅱ、Ⅲ点是设

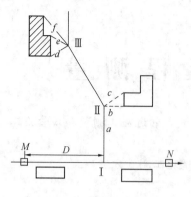

图 15-1　图解法测设主点

计管道的主点，欲在地面测设出Ⅰ、Ⅱ、Ⅲ点，先在图上量出 D、a、b、c、d、e、f 等距离，根据比例尺计算出实地测设数据，然后沿管道 MN 方向（M、N 为已有检查井位置），由 M 点实地量取 D 即得Ⅰ点，用直角坐标法测设Ⅱ点，用距离交会法测设Ⅲ点。测设主点时要进行校核，如用直角坐标法测设Ⅱ点后，还要量出 b 和 c 作为校核；用交会法由 d、e 测设Ⅲ点后，还要量出 f 作为校核。

（2）解析法

解析法是根据设计给出的主点坐标和附近导线点坐标计算出测设数据，将其标定于实地的方法。如图 15-2 所示，1、2、3……为导线点，M、N、P……为管道设计主点。首先根据 1、2 和 N 点坐标，计算出 $\angle 12N$ 和 D，然后将经纬仪置于 2 点，后视 1 点，拨 $\angle 12N$，得 $2N$ 方向，在此方向上用钢尺丈量出 D 即得 N 点。其他各主点均可按此方法进行测设。也可用 GPS-RTK、全站仪等仪器测设主点。不论用何种方法，都应对结果进行校核。

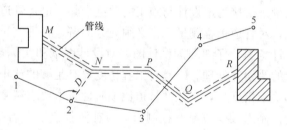

图 15-2　解析法测设主点

2. 中桩测设

中桩测设即在地面上沿管道中心线测设整桩和加桩。

整桩和加桩统称为里程桩。整桩是从起点开始，按里程每间隔一整数值设置的桩橛，须注明里程及桩号。整桩间隔一般为 20m、30m、50m。加桩是在相邻整桩间管线穿越重要地物处和地面坡度变化处加设的桩橛，须注明里程及桩号。

中桩测设，可采用经纬仪配合钢尺或皮尺，也可以使用全站仪或 GPSRTK 等直接测设。若用钢尺或皮尺量距，一般要求丈量两次，相对误差一般不大于 $\frac{1}{2000}$。

3. 转向角测量

转向角即管线转变方向后与原方向之间的夹角，有左、右之分，如图 15-3 所示的 θ_1（左转）、θ_2（右转）。一般用经纬仪观测一测回即可。若采用全站仪或

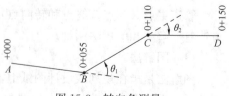

图 15-3　转向角测量

GPSRTK 直接测设中桩坐标，转向角应以计算值为准。

二、纵断面测量

管道纵断面测量是根据水准点高程，测量各中桩的地面高程，然后根据测得的高程和相应的桩号里程绘制纵断面图。管道纵断面图是设计管道埋深、坡度和计算土方量的主要依据。管道纵断面测量的工作内容包括水准点的布设、纵断面水准测量和纵断面图的绘制。

1. 水准点的布设

为保证高程测量的精度，在纵断面水准测量之前，一般沿管道中线方向每隔 1～2km 布设一永久水准点。为了方便纵断面水准测量时的分段附合和施工时引测高程，一般在较短的线路上和较长线路上的两永久水准点之间，每隔 300～500m 布设一临时水准点。水准点应埋设在易于保存、使用方便和不受施工影响的地方。水准点测量可采用水准测量方法或光电测距三角高程测量方法，高差闭合差一般应不大于 $\pm 30\sqrt{L}$ mm（L 为路线长度，以千米计算）；若精度要求较高时，可按四等水准测量要求或根据需要另行设计施测。

2. 纵断面水准测量

纵断面水准测量的任务是测量中线上各中桩的高程，按照图根水准测量或图根光电测距三角高程测量的方法和精度要求施测。一般从一个水准点开始，沿中线逐桩测量各中桩高程并检查里程桩号后，附合到另一水准点上，转点一般为中桩点。水准点和转点上的读数须读至毫米，转点间的中桩点可用视线高程法求得，读至厘米。高差闭合差应不大于 $\pm 40\sqrt{L}$ mm（L 为路线长度，以千米计算）。若成果合格，闭合差不必调整。表 15-1 是某段纵断面水准测量记录手簿。

纵断面水准测量记录手簿　　　　　　　　　　　　表 15-1

测站	桩号	水准尺读数（m）			高差（m）		仪器视线高（m）	地面高程（m）
		后视	前视	中视	＋	－		
1	水准点 M	1.204					57.004	55.800
	0+000		0.895		0.309			56.109
2	0+000	1.054						56.109
	0+050			0.81			57.163	56.35
	0+100		0.566		0.488			56.597
3	0+100	0.970					57.567	56.597
	0+150			0.70				56.87
	0+182			0.55				57.02
	0+200		1.048			0.078		56.519
4	0+200	1.674						56.519
	0+250			1.78			58.193	56.41
	0+265			3.08				55.11
	0+300		3.073			1.399		55.120

当管道较短时，纵断面高程测量可与水准点测量一起进行。

在进行纵断面高程测量时，应特别注意做好与其他管道交叉的调查工作，记录管道交叉点的桩号，测量已有管道的高程和管径等数据，并在纵断面图上标明其位置。

3. 纵断面图的绘制

如图 15-4 所示，纵断面图绘制一般在毫米方格纸上进行，图幅设计应视线路长度、高差变化与晒印条件而定。纵断面图应自左至右展绘，以管道的里程为横坐标，各桩地面高程为纵坐标。为了更明显表示地面的起伏，一般纵断面的高程比例尺要比水平比例尺放大 10 倍或 20 倍。展绘地面线时，应根据高差和工程性质确定最高和最低点的位置，使地面线适中或偏上些。若中线有断链，应在纵断面上注记断链桩的里程及线路总长所增、减数值。其具体绘制方法如下：

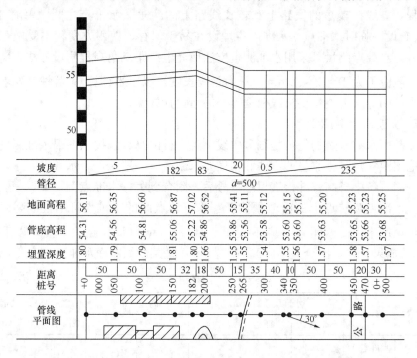

图 15-4　纵断面图绘制

1）在毫米方格纸上适当位置绘出水平线，水平线上绘管线纵断面图，水平线下注记实测、设计和计算的有关数据。

2）在管线平面图内表明整桩和加桩的位置，在桩号栏内注明各桩的桩号，距离栏内填写相邻两桩间的距离，在地面高程栏内注记各桩地面高程，并凑整到厘米（个别管道须注记到毫米）。

3）水平线上部，按高程比例尺，依各桩的地面高程，在相应的垂直线上确定各点位置。用直线连接各点，即得纵断面图。

4）根据设计要求，在纵断面图上绘出管道设计线。在坡度栏内注记坡度方向，用"/"、"\"、"—"分别表示上坡、下坡和平坡。坡度线上以千分数形式注记坡度值，线下注记该段坡度的距离。

5）计算管底高程。管道起点的管底高程一般由设计者决定，其他各点的管底高程是根据管道起点的高程、设计坡度、各桩之间的距离逐点推算出来的。如 0+000 的管底高程为 54.31m，管道坡度为+5‰（+号表示上坡），则 0+050 管底高程为：

$$54.31+5‰×50＝54.31＋0.25＝54.56m$$

6）计算管道埋置深度。地面高程减去管底高程即为管道的埋深。

在纵断面图上，还应将本管道与已有管道的连接处、交叉处以及与之相交叉的其他地下构筑物的位置标出。

三、横断面测量

横断面测量即在各中线桩处，作垂直于中线的方向线，测出中线两侧在其垂线方向上一定范围内各特征点距中线桩的平距和高差，然后根据这些数据绘制横断面图。横断面图反映了管线两侧的地面起伏情况，是管线设计时计算土方量和施工时确定开挖边界和开挖深度的依据。

横断面测量的宽度应能满足需要，一般每侧为 20m。横断面的方向，在直线部分应与中线垂直，在曲线部分应在该点的法线方向。横断面可采用全站仪测量或用水准仪测高，用皮尺或测绳量距。

横断面图一般绘在毫米方格纸上，以中线桩点为坐标原点，水平距离为横坐标，高程为纵坐标。比例尺根据需要可选择 1：50、1：100 或 1：200。当横断面图用于土石方量的计算时，其水平距离和高程比例尺应一致。

如管道施工时，管槽开挖不宽，管道两侧地势平坦，一般不进行横断面测量。

任务三 管道施工测量

管道工程施工前应结合图纸和现场情况，校核管道线路中线，然后测设出施工控制桩，放出沟槽的开挖边界线。根据管道所在的空间位置不同，可以分为地下管道施工测量和架空管道施工测量。

一、地下管道施工测量

1. 校核中线

检查设计阶段标定出的管道中线位置与施工时所需中线位置是否一致，若不一致应与设计单位协商处理，若主点桩已经丢损，则需要重新测设管道中线。测设中线时，应同时定出井位等附属构筑物的位置。

2. 测设施工控制桩

在施工时，管道中线桩将会被挖掉，为便于施工中检查和恢复管道中线和检查井位置，应在引测方便、易于保存的地方测设施工控制桩。管线施工控制桩分为中线控制桩和井位控制桩两种。中线控制桩一般测设在管道主点处的中心线延长线上，井位控制桩测设于管道中线的垂直线上，如图 15-5（a）中所示。

3. 槽口放线

槽口边线宽度通常依据土质情况、管径大小、埋设深度等来确定。当横断面坡度较平缓时，通常用下述方法计算槽口宽度（图 15-5b）：

$$B = b + 2mh \tag{15-1}$$

式中 b——槽底宽度；

   $1:m$——槽边坡的坡度；

   h——中线上挖土深度。

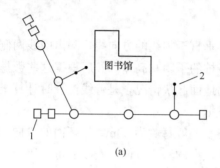 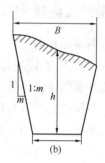

图 15-5   管道施工测量

4. 测设控制管道中线及高程的施工测量标志

管道施工是按照设计的管道中线和高程进行的，在开槽前应设置控制管道中线和高程的施工测量标志。常用的有以下两种方法：

（1）龙门板法

龙门板法是控制管道中线位置和高程的常用方法。龙门板由坡度板和高程板组成，如图 15-6 所示。一般在检查井处和沿中线方向每隔 10～20m 处埋设一龙门板。

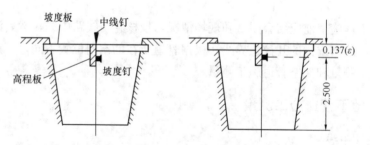

图 15-6   管道中线控制龙门板法

为了控制中线，一般将全站仪或经纬仪置于中线控制桩上，把管道中线投影到坡度板上，再用小钉标定其点位（中线钉），各龙门板上中线钉的连线即为管道的中线方向。还可将中线位置投影到管槽内。

为了控制管槽的开挖深度，应先从已知水准点，用水准仪测出各坡度板的板顶高程，再根据管道坡度计算出该处管底的设计高程，二者之差即为由坡度板的板顶向下开挖的深度（下返数）：

下返数＝板顶高程－管底高程

由于各坡度板的下返数不一致且基本上不是整数，施工或检查都不方便，因此，可令下返数为一整数值 M，由式（15-2）算出每一坡度板顶应向下或向上量的改正数 ε。

$$\varepsilon = M - (H_{板顶} - H_{管底}) \tag{15-2}$$

在坡度板上设一高程板，使其一侧对齐中线。根据计算出的改正数 ε，在高程板竖面上标出一条高程线，再在该高程线上横向钉一小钉，称为坡度钉，如图 15-6 所示。

从坡度钉再向下量下返数（整数值 M），便是管底设计高程。如：已知 $0+000$ 的管底高程为 54.310m，坡度板板顶高为 56.929m，若选定下返数 $M=2.500$m，则 $0+000$ 的改正数 $\varepsilon = 2.500 - (56.929 - 54.310) = -0.119$m。即由坡度板顶向下量 0.119m，便是坡度钉的位置，再由坡度钉向下量取下返数 2.500m，便是管底高程。

（2）平行轴腰桩法

对现场坡度大、管径小，精度要求不高的管道，可采用平行轴腰桩法控制管道中线和管底高程。

1）测设平行轴线。为控制管道中线位置，开工前先在中线一侧测设一排与中线平行的轴线桩。桩位应落在槽开挖边线外，各桩间距 10～20m，各检查井位也应在平行轴线上设桩。如图 15-7 中 A 点，各平行轴线桩与管道中线桩的平距为 a。

2）钉腰桩。为控制管底高程，在槽坡上（距槽底约 1m 左右）再定一排与 A 轴对应的轴线桩 B，称为腰桩。在腰桩上钉一小钉，用水准仪测出腰桩上小钉的高程，则小钉高程与该处管底设计高程之差为 h_b（下返数），如图 15-7 所示。用各腰桩 h_b 即可控制埋设管道的高程。

由于腰桩上各点的下返数都不一样，在施工和检查中较麻烦，容易出错。为此，先确定下返数为一整数 M，并计算出腰桩的高程值。然后用水准仪据此值在槽坡上测设出腰桩并钉设小钉标明其位置，则此时各小钉的连线与设计坡度线平行，而小钉的高程与管底高程相差为一常数 M。

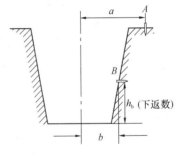

图 15-7　腰桩设置

二、架空管道施工测量

1. 管架基础施工测量

架空管道主点测设与地下管道测设相同。

管架基础中心桩测设后，一般采用骑马桩法进行控制。如图 15-8 所示，管线上每个支架中心桩（如 1 点）在开挖时要挖掉，因此须将其位置引测到互为垂直的四个控制桩上。先在主点 A 置

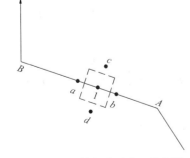

图 15-8　管架基础中心控制桩

经纬仪，然后在 AB 方向上钉出 a、b 两控制桩，仪器移至 1 点，在垂直于管线方向标定 c、d 点，有了控制桩，即可决定开挖边线进行施工。

2. 架空管道的支架安装测量

架空管道安装在钢筋混凝土支架或钢支架上，安装管道支架时，应配合施工进行柱子垂直校正和标高测量工作。

任务四　顶管施工测量

当管道穿越铁路、公路、河流或建筑物时，往往不能开槽施工，须采用顶管施工方法。该方法需要在顶管的两端先挖工作坑，然后于坑内安装导轨，把管材放在导轨上，再用顶管的方法，将管材沿管线方向顶进土中，最后将管内土方挖出，从而形成管道。顶管施工测量工作的主要任务是测设好管道中线方向、高程及坡度。

1. 顶管测量的准备工作

（1）设置顶管中线桩

测设时先在工作坑的前后中线上钉立两个桩，称为中线控制桩。待开挖到设计高程后，再根据中线控制桩将中线引测到坑壁上，并钉木桩，此桩称为顶管中线桩，用以指示顶管中线位置。中线控制桩、顶管中线桩和管道中线应在一条直线上。测量时应有足够的校核，中线桩要钉牢固，防止丢失或碰动。

（2）测设坡度板和水准点

当工作坑开挖到一定深度时，应先在其两端埋设坡度板，并在其上钉中线钉，中线钉代表管道中线位置；再按设计要求在板上测设坡度钉，坡度钉用于控制挖槽深度和安装导轨。坡度板应牢固，位置一般选在距槽底 1.8～2.2m 处为宜。

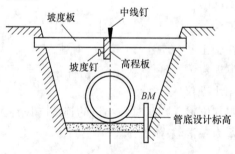

图 15-9　坡度板和水准点测设

工作坑内需设置水准点，作为安装导轨和顶管顶进过程中掌握高程的依据。可在靠近顶管起点处设一木桩，使桩顶或桩上钉的高程与顶管起点管底设计标高相同（图 15-9）。为确保此水准点高程准确，引测时尽量不设转点，并需经常校核，其误差应不大于 ± 5mm。

（3）导轨安装

导轨用以控制顶进的方向和高程，常用钢轨（图 15-10）或断面为 15cm×20cm 的方木（图 15-11）。为正确地安装导轨，应先算出导轨的轨距 A_0，使用木导轨时，还应求出导轨抹角的 x 值和 y 值（y 值一般规定为 50mm）。

1）钢导轨轨距 A_0 的计算

由图 15-10 可知：

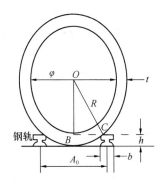

图 15-10 钢轨导轨

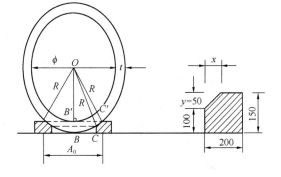

图 15-11 木质导轨

$$\left.\begin{array}{l} A_0 = 2 \times BC + b \\ BC = \sqrt{R^2 - (R-h)^2} \end{array}\right\} \tag{15-3}$$

式中 R——管外壁半径；

b——轨顶宽度；

h——钢轨高度。

2）木导轨轨距 A_0 及抹角 x 值的计算

从图 15-11 中（木导轨断面为 150mm×200mm）可看出：

$$\left.\begin{array}{l} BC = \sqrt{R^2 - (OB)^2} = \sqrt{R^2 - (R-100)^2} = \sqrt{200R - 100^2} \\ \quad = 10\sqrt{2R-100} \\ B'C' = \sqrt{R^2 - (OB')^2} = \sqrt{R^2 - (R-150)^2} = \sqrt{300R - 150^2} \\ \quad = 10\sqrt{3R-255} \\ A_0 = 2(BC + x) \\ x = B'C' - BC = 10\sqrt{3R-255} - 10\sqrt{2R-100} \end{array}\right\} \tag{15-4}$$

式中 R——管外壁半径（mm）；

A_0——木导轨轨距（mm）；

x——抹角横距（mm）。

由上式计算得各种管径的 A_0 及 x 值如表 15-2。

各种管径的 A_0 及 x 的计算值   表 15-2

管内径 ϕ (mm)	管壁厚 t (mm)	抹角（mm）		轨距 A_0 (mm)
		横距 x	纵距 y	
900	155	66	50	866
1000	155	69	50	896
1100	155	73	50	924
1250	155	78	50	964
1600	155	88	50	1051
1800	155	94	50	1097

3) 导轨的安装

导轨一般安装在木基础或混凝土基础上。基础面高程和坡度都应符合设计要求,中线处高程应稍低,以利于排水和减少管壁摩擦。安装时,根据 A_0 及 x 值稳定好铁轨或方木,然后根据中心钉和坡度钉,用与管材半径一样大的样板检查中心线和高程,无误后,将导轨稳定牢固。

2. 顶进过程中的测量工作

顶管过程中,测量的主要任务是控制好管线的中线位置和高程。测量工作分为中线测量和高程测量两部分。

(1) 中线测量

当顶管距离较短时,如小于 50m,可以顶管中线桩连线为方向线。通过顶管中线桩拉一条细线,并在细线上挂两个垂球,两垂球的连线即为管道方向线,然后在此方向上以水平尺控制中线方向。如图 15-12 所示,在管内安置一个水平尺,其上有刻划和中心钉,如果两垂球的连线方向与水平尺的中心钉重合,则说明管的中心在设计方向线上;如尺上中心钉偏向哪一侧,则表明管道也偏向哪个方向。为了及时发现顶进的中线是否有偏差,中线测量以每顶进 0.5m 量一次为宜。

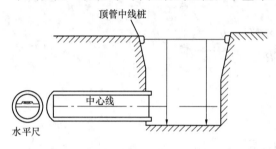

图 15-12 顶管施工中心线测量

当顶管距离较长时,如大于 100m,可在中线上每 100m 设一工作坑,分段施工,采用对向顶管施工方法。当顶管距离太长时,可采用激光导向仪定向。采用对向顶管施工方法,贯通时管子错口不得超过 30mm。

(2) 高程测量

如图 15-13 所示,以工作坑内水准点为后视,以顶管内待测点为前视,将测得的高程与管底设计高程相比较,其高程偏差要求为:高不得超过设计高程10mm,低不得低于设计高程 20mm。

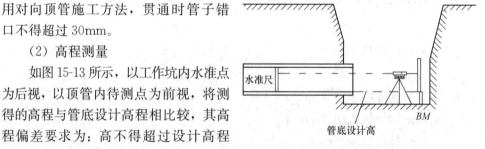

图 15-13 顶管施工高程测量

任务五 管道竣工测量和竣工图的编绘

管道工程竣工后,为反映施工成果,应进行竣工测量,整理竣工资料并编绘竣工图。竣工资料和竣工图是工程交付使用后,管理、维修、改建和扩建时的可靠依据。

地下管线必须在回填土以前测量出转折点、起止点、管井的坐标和管顶标高,并根据测量资料编绘竣工平面图和纵断面图。竣工平面图应全面地反映管道及其附属构筑物的平面位置,竣工纵断面图应全面反映管道及其附属构筑物的高程。竣工图一般根据室外实测资料进行编绘，如工程较小或不甚重要时，也可在施工图上，根据施工中设计变更和测量验收资料，在室内修绘。

习　题

1. 管道工程测量的主要内容是什么？
2. 管道中线测量的实质是什么？其任务有哪几项？
3. 简要介绍顶管施工方法。
4. 顶管施工测量工作的主要任务是什么？
5. 根据纵断面水准测量记录（表15-3），计算各点的高程。

纵断面水准测量记录手簿　　　　　　　　　　　　　表 15-3

测站	桩号	水准尺读数（m）			高差（m）		仪器视线高（m）	地面高程（m）
		后视	前视	中视	+	−		
1	0+000	1.582						46.600
	0+056			1.468				
	0+070			1.769				
	0+100		0.897					
2	0+100	1.476						
	0+200		0.328					
3	0+200	1.315						
	0+238			1.134				
	0+276			1.568				
	0+300		0.264					
4	0+300	1.535						
	0+355			1.754				
	0+400		1.136					

6. 根据第5题计算的水准测量成果，绘出纵断面图。要求水平比例尺1:1000，高程比例尺1:50，且已知管道起点管底设计高程为46.600m，坡度为+7‰，绘出设计管线。

7. 已知 A、B 两井之间的距离50m，其坡度为−5‰，A 井的管底高程为135.250m，设置腰桩是从附近水准点（高程为139.234m）引测的。若每隔10m在沟槽内设置一腰桩，选定下返数 $M=1$m，试计算出各个腰桩的前视读数。

附录：测量常用计量单位与换算

角度常用单位与换算		
度	弧度	
1 圆周＝360° 1°＝60′ 1′＝60″	1 圆周＝2π 弧度（Rad） 1 弧度＝57.2598°＝ρ° ＝206265″＝ρ″	

长度常用单位与换算		
公制	英制	美制
1 千米（km）＝1000 米（m） 1 米（m）＝10 分米（dm） ＝100 厘米（cm） ＝1000 毫米（mm） 1 千米（km）＝0.6214 英里（mi） 1 米（m）＝1.0936 码（yd） ＝3.2808 英尺（ft） 1 厘米（cm）＝0.3937 英寸（in）	1 英里（mi）＝1.6093 公里（km） ＝5280 英尺（ft） 1 英尺（ft）＝12 英寸（in） ＝0.3048 米（m） 1 英寸（in）＝2.5400 厘米（cm） 1 海里 ＝1852 米（m）	1 码（yd）＝3 英尺（ft） ＝0.9144 米（m） 1 英里（mi）＝1760 码（yd） ＝1.6093 千米（km）

面积常用单位与换算		
公制	市制	英制
1 平方公里＝1000000 平方米 1 公顷＝10000 平方米 ＝15 亩 1 平方米＝100 平方分米 ＝10000 平方厘米 ＝1000000 平方毫米	1 亩＝666.6667 平方米 ＝0.06666667 公顷 ＝0.1647 英亩 1 平方米＝0.0015 亩	1 平方英寸＝6.4516 平方厘米 1 平方码＝9 平方英尺 ＝0.8361 平方米 1 英亩＝4840 平方码 ＝4046.86 平方米 1 平方英里＝640 英亩 ＝259.0 公顷

温度常用单位与换算		
摄氏度（℃）	华氏度（℉）	
20℃＝68 ℉ 摄氏度(℃)＝(℉－32)×5/9	100 ℉＝37.8℃ 华氏度(℉)＝(℃×9/5)＋32	

气压常用单位与换算		
毫巴（mBar）	百帕（hpa）	毫米汞柱（mmHg）
1 毫巴（mbar）＝1 百帕（hpa）＝ 0.7501 毫米汞柱（mmHg） 1013.25 毫巴（mbar）＝ 1 标准大气压	1 百帕(hpa)＝1 毫巴（mBar）＝ 0.7501 毫米汞柱（mmHg） 1013.25 百帕（hpa）＝ 1 标准大气压	1 毫米汞柱（mmHg）＝ 1.3332 百帕（hPa） 760mmHg＝1 标准大气压

参 考 文 献

[1] 合肥工业大学，重庆建筑大学，天津大学，哈尔滨建筑大学合编. 测量学(第四版)[M]. 北京：中国建筑工业出版社，2009.

[2] 覃辉等. 测量学[M]. 北京：中国建筑工业出版社，2007.

[3] 杨松林等. 测量学[M]. 北京：中国铁道出版社，2001.

[4] 王侬等. 现代普通测量学[M]. 北京：清华大学出版社，2009.

[5] 王兆祥主编. 铁道工程测量[M]. 北京：中国铁道出版社，1998.

[6] 王兆祥，朱成燐主编. 铁道工程测量学(上册)[M]. 北京：中国铁道出版社，1989.

[7] 朱成燐，王兆祥主编. 铁道工程测量学(下册)[M]. 北京：中国铁道出版社，1989.

[8] 宁津生，陈俊勇，李德仁，等编著. 测绘学概论[M]. 武汉：武汉大学出版社，2004.

[9] 武汉大学测绘学院测量平差学科组编著. 误差理论与测量子差基础[M]. 武汉：武汉大学出版社，2003.

[10] 顾孝烈，鲍峰，程效军. 测量学(第二版)[M]. 上海：同济大学出版社，1999.

[11] 王国辉. 土木工程测量[M]. 北京：中国建筑工业出版社，2011.

[12] 张坤宜主编. 交通土木工程测量[M]. 武汉：武汉大学出版社，2008.

[13] 刘大杰，施一民，等. 全球定位系统(GPS)的原理与数据处理[M]. 上海：同济大学出版社，1996.

[14] 陈久强，刘文生. 土木工程测量[M]. 北京：北京大学出版社，2006.

[15] 刘书玲. 高层建筑施工细节详解[M]. 北京：机械工业出版社，2009.

[16] 高井祥，肖本林，等. 数字测图原理与方法[M]. 徐州：中国矿业大学出版社，2001.

[17] 杨晓明，王德军，时东玉. 数字测图(内外业一体化)[M]. 北京：测绘出版社，2001.

[18] 王侬，廖元焰. 地籍测量[M]. 北京：测绘出版社，1995.

[19] 詹长根，唐祥云，等. 地籍测量学(第二版)[M]. 武汉：武汉大学出版社，2005.

[20] 郭玉社. 房地产测量[M]. 北京：机械工业出版社，2004.

[21] 中华人民共和国行业标准 CJJ 8—2011. 城市测量规范[S]. 北京：中国建筑工业出版社，2011.

[22] 吕永江. 房产测量规范与房地产测绘技术[M]. 北京：中国标准出版社，2001.

[23] 中华人民共和国国家标准 GB/T 12898—2009. 国家三、四等水准测量规范[S]. 北京：中国标准出版社，2009.

[24] 中华人民共和国国家标准 GB/T 19314—2009. 全球定位系统(GPS)测量规范[S]. 南京：凤凰出版社，2009.

[25] 中华人民共和国行业标准 CJJ 73—2010. 全球定位系统城市测量技术规程[S]. 北京：中国建筑工业出版社，2010.

[26] 中华人民共和国行业标准 JTJ/T 066—1998. 公路全球定位系统(GPS)测量规范[S]. 北京：人民交通出版社，1998.

[27] 中华人民共和国行业标准 JTJ 061—2007. 公路勘测规范[S]. 北京：人民交通出版社，2007.

[28] 中华人民共和国行业标准 JTGB 01—2014. 公路工程技术标准[S]. 北京：人民交通出版社，2014.

[29] 中华人民共和国土地管理行业标准 TD/T 1001—2012. 城镇地籍调查规程[S]. 北京：中国标准出版社，2012.

［30］　中华人民共和国测绘行业标准 CH 5002—1994. 地籍测绘规范［S］. 北京：中国林业出版社，1995.

［31］　中华人民共和国测绘行业标准 CH 5003—1994. 地籍图图式［S］. 北京：中国林业出版社，1995.

［32］　中华人民共和国行业标准 TB 10101—2009. 铁路工程测量规范［S］. 北京：中国铁道出版社，2009.

［33］　中华人民共和国国家标准 GB 50026—2007. 工程测量规范［S］. 北京：中国计划出版社，2008.

［34］　中华人民共和国国家标准 GB/T 20257.1—2007. 国家基本比例尺地图图式第 1 部分：1：500 1：1000 1：2000 地形图图式［S］. 北京：中国标准出版社，2008.

［35］　中华人民共和国国家标准 GB 50167—2014. 工程摄影测量规范［S］. 北京：中国计划出版社，2014.

［36］　中华人民共和国行业标准 JGJ/T 8—2007. 建筑变形测量规程［S］. 北京：中国建筑工业出版社，2007.

［37］　潘松庆. 工程测量技术［M］. 郑州：黄河水利出版社. 2008.

［38］　施一民. 现代大地控制测量［M］. 北京：测绘出版社，2003.

高等学校规划教材

建筑工程测量实训报告

主 编 马 莉

副主编 吴海涛 岳崇伦 陈运贵 王国辉

专业：＿＿＿＿＿＿＿＿＿＿＿＿＿

班级：＿＿＿＿＿＿＿＿＿＿＿＿＿

组别：＿＿＿＿＿＿＿＿＿＿＿＿＿

学号：＿＿＿＿＿＿＿＿＿＿＿＿＿

姓名：＿＿＿＿＿＿＿＿＿＿＿＿＿

中国建筑工业出版社

目　录

第一部分

课 间 实 验 报 告

学年学期：_____

专　　业：_____

班　　级：_____

组　　别：_____

学　　号：_____

姓　　名：_____

成　　绩：_____

学校：_____

20_____年_____月

实验报告一　　DS₃ 水准仪的认识和使用

仪器型号与编号：＿＿＿ 日期：＿＿＿ 班级：＿＿＿ 姓名：＿＿＿ 小组：＿＿＿ 成绩：＿＿＿

一、基本操作步骤

_____

_____

_____

二、实验记录计算

水准尺中丝读数记录　　　　　　　　　　　表 2-1-1

观测次数	测点	水准尺读数（黑面）		高差 h（m）	Δh（mm）	平均高差 h（m）
		后视（m）	前视（m）			
第一次						
第二次						

上下丝读数记录　　　　　　　　　　　表 2-1-2

黑面	A 点（1）	A 点（2）	B 点（1）	B 点（2）
上丝				
下丝				
视距				
平均视距				

三、实验成果

1. 二次高差较差的限差为＿＿＿＿mm，此次实验的较差为＿＿＿＿＿＿mm，说明实验成果＿＿＿＿＿＿。

2. 二次观测 A、B 点的高差平均值为＿＿＿＿＿＿＿，说明 A 点＿＿＿于 B 点。

3. 如果 $H_A = 30$m，则 B 点的高程为＿＿＿＿＿＿＿＿m。

四、思考题

1. 水准仪上圆水准器与管水准器的作用是＿＿＿＿＿ 和＿＿＿＿＿＿＿。

2. 粗略整平仪器时，旋转脚螺旋应遵循＿＿＿＿＿＿＿＿＿＿法则。

3. 消除视差的方法＿＿＿＿＿＿＿＿＿＿＿＿＿。

实验报告二 普 通 水 准 测 量

仪器型号与编号：____ 日期：____ 班级：____ 姓名：____ 小组：____ 成绩：____

一、水准测量记录与计算

普通水准测量记录表　　　　　　　　　　　表 2-1-3

测站	测点	后视读数 a （m）	前视读数 b （m）	高差 h （m）	平均高差 $h_{均}$ （m）	说　明
	仪高 1					
	仪高 2					
	仪高 1					
	仪高 2					
	仪高 1					
	仪高 2					
	仪高 1					
	仪高 2					
	仪高 1					
	仪高 2					
	Σ					
计算 检核	$\Sigma a - \Sigma b =$　　　　　　$2\Sigma h_{均} =$ $f_{h} = \Sigma h =$ $f_{h容} = \pm 12\sqrt{n} =$　　　（mm）				水准路线略图：	

二、高差闭合差调整及未知点高程计算

高差闭合差调整及未知点高程计算表　　　　　　　　　　表 2-1-4

点号	测站数 （n）	实测高差 （m）	高差改正数 （mm）	改正后高差 （m）	高程 （m）
Σ					
辅助计算	$f_h = \Sigma h =$ $\Delta h_i =$		$f_{h允} = \pm 12 \sqrt{\Sigma n} =$		

三、实验成果

1. 测站二次高差较差的限差为＿＿＿＿＿＿mm，此次实验的最大高差较差为＿＿＿＿＿＿＿＿＿＿mm。

2. 闭合路线高差闭合差的限差为＿＿＿＿＿mm，此次实验的路线高差闭合差为＿＿＿＿＿＿＿＿＿mm，水准测量成果是否合格是/否＿＿＿＿＿。

四、思考题

1. 水准测量时，安置仪器应使前后视距大致相等，其目的是＿＿＿＿＿＿＿＿＿。

2. 观测水准尺时，如果标尺倾斜，水准尺读数必然＿＿＿＿＿＿＿。

实验报告三 四 等 水 准 测 量

仪器型号与编号：____ 日期：____ 班级：____ 姓名：____ 小组：____ 成绩：____

一、实验记录

四等水准测量记录手簿 表 2-1-5

测站编号	点号	后尺 上 下 / 后距（m） / 前后视距差	前尺 上 下 / 前距（m） / 累计差	方向及尺号	水准尺读数（m） 黑面	水准尺读数（m） 红面	K＋黑一红（mm）	高差中数（m）	备 注
		(1)	(4)	后	(3)	(8)	(13)		
		(2)	(5)	前	(6)	(7)	(14)		$K_1=$
		(9)	(10)	后-前	(16)	(17)	(15)	(18)	
		(11)	(12)						$K_2=$
1	|			后					
				前					
				后-前					
2	|			后					
				前					
				后-前					
3	|			后					
				前					
				后-前					
4	|			后					
				前					
				后-前					

测站编号	点号	后尺	上 下	前尺	上 下	方向及 尺号	水准尺读数 (m)		K +黑 -红 (mm)	高差中数 (m)	备 注
		后距（m）		前距（m）			黑面	红面			
		前后视 距差		累计差							
5						后					
						前					
						后-前					
校核		Σ (9) =					Σ (3) = 　 Σ (8) =			Σ (18) =	
		Σ (10) =					Σ (6) = 　 Σ (7) =				
							Σ (16) = 　 Σ (17) =				
		(12) 末站= 总距离=					$\dfrac{1}{2}$ [Σ (16) + Σ (17) ±0.100] =				

二、实验成果：

1. 黑红面读数差限差为_____mm，此次实验的最大黑红面读数差为_____mm，黑红面高差之差限差为_____mm，此次实验最大的黑红面高差之差为____mm。

2. 后、前视距差限差为_____m，后、前视距累计差的限差为_____m，此次实验中最大的后、前视距差为_____m，后、前视距累计差为_____m。

3. 路线高差闭合差的限差为____mm，此次实验的路线高差闭合差为____mm。

4. 此次四等水准测量成果是否合格__是/否。

实验报告四 微倾式水准仪的检验与校正

仪器型号与编号：_____日期：_____班级：_____姓名：_____小组：_____成绩_____

一、实验记录

水准仪视检记录表   表 2-1-6

检验项目	检验结果
三脚架是否牢固	
脚螺旋是否有效	
制动与微动螺旋是否有效	
微倾螺旋是否有效	
调焦螺旋是否有效	
望远镜成像是否清晰	

二、检验校正

圆水准器检验和校正的绘图说明   表 2-1-7

圆水准器的 检验和校正	整平后圆水准器 气泡的位置	望远镜旋转180°后 气泡的位置
检验时	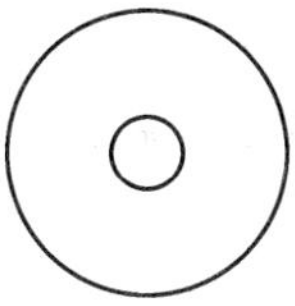	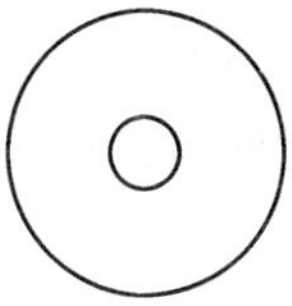
校正后	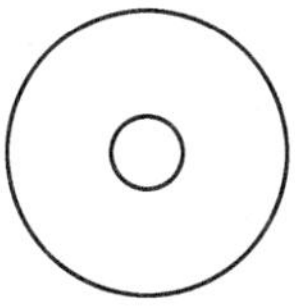	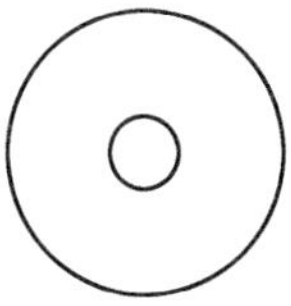

十字丝横丝的检验和校正绘图说明   表 2-1-8

十字丝横丝的检验和校正	检验时	校正后
标志偏离横丝 的情况	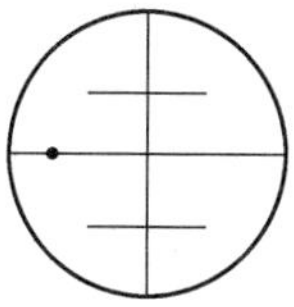 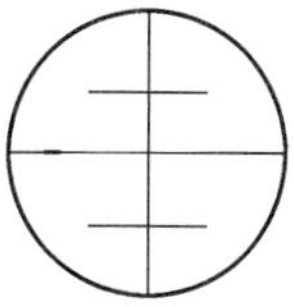	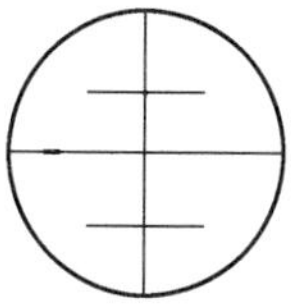

水准管轴与视准轴是否平行的检验记录 表 2-1-9

测　站	观测次序	标尺读数		高　差 $a-b$
		A尺读数 a	B尺读数 b	
仪器在中间位置	1			$h_{AB}=$
	2			
	3			
	中数			
仪器在 A 点附近	1			$h'_{AB}=$
	2			
	3			
	中数			

i 角的计算：

$\Delta h = h'_{AB} - h_{AB} =$

$i = \dfrac{\Delta h}{D_{AB}} \rho' =$

观测图示：

三、思考题

1. 微倾水准仪有哪几条轴线？满足什么几何条件？

2. 水准仪检验内容有哪些？具体操作步骤和校正步骤是什么？

实验报告五 DJ₆光学经纬仪的认识与使用

仪器型号与编号：____日期：____班级：____姓名：____小组：____成绩：____

一、实验记录与计算

仪器部件的功能与作用

仪器部件的功能与作用 表 2-1-10

部件名称	功能与作用
圆水准器	
水准管	
水平度盘	
竖直度盘	
制动螺旋	
微动螺旋	

二、水平角测量

水平角测量认识 表 2-1-11

测 站	竖盘位置	目 标	水 平 度 盘 读 数 (° ′ ″)	水 平 角 (° ′ ″)
	盘左			
	盘右			
	盘左			
	盘右			

三、思考题

1. 经纬仪对中的目的是_____；

2. 经纬仪整平的目的是_____。

实验报告六　全站仪的认识与使用

仪器型号与编号：____日期：____班级：____姓名：____小组：____成绩：____

一、记录与计算

水平角、竖直角、距离及高差的测量记录　　　　　　　表 2-1-12

测站	目标	盘位	角　度 (° ′ ″)		距离与高差 (m)	
O	A	左	水平盘读数（HR）		平距（HD）	
			竖盘读数　（V）		斜距（SD）	
			竖直角　　（α）		高差（VD）	
		右	水平盘读数（HR）		平距（HD）	
			竖盘读数　（V）		斜距（SD）	
			竖直角　　（α）		高差（VD）	
	B	左	水平盘读数（HR）		平距（HD）	
			竖盘读数　（V）		斜距（SD）	
			竖直角　　（α）		高差（VD）	
		右	水平盘读数（HR）		平距（HD）	
			竖盘读数　（V）		斜距（SD）	
			竖直角　　（α）		高差（VD）	

观测者：_____　记录者：_____　校核者：_____

注意：1. 盘左：竖直角＝ 90°－竖盘读数；盘右：竖直角＝竖盘读数－270°；

　　　2. 高差为仪器中心至目标棱镜中心的高差 。

二、实验成果

全站仪实验成果检验　　　　　　　表 2-1-13

目标 A，盘左盘右观测较差	平均值	目标 B，盘左盘右观测较差	平均值
水平盘读数差		水平盘读数差	
竖直角较差		竖直角较差	
平距较差		平距较差	
斜距较差		斜距较差	
高差较差		高差较差	

实验报告七 测回法测水平角

仪器型号与编号：_____ 日期：_____ 班级：_____ 姓名：_____ 小组：_____ 成绩：_____

一、记录与计算

测回法测水平角记录表　　　　　　　　表 2-1-14

测站	竖盘位置	目标	水平度盘读数 (° ′ ″)	半测回角值 (° ′ ″)	一测回角值 (° ′ ″)	测回平均值 (° ′ ″)
	左					
	右					
	左					
	右					
	左					
	右					
	左					
	右					

观测者：_____ 记录者：_____ 校核者：_____

二、测量技术检核

1. 每测回的半测回水平角角值之差的限差是 ___±___ ″；实测最大半测回水平角角值之差是_____，满足精度要求吗？ 是／否（打钩）。

2. 各测回角值之差的限差是 ___±___ ″；实测最大测回角值之差是_____，水平角测量满足精度要求吗？ 是／否（打钩）。

实验报告八　竖直角测量及指标差的检测

仪器型号与编号：＿＿＿日期：＿＿＿　班级：＿＿＿姓名：＿＿＿　小组：＿＿＿成绩：＿＿＿

一、竖直角测量

竖直角公式：$\alpha_{左} =$ ＿＿＿＿＿＿＿＿ ; $\alpha_{右} =$ ＿＿＿＿＿＿＿ ; $\alpha =$ ＿＿＿＿＿＿＿ ;

竖盘指标差公式：$x =$ ＿＿＿＿＿＿＿＿＿＿＿。

竖直角测量记录（J2）　　　　　　　　　　　　　　　表 2-1-15

测站 仪器高	目标	盘位	竖盘读数 (° ′ ″)	半测回角值 (° ′ ″)	一测回角值 (° ′ ″)	各测回平均值 (° ′ ″)	竖盘指标差 (″)
A $i =$	C	L					
		R					
	C	L					
		R					
	C	L					
		R					
B $i =$	C	L					
		R					
	C	L					
		R					
	C	L					
		R					

二、测量技术检核

1. 规范规定，J2 仪器各测回指标差互差应小于± ＿＿＿＿＿ ″；实测最大指标差互差是＿＿

＿＿＿＿＿＿＿ 。

2. 规范规定，J2 仪器各测回竖直角互差应小于± ＿＿＿＿＿ ″；实测最大竖直角值之差

是＿＿＿＿＿＿，竖直角测量满足精度要求吗？　是 / 否（打钩）。

实验报告九　水平角和竖直角测量的综合应用

仪器型号与编号：＿＿＿日期：＿＿＿班级：＿＿＿姓名：＿＿＿小组：＿＿＿成绩：＿＿＿

一、水平角测量的应用——三角测量

水平角测量记录表　　　　　　　　　　　　　　　表 2-1-16

测站	测回数	盘位	目标	水平度盘读数 (° ′ ″)	半测回角值 (° ′ ″)	一测回角值 (° ′ ″)	测回平均值 (° ′ ″)
A	1	左	C				
			B				
		右	B				
			C				
	2	左	C				
			B				
		右	B				
			C				
B	1	左	A				
			C				
		右	C				
			A				
	2	左	A				
			C				
		右	C				
			A				

水平距离的计算表　　　　　　　　　　　　　　　表 2-1-17

点名	水 平 角 (° ′ ″)	角度正弦	边名	水平距离（m）
A			BC	
B			AC	
C			AB	

二、竖直角测量的应用——三角高程测量

竖直角测量记录表   表 2-1-18

测站 仪器高	目标	盘位	竖 盘 读 数 (° ′ ″)	半测回角值 (° ′ ″)	一测回角值 (° ′ ″)	各测回平均值 (° ′ ″)	竖盘指标差 (″)
A $i =$	C	L					
		R					
	C	L					
		R					
	C	L					
		R					
B $i =$	C	L					
		R					
	C	L					
		R					
	C	L					
		R					

三角高程测量计算表   表 2-1-19

测站 A 仪器高：   测站 B 仪器高： C 点目标高：

测站	目标	竖直角平均值 (° ′ ″)	水平距离 (m)	高 差 (m)	目标 C 高程 (m)
A	C				
B	C				
辅助计算	1) 高差计算公式：$$h_{AC} = D_{AC} \cdot \tan\alpha_{AC} + i_A$$ $$h_{BC} = D_{BC} \cdot \tan\alpha_{BC} + i_B$$ 2) $H_A = 20\text{m}$ 　　$H_B = H_A + h_{AB} = 20 + h_{AB} =$ 3) 目标 C 点的高程：$H_C =$				

实验报告十 全站仪坐标测量

仪器型号与编号：＿＿＿日期：＿＿＿班级：＿＿＿姓名：＿＿＿小组：＿＿＿成绩：＿＿＿

一、记录与计算

全站仪坐标测量记录 表 2-1-20

测站点：＿＿＿＿＿＿＿定向点：＿＿＿＿＿＿＿

测站坐标：＿＿＿＿＿＿＿测站高程：＿＿＿＿＿＿＿

仪器高：＿＿＿目标镜高：$V_B=$＿＿＿；$V_C=$＿＿＿；$V_D=$＿＿＿；$V_E=$＿＿＿

测站至后视点间坐标方位角：

（或后视点坐标）：

测点	盘位	测点坐标（m）		
		$X(N)$	$Y(E)$	$H(Z)$
A	左			
	右			
	平均			
B	左			
	右			
	平均			
C	左			
	右			
	平均			
D	左			
	右			
	平均			
E	左			
	右			
	平均			

二、全站仪坐标测量的步骤

实验报告十一　全站仪的检验

仪器型号与编号：＿＿＿日期：＿＿＿班级：＿＿＿姓名：＿＿＿小组：＿＿＿成绩：＿＿＿

一、实验数据记录

（一）仪器视检

三脚架是否平稳		基座脚螺旋	
水平制动与微动螺旋		望远镜成像	
望远镜制动与微动螺旋		十字丝清晰情况	
反射棱镜基座连接器		对中杆垂直度	

（二）全站仪的检验

1. 管水准器轴垂直于竖轴	检验次数	1	2	3	4	5
	气泡偏离格数					

2. 圆水准器轴平行于竖轴	检验次数	1	2	3	4	5
	气泡偏离格数					

	检验次数	X_1 (° ′ ″)	Y_1 (° ′ ″)	转180°后 X_2 (° ′ ″)	转180°后 Y_2 (° ′ ″)	是否符合要求
3. 倾斜传感器零点误差检校	1					
	偏差值 (″)	X 方向的偏差 $=(X_1+X_2)/2=$ Y 方向的偏差 $=(Y_1+Y_2)/2=$				
	2					
	偏差值 (″)	X 方向的偏差 $=(X_1+X_2)/2=$ Y 方向的偏差 $=(Y_1+Y_2)/2=$				

4. 十字丝竖丝垂直于横轴	检验次数	误差是否显著
	1	
	2	

	测站	竖盘位置	目标	读数 (° ′ ″)	2C值（″）	是否需要校正
5. 全站仪视准轴与横轴的垂直度（2C）		左	A			
		右	A			
		左	A			
		右	A			

6. 竖盘指标零点自动补偿的检验	检验次数	补偿器是否正常工作
	1	
	2	

	测站	竖盘位置	目标	读数 (° ′ ″)	指标差值 (″)	是否需要校正
7. 竖盘指标差的检验		左	A			
		右	A			
		左	A			
		右	A			

8. 光学对点器的检验（投影法）	检验次数	1	2	3	4	是否需要校正
	A_1 与 A_2 的距离（mm）					

	距离起止	距离读数 （m）	距离读数 （m）	距离读数 （m）	距离读数 （m）	距离平均数 （m）
9. 测距加常数的测定	$A\sim C$					
	$C\sim A$					
	$B\sim A$					
	$C\sim B$					
	测距加常数　$K = AC - (BA + CB) =$					

10. 对中杆垂直的检校	检验次数	圆气泡是否需要校正
	1	
	2	

二、全站仪仪器质量分析

1. 对仪器检校结果进行分析：＿＿＿＿＿＿＿＿＿＿＿＿＿＿＿＿＿＿＿＿＿

2. 做出能否使用该仪器进行作业的结论：＿＿＿＿＿＿＿＿＿＿＿＿＿＿

3. 检验过程中有何现象发生及对现象的分析意见：＿＿＿＿＿＿＿＿＿

实验报告十二　建筑物轴线点的平面位置测设

仪器型号与编号：____日期：____班级：____姓名：____小组：____成绩：____

一、已知数据的填写

已知点的坐标（基线点）　　　　　　　　　　表 2-1-21

点号	纵坐标 x（m）	横坐标 y（m）

待测设点坐标（建筑物轴线点）　　　　　　　表 2-1-22

点号	纵坐标 x（m）	横坐标 y（m）

二、直角坐标法测设

1. 计算测设要素

C 点测设数据：

$$|\Delta y_{AC}| = |y_4 - y_A| =$$

D 点测设数据：

$$|\Delta y_{AD}| = |y_2 - y_A| =$$

建筑物宽度：

$$|\Delta x_{AP}| = |x_4 - x_2| =$$

建筑物长度：

$$|\Delta y_{AP}| = |y_2 - y_4| =$$

水平角测设手簿　　　　　　　　　　　　　　　　　表 2-1-23

测站	设计角值 (° ′ ″)	盘位	目标	水平度盘置盘数 (° ′ ″)	测设略图	备注
C		左	B			
			4			
		右	4			
			B			
D		左	A			
			3			
		右	3			
			A			

水平距离测设手簿　　　　　　　　　　　　　　　　表 2-1-24

测段	设计距离 D (m)	检测距离 D' (m)	距离改正数 ΔD (m)	相对误差
A-B				
A-C				
A-D				
C-1				
C-4				
D-1				
D-4				

2. 直角坐标法测设步骤

_____

_____

_____

_____

3. 直角坐标法测设的检查

量距检查记录　　　　　　　　　　　　　　　　　表 2-1-25

尺段名称	检测长度 (m)	设计长度 (m)	量距较差 (m)	量距相对 误差	是否合格
1-2					
3-4					
1-4					
2-3					

三、极坐标法测设

1. 测设要素计算结果

测设要素计算结果   表 2-1-26

方向	方位角 (° ′ ″)	各方向与 AB 方向 水平夹角	水平距离 (m)
已知方向 A→B		—	—
A→1			
A→2			
A→3			
A→4			

2. 极坐标法测设步骤

_____

_____

_____

3. 极坐标法测设的检查

量距检查记录   表 2-1-27

尺段名称	检测长度 (m)	设计长度 (m)	量距较差 (m)	量距相对 误差	合 格
1-2					是 / 否
3-4					是 / 否
1-4					是 / 否
2-3					是 / 否

实验报告十三 全站仪坐标放样

日期：_____ 班级：_____ 学号：_____ 姓名：_____ 小组：_____ 成绩：_____

一、放样步骤

_____

_____

_____

_____

_____

二、检查元素的观测记录

坐标检查记录表　　　　　　　　　　　　表 2-1-28

点号	设计坐标（m）		实测坐标（m）		误差（mm）	
	$X(N)$	$Y(E)$	$X'(N')$	$Y'(E')$	ΔX	ΔY
1						
2						
3						
4						

距离检查记录表　　　　　　　　　　　　表 2-1-29

尺段名称	尺段长度（m）	理论数值（m）	量距较差（m）	量距相对误差	是否符合要求
1-2					
3-4					
1-4					
2-3					

三、测设结果说明（是否符合要求）

直角坐标法放样：距离测设最大较差：_____mm；

距离测设相对误差：$k=$_____；是否符合要求：_____。

全站仪坐标放样：X 坐标测设较差：_____mm；

Y 坐标测设较差：_____mm；

距离测设相对误差：$k=$_____；是否符合要求：_____。

实验报告十四 用水准仪测设已知高程点

日期：_____ 班级：_____ 学号：_____ 姓名：_____ 小组：_____ 成绩：_____

一、实验数据的记录

高程点测设记录　　　　　　　　　　　　表 2-1-30

测站	已知水准点号	水准点高程（m）	后视读数 a（m）	待测点号	测点设计高程（m）	应读读数 b（m）	备注
1	A			B			
	A			B			
2	A			C			
	A			C			

二、测设步骤

_____

_____

_____

_____

_____

_____

_____

_____

三、高程检测

高程检测记录表　　　　　　　　　　　　表 2-1-31

测站	已知水准点号	水准点高程（m）	后视读数 a（m）	待检测点号	前视点应读数 b（m）	实测高差 h_{AB}（m）	检测高程（m）	测点设计高程（m）	高程测设误差（mm）
1	A			B					
	A			B					
2	A			C					
	A			C					
3	B			C					
	B			C					

四、测设结果说明（是否符合要求）

1. B 点已知高程放样：高程测设最大较差：_____ mm；
   是否符合精度要求：_____。
2. C 点已知高程放样：高程测设最大较差：_____ mm；
   是否符合精度要求：_____。
3. 已放样的高程点 B、C 实测的高差较差：____ mm；理论的高差较差：____ mm；
   是否符合精度要求：_____。

实验报告十五　全站仪测设圆曲线

日期：＿＿＿＿班级：＿＿＿＿学号：＿＿＿＿姓名：＿＿＿＿小组：＿＿＿＿成绩：＿＿＿＿

一、实验目的

1. 掌握圆曲线主点的测设与检核方法；
2. 掌握直角坐标法和偏角法测设圆曲线的方法；
3. 建议：用直角坐标法测设圆曲线，用偏角法进行检核。

二、实验设备与工具

_____

三、已知数据和给定条件

在平坦地面选择两点加以标志，作为曲线控制点其中一个为 JD，一个为直线转点 ZD，其间距要大于切线长，且要考虑详细测设曲线较为方便。

设计参数：转向角为 $20°$，圆曲线半径为 $300m$，ZY 点里程为 K3＋426.82，要求曲线点的里程为 $10m$。

四、圆曲线参数计算及主点里程推算

1. 圆曲线参数计算：

$$T = R \cdot \tan\frac{\alpha}{2} =$$

$$L = R \cdot \alpha \cdot \frac{\pi}{180°} =$$

$$E_0 = R\left(\sec\frac{\alpha}{2} - 1\right) =$$

$$q = 2T - L =$$

2. 圆曲线主点里程计算与检核：

ZY　K3＋426.82	ZY　K3＋426.82
＋$L/2$	＋$2L$
QZ	＝
＋$L/2$	－q
YZ	YZ

五、主点测设与检核

1. 主点测设

（1）在交点（JD）安置经纬仪，用望远镜瞄准直线 I 方向上的一个直线转点 ZD_1，沿该方向量切线长 T 得 ZY 点，用桩和小钉标志；

（2）用盘左、盘右分中法测设转向角，得直线Ⅱ方向，并在该方向上用一般测设方法测设切线长 T 得 YZ 点，用桩和小钉标志；

（3）平转望远镜用盘左盘右分中法测设 $\dfrac{180°-\alpha}{2}$ 得内分角线方向，在该方向上测设 $E_\circ$ 得 QZ 点，用桩和小钉标志。

2. 检核

在 ZY 点上安置全站仪，瞄准 JD，度盘配置为 $0°00'00''$，转动照准部瞄准 QZ 点水平度盘读数＿＿＿＿＿（应为 $\alpha/4$），再转动照准部瞄准 YZ 点，水平度盘读数＿＿＿＿＿（应为 $\alpha/2$）。

六、圆曲线详细测设资料计算

圆曲线详细测设资料计算表　　　　　　表 2-1-32

桩　号（里程）	曲线长 （m）	累计偏角 （° ′ ″）	X （m）	Y （m）	备　　注
⊼ ZY					瞄准 JD

七、圆曲线详细测设及检核

1. 测设：置镜在 ZY 点，后视 JD 用坐标法详细测设圆曲线。

2. 检核：用偏角法检核。

（1）置镜于 ZY 点上，后视 JD 点方向，度盘配为 $0°00'00''$，检查与 QZ 点构成的偏角＿＿＿＿＿（应为 $\alpha/4$）；

（2）转动照准部"正拨"偏角 $\delta_1 = 23'15''$；在视线上用钢尺量出弦长 6.76m，插一测钎，定出曲线点 1；

（3）转动照准部，"正拨"偏角 $\delta_2 = 1°32'00''$；同时用钢尺自曲线点 1 起量，以 20m 分划处与准望远镜视线相交，在交点处插一测钎，定出曲线点 2；

（4）拔去 1 点的测钎，在地面点 1 处打入一板桩，桩上用红油漆写明其里程；

（5）按照第（3）步方法，继续测设定出曲线点 3、4……，一直测设到曲中 QZ 点。

检查：用偏角法测设出的 QZ 点与主点测设得到的点的差值，横向误差 _____（应小于 10cm），纵向误差_____（应小于 $L/1000$）。

检查元素的观测记录表

表 2-1-33

置镜～后视	检查点号	误差类别	实测数值（m）	允许误差（m）
	QZ	横向		
		纵向		
	YZ	横向		
		纵向		

八、总结

_____

_____

_____

_____

实验报告十六　　全站仪测设圆曲线加缓和曲线

日期：_____ 班级：_____ 学号：_____ 姓名：_____ 小组：_____ 成绩：_____

一、实验目的

掌握全站仪直角坐标法和偏角法详细测设圆曲线加缓和曲线的方法。

建议：用直角坐标法测设圆曲线加缓和曲线，用偏角法进行检核。

二、实验设备

_____

三、主点定位参数的计算

主点定位参数计算表 表 2-1-34

已知参数	转向角：$\alpha_{右} = 20°$ 　　　　　　设计半径：$R = 300\text{m}$ ZH 点里程：K3+426.82 　　　　缓和曲线总长 $l_0 = 30\text{m}$
特征参数计算	切线长：$T = m + (R + p) \times \tan\dfrac{\alpha}{2}$ 弧　长：$L = \dfrac{\pi R \times (\alpha - 2\beta_0)}{180°} + 2l_0$ 外矢距：$E = (R + p)\sec\dfrac{\alpha}{2} - R =$ 切曲差：$q = 2T - L =$
主点里程计算	ZH 点里程＝ HY 点里程＝ QZ 点里程＝ YH 点里程＝ HZ 点里程＝ 检核：HZ 点里程＝ZH 点里程＋$2T - q =$

四、主点坐标计算

_____

_____

_____

_____

_____

五、详细测设参数的计算

详细测设参数计算表   表 2-1-35

桩号 （里程）	曲线长 （m）	累计偏角 （° ′ ″）	X （m）	Y （m）	备 注
⊼ ZH					瞄准 JD

六、检查元素的观测记录

检查元素的观测记录表   表 2-1-36

置镜地点	检查点号	误差类别	实测数值 （m）	允许误差 （m）
	HY	横向		
		纵向		
	QZ	横向		
		纵向		
	YH	横向		
		纵向		

七、总结

实验报告十七　　线路纵横断面测量

日期：_____班级：_____学号：_____姓名：_____小组：_____成绩：_____

一、实验目的

二、实验设备

三、实验步骤

四、记录与计算

起、终点间高差的观测记录　　　　表 2-1-37

测站	测点	后视读数 (m)	前视读数 (m)	高差 (m)	上丝读数 (m)	下丝读数 (m)	视 距 (m)
	后						
	前						
	后						
	前						
	后						
	前						
	后						
	前						
	后						
	前						
	后						
	前						
	后						
	前						
	后						
	前						
计算检核	Σ						

起、终点间的高差：_____

假设起点的高程为：_____

则终点的高程为：_____

中平测量记录

表 2-1-38

测点	水准尺读数（m）			视线高程	高 程	备 注
	后视	中视	前视	（m）	（m）	
检核						

纵断面图的绘制：

横断面测量记录表　　　　　　　　　　　　　　　　表 2-1-39

左　　　　侧	桩　号	右　　　　侧

横断面图的绘制：

第二部分

习 题 练 习 册

学年学期：_____

专　　业：_____

班　　级：_____

组　　别：_____

学　　号：_____

姓　　名：_____

成　　绩：_____

学校：_____

20____年____月

习题课一 水准测量内业计算

日期：_____ 班级：_____ 学号：_____ 姓名：_____ 成绩：_____

题 1-1：附合水准路线计算。

水准测量成果计算表   表 2-2-1

点号	距离 （km/测站）	实测高差 （m）	高差改正数 （mm）	改正后高差 （m）	高程 （m）
Σ					
辅助计算	$f_h=$		$f_{h允}=\pm30\sqrt{L}=$		
	$\Delta h_i=$				

题 1-2：闭合水准路线计算。

水准测量成果计算表   表 2-2-2

点号	距离 L （km）	高差 h （m）	高差改正数 v（mm）	改正后高差 （m）	高程 H （m）
BM_1					50.212
	2.9	-1.241			
A					
	2.2	-2.781			
B					
	3.1	$+3.244$			
C					
	2.3	$+1.078$			
D					
	1.7	-0.321			
BM_1					
Σ					
辅助计算	$f_h=$		$f_{h允}=\pm40\sqrt{L}=$	mm	
	$\Delta h_i=$				

习题课二　方位角推算和坐标正反算

日期：_____　班级：_____　学号：_____　姓名：_____　成绩：_____

1. 题 2-1：方位角推算

1）公式：_____

2）计算填表

坐标方位角推算表　　　　　　　　　　　　　　　　　　表 2-2-3

点号	观测角 （$\beta_左/\beta_右$） （° ′ ″）	坐　标 方位角 a （° ′ ″）
1		
2		
3		
4		
5		
1		
2		
Σ		

2. 题 2-2：坐标正算

如图 1-3-3 表示（前文），已知 $\alpha_{MN}=54°12'30''$，$\beta_N=233°20'24''$，$\beta_1=129°00'12''$，$x_N=1534.236m$，$y_N=634.556m$，$D_{N1}=75.455m$，$D_{12}=87.311m$，求：1、2 点的坐标。

解：_____

_____

_____

_____

3. 题 2-3：坐标反算

已知 $X_A=2000m$，$Y_A=1150m$；$X_B=2300m$，$Y_B=1100m$；则 AB 的直线坐标方位角 $\alpha_{AB}=$（　　）

A. 38°02′49″   B. 350°32′16″   C. 141°57′11   D. 170°32′16″

解：

习题课三　导线测量内业计算

日期：_____　班级：_____　学号：_____　姓名：_____　成绩：_____

导线坐标计算表

表 2-2-4

点号	观测角 (β) (° ′ ″)	改正数 (″)	改正后角值 (β) (° ′ ″)	坐标方位角 (α) (° ′ ″)	边长 D (m)	坐标增量 Δx (m)	坐标增量 Δy (m)	改正后坐标增量 Δx (m)	改正后坐标增量 Δy (m)	坐标 x (m)	坐标 y (m)	点号
Σ												

计算：

$f_\beta=$　　$f_x=$

$f_{\beta允}=\pm 40''\sqrt{n}=$　　$f_y=$　　$f=\pm\sqrt{f_x^2+f_y^2}=$

$\Delta\beta=$　　$K=$　　$K_允=\dfrac{1}{4000}$

附图：

习题课四 地形图识读与应用之一

日期：_____ 班级：_____ 学号：_____ 姓名：_____ 成绩：_____

（一）识图题（局部地形图见实训指导书习题课四，图 3-7）

1. 该地形图的原图比例尺为_____。

2. 等高距是指_____，该地形图的基本等高距是_____。

3. 等高线分为_____、_____、_____、_____四类，图中粗实线为_____ mm，细实线为_____ mm。

4. 在局部地形图上，用 ▲ 标出山头，用 △ 标出鞍部，用虚线标出山脊线，用实线标出山谷线。

（二）应用题

1. 该地形图区域的面积为_____ m²。

2. 量测 A、B、C、D 四点的坐标，填入从下表。

地形图坐标量测记录 表 2-2-5

点号	X（m）	Y（m）
A		
B		
C		
D		

3. 用解析法计算 BA 方向的坐标方位角 $\alpha_{BA} =$ _____ 。

解题指导：

（1）根据第 2 题量测的坐标，计算 B 点到 A 点的坐标增量 Δx_{BA}、Δy_{BA}；

（2）计算象限角 R，$R_{BA} = \tan^{-1} \left| \dfrac{\Delta y_{BA}}{\Delta x_{BA}} \right|$；

（3）根据 Δx_{BA}、Δy_{BA} 的正负号，判断 α_{BA} 属于第几象限，由各象限的方位角与象限角的关系，计算得到 BA 方向的坐标方位角 α_{BA}。

4. 内插 C、D 两点的高程，$H_C =$ _____ ，$H_D =$ _____ 。

5. 计算 C 点到 D 点的平均坡度 $i_{CD} =$ _____ 。

解题指导：由第 2 题量测的坐标，可计算 CD 的水平距离 D，由第 4 题内插的高程，

可计算 CD 的高差 h，则坡度 $i = \dfrac{h}{D}$，以％表示。

6. 绘制 AB 断面的断面图。

H(m) 1:200

D(m) 1:2000

解题指导：

（1）对 AB 与等高线的交点进行编号，并依次量取各交点到 A 点的图上距离，按实际比例 1：4000 换算为实际距离，以坐标原点作为 A 点，再按横向比例 1：2000 沿横轴方向依次展绘出各交点；

（2）根据交点的高程，自横轴各点起，沿纵轴方向依次展会出各点高程；

（3）将各点高程所在位置连接成圆滑曲线，记为纵断面图。

习题课五　地形图识读与应用之二（场地平整土方量计算）

日期：_____ 班级：_____ 学号：_____ 姓名：_____ 成绩：_____

1. 场地设计高程计算

场地设计高程计算表　　　　　　　　　　表 2-2-6

方格序号	角点内插高程（m）				平均高程（m）
	左上	右上	左下	右下	
设计高程	—	—	—	—	

2. 场地平整土方量计算方法一

场地平整土方量计算表（一）　　　　　　　表 2-2-7

方格编号	角点挖深（＋）填厚（－）(m)				挖方量			填方量			备注
	左上	右上	左下	右下	均深 (m)	面积 (m²)	体积 (m³)	均高 (m)	面积 (m²)	体积 (m³)	
Σ	总土方量				总挖方			总填方			

3. 场地平整土方量计算方法二

场地平整土方量计算表（二）　　　　　表 2-2-8

点 号	点类	挖深（＋）(m)	填高（－）(m)	所占面积 (m²)	挖方量 (m³)	填方量 (m³)
				Σ		

总土方量：

第三部分

综 合 实 训 报 告

学年学期：_____

专　　业：_____

班　　级：_____

组　　别：_____

学　　号：_____

姓　　名：_____

成　　绩：_____

学校：_____

20____年____月

建筑工程测量综合实训报告

一、实习名称、目的、时间、地点，实习任务、范围及组织情况等

_____

_____

_____

_____

_____

_____

_____

_____

_____

_____

_____

_____

二、测区概况

_____

_____

_____

_____

_____

_____

_____

三、实训任务和内容、实训方法、成果精度

_____

_____

_____

_____

_____

_____

_____

四、实训体会

项目一 平面控制测量

1. 水平角观测记录表

日期：_____ 地点：_____ 观测：_____ 记录：_____ 仪器：_____ 天气：_____

水平角观测记录表 表 2-3-1

测站	测回	竖盘位置	目标	水平度盘读数（° ′ ″）	半测回角值（° ′ ″）	一测回角值（° ′ ″）	各测回平均角（° ′ ″）	备注

2. 距离测量记录表

日期：_____ 地点：_____ 观测：_____ 记录：_____ 仪器：_____ 天气：____

距离测量记录表

表 2-3-2

点号	观测方	读数 (m)	平均值 (m)	往返测 平均值（m）	往返测差值 (m)	相对误差	备注
	往测						
	返测						
	往测						
	返测						
	往测						
	返测						
	往测						
	返测						

项目二 高程控制测量

日期：_____ 地点：_____ 观测：_____ 记录：_____ 仪器：_____ 天气：_____

四等水准测量记录表   表 2-3-3

测站编号	后尺	下丝	前尺	下丝	方向及尺号	标尺读数		K+黑减红	高差中数	备注
		上丝		上丝						
	后距		前距			黑面	红面			
	视距差 d		Σd							
					后					
					前					
					后-前					
					后					
					前					
					后-前					
					后					
					前					
					后-前					
					后					
					前					
					后-前					
					后					
					前					
					后-前					
					后					
					前					
					后-前					
					后					
					前					
					后-前					

项目三　控制测量内业计算

日期：＿＿＿＿　地点：＿＿＿＿　观测：＿＿＿＿　记录：＿＿＿＿　仪器：＿＿＿＿　天气：＿＿＿＿

1. 水准测量内业计算表

高差闭合差调整和待定点高程计算表　　　　　表 2-3-4

点号	距离 (m)	观测高差 (m)	改正数 (mm)	改正高差 (m)	高程 (m)	点号	备注
总和							

辅助计算：

$f_h =$

$f_{h允} = \pm 20\sqrt{L}$

$\Delta h_i =$

2. 导线坐标计算表

导线坐标计算表

表 2-3-5

点号	观测角 (β) (° ′ ″)	改正数 (″)	改正后角值 (β) (° ′ ″)	坐标方位角 (α) (° ′ ″)	边长 D (m)	坐标增量 Δx (m)	坐标增量 Δy (m)	改正后坐标增量 Δx (m)	改正后坐标增量 Δy (m)	坐标 x (m)	坐标 y (m)	点号
Σ												

计算

$f_\beta =$

$f_{\beta允} = \pm 40'' \sqrt{n} =$

$\Delta\beta =$

$f_x =$ ； $f_y =$ ； $f = \pm \sqrt{f_x^2 + f_y^2} =$

$K =$ ； $K_允 = \dfrac{1}{4000}$

附图：

项目四　建　筑　物　放　样

日期：_____　地点：_____　观测：_____　记录：_____　仪器：_____　天气：_____

（一）极坐标放样

建筑物各角点坐标　　　　　　　　　　表 2-3-6

点号	坐标	
	X（m）	Y（m）
A	500.00	500.00
B	506.20	500.00
C	506.20	512.90
D	498.70	512.90
E	498.70	503.90
F	500.00	503.90

放样数据计算表　　　　　　　　　　表 2-3-7

方向	方 位 角 （° ′ ″）	各方向与 MN 方向 水平夹角	水平距离 （m）
已知方向 M→N		—	—
M→A			
M→B			
M→C			
M→D			
M→E			
M→F			

测设检核　　　　　　　　　　表 2-3-8

检查边	设计 间距 （m）	实测 间距 （m）	误差 （m）	检查边	设计 间距 （m）	实测 间距 （m）	误差 （m）
A→B				D→E			
B→C				E→F			
C→D				F→A			

（二）全站仪坐标放样

全站仪坐标放样记录表　　　　表 2-3-9

点号	设计坐标		实测坐标		误差	
	X （m）	Y （m）	X' （m）	Y' （m）	ΔX （mm）	ΔY （mm）

项目五　场地平整与土方量计算

1. 场地平整高程测量原始记录表

已知点点号：_____　已知高程：_____　后视读数 1：_____　后视读数 2：_____

平均后视读数：_____　视线高：_____

场地平整高程原始记录表

表 2-3-10

点号	前视读数（m）	前视读数平均（m）	高程（m）	备注

2. 场地平整土方计算（方法一）

日期：_____ 地点：_____ 观测：_____ 记录：_____ 仪器：_____ 天气：_____

场地平整土方计算表格（一）　　　　　表 2-3-11

方格序号	各点的挖深(＋)或填高(－)(m)				挖方(m³)			挖方(m³)			备注
	左上	右上	左下	右下	均深	面积	方量	均高	面积	方量	
汇总											

3. 场地平整土方计算（方法二）

日期：____ 地点：_____ 观测：_____ 记录：_____ 仪器：_____ 天气：_____

场地平整土方计算表格（二）　　　　　　　　　　　　表 2-3-12

点号	点类	挖深（+） （m）	填高（-） （m）	所占面积 （m²）	挖方量 （m³）	填方量 （m³）
				Σ		

项目六 地 形 图 测 绘

日期：_____ 地点：_____ 观测：_____ 记录：_____ 仪器：_____ 天气：_____

地物特征点坐标测量记录表				表 2-3-13

点号	坐 标 （m）			备 注
	X	Y	H	

草 图 格 式

班级：＿＿＿＿＿＿　组号：＿＿＿＿＿组长（签名）：＿＿＿＿＿＿仪器：＿＿＿＿＿编号：＿＿＿＿＿＿

观测员：＿＿＿＿＿＿　绘草图员：＿＿＿＿＿＿立镜员：＿＿＿＿日期：＿＿＿年＿＿月＿＿日

测站点名：＿＿＿＿＿＿；坐标：$x=$＿＿＿＿＿＿；$y=$＿＿＿＿＿＿；$H=$＿＿＿＿＿

后视点名：＿＿＿＿＿＿；坐标：$x=$＿＿＿＿＿＿；$y=$＿＿＿＿＿＿；$H=$＿＿＿＿＿

仪器高：＿＿＿＿＿＿；草图起始点号：＿＿＿＿＿；草图终止点号：＿＿＿＿＿

北
↑

高等学校规划教材

建筑工程测量
实训指导

主　编　马　莉
副主编　吴海涛　岳崇伦　陈运贵　王国辉

中国建筑工业出版社

目　录

第一部分 测量实训须知

建筑工程测量的理论教学、课间实训教学和整周实训教学是本课程的三个重要的教学环节。坚持理论与实践的紧密结合,认真进行测量仪器的操作应用和测量实践训练,才能真正掌握工程测量的基本原理和基本技术。

一、测量实训一般要求

1. 实训课前,应认真阅读教材中有关内容并预习本指导书中相应实训项目。了解实训的内容、方法和注意事项,尤其对于综合性实训应在课前做好充分的准备及计算工作,以保证能按时按质按量地完成实训任务。

2. 实训时分小组进行,每组的人数为4~5人。学习委员在上课前向任课教师提供分组的名单,确定小组长,小组长负责办理仪器工具的借领和归还手续。

3. 上实训课时任何人不得无故缺席或迟到,遇特殊情况需请假者,应在上课前写好请假条,由本人签名后,交给班长,并在上课前交给任课教师,凡课后补请假条者一律视为旷课。实训教师将按学校有关制度进行处理。

4. 实训是集体学习行动,应在指定实训场地进行,不得随便改变实训地点。

5. 实训仪器操作前应认真观看指导老师的示范操作。

6. 实训时应严格按照操作规程进行。如违反仪器操作规程或疏忽大意等责任事故而引起仪器的损坏,相关操作人员应负责对损坏仪器的修理或赔偿,并扣除相关人员的当次实训成绩。

7. 实训结束前,应检查实训数据是否齐全,并进行必要的计算。

8. 实训报告是实训教学的实物资料,实训结束后,应认真总结在实训中的收获、存在的问题以及试验是否达到规定的精度要求,应认真填写实训报告,字迹要规范整齐,不得潦草书写。按时提交实训报告。

二、使用测量仪器规则

测量仪器是精密的光学仪器,或是光、机、电一体化贵重设备,对仪器的正确使用,精心爱护和科学保养,是测量人员必须具备的基本素质,也是保证测量成果的质量、提高工作效率的必要条件。在使用测量仪器时应养成良好的工作习惯,严格遵守下列规则:

1. 仪器的借领与归还

(1) 实训课前,各小组长到实训室领取实训所用仪器,清点数目并视检无问题后,小组长在借领栏签名。

(2) 实训结束后,各小组将所有仪器归还实训室,由教师检查仪器无问题后,在归还栏内签名,并向教师反映仪器在使用中的情况。

2. 仪器的携带

携带仪器前,应检查仪器箱是否扣紧,拉手和背带是否牢固。

3. 仪器的安装

（1）安放仪器的三脚架必须稳固可靠，特别注意伸缩腿稳固。

（2）仪器开箱时，应注意使仪器箱平稳，以免摔坏仪器；开箱后，应仔细观察并记清仪器在箱内的安放位置，以便用完后能够按原样放回，避免因放错位置而损伤仪器。

（3）从仪器箱提取仪器时，应先松开制动螺旋，用双手握住仪器支架或基座，放到三脚架上。一手握住仪器，一手拧连接螺旋，直至拧紧。

（4）仪器取出后，应关好箱盖，以防灰尘和湿气进入。不准在仪器箱上坐人。

4. 仪器的使用

（1）仪器安装在三脚架之后，无论是否观测，观测者必须守护仪器。

（2）应撑伞给仪器遮阳挡雨。大雨天禁止使用仪器。

（3）仪器镜头上的灰尘、污痕，只能用软毛刷和镜头纸轻轻擦去。不能用手指、手帕或其他物品擦拭，以免磨坏镜面。

（4）旋转仪器各部分螺旋要有手感。制动螺旋不要拧得太紧，微动螺旋不要旋转至尽头，以防滑扣或松脱。

5. 仪器的搬迁

（1）贵重仪器或搬站距离较远时，必须把仪器装箱后再搬。

（2）近距离搬站时，应先检查连接螺旋是否旋紧，松开各制动螺旋，然后收拢三脚架，一手握住仪器基座或照准部，一手抱住脚架，稳步前进。严禁用肩扛仪器进行搬移。

6. 仪器的装箱

（1）从三脚架取下仪器时，先松开各制动螺旋，一手握住仪器基座或支架，一手拧松连接螺旋，双手从架头上取下装箱。

（2）在箱内将仪器正确就位后，拧紧各制动螺旋，关上箱盖并扣紧。

（3）测距仪、全站仪、电子水准仪等电子仪器，必须关闭电源才能装箱。

7. 使用工具注意事项

（1）作业时，水准尺和标杆应有专人认真扶直，不要贴靠树上、墙上或电线杆上等，以免摔坏。

（2）水准尺、标杆禁止横向受力，以防弯曲变形。

（3）携带水准尺、标杆和三脚架等前进时，不准拖地而行。

（4）使用皮尺（或钢尺）时应避免沾水，若受水浸，应晾干后再卷入盒内。收卷时，切忌扭转卷入。

（5）使用钢尺时，应防止扭曲、打结，防止行人踩踏或车辆碾压，以免折断钢尺。携尺前进时，应将尺身提起，不得沿地面拖拽，以免钢尺尺面刻划磨损。使用完毕，应将钢尺擦净并涂油防锈。

（6）测图板的使用应注意保护板面，不得乱写、乱扎，不得施以重压。

（7）小件东西如垂球、尺垫等，使用完毕应立即收好，以防遗失。

三、外业记录与内业计算规则

外业记录是野外观测的第一手资料，是内业计算的数据来源，应做到规范、整齐、真实、原始；严禁伪造数据、重抄数据或涂改数据，具体要求如下：

1. 观测数据按规定的表格现场记录。记录应采用 2H 或 3H 硬度的铅笔。

2. 记录观测数据之前，应将表头的测站、照准点等如实填写齐全。

3. 记录时书写字体应端正、清晰，严禁所写的数据模糊不清、模棱两可。

4. 观测者读数后，记录者应随即将数据填写在测量手簿的相应栏内，并复诵一遍，以防听错记错。

5. 记录数字应齐全，不得省略零位。如：水准尺读数 1.000 及角度记录中的 $0°00'00''$ 中的 0 均不能省略，并且分和秒不足两位数时应用 0 补齐，如：$6°06'06''$。

6. 水平角观测，秒值读记错误应重新观测，度、分读记错误可在现场改正，但同一方向盘左、盘右不得同时改正相应数字。

7. 角度观测、距离和水准观测中，分、秒和厘米及以下数值不得更改，度、正十分和米、分米的读记错误，在同一角度、同一距离、同一高差的往测、返测或两次测量的相关数字不得连环改正，应将该部分观测废去重测。

8. 对错误的原始记录数据，不得涂改，也不得用橡皮擦掉，应用横线划去错误数字表示作废，如 ~~1.326~~，把正确的数字写在原数字的上方，并在备注栏说明原因。

9. 记录者记录完一个测站的数据后，应当场应进行必要的计算和检核，确认无误后，观测者才能搬站。

10. 内业计算：按四舍六入、五前单进双舍（或称奇进偶不进）的取数规则进行计算。如数据 1.1235 和 1.1245 小数点后保留三位时，均应为 1.124。

11. 记录的数据写全规定的字数，详见表 1-1-1 规定。

记录数据的取位要求　　　　　　　表 1-1-1

测量种类	数字的单位	记录位数
水准	米	三位（小数点后）
量距	米	三位（小数点后）
角度的分	分	二位
角度的秒	秒	二位

第二部分 建筑工程测量课间实验指导

实验一 DS₃水准仪的认识和使用

实验计划学时：2

一、实验目的

1. 认识 DS₃ 水准仪的主要部件名称，了解各部件的作用和使用方法。
2. 了解水准尺的刻划；掌握水准仪的使用方法和读数方法。
3. 学会测量高差的方法，能够正确判断水准点的高低。
4. 认识视距丝，能够正确计算视距。

二、实验要求：

1. 了解 DS₃ 型水准仪各部件的名称及作用。
2. 练习水准仪的安置、瞄准与读数。
3. 每人选择两个地点树立水准尺，测量其高差及视距。
4. 测站检核。测站限差满足要求：同一测站两次仪高相差 0.1m 以上；两次仪高所测高差较差 $\Delta h \leqslant \pm 5$mm，测量结果合格；两次视距相差 0.5m，测量结果合格。

三、实验设备

DS₃ 型水准仪 1 台、水准尺 2 根、记录板 1 个；自备铅笔、计算器等。

四、实验步骤

1. 安置仪器：将水准仪三脚架张开，使其高度在胸口附近，架头大致水平，拧紧脚架固定螺栓。在泥土地面，应将三个脚尖踩入土中，以避免仪器下沉；将仪器从箱子中取出，然后一手扶仪器一手旋转中心连接螺旋将仪器连接在三脚架上。水泥地面要采取防滑措施；倾斜地面，应将三脚架的一个脚安放在高处，另两只脚安置在低处。

2. 认识水准仪主要部件和作用，如图 1-2-1 所示。

3. 粗平。

粗平就是移动三脚架的三条腿，使圆水准器气泡大致居中，再旋转脚螺旋使圆水准器气泡精确居中，从而使仪器大致粗平。符合式水准器如图 1-2-2 所示。

脚螺旋调整规律：将水准仪望远镜垂直于任意两个脚螺旋连线，调节这两个脚螺旋，使气泡居于垂直两个脚螺旋的方向上，然后调节第三个脚螺旋使气泡居中。

4. 照准水准尺 ：转动目镜调焦螺旋，使十字丝清晰；转动仪器，用准星和照门瞄准

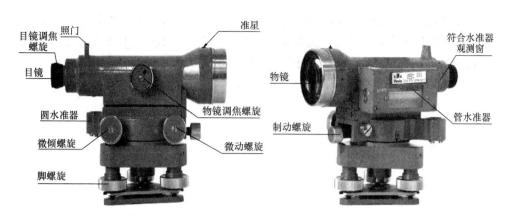

图 1-2-1　DS₃微倾水准仪

水准尺，拧紧制动螺旋；调节物镜调焦螺旋，使尺像清晰的
成像在视野范围中；转动微动螺旋，十字丝准确的照准水准
尺。检查有无视差，如有需要重新调整目镜调焦螺旋和物镜
调焦螺旋，消除视差。

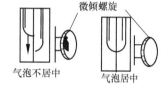

　　5. 精平与读数：观看水准管气泡观察窗，转动微倾螺
旋使符合水准管气泡两端的半边影像吻合，视线即处于精平
状态；

图 1-2-2　符合式水准器

　　精平后，立即用中丝直接在水准尺上读取米、分米、厘米，并且估读毫米，即读出四
位数，读完数之后应立即检查符合气泡是否仍然对齐，如果是则读数正确，若否则应重新
读数，读数时扶尺人员应将水准尺立直。

　　综上所述，水准仪的基本操作程序为：安置仪器、粗平、照准、精平、读数。

　　6. 练习测量高差及视距：

　　1）在 A、B 二个不同的地点竖直的树立水准尺，在其前后视距大致相等的中间一点
安置水准仪；

　　2）按照以上的 3、4、5 款的操作说明，分别读取其后视读数 a_1（A 尺黑面中丝读
数）与前视读数 b_1（B 尺黑面中丝读数），计算两点的高差 h_1（以米为单位）；

$$h_1 = 后视读数 - 前视读数 = a_1 - b_1$$

　　3）再按照以上的 3、4、5 款的操作说明，重新安置一次仪器，两次仪器的高度变动
在 0.1m 以上；又分别读取其后视读数 a_2 与前视读数 b_2，计算两点的高差 h_2；

$$h_2 = 后视读数 - 前视读数 = a_2 - b_2$$

　　4）若两次所测高差之差在 ±5mm 之内，说明两次测量合格，取均值作为该测站的正
确高差 h（以米为单位）。

　　5）观测两点间的视距：视距 ＝ |上丝 - 下丝| ×100（以米为单位）。

　　将观测数据填入实验一的记录表格中，作为本次试验成果上交。

五、注意事项

　　1. 不要在没有消除视差情况下进行读数。

2. 在水准尺上读数时，符合水准气泡必须居中，读数前后都要进行检查。如气泡居中，则说明读数时视线是水平的，读数是正确的；否则读数有误，应重新调平后再读。

3. 仪器制动后不可强行转动，需转动时可用微动螺旋。

4. 记录应以米为单位，记录四位数字，并要求记录清晰整洁，数字要工整。

实验二　普通水准测量

实验计划学时：2

一、实验目的

1. 通过实验进一步熟悉水准仪的操作。
2. 了解水准测量的过程，掌握水准测量的记录、计算格式。
3. 掌握水准测量的检核方法，掌握水准测量的各项限差。

二、实验要求

1. 每组自选一闭合水准路线，用双仪高法对其进行施测（3～4 个测站）。
2. 测站检核。测站限差满足要求：同一测站两次仪高相差 0.1m 以上；两次仪高所测高差较差 $\Delta h \leqslant \pm 5$mm，测量结果合格。
3. 路线检核：闭合路线的高差闭合差 $\leqslant f_{h容} = \pm 12\sqrt{n}$（mm）。

三、实验设备

DS_3 型水准仪 1 台、水准尺 2 根、尺垫 2 个、记录板 1 个；自备铅笔、计算器等。

四、实验步骤

1. 根据测区地物、地貌的分布情况，每组自选一闭合水准路线，并做临时性标记。
2. 在两点上树立水准尺，在距两点距离大致相等处架设水准仪，粗平仪器（如果相邻两点距离较远或架设一次仪器不能同时观测到两点，应在其间选择转点），然后照准后视黑面，精平、读数、记录。
3. 照准前视黑面，精平、读数、记录；得该测站第 1 次高差：$h_1 = a_1 - b_1$。
4. 在同一测站将仪器升高或降低 0.1m 以上，再次安置仪器，然后照准后视黑面，精平、读数、记录。
5. 照准前视黑面，精平、读数、记录；得该测站第 2 次高差：$h_2 = a_2 - b_2$。（若 $\Delta h \leqslant \pm 5$mm，说明该站高差测量合格，取该站高差平均值作为最后结果。）
6. 后视水准尺搬至下一测站作前视尺，仪器搬至第二个测站，重复 2、3、4、5 操作，直至回到起点。
7. 水准测量外业完成后，进行计算检核（分别检核）：

$$\sum a - \sum b = 2\sum h_均$$

8. 根据各测站的平均高差，计算闭合水准路线的高差闭合差：$f_h = \sum h$，并检查高差闭合差是否超限，其限差公式为：

$$f_{h容} = \pm 12\sqrt{n}（mm）$$

式中　n——水准路线的测站数 。

9. 若高差闭合差超过限差的要求，则应重新进行观测。

五、注意事项

1. 在每次读数之前，要消除视差，并使符合水准气泡严格居中。

2. 在已知点和待定点上不能放置尺垫，但转点必须用尺垫，在仪器搬站时，前视点的水准尺不能移动。

3. 搬站时应注意仪器的安全。

4. 计算时应注意各项检核，以防计算错误。

5. 实验之前请认真阅读教材中关于水准测量的误差及注意事项的相关内容，并在实验中严格遵守，以便提高精度，满足要求。

6. 实训记录及报告书。每人上交一份合格的普通水准测量记录手簿（见实验报告二），计算出给定测段之间的高差，检核无误后作为实训成果上交。

实验三 四等水准测量

实验计划学时：2

一、实验目的

能进行四等水准测量的外业观测、记录、计算及校核。

二、实验要求

1. 在测区选择两个已知的固定水准点（相距 300m 左右），每小组完成该测段合格的四等水准测量的观测、记录、计算及检核工作；也可完成一条闭合路线。

2. 每人至少完成一测段合格的四等水准测量的观测、记录、计算及检核工作。

3. 每人独立完成该水准路线的高差的计算，组内进行计算成果比较，相差较大者，应查找原因并重测。

三、实验设备

DS₃ 水准仪 1 台、双面水准尺 1 对、尺垫 2 只、记录板 1 块、30m 皮尺 1 把；自备铅笔、计算器和记录本等。

四、实验方法和步骤

1. 在测区选择两个已知的固定水准点，分别作为起点和终点，将该测段设成偶数测站进行观测。在起点和第一个转点之间安置水准仪并整平（可用目估或步量等方式使前、后视距大致相等），在起点和转点上分别竖立水准尺（在已知水准点和待测水准点上均不放尺垫，而在转点上必须放置尺垫），按照四等水准测量的观测程序（即后—前—前—后，黑—黑—红—红）完成一个测站的观测。闭合路线：从已知 A 点出发，以四等水准测量经 B、C…点，再测回 A 点。全线计含 3~4 个测站，即每个测段各含 1~2 个测站。将有关读数和算得的测站高差记入表中。

2. 观测员读取数据后，记录员应回报后记录在四等水准测量记录表中。当一个测站观测完毕后，记录员应在现场计算并检核数据，测站检核的技术要求如表 1-2-1 所示，计算结果满足要求后方可搬站，否则应查找原因并重测。

四等水准测量的技术要求 表 1-2-1

等级	仪器类别	视线长度（m）	前后视距差（m）	任一测站上前后视距差累积（m）	视线高度	黑红面读数差（mm）	黑红面所测高差之差（mm）
四等	DS₃	≤100	≤5.0	≤10.0	三丝能读数	3.0	5.0

3. 整条路线观测完成后，应计算高差闭合差，其容许值为 $\pm 20\sqrt{L}$ mm（L 为路线全长千米数）。

4. 若高差闭合差符合要求，则将各测段内的测站高差取和成为测段高差。将三个测段的高差和的测站数分别填入表中，进行高差闭合差调整和计算待定点的高程。

五、注意事项

1. 已知点（起点 A 和终点 B）不用放尺垫，转点上立尺需用尺垫。

2. 每测站的观测程序为：

（1）照准后视尺黑面，读取上丝读数、下丝读数、中丝读数；

（2）照准前视尺黑面，读取上丝读数、下丝读数、中丝读数；

（3）照准前视尺红面，读取中丝读数；

（4）照准后视尺红面，读取中丝读数。

若望远镜的成像为倒像，标尺读数的顺序可改为先读下丝读数，再读上丝读数。以上观测的顺序简称"后—前—前—后"，在坚实的道路或场地上观测亦可按"后—后—前—前"的顺序进行，凡中丝读数前均应使水准管气泡符合。

3. 迁站时，前视尺（连同尺垫）不动，即变为下一测站的后视尺，而将本站的后视尺调为下一站的前视尺，相邻测站前、后尺的红、黑面起始读数差 4.687 和 4.787 也将随之对调。

4. 观测完毕后，还应对整个记录进行计算检核，计算检核项目见教材。

5. 实训记录及报告书。每人上交一份合格的四等水准测量记录手簿（见实验报告三），计算出给定测段起点和终点之间的高差，检核无误后作为实训成果上交。

实验四　微倾式水准仪的检验与校正

实验计划学时：2

一、实验目的

1. 了解水准仪的主要轴线及其应满足的几何条件。
2. 掌握水准仪检验与校正方法。

二、实验内容

按照实验方法和步骤进行 DS$_3$ 微倾水准仪圆水准器、十字丝横丝和水准管轴的检验和校正。

三、实验设备

DS$_3$ 微倾水准仪 1 台、水准尺 2 根、尺垫 2 个、小改锥 1 把、校正针 1 根、记录板 1 块；自备铅笔。

四、实验方法和步骤

场地安排在视野开阔、土质坚硬、地势平坦的地方。

1. 圆水准器的检验和校正

当圆水准气泡居中时，竖轴基本铅直，视准轴粗略水平。即圆水准器轴（$L'L'$）平行于竖轴（VV）。

1）检验

安置仪器后，用脚螺旋粗平水准仪使气泡居中，然后将望远镜绕竖轴转 180°，如气泡仍居中，表明条件满足；如气泡不居中，则需校正。

2）校正

①用拨针调节圆水准器下面的三个校正螺钉，使气泡退回零点方向的一半，此时气泡虽不居中，但圆水准器已平行于竖轴，见图 1-2-3。

②转动脚螺旋使偏离一半的气泡居中，此时圆水准器轴与竖轴均处于铅垂位置。

③用这种方法反复检校，直到转到任何方向，气泡均居中为止，校正即可结束；最后，将三个校正螺钉拧紧。

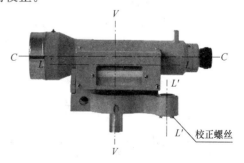

图 1-2-3　水准仪轴线

2. 十字丝横丝的检验和校正

1）检验

①十字丝横丝一端对准远处一明显点状标志 M，如图 1-2-4（a）所示，拧紧制动螺旋。

②旋转微动螺旋，使望远镜视准轴绕竖轴缓慢横向移动，如果 M 点沿着横丝移动，如图 1-2-4 （b）所示，则表示十字丝横丝与竖轴垂直，不需校正。

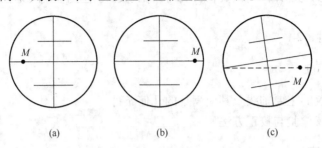

图 1-2-4　十字丝横丝垂直于竖轴的检校

③如果 M 点明显偏离横丝，如图 1-2-4 （c）所示，表示十字丝横丝不垂直于竖轴，需要校正。

2）校正

①用螺丝刀松开十字丝分划板座的固定螺钉，如图 1-2-5 所示，微微转动十字丝分划板板座，使 M 点沿十字丝横丝移动，再将固定螺钉拧紧。

②此项校正要反复进行多次，直到满足条件为止。

③当 M 点偏离横丝不明显时，一般不进行校正，在观测中可用竖丝与横丝的交点读数。

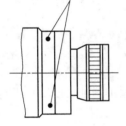

图 1-2-5　十字丝
横丝的校正

3. 水准管轴的检验和校正

1）检验

若水准管轴不平行于视准轴，设它们之间的夹角为 i。当水准管气泡居中，视准轴与水平视线产生倾斜角 i 角，从而使读数产生偏差值 Δ，称为 i 角误差。i 角误差与距离成正比，距离越远，误差越大。若前后视距离相等时，则两根尺子上的 i 角误差 Δ 也相等。因此，后视减前视所得高差不受其影响。

①择一平坦地面，相距 80m 的 A、B 两点，打入木桩或放好尺垫后立水准尺，如图 1-2-6。

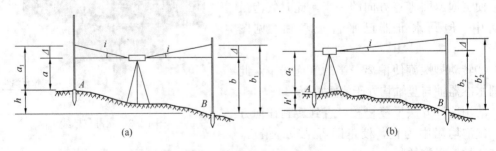

图 1-2-6　水准管轴的检校

②用皮尺量取距 A、B 两点距离相等的中点，将水准仪安置于中点处，用两次仪高法测定 A、B 两点的高差。若两次高差之差不超过 3mm，则取两高差平均值作为 A、B 两点的高差 h_{AB}，见图 1-2-6 （a）。

③将水准器安置在距 A 点 2～3m 之处，精平后又分别读得 A、B 点水准尺读数为 a_2、b'_2（因水准尺距 A 点很近，其 i 角引起的读数偏差可近似为零，即认为 a_2 读数正确），见图 1-2-6（b）。

④此时计算出高差为 $h'_{AB} = a_2 - b'_2$，若 $h'_{AB} = h_{AB}$，说明管水准轴平行于视准轴，不需要校正。若 $h'_{AB} \neq h_{AB}$，则两次设站观测所获得的高差之差为：$\Delta h = h'_{AB} - h_{AB}$。

i 角的近似计算公式为：

$$i = \frac{\Delta h}{D_{AB}} \rho''$$

式中　D_{AB}——AB 两点间的平距；

$\rho'' = 206265''$。

对于 DS$_3$ 型水准仪，当 i 角值大于 20″时，需进行校正。

2）校正

①校正时，先调节望远镜微倾螺旋使十字丝横丝对准 B 点水准尺的应该读数：$b_2 = a_2 - h_{AB}$，此时视准轴处于水平位置，而水准管气泡却偏离了中心。

②如图 1-2-7 所示，用拨针松开左、右两个校正螺栓，再按先松后紧的原则，分别拨动上下两个校正螺钉，使水准管气泡居中，最后旋紧左、右两校正螺钉。此时水准管轴与视准轴相互平行，且都处于水平位置。

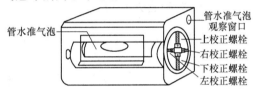

图 1-2-7　水准管轴的校正

③此项检验校正要反复进行，直到 i 角小于 20″为止。

五、实验注意事项

（1）检验必须按照试验步骤进行，确认无误后才能进行校正。

（2）拨动校正螺丝时，应先松后紧，松紧适当，校正完毕后，校正螺栓应处于稍紧状态。

六、实验记录及报告书

根据检验结果，先填写水准仪视检记录表，再进行三项常规检校。

实验五　DJ$_6$光学经纬仪的认识与使用

实验计划学时：2

一、实验目的

1. 练习经纬仪的安置。
2. 了解 DJ$_6$ 型光学经纬仪各主要部件的名称和作用。
3. 了解经纬仪的读数设备，掌握读数方法。
4. 了解经纬仪水平角测角的方法。

二、实验设备

DJ$_6$光学经纬仪 1 台、配套脚架 1 个、记录板 1 块；自备铅笔。

三、实验内容及要求

1. 在实验场地确定某一目标，经过光学经纬仪安置、对中和整平操作。按照实验步骤照准目标并学会读数，记录、计算数据。
2. 安置经纬仪的对中偏差小于 1mm，整平误差小于 1 格。
3. 所有操作每人均做一次。

四、实验步骤和方法

1. 实验步骤

（1）认识 DJ$_6$光学经纬仪的基本构造及各部件的名称和作用。
（2）DJ$_6$光学经纬仪的使用。
（3）测角练习。

2. 实验方法

（1）认识 DJ$_6$光学经纬仪的基本构造及各部件的名称和作用。老师讲解＋自学教材。
（2）DJ$_6$光学经纬仪的使用包括：对中、整平、照准、读数四步。

1）对中

安置：松开脚架上三个连接螺旋，同时将脚架三条腿提升到适当高度（与胸同高），张开三脚架大致成等边三角形，放于测站上，从脚架连接螺旋往下看，能看到测站点，此时脚架大致对中。使架头大致水平，将经纬仪连接到脚架上。

对中：转动光学对中器目镜调焦螺旋，使分划板上指标圆圈清晰；推拉光学对中器，调节物镜调焦螺旋，使地面标志点成像清晰；先踩实一脚架，双手抬起另外两脚架，以第一条脚架为支撑，左右前后摆动，眼睛同时观察光学对中器，当指标圆圈与地面标志点重合时，轻轻放下两脚架，踩实，此时完成对中。

2）整平

①粗平

伸缩调节脚架的三条架腿，使圆水准器气泡居中。

②精平

首先转动照准部，使照准部水准管平行于任意两个脚螺旋的连线方向，如图1-2-8所示。用左手大拇指法则（气泡移动的方向与左手大拇指方向相同），右手与左手同时向内调节，使气泡居中；然后旋转照准部90°，调节第三个脚螺旋，使气泡居中，如图1-2-8右图。反复调节，直至水准管气泡在任意方向上都居中为止。

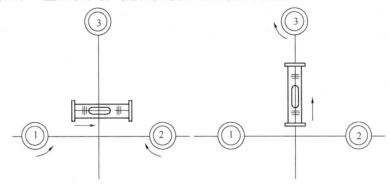

图1-2-8 精确整平

③检查对中，再反复精平

精平完成后，对对中可能有一定影响，若影响不大（对中不超过1mm），不作调整，若超过1mm，应松开连接螺旋一小圈，在脚架上平推基座，使其完全对中为止。最后再检查水准管气泡是否居中，若不居中，应重复精平步骤。

对中和整平简易步骤：

a. 粗略对中 ——固定三脚架一条腿，移动两条腿；

b. 精确对中 ——调脚螺旋，使光学对点器中心与测点重合；

c. 粗平—— 升降三脚架的三条腿使圆水准器气泡居中；

d. 精平—— 调脚螺旋使水准管气泡居中；

e. 精确对中——移动基座，精确对中（只能前后、左右移动，不能旋转）；

f. 反复进行d、e操作，直到对中和整平都满足要求。

3）照准

①目镜调焦：转动目镜调焦螺旋，使十字丝清晰，若视场较暗，可先照准背景明亮区域调节。

②粗瞄：利用三点一线原理，通过望远镜上的粗瞄器找准目标，然后拧紧水平和望远镜制动螺旋。

③物镜调焦：调节物镜调焦螺旋，使成像清晰，注意消除视差。

④精瞄：调节水平及望远镜微动螺旋，使十字丝精确照准目标。观测水平角用竖丝瞄准，观测竖直角用横丝瞄准。细小目标用双丝夹准，粗大目标用单丝平分。

4）读数

①打开反光镜，调节其位置，使读数窗内光线均匀明亮。

②旋转读数显微镜调焦螺旋，使读数窗分划清晰，消除视差。

③如要读取竖盘读数，应使指标水准管气泡居中后（或打开竖盘指标自动补偿器）再读数。

④读数。

DJ₆经纬仪采用分微尺测微器读数法，即在每一度中设有一个测微尺，测微尺分为60小格，每小格为1′，可估读到0.1′，即最小估读到6″。如图1-2-9所示，读数显微镜中可看到两个读数窗，注有"水平"（H）的是水平度盘读数窗，注有"竖直"（V）的是竖直度盘读数窗。读数时先读出位于分微尺中的度盘分划线的注记度数，再以度盘分划线为指标，在分微尺上读取分数，最后估读出秒数，三者相加即为度盘读数。图1-2-9中水平度盘读数为160°04′30″，竖直度盘读数为92°26′48″。

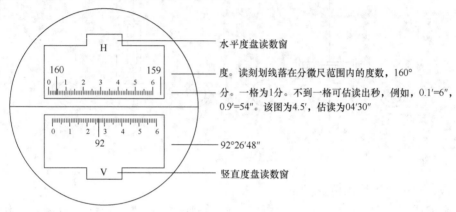

图1-2-9　DJ₆经纬仪读数

3. 测角练习

选择两个目标，分别读取其盘左和盘右的水平度盘读数，观察同一方向两读数的关系，计算两方向之间的水平角。如图1-2-10的水平角为：

水平角∠AOB：$\beta = b - a$

盘左测一次，盘右测一次。

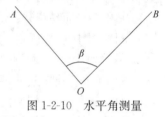

图1-2-10　水平角测量

五、实验注意事项

1. 未经老师允许，不得擅自打开仪器箱，取出仪器任意拨弄，以免不了解仪器性能而损坏仪器。

2. 安置仪器时，三脚架首先应安置牢固，三脚架架头大致水平，在安置过程中，当未旋紧固定螺旋使仪器连于脚架上时，切不可双手脱离仪器。

3. 旋转制动螺旋、微动螺旋切不可用力过猛，仪器制动后不可强行转动，需转动时可用微动螺旋。

4. 粗略整平时，应改变架腿的长度，但不要改变架腿的位置。

5. 仪器精确对中时，要使仪器在架头上平移，切勿旋转，以免破坏仪器的整平。

6. 角度估读时，应读十分之几分，再转为秒。

7. 按照度、分、秒的格式记录，且分和秒不足两位数时，前面应用0补齐。

六、实验记录及报告书

根据测量数据，填写角度观测表记录（见实验报告五所示）。

实验六　全站仪的认识与使用

实验计划学时：2

一、实验目的

1. 认识全站仪，熟悉仪器各部件的名称及作用。

2. 掌握全站仪对中、整平、瞄准目标、调焦及消除视差的方法。

3. 认识全站仪的菜单功能，了解角度、距离、坐标等测量模式的操作，认识测量模式中各功能键的含义，显示屏幕中常见符号的含义。

二、实验要求

1. 仪器的架设、整平、对中大致同经纬仪，并对仪器进行角度、距离、坐标等测量模式的操作，熟悉仪器的性能及操作方法。

2. 角度测量：用测回法观测两个目标（A、B）的水平角一测回。（参照光学经纬仪水平角观测方法）

要求：起始目标的水平角置 0，用水平角（右角：HR）测量模式测量、读数、记录。同时记录 A、B 点的垂直角。

3. 距离和高差测量：测量测站点与反射镜的距离，记录斜距、平距、高差。（测距三次）

三、实验设备

南方测绘 NTS-312 全站仪 1 台套（图 1-2-11）、反射棱镜与棱镜架 2 个、大伞 1 把、记录板 1 个、小钢尺 1 个；自备铅笔、计算器等。

四、场地布置与实验步骤

1. 场地布置

（1）首先在实验场地选择测站点 O；

（2）在 O 点安置全站仪并进行初始设置；

图 1-2-11　南方测绘
NTS-312 全站仪

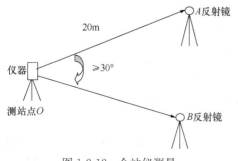

图 1-2-12　全站仪测量

（3）在距仪器约 20m 处分别架设反射棱镜 A、B 二个，如图 1-2-12；

（4）然后按照所附仪器的使用说明对其进行操作。

2. 实验步骤

（1）全站仪的设置

1）开机自检。打开电源，进入仪器自检。南方测绘 NTS-312 全站仪键盘与屏幕如图 1-2-13。

2）对中、整平全站仪，方法与安置经纬仪大致相同。激光对中：需按★打开激光开关。

3）全站仪的基本设置，设置界面：按 M 键 →菜单→按 F4（设置）。设置菜单见图 1-2-14所示。

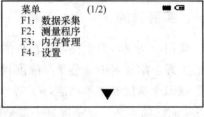

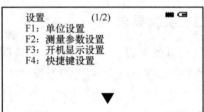

图 1-2-13 南方测绘 NTS-312 全站仪键盘与屏幕   图 1-2-14 设置菜单

a）按 F1→单位设置

选择：角度（度）、温度（℃）、气压（hpa）、距离设置（m）。

b）F2→测量参数设置

选择：第一页

        F1：倾斜补偿（X 轴补偿）

        F2：大气折光改正（k＝0.14）

        F3：坐标格网因子（＝1）

        F4：最小角度读数（角度：$1''$）

        第二页

        F1：垂直角读数 ［选天顶距（垂直零）］

c）开机显示设置

        F1：测量模式（选角度测量）

        F2：HD&VD/SD   （HD&VD）

        F3：坐标格式   （ENZ）

        F4：显示分公司   （不显示）

星键模式（按★键）

a）对比度调节。

b）模式：通过按F1，在棱镜、反射片和无合作目标之间选择。

c）倾斜：通过按F2键，选择开关倾斜改正，按 ENT（回车）。

d）S/A：通过按 F3（S/A）键，设置温度与气压（实时气温，＋1013hpa），设置反射棱镜常数（大棱镜：−30），设置垂直角倾斜改正（在有风和不稳定的环境下，打开垂直角倾斜补偿功能）。

　　e）对点：通过按键F4，可打开激光对点器开关。

　　f）重复按★键为开/关显示窗与望远镜分划板照明；按 (ESC) 键退出星键主菜单。

　　（2）安置全站仪

　　1）安置仪器。在实验场地上选择一点 O，作为测站点，在 O 点安置全站仪，并精确对中和整平。整平误差不超过一格，对中误差 1mm。

　　2）安置反射棱镜：在距仪器 20m 左右选择 A、B 两个观测点，分别架设棱镜并对中、整平，1mm／一格。

　　（3）角度测量（按 ANG 键）

　　按下电源开关（POWER 键）开机，通过操作 ANG 键使显示屏处于角度测量模式。

　　1）水平角测量的操作

　　①盘左位置瞄准左侧目标 A，按 F1 "置零" 键，OA 的水平方向值可置为 $0°00'00''$。

　　②顺时针转动照准部，瞄准右侧目标 B 并制动，显示屏将显示盘左位置的水平角（$\beta_左 = b_左 - a_左 = b_左$）。

　　③将望远镜置成盘右位置，先瞄准右侧目标 B，得 OB 方向的水平度盘读数 $b_右$。

　　④逆时针转动照准部，瞄准左侧目标 A，得 OA 方向的水平度盘读数 $a_右$，可得盘右的水平角值：$\beta_右 = b_右 - a_右$。

　　若盘左、盘右测量值互差没有超限（$6''$级全站仪互差 $\leqslant 40''$；$2''$级全站仪互差 $\leqslant 18''$），计算一测回的角值：$\beta = \dfrac{1}{2}(\beta_左 + \beta_右)$。

　　2）竖直角测量的操作

　　①盘左位置瞄准左侧目标 A，直接在屏幕上 "V" 行读取竖盘读数 L_A，记录在实习报告的相应表格中；

　　②顺时针转动照准部，瞄准右侧目标 B 并制动，显示屏将显示盘左位置的 OB 方向的竖盘读数 L_B，记录在表格中；

　　③将望远镜置成盘右位置，先瞄准右侧目标 B，得 OB 方向的竖盘读数 R_B，记录在表格中；

　　④逆时针转动照准部，瞄准左侧目标 A，得 OA 方向的竖盘读数 R_A，记录在表格中；

　　⑤分别按下式计算 A、B 点的竖直角，记录在表格中。

　　盘左：竖直角 $= 90°-$竖盘读数；　　盘右：竖直角$=$竖盘读数$-270°$。

　　（4）距离、高差测量（◢）

　　瞄准目标点的棱镜中心，按 "◢" 键在斜距（SD）、平距（HD）、高差（VD）中转换，记录在表格中。

　　（5）操作要求

　　1）仪器安置；

　　2）了解全站仪的基本功能，基本菜单，掌握全站仪的仪器设置操作方法；

　　3）具体键盘、显示功能可参见南方测绘 NTS－312 全站仪使用说明（附录二）；

　　4）每个同学都要动手操作。

五、贵重仪器使用注意事项

1. 操作仪器之前，须详细阅读使用说明。

2. 作业前一天，应给电池充电；出发之前应检查电池电量。

3. 架设仪器之后，需再次检查连接螺旋是否已拧紧。

4. 操作过程中，动作须轻，不能凭力气猛扳、猛按。

5. 搬站时仪器须装箱，搬运时须小心。

6. 严禁在开机状态下将仪器的物镜直接对向太阳。

7. 若发生故障，应及时报告，不得任意拆卸仪器各部件。

实验七　测回法测水平角

实验计划学时：2

一、实验目的

1. 熟练掌握全站仪对中整平方法。
2. 掌握测回法观测水平角的观测步骤及记录计算方法。

二、实验要求

1. 在实训场地中选取两个目标（也可以是远处房顶的天线），经全站仪对中（1mm）、整平（1格）后，采用测回法读取两个目标读数，记录数据。

2. 上、下半测回水平角之差的限差等于 $18''$，测回之差的限差等于 $12''$，检查测角不超限，计算水平角值。见实验报告七表格。

3. 各实验小组对同一水平角进行多测回法观测，每个人至少进行 1 个测回的观测和记录计算。

三、实验设备

全站仪 1 台、配套脚架 1 个、记录板 1 块；自备铅笔等。

四、实验步骤

1. 全站仪安置

如图 1-2-15 所示，在测站点 O 安置全站仪，对中（1mm）、整平（1格）。

2. 测回法测水平角

①盘左位置（目镜端朝观测者时，竖盘位于望远镜左边）瞄准左目标 A 得读数 $a_左$（$0°01'30''$）；为了计算方便，将起始目标的读数调至 $0°00'$ 附近。将读数记录在实验报告七表格中。

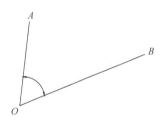

图 1-2-15　测回法测水平角

②松开照准部制动螺旋，瞄准右目标 B，得读数 $b_左$（$57°09'11''$）；则盘左位置所得上半测回角值为：$\beta_左 = b_左 - a_左 = 57°09'11'' - 0°01'30'' = 57°07'41''$。

③竖直面内转动望远镜成盘右位置（竖盘在望远镜右边），再次瞄准右目标 B，得读数 $b_右$（$237°09'20''$）。

④盘右再次瞄准左目标 A，得读数 $a_右$（$180°01'35''$）；则盘右位置所得下半测回角值为：$\beta_右 = b_右 - a_右 = 237°09'20'' - 180°01'35'' = 57°07'45''$。

利用盘左、盘右两个位置观测水平角，可以抵消仪器误差对测角的影响，同时也可以检核观测中有无错误存在。对于 DJ_2 级全站仪，如果 $\beta_左$ 与 $\beta_右$ 的差值不超过 $\pm18''$，取上、下半测回角度平均值作为最后结果。若观测结果合格，取上、下半测回角度平均值作为一测回角值，即：

一测回角值＝$1/2(\beta_左＋\beta_右)＝1/2(57°07'41''＋57°07'45'')＝57°07'43''$

⑤第二测回观测步骤和第一测回相似，但需要按式 $180°/n$（n 为测回数）来配置度盘。例如测二个测回，则第一测回配置读数稍大于 $0°$，第二测回配置稍大于 $90°$，配置度盘只需在每个测回第一次照准目标时候配置。对于 DJ$_2$ 级全站仪，当各测回角值互差不超过 $\pm12''$ 时，计算各测回平均值。

五、实验注意事项

（1）观测方向：每个测回中，盘左位置从左至右顺时针观测；然后用盘右位置从右至左逆时针观测。

（2）配盘：每个测回中，只需要在盘左位置照准第一个目标的时候配置水平度盘。

（3）照准：尽可能用竖丝中间部分照准目标底部。

（4）精度：注意限差不能超限。

六、实验记录及报告书

根据水平角测量结果，填写水平角记录表一份，如表 1-2-2 所示。

测回法测水平角 表 1-2-2

测站	测回	竖盘位置	目标	水平度盘读数 (° ′ ″)	半测回角值 (° ′ ″)	一测回角值 (° ′ ″)	各测回平均角值 (° ′ ″)	备注
O	第一测回	盘左	A	0 01 30	57 07 41			
			B	57 09 11		57 07 43		
		盘右	A	180 01 35	57 07 45			
			B	237 09 20			57 07 46	DJ$_2$
	第二测回	盘左	A	90 02 04	57 07 44			
			B	147 09 48		57 07 49		
		盘右	A	270 02 12	57 07 54			
			B	327 10 06				

实验八　竖直角测量及指标差的检测

实验计划学时：2

一、实验目的

1. 掌握全站仪竖直角测量和指标差的检测步骤。
2. 掌握竖直角测量的记录、计算的方法。

二、实验要求

1. 在实训场地中选取两个目标（也可以是远处房顶的天线），全站仪在测站点上对中（1mm）、整平（1格）。

2. 采用测回法测竖直角；读取目标竖盘读数，用计算公式计算竖直角和指标差，每个目标观测二个测回；记录数据在相应的表格中。

3. 各测回竖直角互差应小于±10″；各测回指标差互差应小于±10″。

4. 每人至少进行1个测回的观测和记录计算。

三、实验设备

全站仪1台、配套脚架1个、记录板1块；自备铅笔、计算器。

四、操作步骤

（一）竖直角测量

1. 准备工作：在测站点安置全站仪，进行对中和整平。

2. 竖盘构造与公式

竖盘刻划有顺时针和逆时针之分，判别全站仪的竖盘是顺时针还是逆时针刻划。在盘左位置使望远镜大致水平，竖盘指标所指读数在90°左右，然后望远镜向上仰时，如果竖盘读数减小，则度盘为顺时针刻划；反之为逆时针刻划。

1）半测回竖直角计算公式

顺时针刻划竖直角计算公式：

$$盘左竖直角\ \alpha_左 = 90° - L$$
$$盘右竖直角\ \alpha_右 = R - 270°$$

逆时针刻划竖直角计算公式：

$$盘左竖直角\ \alpha_左 = L - 90°$$
$$盘右竖直角\ \alpha_右 = 270° - R$$

2）一测回角值计算公式

$$\alpha = \frac{1}{2}(\alpha_左 + \alpha_右)$$

3. 观测

1）盘左，用全站仪望远镜横丝的中间部分瞄准目标，读取竖直度盘的读数 L（V），记录后计算盘左半测回角值 $\alpha_{左}$。

2）盘右，用全站仪望远镜横丝的中间部分瞄准同一目标，读取竖直度盘的读数 R（V），记录后计算盘右半测回角值 $\alpha_{右}$。

3）取两半测回角值的平均值为一测回角值 α。

4）重复上述操作步骤，每个角度观测至少 2 个测回，直至小组成员观测完毕。各测回竖直角互差均小于 $\pm 10''$（2 测回），则观测合格（五等三角高程测量）；否则应重新进行观测。

（二）指标差的检测

1. 竖盘指标差计算公式（一测回）

$$x = \frac{1}{2}(L + R - 360°)$$

2. 各测回竖盘指标差小于 $\pm 10''$，则取各测回的竖盘指标差的平均值作为该仪器的竖盘指标差。（至少需要 2 个测回的竖直角测量）

五、注意事项

1. 衡量竖直角观测是否合格的指标是指标差互差应小于 $\pm 10''$，而不是指标差应小于 $\pm 10''$。

2. 计算竖直角和指标差时，应注意正、负号。

3. 观测竖直角时应用横丝中间部分切准目标。

实验九　水平角和竖直角测量的综合应用

实验计划学时：4

一、实验目的

1. 掌握三角测量的基本方法。
2. 掌握三角高程测量的基本方法。

二、实验要求

1. 在实训场地中选取两个地面点 A、B（A、B 两点水平距离 D_{AB}、高差 h_{AB} 可事先观测出来，A 点的高程为 20m），目标：选择高塔（或高楼）上一点 C，求 C 点的高程。

2. 全站仪对中（1mm）、整平（1 格）。

3. 测量水平角，观测二测回；上、下半测回水平角之差的限差等于 $\pm 18''$，测回之差的限差等于 $12''$。

4. 测量竖直角，各测回竖直角互差应小于 $\pm 10''$，各测回指标差互差应小于 $\pm 10''$。

三、实验设备

全站仪 1 台、三脚架 1 个、棱镜和镜杆 2 套、小钢尺 1 把、记录板 1 块；自备铅笔、计算器。

四、操作步骤

1. 水平角测量应用——三角测量

提出问题：

已知地面点 A、B 点的边长（D_{AB}），如图 1-2-16。求地面点 A、B 与高塔上一点 C 的水平距离 D_{AC} 和 D_{BC}。（无免棱镜全站仪）

解决方案步骤：

1）用测回法观测水平角 $\angle A$、$\angle B$；

2）求：$\angle C = 180° - (\angle A + \angle B)$；

3）在平面三角形 ABC 中，用正弦定理求水平距离：

图 1-2-16

$$D_{AC} = \frac{\sin B}{\sin C} \cdot D_{AB}$$

$$D_{BC} = \frac{\sin A}{\sin C} \cdot D_{AB}$$

2. 竖直角测量的应用——三角高程测量

提出问题：

已知图 1-2-16 中地面点 A、B 点的水平距离 D_{AC}、D_{BC}、高差和 A 点的高程，求高塔上一点 C 的高程。（无免棱镜全站仪）

解决方案步骤：

1）在 A 点安置仪器，量取仪器高 i_A，瞄准目标点 C，用测回法观测竖直角 α_{AC}；

2）在 B 点安置仪器，量取仪器高 i_B，瞄准目标点 C，用测回法观测竖直角 α_{BC}；

3）C 点的目标高为 0 用三角高程测量公式求 C 点的高差（如图 1-2-17）：

$$h_{AC} = D_{AC} \cdot \tan\alpha_{AC} + i_A$$

$$h_{BC} = D_{BC} \cdot \tan\alpha_{BC} + i_B$$

4）求 C 点的高程：

$$H_{C1} = H_A + h_{AC}$$

$$H_{C2} = H_B + h_{BC} \quad (H_B = H_A + h_{AB})$$

$$H_C = 1/2 \ (H_{C1} + H_{C2})$$

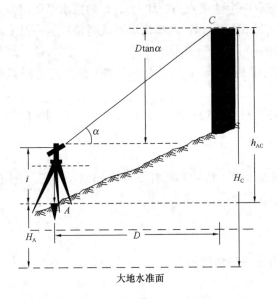

图 1-2-17　在 A 点求 C 点的高程

实验十　全站仪坐标测量

实验计划学时：2

一、实验目的

1. 认识全站仪的菜单功能，掌握全站仪坐标测量模式的操作。
2. 掌握全站仪坐标文件的建立和调用。

二、实验内容和要求

1. 在一个空旷的场地，设 O 为测站点，远处 A 为后视点（已知点），场地另选 B、C 不同高度的两个点分别架设反射镜。

2. 坐标测量：测量反射棱镜 B、C 点的坐标、高程，并做好记录。已知数据：测站点与反射棱镜 A 的坐标方位角 $45°30'00''$；测站点坐标 X：2010.000m，Y：3020.000m，H：15.300m。

三、实验设备

全站仪 1 台、配套脚架 1 个、2m 钢卷尺 1 把、记录板 1 块；自备铅笔、计算器。

四、实验步骤

（一）安置仪器及棱镜（图 1-2-18）

1. 在测站点 O 安置全站仪，对中、整平；精度：1mm、1格。

2. 量取仪器高至毫米，记录。

3. 在测点 A、B、C 上架设棱镜，量取棱镜高至毫米，记录。

（二）进行全站仪设置（同实验六）

（三）三维坐标测量

1. 测站点、后视点设置：

按 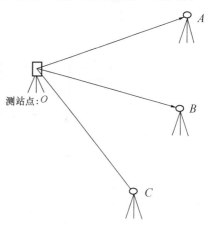 键→坐标测量模式→按翻页键F4→进入第二页（图 1-2-19）；

图 1-2-18　全站仪坐标测量

→按仪高键→输入测站的仪器高，按确认 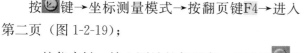 键；

按测站键→输入测站点 O 点的三维坐标（N，E，Z），按确认 键；

再按F4→进入第三页，按后视键→输入后视点 A 的三维坐标：N，E，Z→照准后视点 A；

或按后视键→输入角度（OA 的方位角：45.30）→照准后视点 A。

2. 测量新点的坐标：

按翻页键F4→进入第二页（图 1-2-19），瞄准 B 点棱镜中心→按镜高键→输入 B 点的

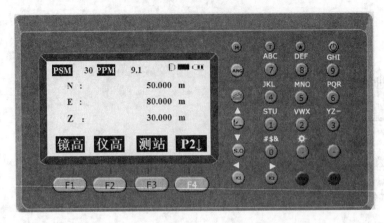

图 1-2-19　南方 NTS-312 坐标测量界面 P2 页

棱镜高，按确认键 ；

再按翻页键 F4→进入第一页，按测量键（图 1-2-20），显示 B 点的三维坐标（N、E、Z）。

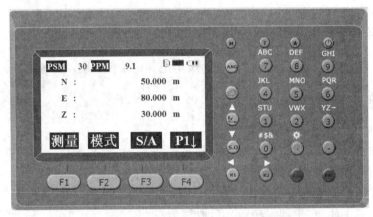

图 1-2-20　南方 NTS-312 坐标测量界面 P1 页

同样，对 C 点使用以上两步，可测出 C 点的三维坐标（N、E、Z）。记录在实验报告的表格中。

实验十一　全站仪的检验与校正

实验计划学时：4

一、实验目的

能够进行全站仪的检验与校正。

二、实验内容

1. 对全站仪进行外观检视。
2. 对全站仪进行常规的检验与校正。

三、实验安排

1. 仪器：每组领取南方 NTS-310R 全站仪 1 台、棱镜 2 个、棱镜杆 1 个、测伞 1 把、记录板 1 块。
2. 场地：一较平整场地。

四、实验方法与步骤

（一）仪器外观检视，按实验报告十的表格填写检视结果。

（二）常规的检验与校正，按实验报告十的表格填写检校结果。

一）长水准器的检验与校正

1. 检验

（1）将长水准管置于与某两个脚螺旋 A、B 边线平行的方向上，旋转这两个脚螺旋是长水准管气泡居中，见图 1-2-21（a）。

（2）将仪器绕竖轴旋转 180°，观察长水准管气泡的移动，见图 1-2-21（b）。若长水准管气泡不居中，则需要校正。

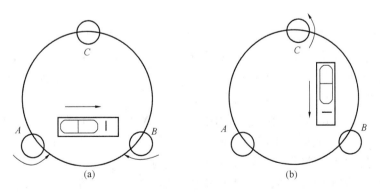

图 1-2-21　长水准器的检验与校正

2. 校正

（1）在检验时，若管水准器的气泡偏离了中心，先用与管水准器平行的脚螺旋进行调整，使气泡向中心移近一半的偏离量，剩余的一半用校正针转动水准器校正螺栓（在水准器右边）进行调整至气泡居中。

（2）将仪器旋转 180°，检查气泡是否居中。如果气泡仍不居中，重复步骤（1），直至气泡居中。

（3）将仪器旋转 90°，用第三个脚螺旋调整气泡居中。

3. 重复检验与校正步骤直至照准部转至任何方向气泡均居中为止

二）圆水准器的检验与校正

1. 检验

根据长水准管仔细整平仪器，若圆水准器居中，则不需要，否则需要校正。

2. 校正

若气泡不居中，用校正针或内六角扳手调整气泡下方的校正螺栓使气泡居中。校正时，应先松开气泡偏移方向对面的校正螺栓（1 或 2 个），然后拧紧偏移方向的其余校正螺栓使气泡居中。气泡居中时，三个校正螺栓的紧固力均应一致。

三）倾斜传感器零点误差的检验与校正

当仪器精确整平后，倾角的显示值应接近于零，否则存在倾斜传感器零点误差，会对测量成果造成影响。

1. 检验

（1）精确整平仪器。

（2）将水平方向置零。

（3）进入校正模式，按 F1 键进入到零点误差校正屏幕，显示 X 和 Y 方向上当前改正值。

（4）稍候片刻等显示稳定后读取自动补偿倾角值 X_1 和 Y_1。

（5）旋转照准部 180°，等读数稳定后读取自动补偿倾角值 X_2 和 Y_2。

（6）按下面公式计算倾斜传感器的零点偏差值：

$$X\text{ 方向的偏差} = (X_1 + X_2)/2$$
$$Y\text{ 方向的偏差} = (Y_1 + Y_2)/2$$

2. 校正

如果所计算偏差值都在 $\pm 20''$ 以内则不需校正，否则按下述步骤进行校正。

（1）在检验第 6 步中按 F4 设置键并将水平角置零，屏幕显示盘右读数。

（2）旋转照准部使 HAR 为 $0°00'00''$，稍等片刻按 F4 设置键存储 X_1 和 Y_1 的值，屏幕显示出 X 和 Y 方向上的原改正值和新改正值。

（3）确认校正改正值是否在校正范围内，如果 X 值和 Y 值均在 400 ± 30 校正范围内，按 F4【是】键对改正值进行更新并返回到校正菜单进行下一步骤；如果超出上述范围，按 F3【否】键退出校正操作，并与仪器销售商进行联系。

（4）按照检验的 1～6 步骤重新进行检验，如果检查结果在 $\pm 20''$ 之内，则校正完毕，否则要重新进行校正，如果校正 2 到 3 次仍然超限，请与仪器销售商联系。

四）望远镜十字丝竖丝垂直于横轴的检验与校正

1. 检验

（1）整平仪器后在望远镜视线上选定一目标点 A，用分划板十字丝中心照准 A 并固定水平和垂直制动手轮。

（2）转动望远镜垂直微动手轮，使 A 点移动至视场的边沿（A' 点）。

（3）若 A 点是沿十字丝的竖丝移动，即 A' 点仍在竖丝之内的，如图 1-2-22（a）所示，则十字丝不倾斜不必校正。A' 点偏离竖丝中心，如图 1-2-22（b）所示，则十字丝倾斜，需对分划板进行校正。

2. 校正

（1）首先取下位于望远镜目镜与调焦手轮之间的分划板座护盖，便看见四个分划板座固定螺丝（图 1-2-23）。

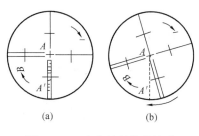

图 1-2-22　十字丝竖丝的检验

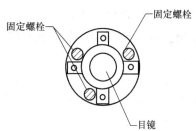

图 1-2-23　十字丝竖丝的校正

（2）用螺栓刀均匀地旋松该四个固定螺栓，绕视准轴旋转分划板座，使 A' 点落在竖丝的位置上。

（3）均匀地旋紧固定螺栓，再用上述方法检验校正结果。

（4）将护盖安装回原位。

五）视准轴与横轴的垂直度（2C）的检验与校正

1. 检验

（1）距离仪器同高的远处设置目标 A，精确整平仪器并打开电源。

（2）在盘左位置将望远镜照准目标 A，读取水平角（例：水平角 $L=10°13'10''$）。

（3）松开垂直及水平制动手轮中转望远镜，旋转照准部盘右照准同一 A 点，照准前应旋紧水平及垂直制动手轮，并读取水平角（例：水平角 $R= 190°13'40''$）。

（4）$2C=L-(R\pm180°)=-30''\geqslant\pm20''$，需校正。

2. 校正

（1）用水平微动手轮将水平角读数调整到消除 C 后的正确读数：

$$R+C=190°13'40''-15''=190°13'25''。$$

（2）取下位于望远镜目镜与调焦手轮之间的分划板座护盖，见图 1-2-24，调整分划板上水平左右两个

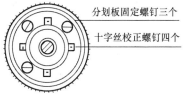

图 1-2-24　2C 的校正

十字丝校正螺钉，先松一侧后紧另一侧的螺钉，移动分划板使十字丝中心照准目标 A。

（3）重复检验步骤，校正至 $|2C|<20''$，符合要求为止。

（4）将护盖安装回原位。

六）竖盘指标零点自动补偿

1. 检验

（1）安置和整平仪器后，使望远镜的指向和仪器中心与任一脚螺旋 X 的连线相一致，

旋紧水平制动手轮。

（2）开机后指示竖盘指标归零，旋紧垂直制动手轮，仪器显示当前望远镜指向的竖直角值。

（3）朝一个方向慢慢转动脚螺旋 X 至 10mm 圆周距左右时，显示的竖直角由相应随着变化到消失出现"补偿超限"信息，表示仪器竖轴倾斜已大于 $3'$，超出竖盘补偿器的设计范围。当反向旋转脚螺旋复原时，仪器又复现竖直角，在临界位置可反复试验观其变化，表示竖盘补偿器工作正常。

2. 校正

当发现仪器补偿失灵或异常时，应送厂检修。

七）竖盘指标差（i 角）和竖盘指标零点设置

1. 检验

（1）安置整平好仪器后开机，将望远镜照准任一清晰目标 A，得竖直角盘左读数 L。

（2）转动望远镜再照准 A，得竖直角盘右读数 R。

（3）若竖直角天顶为 $0°$，则 $i = (L + R - 360°)/2$；若竖直角水平为 0，则 $i = (L + R - 180°)/2$ 或 $(L + R - 540°)/2$。

（4）若 $|i| \geqslant 10''$，则需对竖盘指标零点重新设置。

2. 校正

校　正　操　作　　　　　　　　　　　表 1-2-3

操作步骤	按键	显示
①整平仪器后，进入设置菜单（2/2）下的校正模式		**校正模式** F1　补偿器零点校正 F2　垂直角零点基准 F3　仪器常数 F4　时间日期
②选择［F2］（垂直角零点基准），在盘左水平方向附近上下转动望远镜，待上行显示出竖直角后，转动仪器精确照准与仪器同高的远处任一清晰稳定目标 A，显示	［F1］	**垂　直　角　零　基　准　校　正** 1.　　正镜　　　盘左照准目标 V：　92°42'19'' 回车
③按［F4］键。旋转望远镜，在盘右精确照准同一目标 A，按［F4］键，设置完成，仪器返回测角模式，显示	［F5］	**垂　直　角　零　基　准　校　正** 2.　　倒镜　　　盘右照准目标 V：　267°18'09'' 回车

3. 注意

（1）重复检验步骤重新测定指标差（i角）。若指标差仍不符合要求，则应检查校正（指标零点设置）的三个步骤的操作是否有误，目标照准是否准确等，按要求再重新进行设置。

（2）经反复操作仍不符合要求时，应送厂检修。

①若新置入的 i 角值与仪器原先的 i 角值相差 $1'$ 以上，需强制置 i 角。方法：步骤 3 盘右精确照准同一目标 A 后，按【F1】（设置）键。

②零点设置过程中所显示的竖直角是没有经过补偿和修正的值，只供设置中参考，不能作他用。

八）光学对中器的检验与校正

1. 检验

（1）将仪器安置到三脚架上，在一张白纸上画一个十字交叉并放在仪器正下方的地面上。（图 1-2-25a）

（2）调整好光学对中器的焦距后，移动白纸使十字交叉位于视场中心。

（3）转动脚螺旋，使对中器的中心标志与十字交叉点重合。

（4）旋转照准部，每转 $90°$，观察对中点的中心标志与十字交叉点的重合度。

（5）如果照准部旋转时，光学对中器的中心标志一直与十字交叉点重合，则不必校正；否则需按下述方法进行校正。

2. 校正

（1）将光学对中器目镜与调焦手轮之间的改正螺栓护盖取下，见图 1-2-25（b）。

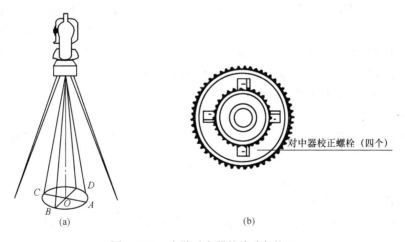

图 1-2-25　光学对中器的检验与校正

（2）固定好十字交叉白纸并在纸上标记出仪器每旋转 $90°$ 时对中器中心标志落点，如图：A、B、C、D 点。

（3）用直线连接对角点 AC 和 BD，两直线交点为 O。

（4）用校正针调整对中器的四个校正螺栓，使对中器的中心标志与 O 点重合。

（5）重复检验步骤 4，检查校正至符合要求。

（6）将护盖安装回原位。

九) 仪器常数 (K) 的检验与校正

仪器常数在出厂时进行了检验,并在机内作了修正,使 $K=0$。仪器常数很少发生变化,但此项检验每年进行一至二次。此项检验适合在标准基线上进行,也可以按下述简便的方法进行。

1. 检验

(1) 选一平坦场地在 A 点安置并整平仪器,用竖丝仔细在地面标定同一直线上间隔约 50m 的 A、B、C 三点,并准确对中地安置反射棱镜,如图 1-2-26 (a) 所示。

(2) 仪器设置了温度与气压数据后,精确测出 AB、AC 的平距。

(3) 在 B 点安置仪器并准确对中,精确测出 BC 的平距,如图 1-2-26 (b) 所示。

(4) 可以得出仪器测距常数:

$$K = AC - (AB + BC)$$

K 应接近等于 0,若 $|K|>5\text{mm}$,应送标准基线场进行严格的检验,然后依据检验值进行校正。

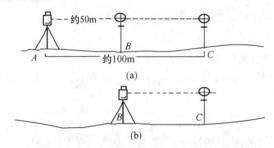

图 1-2-26 仪器常数 (K) 的检验与校正

2. 校正

经严格检验证实仪器常数 K 不接近于 0 已发生变化,用户如果须进行校正,将仪器加常数按综合常数 K 值进行设置。

①应使用仪器的竖丝进行定向,严格使 A、B、C 三点在同一直线上。B 点地面要有牢固清晰的对中标记。

②B 点棱镜中心与仪器中心是否重合一致,是保证检测精度的重要环节,因此,最好在 B 点用三脚架和两者能通用的基座,如用三爪式棱镜连接器及基座互换时,三脚架和基座保持固定不动,仅换棱镜和仪器的基座以上部分,可减少不重合误差。

十) 基座脚螺旋

如果脚螺旋出现松动现象,可以调整基座上脚螺旋调整用的 2 个校正螺栓,拧紧螺栓到合适的压紧力度为止。

十一) 反射棱镜有关组合件

1. 反射棱镜基座连接器

基座连接器上的长水准器和光学对中器是否正确应进行检验,其检校方法与全站仪的一致。

2. 对中杆垂直

在地面确定一点 C,在 C 点划"+"字,对中杆下尖立于 C,整个检验不要移动,两只脚 e 和 f 分别支于十字线上的 E 和 F,调整 e、f 的长度使对中杆圆水准器气泡居中。

在十字线上不远的 A 点安置置平仪器,用十字丝中心照准 C 点脚尖固定水平制动手轮,上仰望远镜使对中杆上部 D 在水平丝附近,指挥对中杆仅伸缩支脚 e,使 D 左右移动至照准十字丝中心。此时,C、D 两点均应在十字丝中心线上。

　　将仪器安置到另一十字线上的 B 点，用同样的方法。此时，仅伸缩支脚 f，令对中杆的 D 点重合到 C 点的十字丝中心线上。

　　经过仪器在 AB 两点的校准，对中杆已垂直，若此时杆上的圆水准器的气泡偏离中心，则调整圆水准器下边的三个改正螺栓使气泡居中。

　　再作一次检校，直至对中杆在两个方向上都垂直且圆气泡亦居中为止。

实验十二 建筑物轴线点的平面位置测设

实验计划学时：4

一、实验目的

1. 明确不同测设方法适应不同的建筑场地，能够根据测区的实际情况选择测设方法。

2. 能利用所学知识，计算直角坐标法测设时所需的测设数据并实地测设定点。

3. 能利用所学知识，计算极坐标法测设时所需的测设数据并实地测设定点。

4. 能运用全站仪，利用坐标测设方法将点位测设到地面上。

二、实验设备及材料

经纬仪 1 台套（或全站仪）、20～30m 钢尺 1 把 、测钎 2 根、记号笔 1 根（或木桩 6 个，锤子 1 把）、记录板 1 块；自备计算器、草稿纸、铅笔等。

三、实验要求

1. 仪器对中误差不得超过 1mm，水准管气泡偏离中心不得超过 1 格。

2. 基线测设精度应满足，水平距误差限差：1/10000。

3. 建筑物轴线点检查结果应满足要求；水平距离较差相对限差：1/5000。

4. 直角坐标测设时角度测 1 测回，距离往返测各一次。

四、熟悉各种测设方法的特点

（1）极坐标法

极坐标法是利用点位之间的边长和角度进行放样的方法，如利用经纬仪和钢尺进行放样，则测站点至待测设点之间的距离应小于一个整尺段长并且应尽可能选择地势比较平坦的区域；它的测设元素包括角度和距离，如图 1-2-27 所示。

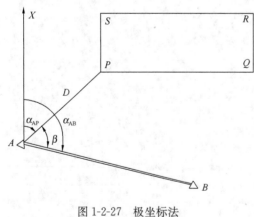

图 1-2-27 极坐标法

（2）直角坐标法

直角坐标法是利用点位之间的坐标增量及其直角关系进行点位放样的方法，它适合于控制网为坐标方格网的前提之下。它的测设元素是待测设点与测站点的坐标差，如图 1-2-28 所示。

（3）角度交会法

角度交会法也称为方向交会法，它是利用分别在两个已知点上测设角度后所提供的方向线相交得到的，它适用于待测设点距离控制点较远或量距不便的情况下。它的测设元素是两个角度，如图 1-2-29 所示。

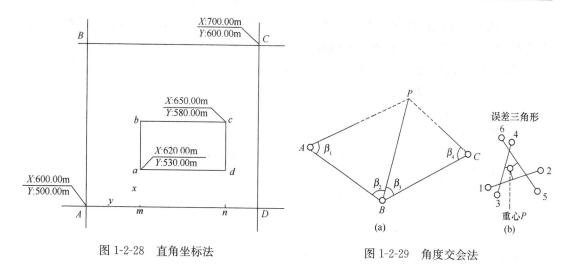

图 1-2-28　直角坐标法　　　　　图 1-2-29　角度交会法

（4）距离交会法

它是利用待测设点与两已知点之间的距离关系测设点位的方法，如利用经纬仪和钢尺测设，它适用于待测设点离控制点较近、距离不超过整尺长、地势平坦、便于量距的情况下。它的测设元素是两个距离，如图 1-2-30 所示。

五、实验步骤

（一）准备工作

1. 阅读施工图，熟悉各部分尺寸，该建筑物各角点坐标，见图 1-2-31。

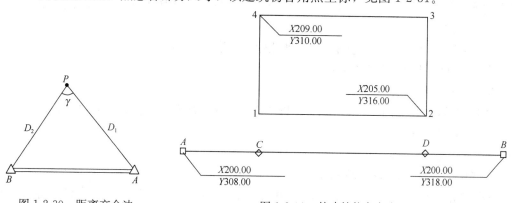

图 1-2-30　距离交会法　　　　　图 1-2-31　某建筑物各角点坐标

2. 根据已知点和未知点的坐标，来大致判定未知点的位置，并根据现场的地物地貌的分布情况，选择测设方法，确定测站点；确定实验设备及小组人员分工。

3. 根据图 1-2-31 数据，可选择 10m×10m 场地，也可根据场地大小自主设计。

4. 测设的要求：

（1）A、B 为已有的一段建筑基线（建筑红线），将一栋民用建筑物的轴线 1～4 点测设并标示于现场。控制点已知数据和建筑物轴线点的设计数据如图 1-2-31 所示。

（2）试利用直角坐标法与极坐标放样两种方法测设建筑物的平面位置。

5. 建筑基线的设置：

在地面上合适的位置定一点 A 并做标志，作为已知点；在合适方向上往返测设 AB 的距离，使 $AB=10\text{m}$，得 B 点，并做标志。

测设方法：钢尺量距或光电测距往返一次。

（二）直角坐标法测设

1. 计算测设要素

C 点测设数据：

$$|\Delta y_{AC}| = |y_4 - y_A|$$

D 点测设数据：

$$|\Delta y_{AD}| = |y_2 - y_A|$$

建筑物宽度：

$$|\Delta x| = |x_4 - x_2|$$

建筑物长度：

$$|\Delta y| = |y_2 - y_4|$$

2. 现场测设

① 在 A 点安置全站仪，对中整平（1mm/1格），瞄准 B 点，固定照准部；

② 在 AB 视线上测设 $|\Delta y_{AC}|$ 距离定 C 点，在 AB 视线上测设 $|\Delta y_{AD}|$ 定 D 点；

③ 将仪器搬到 C 点上，对中整平，瞄准 B 点，反拨水平角 90°（水平度盘读数为 270°）固定照准部，在该视线方向下，从 C 测设水平距离 $|\Delta x_{A2}| = |x_2 - x_A|$ 得 1 点；从 C 测设水平距离 $|\Delta x_{A4}| = |x_4 - x_A|$ 得 4 点；

④ 将仪器搬到 D 点上，对中整平，瞄准 A 点，拨水平角 90°，固定照准部，在该视线方向下，从 D 测设水平距离 $|\Delta x_{A2}| = |x_2 - x_A|$ 得 2 点；从 D 测设水平距离 $|\Delta x_{A4}| = |x_4 - x_A|$ 得 3 点。

注意：距离测设需要往返测，在精度范围内，取平均值，得 C 或 D 点。

角度测设需要盘左盘右分中。

3. 检查

实地量取测设的建筑物边长，求其与理论值的相对较差 ≤ 允许值；否则需重测。

4. 提交实验报告

（三）极坐标法测设

1. 根据所选择的方法计算测设要素

极坐标法，$\beta = \alpha_{AB} - \alpha_{AP}$，$\alpha_{AB}$ 及 α_{AP} 根据 A、B、P（1、2、3、4）三点的坐标反算而得：

$$D_{AP} = \sqrt{(x_p - x_A)^2 + (y_p - y_A)^2}$$

（1）分别计算 A 至 B、1、2、3、4 各方向的坐标方位角；

（2）分别计算 A 至 1、2、3、4 各方向与 A、B 方向所夹的水平角 β_i；

（3）分别计算 A 至 1、2、3、4 的水平距离；计算的放样数据填写进实验报告的相应表格。

2. 实施测设方案，完成外业工作

极坐标法：在 A 点架设仪器，照准 B 点，按照测设水平角的方法测设 β 角，得到测站点到未知点 P 的方向，延此方向测设水平距离 D_{AP} 即可得待求点的位置。

3. 检查

根据要求对检察元素进行观测，并应达到精度要求。一般实地量取已放样的建筑物边长，求其与设计值的相对较差≤允许值；否则需重测。

4. 提交实验报告

六、注意事项

1. 用计算器计算角度时，要注意十进制的度与度分秒之间的转换。

2. 操作前应绘制测设略图，其上标明已知点与未知点的相对位置关系，测设时要注意方向，以免发生错误。

3. 标定点位时应仔细认真，注意校核。

实验十三　全站仪坐标放样

实验计划学时：2

一、实验目的

能用全站仪测设点的二维平面坐标。

二、实验设备及材料

全站仪 1 台（包括反射镜、棱镜架）、2m 钢尺一把 、测钎 2 根、记号笔 1 根（或木桩 6 个，锤子 1 把）、记录板 1 块；自备计算器、草稿纸、铅笔等。

三、实验要求

1. 仪器对中误差不得超过 1mm，水准管气泡偏离中心不得超过 1 格。

2. 基线测设精度应满足，水平距误差限差：1/10000。

3. 建筑物轴线点检查结果应满足要求：

水平距离较差相对限差：1/5000；检测点的坐标较差限差：10mm。

四、实验步骤

（一）准备工作

1. 阅读施工图，熟悉各部分尺寸，试利用全站仪坐标放样方法测设建筑物的平面位置。

2. A、B 为已有的一段建筑基线（建筑红线），将一栋民用建筑物的轴线 1~4 点测设并标示于现场。控制点 A、B 已知数据和建筑物轴线点的设计数据如图 1-2-32 所示。

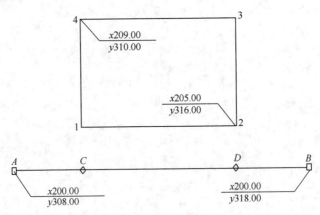

图 1-2-32　建筑物效样示意图

3. 根据图 1-2-32 数据，可选择 10m×10m 场地，也可根据场地大小自主设计。

4. 建筑基线的设置：在地面上合适的位置定一点 A 并做标志，作为已知点；在合适方向上往返测设 AB 的距离，使 AB＝10m，得 B 点，并做标志。

测设方法：钢尺量距或光电测距往返一次。

（二）在全站仪放样模式下，进行点的平面位置的放样

1. 如图 1-2-1，以控制点 A（或 B 点）为测站，控制点 B（或 A 点）为零方向，在全站仪按坐标放样的模式下测设 1～4（建筑物的四个角点）的平面位置。

2. 仪器操作

1）在测站 A 上安置全站仪，对中、整平；按 SO 键进入坐标放样模式；

2）由键盘输入测站点 A 的坐标：X（N），Y（E）；回车；

3）由键盘输入 $A \rightarrow B$ 点的坐标方位角 $\alpha_{AB} = 90°$（或输入后视点 B 的坐标），转动望远镜照准 B 点，回车；

4）由键盘输入放样点的坐标（如 1 点的坐标），回车；

5）根据显示屏显示的角度差 dHR＝实测角度－所需角度，转动望远镜直至显示的角度差 dHR＝0，既得所测点的方向；

6）在视线方向上树立棱镜，照准棱镜中心，测量距离，根据显示屏显示的距离差：dHD＝实测距离－所需距离，前后移动棱镜，直至显示的距离差 dHD＝0，既得所测点点位，打桩定点；

7）重复上述步骤，逐一测设 2～4 点的平面位置。

3. 测设检查：

1）分别量取所测 1～4 点之间的距离和设计的边长进行比较，得到各边的相对较差应小于规范要求用于检核，填入实验报告相应的检核表中。

2）用全站仪坐标测量的方法测定已测设标定在地面上的 1～4 号轴线点，检测其坐标值与已知坐标进行比较检核，填入实验报告相应的检核表中。检测点的坐标较差限差为 10mm。

（三）记录并提交实验报告

实验十四　用水准仪测设已知高程点

实验计划学时：2

一、实验目的

练习用水准测量的方法测设已知高程点。

二、实验要求

1. 测设已知高程点的误差≤3mm。
2. 每人选择一个地点树立水准尺，测设已知高程点的高程。

三、实验设备

水准仪 1 台套、水准尺 1 把、记号笔 1 根（或木桩 2 个、锤子 1 把）、记录板 1 块；自备计算器、草稿纸、铅笔等。

四、实验安排与步骤

已知：一个水准点 A 的高程 H_A＝20.65m；待测设点 B 的设计高程为 $H_设$＝20.95m；待测设点 C 的设计高程为 $H_{C设}$＝20.5m。

目的：将设计的高程点测设到现场的控制木桩（或墙壁）上。

测设仪器：水准仪。

步骤：以测设 B 点为例说明（图 1-2-33）。

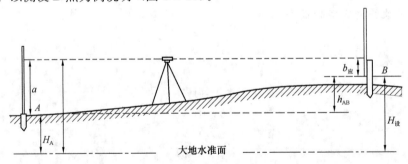

图 1-2-33　用水准仪测设已知高程点

1. 计算。B 点尺应读数为：$b_应＝H_A＋a－H_设$。

2. 在 A 点与 B 点（墙壁上或打一木桩）之间安置水准仪，在 A、B 点立水准尺上，读取 A 尺读数 a。

3. 水平转动望远镜瞄准 B 点，指挥 B 点立尺员上下移动靠墙放置的水准尺（或竖立在木桩 B 侧面），直至水准仪的水平视线在尺上截取的读数为 $b_应$ 时，紧靠尺底在墙上（或木桩上）画一水平线，其高程即为 $H_设$。

4. 用两次仪高法，重新测定待测设点的设计高程，两次测设的尺底线相差在误差范围内（3mm），取中间位置划线定位。观测数据和计算数据记录在实验报告的表格中。

实验十五（一）　　全站仪直角坐标法测设圆曲线

实验计划学时：2

一、实验目的

1. 掌握圆曲线测设要素的计算方法。
2. 掌握全站仪直角坐标法详细测设圆曲线的方法。

二、实验内容

1. 已知数据和给定条件。

1）在平坦地面选择两点加以标志，作为曲线控制点其中一个为 JD，一个为直线转点 ZD，其间距要大于切线长，且要考虑详细测设曲线较为方便。

2）设计参数：转向角为 20°，圆曲线半径为 30m，ZY 点里程为 K3＋426.82，要求曲线点的里程为 10m。

2. 进行测设要素、主点里程的计算。

3. 利用全站仪进行主点的测设。

4. 计算详细测设的数据。

5. 利用全站仪进行详细测设。

三、实验要求

1. 测设数据计算无误，操作过程准确熟练。
2. 利用主点检查测设结果应满足要求，主点坐标限差 10mm。

四、实验主要设备和材料

全站仪、反射镜、钢尺、木桩 15 个、锤子等。

五、实验步骤

1. 计算坐标

首先要计算曲线点在切线坐标系下的坐标。切线坐标系（图 1-2-34）以 ZY 点（或 YZ 点）为坐标原点，以 ZY 点（或 YZ）到 JD 方向为 x 轴，过原点作切线的垂线为 y 轴，如图 1-2-34 所示。曲线点在切线坐标系下的直角坐标为：

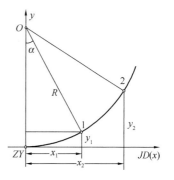

图 1-2-34　切线坐标系

$$\left.\begin{array}{l} x_i = R \cdot \sin\alpha_i \\ y_i = R - R \cdot \cos\alpha_i = R(1 - \cos\alpha_i) \\ \alpha_i = \dfrac{L_i}{R} \cdot \dfrac{180°}{\pi} \end{array}\right\} \quad (1\text{-}2\text{-}1)$$

式中　R——圆曲线半径；

L_i——曲线点 i 至 ZY（或 YZ）的曲线长。

2. 测设

1）先将 ZY（YZ）和 JD 及曲线点的点号及坐标按作业文件输入仪器内存储。

2）测设时将全站仪安置在 ZY（或 YZ 点）上，后视 JD 点。

3）调用放样菜单，选择坐标放样，当测站和后视设置完毕后调出作业文件，仪器自动计算出测设数据，并显示反射镜的当前位置与理论位置的差值。

4）观测者可指挥反射镜前、后、左、右移动测设曲线点，曲线点测设中要对主点再次测设，以便进行检核。

六、考核形式

1. 实地进行操作检查。

2. 实验报告的优劣。

七、实验报告要求

1. 真实详细地写出实验过程。

2. 数据真实，计算无误。

3. 实验十五建议：2 节计算课，2 节直角坐标法进行测设课，2 节偏角法检查课。

实验十五(二)　全站仪偏角法测设圆曲线

实验计划学时：4

一、实验目的

1. 了解圆曲线测设要素的计算方法。
2. 掌握圆曲线的测设过程。

二、实验内容

1. 已知数据和给定条件。

1) 在平坦地面选择两点加以标志，作为曲线控制点其中一个为 JD，一个为直线转点 ZD，其间距要大于切线长，且要考虑详细测设曲线较为方便。

2) 设计参数：转向角为 $20°$，圆曲线半径为 $300m$，ZY 点里程为 K3＋426.82，要求曲线点的里程为 $10m$。

2. 综合利用所学数学及测量知识进行测设要素、主点里程的计算。
3. 利用测量仪器进行主点的测设。
4. 计算详细测设的数据。
5. 利用测量仪器进行详细测设。

三、实验要求

1. 测设数据计算无误。
2. 操作过程准确熟练。
3. 利用主点检查测设结果应满足要求。

检查：用偏角法测设出的 QZ 点与主点测设得到的点的差值，横向误差应小于 $10cm$，纵向误差应小于 $L/4000$。

四、实验主要设备和材料

全站仪、反射镜、钢尺、木桩 15 个、锤子等。

五、实验步骤

1. 圆曲线要素的计算

切线长：$T = R\tan\dfrac{\alpha}{2}$

曲线长：$L = \dfrac{\pi \cdot R \cdot \alpha}{180°}$

外矢距：$E = R\sec\dfrac{\alpha}{2} - R$

切曲差：$q = 2T - L$

式中　α——偏角（即线路的转向角）；

　　R——圆曲线半径。

2. 主点里程的计算

ZY 的里程＝*JD* 的里程－*T*

QZ 的里程＝*ZY* 的里程＋*L*/2

YZ 的里程＝*QZ* 的里程＋*L*/2

检核：*YZ* 的里程＝*ZY* 的里程＋2*T*－*q*

3. 主点的测设

（1）主点测设

1）在交点（JD）安置经纬仪，用望远镜瞄准直线Ⅰ方向上的一个直线转点 ZD_1，沿该方向量切线长 *T* 得 *ZY* 点，用桩和小钉标志；

2）用盘左、盘右分中法测设转向角，得直线Ⅱ方向，并在该方向上用一般测设方法测设切线长 *T* 得 *YZ* 点，用桩和小钉标志；

3）平转望远镜用盘左盘右分中法测设 $\frac{180°-\alpha}{2}$ 得内分角线方向，在该方向上测设 E_0 得 *QZ* 点，用桩和小钉标志。

（2）检核

1）在 *ZY* 点上安装经纬仪，瞄准 *JD*，度盘配置为 $0°00'00''$；

2）转动照准部瞄准 *QZ* 点水平度盘读数应为 $\alpha/4$；

3）再转动照准部瞄准 *YZ* 点，水平度盘读数应为 $\alpha/2$。

六、圆曲线详细测设及检核

1. 测设

置镜在 *ZY* 点上的测设半条曲线与检核：

（1）置镜于 *ZY* 点上，后视 *JD* 点方向，度盘配为 $0°00'00''$，检查与 *QZ* 点构成的偏角应为 $\alpha/4$；

（2）转动照准部"正拨"偏角 δ_1；在视线上用钢尺量出第一段弦长，插一测钎，定出曲线点 1；

（3）转动照准部，"正拨"偏角 δ_2；同时用钢尺自曲线点 1 起量，以 20m 分划处与准望远镜视线相交，在交点处插一测钎，定出曲线点 2；

（4）拔去 1 点的测钎，在地面点 1 处打入一板桩，桩上用红油漆写明其里程；

（5）按照第（3）步方法，继续测设定出曲线点 3、4……，一直测设到曲中点（*QZ*）。

2. 检查

用偏角法测设出的 *QZ* 点与主点测设得到的点的差值，横向误差应小于 10cm，纵向误差应小于 *L*/4000。

置镜在 *YZ* 点上的测设半条曲线：置镜于 *YZ* 点上，后视 *JD* 点方向，度盘配为 $0°00'00''$，检查与 *QZ* 点构成的偏角应为 $360°-\alpha/4$；其后测量与置镜于 *ZY* 点正同，只不过偏角是反拨，偏角的计算是 $360°-8i$。

七、考核形式

1. 实地进行操作检查。
2. 实验报告的优劣。

八、实验报告要求

1. 真实详细地写出实验过程。
2. 数据真实，计算无误。
3. 在总结说明中写出通过实验所得的经验与不足。

实验十六(一)　全站仪直角坐标法测设圆曲线加缓和曲线

实验计划学时：4

一、实验目的

1. 了解圆曲线加缓和曲线的测设要素的计算方法。
2. 掌握直角坐标法测设圆曲线加缓和曲线的过程。

二、实验内容

1. 已知数据和给定条件。转向角：$\alpha_右 = 20°$；设计半径：$R = 300$m；缓和曲线总长 $l_0 = 30$m；ZH 点里程：K3+426.82。
2. 综合利用所学数学及测量知识进行测设要素、主点里程的计算。
3. 利用全站仪进行主点的测设。
4. 根据测设方法计算详细测设的数据。
5. 利用全站仪进行详细测设。

三、实验要求

1. 测设数据计算无误。
2. 操作过程准确熟练。
3. 利用主点检查测设结果应满足要求。

四、实验主要设备和材料

全站仪、反射镜、钢尺、木桩 20 个、锤子等。

五、实验步骤

1. 圆曲线加缓和曲线曲线要素的计算

切线长：$T = m + (R+p) \times \tan\dfrac{\alpha}{2}$

曲线长：$L = \dfrac{\pi R \times (\alpha - 2\beta_0)}{180°} + 2l_0$

外矢距：$E = (R+p)\sec\dfrac{\alpha}{2} - R$

切曲差：$q = 2T - L$

式中　α——偏角（即线路的转向角）；

　　　R——圆曲线半径；

　　　l_0——缓和曲线长度；

　　　m——加设缓和曲线后使切线增长的距离，$m = \dfrac{l_0}{2} - \dfrac{l_0^3}{240R^2}$；

p——加设缓和曲线后圆曲线相对于切线的内移量，$p = \dfrac{l_0^2}{24R}$；

β_0——HY 点或 YH 点的缓和曲线角度，$\beta_0 = \dfrac{l_0}{2R} \cdot \rho$。

2. 主点里程的计算

ZH 的里程＝JD 的里程－T

HY 的里程＝ZH 的里程＋l_0

QZ 的里程＝ZH 的里程＋$L/2$

HZ 的里程＝HY 的里程＋$L/2$

YH 的里程＝ZH 的里程－l_0

检核：HZ 的里程＝JD 的里程＋$T-q$

3. 主点的测设

1）将经纬仪安置于 JD 上定向，由 JD 沿两切线方向分别量出切线长 T，即得 ZH 及 HZ。

2）在 JD 上，用经纬仪设置（$180° - \alpha$）的平分线，得到 JD 至 QZ 的方向线，沿此方向量取外矢距 E，即得曲线的中点 QZ。

3）根据 $x_0 = l_0 - \dfrac{l_0^3}{40R^2} + \dfrac{l_0^5}{3456R^4}$、$y_0 = \dfrac{l_0^2}{6R} - \dfrac{l_0^4}{336R^3} + \dfrac{l_0^6}{42240R^5}$ 设置 ZH 和 HZ。在两切线上，自 JD 起分别向曲线起、终点量取 $T - x_0$，然后，沿其垂直方向量取 y_0，即得 HY、YH 点。

4. 圆曲线加缓和曲线的详细测设

1）缓和曲线上各点的坐标：

$$x = l - \frac{l^5}{40R^2 l_0^2} + \frac{l^9}{3456R^4 l_0^4}$$

$$y = \frac{l^3}{6Rl_0} - \frac{l^7}{336R^3 l_0^3} + \frac{l^{11}}{42240R^5 l_0^5}$$

2）圆曲线点的坐标：

$$x_1 = R\sin\alpha_1 + m$$

$$y_1 = R(1 - \cos\alpha_1) + p$$

$$\alpha_1 = \frac{l - l_0}{R} \cdot \frac{180°}{\pi} + \beta$$

式中　m、p、β——相应于 R 及 l_0 的缓和曲线常数；

　　　　l——圆曲线上的细部点至 ZH 点的曲线长度。

3）曲线的详细测设

在 ZH 或 HZ 点安置全站仪照准切线方向，调出坐标测设菜单进行测设。

注意检核。

六、考核形式

1. 实地进行操作检查。

2. 实验报告的优劣。

七、实验报告要求

1. 真实详细地写出实验过程。
2. 数据真实，计算无误。
3. 在总结说明中写出通过实验所得的经验与不足。

实验十六（二）　全站仪偏角法测设
圆曲线加缓和曲线

实验计划学时：4

一、实验目的

1. 了解圆曲线加缓和曲线的测设要素的计算方法。
2. 掌握圆曲线加缓和曲线的测设过程。

二、实验内容

1. 已知数据和给定条件。转向角：$\alpha_右=20°$；设计半径：$R=300\text{m}$；缓和曲线总长：$l_0=30\text{m}$；ZH 点里程：K3+426.82。
2. 综合利用所学数学及测量知识进行测设要素、主点里程的计算。
3. 利用测量仪器进行主点的测设。
4. 根据测设方法计算详细测设的数据。
5. 利用测量仪器进行详细测设。

三、实验要求

1. 测设数据计算无误。
2. 操作过程准确熟练。
3. 利用主点检查测设结果应满足要求。

四、实验主要设备和材料

全站仪、反射镜、钢尺、木桩 20 个、锤子等。

五、实验步骤

1. 圆曲线加缓和曲线曲线要素的计算

切线长：$T = m + (R+p) \times \tan\dfrac{\alpha}{2}$

曲线长：$L = \dfrac{\pi R \times (\alpha - 2\beta_0)}{180°} + 2l_0$

外矢距：$E = (R+p)\sec\dfrac{\alpha}{2} - R$

切曲差：$q = 2T - L$

式中　α——偏角（即线路的转向角）；

R——圆曲线半径；

l_0——缓和曲线长度；

m——加设缓和曲线后使切线增长的距离，$m = \dfrac{l_0}{2} - \dfrac{l_0^3}{240R^2}$；

p——加设缓和曲线后圆曲线相对于切线的内移量，$p = \dfrac{l_0^2}{24R}$；

β_0——HY 点或 YH 点的缓和曲线角度，$\beta_0 = \dfrac{l_0}{2R} \cdot \rho$。

2. 主点里程的计算

ZH 的里程＝JD 的里程－T

HY 的里程＝ZH 的里程＋l_0

QZ 的里程＝ZH 的里程＋$L/2$

HZ 的里程＝HY 的里程＋$L/2$

YH 的里程＝ZH 的里程－l_0

检核：HZ 的里程＝JD 的里程＋$T-q$

3. 主点的测设

1）将全站仪或经纬仪安置于 JD 上定向，由 JD 沿两切线方向分别量出切线长 T，即得 ZH 及 HZ。

2）在 JD 上，测设（$180° - \alpha$）的角平分线，得到 JD 至 QZ 的方向线，沿此方向量取外矢距 E，即得曲线的中点 QZ；

3）根据 $x_0 = l_0 - \dfrac{l_0^3}{40R^2} + \dfrac{l_0^5}{3456R^4}$、$y_0 = \dfrac{l_0^2}{6R} - \dfrac{l_0^4}{336R^3} + \dfrac{l_0^6}{42240R^5}$，设置 ZH 和 HZ 在两切线上的垂足，自 JD 起分别向曲线起、终点量取 $T - x_0$，然后，延其垂直方向量取 y_0，即得 HY、YH 点。

4. 偏角法详细测设圆曲线加缓和曲线

1）偏角法是通过曲线的弦长和偏角进行测设，缓和曲线偏角 $\delta = \dfrac{l^2}{6Rl_0} \cdot \dfrac{180°}{\pi}$，求出缓和曲线上各点的坐标：

$$x = l - \frac{l^5}{40R^2 l_0^2} + \frac{l^9}{3456R^4 l_0^4}$$

$$y = \frac{l^3}{6Rl_0} - \frac{l^7}{336R^3 l_0^3} + \frac{l^{11}}{42240R^5 l_0^5}$$

则任意一点的弦长 $c = \sqrt{x^2 + y^2}$。

测设方法与圆曲线偏角法基本相同，只是分别在 ZH 点、HZ 点测设缓和曲线。

2）圆曲线测设数据的计算，偏角 $\delta = \dfrac{\varphi}{2} = \dfrac{l}{2R} \times \dfrac{180}{\pi}$，弦长 $C = 2R\sin\dfrac{\varphi}{2}$，若隔一定距离测设一点，则：

第一点 $\delta_1 = \dfrac{\varphi_A}{2}$

第二点 $\delta_2 = (\varphi_A + \varphi_0)/2$

第三点 $\delta_3 = (\varphi_A + 2\varphi_0)/2$

…

第 n 点 $\delta_n = [\varphi_A + (n-1)\varphi_0]/2$

YZ 点 $\delta_B = [\varphi_A + (n-1)\varphi_0 + \varphi_B]/2 = \alpha/2$

式中　φ_A、φ_B、φ_0——首端弦长、末端弦长、等弦长所对的圆心角。

3）圆曲线的详细测设：在 HY 点安置经纬仪，使度盘的读数为 $180°\pm2\delta_0$，后视 ZH 点，再旋转照准部使度盘读数为 $0°$，此时望远镜的方向即为 HY 点的切线方向，然后利用极坐标法，根据计算得的偏角及弦长进行详细放样。

注意检核。

六、考核形式

1. 实地进行操作检查。

2. 实验报告的优劣。

七、实验报告要求

1. 真实详细地写出实验过程。

2. 数据真实，计算无误。

3. 在总结说明中写出通过实验所得的经验与不足。

实验十七　线路纵横断面测量

实验计划学时：2

一、实验目的

1. 掌握纵断面测量的施测和计算方法。
2. 掌握横断面测量的施测和计算方法。
3. 掌握纵、横断面的绘制方法。

二、实验内容及要求

实验内容：

1. 纵断面测量可选择一条长 300~1000m 长的路线，钉下起点桩 0+000，然后定线，沿线用皮尺每隔 20m 钉设中线桩，并注记桩号。在地面坡度有较大变化处应钉设加桩。

2. 纵断面测量也可在曲线测设完成后进行该实验（在已有的桩点上进行）。

3. 实测并绘制线路的纵、横断面图。

实验要求：

1. 基平测量（高程控制测量）中高差闭合差的允许值 $f_{h允} = \pm 30\sqrt{L}$（mm）。

2. 中平测量采用单程观测，并附合于两水准点，闭合差应小于 $\pm 50\sqrt{L}$（mm）。

3. 中平测量时，前、后视读数读至毫米，中间视读数读至厘米。

4. 横断面测量中，平距和高差均测至分米。

5. 纵断面图的水平方向的比例尺为 1：500，高程的比例尺为 1：50；横断面图的平距与高差的比例尺均为 1：200。

三、实验主要设备和材料

皮尺、水准仪、水准尺、木桩 15 个、锤子等。

四、实验步骤

1. 选择一条长 300~1000m 长的路线，钉下起点桩 0+000，然后定线，沿线用皮尺每隔 20m 钉设中线桩，并注记桩号。在地面坡度有较大变化处应钉设加桩。

2. 在线路起、终点附近各选定一固定点作临时水准点。假定一个水准点（A）的高程为 10.000m，按支水准路线进行往返基平测量，然后求出另一水准点（B）的高程。

3. 进行中平测量：选择测站点，以一个水准点为后视，以中线桩点位中间视，取转点（如 Z1）作为前视，进行一测站的观测；第二测站以前一测站的前视为后视，继续观测，直至终点。

4. 绘制线路的纵断面图（见数据整理的纵断面图的绘制）。

5. 横断面图的测绘：在各里程桩处，确定线路横断面的方向，然后测定横断面方向上地面边坡点的平距和高差。

五、数据整理

1. 根据起点高程求终点高程：

$$h = \frac{1}{2}(h_{往} + h_{返}) \text{（其中返测高差应该改变符号后再和往测高差取平均）}$$

$$H_{终} = H_{始} + h$$

2. 根据中平测量的数据计算各桩点的高程。

3. 绘制纵断面图：以水平方向表示线路里程，竖直方向表示线路高程，且高程比例尺为水平比例尺的十倍。

4. 绘制横断面图：平距与高程的比例尺相同。

六、注意事项

1. 中平测量时，转点必须稳固可靠。

2. 中线桩高程在室内无法检查，操作必须认真，防止差错。

第三部分　建筑工程测量习题指导

习题课一　水准测量内业计算

计划学时：2

一、目的

能进行水准测量的内业计算，掌握水准测量的闭合差调整方法及求出待定点高程。

二、习题

1. 附合水准路线计算题目

题 1-1：BM_A、BM_B 为已知水准点，高程分别是：$H_A = 10.723m$，$H_B = 11.730m$，各测段的观测高差 h_i 及路线长度 L_i 如图 1-3-1 所示，计算各待定高程点 1、2、3 的高程，并填表计算（见实训报告习题课一，题 1-1 附合路线计算表中）。

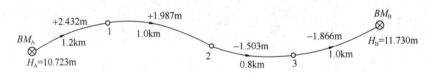

图 1-3-1　符合水准路线计算

2. 闭合水准路线计算题目

题 1-2：见实训报告习题课一，题 1-2 闭合路线计算表中。

三、习题计算指导

1. 将已知数据和各测段数据填入表中（见题课参考答案）。

2. 根据已知点高程及各测站高差，按式（1-3-1）计算水准路线高差闭合差，检验其是否超限，其限差计算按式（1-3-2）（n 为测站数）。

$$f_h = \sum_{i=1}^{n} h_i - (H_{终} - H_{始}) \tag{1-3-1}$$

$$f_{h容} = \pm 40\sqrt{L}\, \text{mm} \tag{1-3-2}$$

3. 闭合差分配。若高差闭合差符合要求，则计算各测段高差改正数（i 为各测段序号），对高差闭合差进行调整，填入表格。否则必须重新观测。

$$\Delta h_i = -\frac{f_h}{\sum L_i} \cdot L_i \tag{1-3-3}$$

4. 计算各待定点高程。将各测段观测高差与高差改正数相加即得该测段改正后高差，再由 H_A 起始，逐一计算各未知点高程，填入表格。

四、注意事项

1. 闭合水准路线的计算方法和步骤与符合水准路线相同，但其高差闭合差的计算有所不同。闭合水准路线高差闭合差和支水准路线高差闭合差计算公式如下：

闭合水准路线高差闭合差：

$$f_{\mathrm{h}} = \sum_{i=1}^{n} h_i \tag{1-3-4}$$

支水准路线高差闭合差：

$$f_{\mathrm{h}} = \sum_{i=1}^{n} h_{\text{往}i} + \sum_{i=1}^{n} h_{\text{返}i} \tag{1-3-5}$$

2. 本题已知各测段的距离长，说明水准测量在平坦地区进行。若在丘陵地区进行，则高差闭合差的计算公式为：

$$f_{\mathrm{h}限} = \pm 12 \sqrt{n} \ (\mathrm{mm}) \tag{1-3-6}$$

3. 若在山地，则高差闭合差的调整应与各测段测站数成正比：

$$\Delta h_i = -\frac{f_{\mathrm{h}}}{\sum n_i} \cdot n_i \tag{1-3-7}$$

4. 第 4 栏最后一行算得的高差改正数之和应与高差闭合差绝对值相等，符号相反，可用于对各测段高差改正数的复核计算；如果由于高差闭合差调整计算中凑整误差，使改正数之和与闭合差的绝对值不完全相等而出现的差数，可将其差数凑到某测段的改正后高差中，从而使改正数之和与闭合差绝对值完全相等。

5. 最后应计算出终端水准点的高程值，且与其已知高程值相比较，二者亦应完全相等。

习题课二 坐标方位角推算和坐标正反算

计划学时：2

一、实验目的

1. 理解方位角的概念，能够根据已知方向推算出待测方向的方位角。
2. 能够应用坐标正算，根据两点之间的方位角和距离，计算待定点的坐标。
3. 能够应用坐标反算，根据两点坐标，计算两点之间的方位角和水平距离。

二、习题

题 2-1：方位角推算。

（1）题目：已知 $\alpha_{12}=30°$，各观测角 β 如图 1-3-2 所示，求各边坐标方位角 α_{23}、α_{34}、α_{45}、α_{51}。

（2）计算步骤：

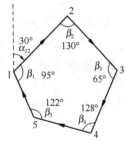

图 1-3-2　方位角推算

1）判断左右角，导线的前进方向左边的角就是左角，右边的角就是右角。

2）按下式计相邻边方位角：

$$\alpha_{前} = \alpha_{后} - \beta_{右} \pm 180° \tag{1-3-8}$$

（3）注意事项：

1）计算之前首先要判断该角是左角还是右角，若为左角，则按下式进行计算：

$$\alpha_{前} = \alpha_{后} + \beta_{左} \pm 180° \tag{1-3-9}$$

2）在式（1-3-8）和式（1-3-9）中，若前两项计算结果 $<180°$，180°前面用"＋"，否则 180°前面用"－"号。计算所得的方位角应在 0°～360°范围之间。

3）应根据 α_{12}、β_2 计算 α_{23}，同理，计算 α_{34} 时，应根据 α_{23} 和 β_3，以此类推。

4）计算完终边方位角 α_{51} 后，应再计算出 α_{12}，且与其已知角度值相比较，二者应完全相等。

题 2-2：坐标正算。

（1）题目：如图 1-3-3 所示，已知 $\alpha_{MN}=54°12'30''$，$\beta_N=233°20'24''$，$\beta_1=129°00'12''$，$x_N=1534.236$m，$y_N=634.556$m，$D_{N1}=75.455$m，$D_{12}=87.311$m。求：1、2 点的坐标。

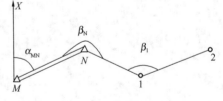

图 1-3-3　坐标正算

（2）计算步骤：

1）先根据上述步骤算出 $N1$ 边和 12 边方位角 α_{N1}、α_{12}。

2）根据 α_{N1} 按下式计算 $N1$ 边坐标增量：

$$\Delta X_{N1} = D_{N1}\cos\alpha_{N1} \tag{1-3-10}$$

$$\Delta Y_{N1} = D_{N1}\sin\alpha_{N1} \tag{1-3-11}$$

用同样的方法，可计算出 12 边的坐标增量 ΔX_{12}、ΔY_{12}。

3）根据 N 点的坐标，按如下公式计算 1 点坐标：

$$X_1 = X_N + \Delta X_{N1} \tag{1-3-12}$$

$$Y_1 = Y_N + \Delta Y_{N1} \tag{1-3-13}$$

2 点坐标计算类同 1 点。

（3）注意事项：

1）坐标增量的计算中，ΔX_{N1}、ΔY_{N1} 前面的符号取决于 $\cos\alpha$ 和 $\sin\alpha$ 的符号，因此首先应根据该边方位角 α 所在的象限，确定 $\cos\alpha$ 和 $\sin\alpha$ 的正负号，进而确定 ΔX_{N1} 和 ΔY_{N1} 的正负号。

2）在用计算器进行角度和三角函数的有关计算时，应注意角度单位的选择，必须是度分秒制、角度 60 进制与 10 进制的转换。

题 2-3：坐标反算。

已知 $X_A=2000\text{m}$，$Y_A=1150\text{m}$；$X_B=2300\text{m}$，$Y_B=1100\text{m}$；则 AB 的直线坐标方位角 $\alpha_{AB}=$（　）。

A. $38°02'49''$　B. $350°32'16''$　C. $141°57'11$　D. $170°32'16''$

习题课三　导线测量内业计算

计划学时：6

一、实验目的

能进行单一导线测量的内业计算。

二、题目

题 3-1：已知闭合导线 A 点坐标：A（500，500）；方位角：$\alpha_{AB}=135°46'21''$；观测数据如图 1-3-4 所示，试填表计算未知导线点 B、C、D 的坐标。

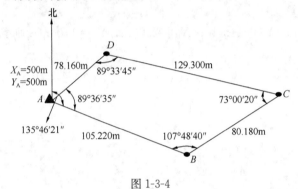

图 1-3-4

题 3-2：已知闭合导线 A 点坐标：A（600，600）；方位角：$\alpha_{A1}=115°46'21''$；观测数据如图 1-3-5 所示，试填表计算未知点 1、2、3 的坐标。

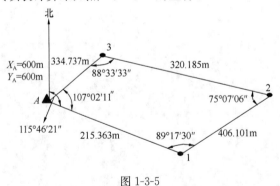

图 1-3-5

题 3-3：附和导线的已知数据与观测数据见图 1-3-6，试填表计算未知点 1、2、3、4 的坐标。注：已知点：A（2085.28，1673.74）、D（1674.22，1718.93）。

三、习题指导

1. 闭合导线计算

1）将已知数据和观测数据填入表中。

2）计算角度闭合差及其允许值；进行导线角度测量精度的评定。

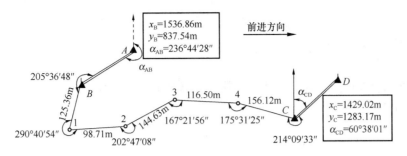

图 1-3-6

闭合导线角度闭合差：

$$f_\beta = \sum \beta_测 - (n-2) \cdot 180°$$

导线角度闭合差允许值：$f_{\beta允} = \pm 40'' \sqrt{n}$

3）角度闭合差调整：计算角度改正数，计算改正后的角值。

角度改正数：

$$v_\beta = -\frac{f_\beta}{n}$$

4）推算各边的坐标方位角：

$$\alpha_前 = \alpha_后 \pm 180° + \beta_左$$

$$\alpha_前 = \alpha_后 \pm 180° - \beta_右$$

5）计算各边坐标增量：$\Delta X = D \times \cos a$；$\Delta Y = D \times \sin a$。

6）计算闭合导线的坐标增量闭合差、导线全长闭合差及其相对闭合差；进行导线精度的评定。

坐标增量闭合差：$f_x = \sum \Delta x$，$f_y = \sum \Delta y$

导线全长闭合差：$f = \sqrt{f_x^2 + f_y^2}$

导线相对闭合差：$K = \dfrac{f}{\sum D}$

导线相对允许闭合差：$K = \dfrac{1}{4000}$

7）坐标增量闭合差的调整：计算坐标增量改正数，计算改后坐标增量。

坐标增量改正数：$v_{x_{ij}} = -\dfrac{f_x}{\sum D} \times D_{ij}$

$$v_{y_{ij}} = -\frac{f_y}{\sum D} \times D_{ij}$$

8）计算各未知点的坐标。

2. 附合导线计算（与闭合导线计算的不同点）

（1）角度闭合差的计算与调整

1）将已知数据和观测数据填入表中。

2）计算角度闭合差及其允许值；进行导线角度测量精度的评定。

附合导线角度闭合差：

$$f_\beta = \alpha_{CD测} - \alpha_{CD} = \alpha_{AB} + \sum \beta_{测左} \pm n \cdot 180° - \alpha_{CD}$$

$$f_\beta = \alpha_{CD测} - \alpha_{CD} = \alpha_{AB} - \sum \beta_{测右} \pm n \cdot 180° - \alpha_{CD}$$

方位角闭合差允许值：

$$f_{\beta允} = \pm 40'' \sqrt{n}$$

3）角度闭合差调整：计算角度改正数，计算改正后的角值。

角度改正数：

$$\nu_\beta = \pm \frac{f_\beta}{n}$$

注：上式中 f_β，观测左角取负值，观测右角取正值。

（2）坐标增量闭合差计算：

$$f_x = \sum \Delta x - (x_终 - x_始) \quad f_y = \sum \Delta y - (y_终 - y_始)$$

其他计算同闭合导线。

四、导线计算注意事项

1. 计算结果保留 3 位小数（mm）。

2. 相对闭合差的计算结果应化为分子为 1 的分数。

3. 在角度闭合差和坐标增量闭合差的调整中，由于计算的凑整误差使改正数之和与闭合差的绝对值不完全相等，可将其差数凑到某个角的观测值或某条边的坐标增量中去，使改正数之和与闭合差的绝对值完全相等。

习题课四　地形图识读与应用之一

计划学时：2

一、能力目标

能识读地形图，从地形图上量测点的坐标、高程、方位角，根据地形图等高线绘制断面图。

二、习题及解题提示

根据给出的局部地形图（图 1-3-7），实际比例尺约 1：4000（该比例尺仅供参考），阅读地形图，完成应用练习题。

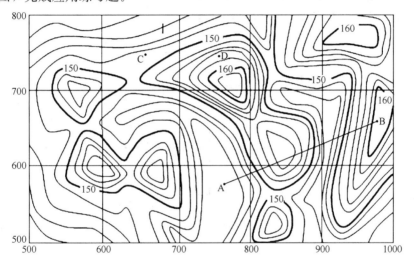

图 1-3-7　某局部地形图

（一）识图题

（二）应用题

上两题详见实训报告书习题课四。

习题课五　地形图识读与应用之二（场地平整土方量计算）

计划学时：2

一、能力目标

在能够识读地形图的基础上，掌握方格网法场地平整土方计算方法。

二、题目

（一）方格网法土方计算方法一

在某地形图上选取了 50m×50m 区域，如图 1-3-8 所示，根据等高线，拟将该场地平整为水平场地，按填挖平衡的原则，用方格网法计算场地平整的填挖方量。参考如下解题步骤，完成相关计算，并将计算结果填写进表格。

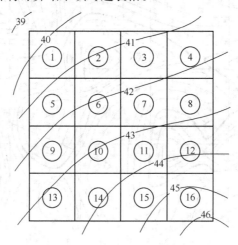

图 1-3-8　方格网法土方计算实例 1

解题指导：

1. 绘制方格网，对各方格编号，依次编为 1、2、3…16。

2. 根据等高线，内插各方格 4 个角点的高程，主机在各点的左上方。

3. 将各方格的左上、右上、左下、右下 4 个角点高程（分别记为 $H_{左上}$、$H_{右上}$、$H_{左下}$、$H_{右下}$）取平均值，得方格平均高程 $H_i (i = 1、2、3…16)$，公式如下：

$$H_i = \frac{H_{左上} + H_{右上} + H_{左下} + H_{右下}}{4}$$

4. 根据各方格平均高程计算场地平均高程，即设计高程 H_0，公式如下：

$$H_0 = \frac{H_1 + H_2 + \cdots + H_{16}}{16}$$

5. 绘制填挖边界线。在方格网上绘制 H_0 等高线，即填挖边界，也称零线。绘制方法是在各条边上内插出 H_0 高程点，并连接成圆滑曲线。

6. 将各方格网点的高程减去设计高程 H_0，即得各方格网点的填、挖高度，注写在相应顶点的右上方，正号表示挖，负号表示填，并将 4 个角点（左上、右上、左下、右下）的填挖高度填写进计算表格。

7. 分别计算各方格网的填挖方量。将方格分为三类：

（1）第一类方格为全填方，即是 4 个角点均为填方，将 4 个角点的填方高度取平均，得平均填高，再乘以方格面积，即得该方格填方量：

$$V = \frac{h_{左上} + h_{右上} + h_{左下} + h_{右下}}{4} \times S(h \text{ 为填高}, S \text{ 为方格面积})$$

（2）第二类方格为全挖方，即 4 个角点均为挖方，将 4 个角点的挖方高度取平均，得平均挖深，再乘以方格面积，即得该方格挖方量：

$$V = \frac{h_{左上} + h_{右上} + h_{左下} + h_{右下}}{4} \times S(h \text{ 为挖深}, S \text{ 为方格面积})$$

（3）第二类方格为半填半挖，即有填挖边界线穿过，填挖边界线将方格分为填、挖两部分，取填挖边界线于格网线交点的填挖高度为零，并估算填方和挖方部分的面积（假定零线为直线，将填、挖方部分看作多边形，估算边长，计算面积），按上述方法分别计算填挖方量。

8. 分别将各方格的填方量、挖方量汇总，即得总填方量和总挖方量填入表格：见实验报告。

（二）方格网法土方量计算方法二

已知方格边长为 20m，地面高程和填（挖）方见图 1-3-9 所示，试完成下图①～⑨格的土方量的计算。

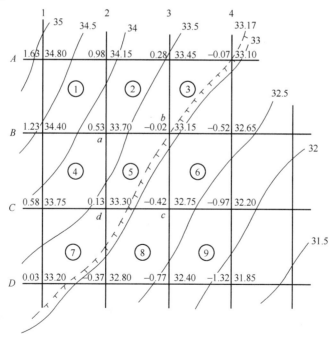

图 1-3-9 方格网法土方计算实例 2

解题指导：

1. 求设计高程（按土方平衡原则，例题图中已经给出）：

$$H_0 = \frac{\sum H_角 + 2\sum H_边 + 3\sum H_拐 + 4\sum H_中}{4n}$$

2. 计算各格点的填挖量：$h_i = H_i - H_0$（例题图中已经给出）。

3. 计算各格点的土方量。

按式（1-3-14）分别计算各个格点的填（挖）方量。符号为正者是挖方，符号为负者为填方；将挖方和填方分别求和得到该工程的总挖方量和总填方量，填入表格 2-3-7。

$$\left.\begin{array}{l}角点: V_{挖(填)} = h_{挖(填)} \times \dfrac{1}{4} \times S_方 \\[2mm] 边点: V_{挖(填)} = h_{挖(填)} \times \dfrac{1}{2} \times S_方 \\[2mm] 拐点: V_{挖(填)} = h_{挖(填)} \times \dfrac{3}{4} \times S_方 \\[2mm] 中点: V_{挖(填)} = h_{挖(填)} \times S_方\end{array}\right\} \qquad (1\text{-}3\text{-}14)$$

再将每个方格的填方（挖方）分别计算出来，填入表格。

4. 计算总土方量。一般应达到或近似达到：

$$V_{总挖} = V_{总填}$$

习题课参考答案（部分）

习题课一　水准测量内业计算参考答案

1. 附合水准路线参考答案

水准测量成果计算参考答案　　　　　　　　　　　　　表 1-3-1

点号	距离 （km/测站）	实测高差 （m）	高差改正数 （mm）	改正后高差 （m）	高程 （m）
A					10.723
1	1.2	+2.432	−0.013	+2.419	13.142
2	1.0	+1.987	−0.011	+1.976	15.118
3	0.8	−1.503	−0.008	−1.511	13.607
B	1.0	−1.866	−0.011	−1.877	11.730
Σ	4.0	+1.050	−0.043	+1.007	
辅助计算	$f_h = \Sigma h - (H_B - H_A) = +43\text{mm}$ $f_{h容} = \pm 40 \sqrt{4.0} = \pm 80\text{mm}$；$\Delta h_i = -(43/4) \times D_i = -10.75 \times D_i \ (\text{mm})$				

2. 闭合水准路线参考答案

闭合水准路线计算　　　　　　　　　　　　　表 1-3-2

点号	距离 L （km）	高差 h （m）	高差改正数 v（mm）	改正后高差 （m）	高程 H （m）
BM_1					50.212
A	2.9	−1.241	5	−1.236	48.976
B	2.2	−2.781	4	−2.777	46.199
C	3.1	+3.244	5	3.249	49.448
D	2.3	+1.078	4	1.082	50.530
BM_1	1.7	−0.321	3	−0.318	50.212
Σ	12.2	−0.021	21	0	
辅助计算	$f_h = \Sigma h = -0.021\text{m}$； $f_{h允} = \pm 30\sqrt{L} = \pm 30 \sqrt{12.2} = \pm 104\text{mm}$； $f_h \leqslant f_{h允}$；精度合格。 $\Delta h_i = -\dfrac{f_h}{\Sigma D} \times D_i = \dfrac{21}{12.2} \times D_i = 1.7213115 \times D_i (\text{mm})$				

习题课二　坐标方位角推算和坐标正反算

1. 坐标方位角推算参考答案：

$\alpha_{23} = \alpha_{12} - \beta_2 \pm 180° = 80°$

$\alpha_{34} = \alpha_{23} - \beta_3 \pm 180° = 195°$

$\alpha_{45} = 247°$

$\alpha_{51} = 305°$

$\alpha_{12} = 30°$（检查）

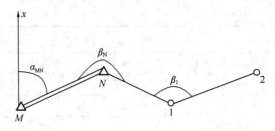

图 1-3-10　坐标正算

将以上数据填入相应的表格中。

2. 坐标正算参考答案

$\alpha_{N1} = \alpha_{MN} + \beta_N - 180° = 107°32'54''$

$\alpha_{12} = \alpha_{N1} + \beta_1 - 180° = 56°33'06''$

$x_1 = x_N + D\cos\alpha_{N1} = 1534.236 + 75.455 \times \cos(107°32'54'') = 1511.486\text{m}$

$y_1 = y_N + D\sin\alpha_{N1} = 634.556 + 75.455 \times \sin(107°32'54'') = 706.500\text{m}$

$x_2 = x_1 + D\cos\alpha_{12} = 1559.610$

$y_2 = y_1 + D\sin\alpha_{12} = 779.351$

3. 坐标反算参考答案

$\alpha_{AB} = \arctan\left(\dfrac{y_B - y_A}{x_B - x_A}\right) = \arctan\left(\dfrac{1100 - 1150}{2300 - 2000}\right) = \arctan\dfrac{-50}{300}$

$R_{AB} = 9°27'44''$（第四象限）

$\alpha_{AB} = 360° - 9°27'44'' = 350°32'16''$

选 B 选项。

习题课三　导线测量内业计算参考答案

题 3-1：闭合导线。

闭合导线 1 答案　　　　　　　　　　　　　　　　表 1-3-3

X（m）	Y（m）	点号
500.000	500.000	A
424.583	573.398	B
460.237	645.212	C
554.151	556.371	D
500.000	500.000	A

题 3-2：闭合导线。

闭合导线 2 答案　　　　　　　　　　　　　表 1-3-4

X（m）	Y（m）	点号
600.000	600.000	A
506.367	793.944	1
874.244	965.981	2
930.842	650.843	3
600.000	600.000	A

题 3-3：附合导线。

附合导线答案　　　　　　　　　　　　　表 1-3-5

X（m）	Y（m）	点号
1536.860	837.540	B
1429.585	772.729	1
1411.699	869.801	2
1442.616	1011.096	3
1442.016	1127.595	4
1429.020	1283.170	C

第四部分　建筑工程测量综合实训指导

一、实训目的

建筑工程测量综合实训是通过 1～2 周时间的集中实习，对已学过的测量理论知识和方法进行全面系统地实践。在课间实验的基础上，各实习小组应具有独立管理仪具和使用仪具的能力。通过综合实训，使学生在获得基本知识和基本技能的基础上，进行一次系统地训练，以巩固课堂所学知识及提高操作技能；培养学生独立工作和解决实际问题的能力；培养学生严肃认真、实事求是、一丝不苟的实践科学态度；培养吃苦耐劳、爱护仪器工具、相互协作的职业道德。

二、实训内容与时间安排

序号	实训项目	内　容	时　间
1	平面控制测量	按图根导线要求完成闭合导线测量	4～8 学时
2	高程控制测量	按四等水准测量要求完成 一条闭合水准路线	4～8 学时
3	控制测量内业计算	根据导线和水准路线外业观测数据， 完成内业计算	4～8 学时
4	场地平整土方量计算	布设方格网，测定网点高程， 计算平均高程和填挖方量	4～8 学时
5	建筑物放样	分别用极坐标法和全站仪坐标放样法， 进行建筑物的放样	8 学时
6	地形图测绘 （2 周实训选项）	根据全站仪测定地物特征点的坐标， 用 CASS 或 CAD 绘制地形图	8 学时
合计			24～48 学时

三、实训组织形式

实训组织工作由指导老师负责，班长和学习委员负责人员分组、仪器分发和归还、场地的协调等，实训班级分为若干个小组，每小组 4～6 人，各组设组长 1 名，主要负责实训任务的分配、仪器的保管等工作。

四、注意事项

（一）仪器使用注意事项

1. 领取仪器时，要仔细检查仪器及辅助工具是否完好。

2. 对仪器上某些部件性能尚未了解时，必须向老师请教后方可操作，不得擅自乱动。

3. 打开仪器箱时，应先观察并记住仪器在箱内放置的位置，以便用完后能照原位放回，避免因放错位置而损坏仪器。

4. 安置仪器前，应注意三脚架高度是否适中，架腿螺旋是否拧紧，然后一手握住仪器，一手拧紧连接螺旋，此项操作必须一人一次完成，以免摔坏仪器。

5. 提取仪器时，应用手捧支架或机座等坚实部位，紧拿轻放，切勿用手提望远镜，以免破坏各部件的连接关系，仪器取出后应关好箱子，以免丢失零配件。

6. 观测时将仪器箱放在适当位置，严禁在箱上坐人。

7. 仪器安置之后，不论是否操作，必须有人看护，防止无关人员拨动或行人、车辆碰撞，禁止任何人在仪器附近打闹。

8. 工作中应撑伞遮阳、挡雨，严禁烈日曝晒和雨淋仪器。

9. 仪器上所有光学透镜或反光镜严禁用手摸或用手帕、粗布及一般纸张擦拭。如有灰尘或其他赃物，应选用柔软洁净的毛刷弹去，或用镜头纸擦拭。

10. 各制动螺旋切勿旋拧过紧，以免制动失效。各微动螺旋及基座安平螺旋应置于中间位置使用，切勿拧至尽头，以免失灵或损坏。严禁剧烈、快速、过力和粗暴的动作。

11. 操作仪器时，动作要准确、轻捷，用力要均匀、适中。操作中不要用力压仪器及架腿，以免影响仪器对中和水平。需转动仪器时，应先松开制动螺旋，否则易损坏仪器轴系。

12. 搬运仪器时，应避免振动和碰撞。仪器搬站时，若距离较远或地段难行，应将仪器装箱后搬站；如果距离较近且地势平坦，可以不卸下仪器搬站，但应先检查连接螺旋是否牢固，然后放松制动螺旋，收拢脚架，一手握仪器支架（或基座）放在胸前，另一手抱架腿于腋下，使其与地面成 $60°\sim 75°$ 角缓缓前行。严禁横扛仪器于肩上进行搬站。

13. 当仪器某个部件呆滞难动或发生故障时，切勿强力拧动，应立即报告老师或仪器管理人员。学生不准擅自拆卸仪器。

14. 对于电子类仪器，装箱时，应将各制动螺旋松开、关闭电源再装箱上锁。

（二）观测与记录注意事项

1. 观测的程序必须正确，中间步骤不得颠倒或省略。

2. 实训记录必须保持原始性，应直接记录在记录表格上，不得转抄。

3. 观测者读数后，记录员必须回报，确认无误后方可记录。

4. 若记录有误，可将错误处用横线划掉，将正确数据写在上面，不得擦拭、涂改。

5. 禁止连环涂改，如角度测量的盘左、盘右读数，水准测量的黑、红面读数等有关联的读数，不得同时涂改，否则重测。

五、上交成果

1. 各小组要求上交如下原始资料和成果：

（1）控制点位概略图；

（2）平面控制测量中水平角测量记录、水平距离测量记录；

（3）高程控制测量中四等水准测量原始记录；

（4）控制测量成果表，包括平面控制点成果和高程控制点成果；

（5）场地平整高程测量原始记录；

（6）平面图绘制中碎部特征点坐标测量记录。

2. 个人需上交实训报告，提纲如下：

（1）目录；

（2）概况，包括实训目的、时间、天气、地点等；

（3）实训任务、内容、方法、成果精度等；

（4）实训体会；

（5）各项目中规定的相关计算表格（附在后面）。

各项目的技能目标、任务、方法步骤、技术要求、注意事项及上交成果具体介绍如后文。

项目一　平 面 控 制 测 量

一、技能目标

通过图根导线测量实习，要求学生掌握导线测量的选点、外业施测、内业计算等过程，进一步提高全站仪的基本操作技能。

二、实训任务

每个小组根据所给的已知点，按图根导线技术要求，选择一条闭合导线，自行完成选点、观测及内业计算等工作。

三、实训步骤

1. 踏勘选点、建立标志

在制定场地进行踏勘，选定待测点 4～5 个，与已知点连成闭合导线，各导线边距离要求大致相等，平均距离 60m 左右，转折角不宜过小。

2. 野外观测

（1）转折角测量

水平角按测回法施测，观测 2 个测回，各测回观测采用"左右右左"的顺序，读取 4 个数据，操作程序如下：

左目标：瞄准后视方向，盘左读数（配盘）；

右目标：顺时针瞄准读前视方向，盘左读数；

右目标：倒镜瞄准前视方向，盘右读数；

左目标：逆时针瞄准后视方向，盘左读数。

（2）水平距离的测量

采取往返观测，往测或返测各观测 3 次读数，取 3 次的平均值作为往测或返测结果，最后将往返测结果取平均作为导线边距离。

四、技术要求

（1）转折角测量，每个测回中上、下半测回角值互差不得超过 $40''$；

（2）距离测量往测或返测 3 次读数较差不得超过 5mm，往返测相对误差不得超过 1/6000；

（3）角度闭合差不得超过 $\pm 40'' \sqrt{n}$，n 为测站数。

五、注意事项

1. 测量小组成员一定要团结协作，各负其责；

2. 在一个测站上计算完毕，各项指标全部符合限差要求后方可搬站；若超限，现场补测；

3. 转折角要求测量左角；

4. 记录要准确、清晰，字体工整，计算要正确；

5. 观测完成后，计算角度闭合差，若角度闭合差超限，需返工。

六、上交成果

1. 踏勘选点的点位略图；

2. 水平角测量记录表；

3. 距离测量记录表。

项目二　高程控制测量

一、技能目标

通过四等水准测量实习，要求学生掌握四等水准测量的选点、施测、计算等水准测量的整个操作过程，进一步提高使用水准仪的基本操作技能。

二、实训任务

每个小组根据指定的已知水准点，按四等水准路线技术要求，将本组的闭合导线点组成闭合水准路线，自行完成选点、观测及内业计算。

三、实训步骤

1. 踏勘选点、建立标志

在制定场地进行踏勘选定待测点与已知点连成闭合路线，共分 4～6 个测段，总路线长约 1～1.5km。

2. 野外观测

四等水准测量一般采用"后前前后"的观测程序，在一个测站上读取 8 个数据，其内容（结合观测记录表数据项）如下：

后：读后视尺的黑面下丝、上丝、中丝；

前：读前视尺的黑面下丝、上丝、中丝；

前：读前视尺的红面中丝；

后：读后视尺的红面中丝。

四、技术要求

1. 视线长度≤100m；

2. 前后视距差≤5m；

3. 红黑面中丝读数差≤3mm；

4. 红黑面高差之差≤5mm；

5. 前后视距差累计≤10m，望远镜视线的高度以十字丝上、中、下丝均能在水准尺上读数为准；

6. 整条路线观测完成后，计算高差闭合差，其容许值为 $\pm 20 \sqrt{L}$ mm，L 为公里数。

五、注意事项

1. 测量小组一定要团结协作，各负其责；

2. 若使用微倾式水准仪，每次必须精平后才能读取中丝读数；

3. 立尺要稳、直、要面向仪器，一般转点上要使用尺垫，且在水准点上不能使用尺垫；

4. 记录要准确、清晰，字体工整，计算要正确；在一个测站上计算完毕，各项指标全部符合要求后方可迁站；

5. 每一段观测测站数必须为偶数。

六、上交成果

1. 踏勘选点的点位草图；
2. 四等水准测量计算表；
3. 水准测量内业计算表。

项目三　控制测量内业计算

一、技能目标

掌握水准测量和导线测量内业计算的方法。

二、实训任务

根据高程控制测量和平面控制测量的外业观测数据，完成内业计算，并评定测量精度。

三、实训步骤

(一) 高程控制测量

1. 整理外业测量各测段的高差、距离或测站数，将已知数据和整理好的观测数据填写进计算表格。

2. 高差闭合差的计算与调整。

高差闭合差：$f_h = \sum h_i$ (h_i 为各测段高差)，$f_{h允} = \pm 20 \sqrt{L}\,\mathrm{mm}$，$L$ 为路线总长的千米数。

3. 高差闭合差的调整。

改正数的计算为：

$$v_i = -\frac{f_h}{\sum L_i} L_i$$

或

$$v_i = -\frac{f_h}{\sum n_i} n_i$$

式中　　v_i ——改正数；

　　　　f_h ——高差闭合差；

　　　　L_i ——测段距离；

　　　　$\sum L_i$ ——水准路线总距离；

　　　　n_i ——测段测站数；

　　　　$\sum n_i$ ——总测站数。

4. 改正后高差的计算。

将各测段高差加上相应改正数得到各改正后的高差，注意检核。

5. 待定点高程的计算。

用改正后的高差，从已知点起，分别计算各待定点的高程。

(二) 平面控制测量

1. 整理外业测量各观测角、水平距离和已知数据填写进计算表格。

2. 角度闭合差的计算与调整。

角度闭合差为实测多边形内角和与理论多边形内角和的差值，即：

$$f_\beta = \sum \beta_i - (n-2) \times 180°$$

将角度闭合差反符号平均分配到各观测角上，改正数的计算为：

$$v_i = -\frac{f_\beta}{n}$$

若不能整除，将余数分配到短边构成的角上。

3. 坐标方位角的推算。

根据起始坐标方位角，依次推算各条边的坐标方位角，公式如下：

$$\alpha_{前} = \alpha_{后} \pm 180° + \beta_{左}$$

4. 坐标增量的计算。

根据各导线边的水平距离和坐标方位角，计算坐标增量，公式为：

$$\Delta x = D \times \cos\alpha$$

$$\Delta y = D \times \sin\alpha$$

5. 坐标增量闭合差的计算与调整。

（1）坐标增量闭合差 f_x、f_y 的计算：

$$f_x = \sum \Delta x_i; \ f_y = \sum \Delta y_i$$

（2）精度评定。

计算导线全长闭合差：$f_D = \pm\sqrt{f_x^2 + f_y^2}$

计算相对中误差：$K = \dfrac{f_D}{\sum D_i}$（换算为分子为 1 的分式形式）

（3）坐标增量闭合差的调整。

将坐标增量闭合差按边长成正比的原则反符号分配到各边的增量上，及对各坐标增量进行改正，改正数公式为：

$$v_{\Delta x_i} = -\frac{f_x}{\sum D_i} \times D_i$$

$$v_{\Delta y_i} = -\frac{f_y}{\sum D_i} \times D_i$$

6. 改正后坐标增量的计算。

将各增量加上相应改正数得到各改正后的坐标增量，注意检核。

7. 待定点坐标的计算。

用改正后的坐标增量，从已知点起，依次计算各待定点的坐标。

四、技术要求

1. 高程控制测量要达到四等水准测量精度要求，即高差闭合差的限差：

平地：$f_h = \pm 20\sqrt{L}$（mm）　　　　（L 为路线长度）

山地：$f_h = \pm 6\sqrt{n}$（mm）　　　　（n 为测站数）

2. 平面控制测量要达到图根导线精度要求，即导线相对误差限差为 1/4000。

五、注意事项

1. 计算过程中应步步要检核，检核无误后方可进行下步计算，否则需检查错在何处；

2. 计算改正数时，时刻牢记改正数的符号和闭合差符号相反，改正数的和等于闭合差的相反数。

六、提交成果

1. 水准测量内业计算表格；
2. 导线测量内业计算表格。

项目四　建筑物放样

一、技能目标

掌握极坐标方向的原理和方法，能熟练使用全站仪进行坐标放样。

二、实训任务

1. 用极坐标法放样建筑物各角点；
2. 用全站仪坐标法放样建筑物各角点。

三、技术要求

1. 仪器对中误差不得超过 3mm，水准管气泡偏离中心不得超过 1 格；
2. 极坐标法放样中，检核边的相对误差不得超过 1/5000；
3. 全站仪坐标法放样的点位误差不得超过 10mm。

四、实训方法

（一）极坐标放样

1. 阅读施工图，熟悉各部分尺寸，该建筑物各角坐标如表 1-4-1。（图 1-4-1）

建筑物各角点坐标　　　　　　　　　　　　　　　　　表 1-4-1

点　号	坐标	
	X	Y
A	500.00	500.00
B	506.20	500.00
C	506.20	512.90
D	498.70	512.90
E	498.70	503.90
F	500.00	503.90

2. 确定控制点。

控制点的确定可以采用以下两种方法：

（1）若项目二和该建筑物的定位坐标属同一坐标系，可以使用控制点进行放样；此处遵循的是"先控制后碎部"基本原则；

（2）若项目二和该建筑物的定位坐标不属同一坐标系，可采用以下方法假定控制点：在开阔场地选定 M 点，向西量取距离为 20m 的 N 点，M 点的坐标定位（495.00，

514.00)，N 点坐标定位（495.00，494.00）；以 M 点作为测站点，N 点作为定向点。

3. 计算放样数据。

（1）分别计算 M 至 N、A、B、C、D、E 各方向的坐标方位角；

（2）分别计算 M 至 A、B、C、D、E 各方向与 MN 方向所夹的水平角 β；

（3）分别计算 M 至 A、B、C、D、E 的水平距离，计算的放样数据填写进相应的表格中。

4. 实施放样。

（1）在 M 点安置经纬仪（或全站仪），对中、整平；

（2）瞄准 N 点，水平角度置零；

（3）把水平角度定出放样点方向；

（4）沿方向确定距离，定出点位。

5. 检核：检核边的相对误差不得超过 1/5000。

（二）全站仪坐标放样

1. 在 M 点安置全站仪，对中、整平；

2. 进入坐标放样功能界面；

3. 输入测站点 M 的坐标；

4. 输入后视点 N 的坐标，并确认后视方向；

5. 依次输入放样点坐标，并放样各点位；

6. 检核，用坐标测量实测各点坐标，与设计坐标比较，计算差值，点位误差不得超过 10mm。

五、注意事项

1. 放样数据的计算过程要理解，并检查一下是否有错，方可放样。放样过程中，每一步均需检核，未经检核，不得进行下一步操作。

2. 极坐标放样测设角度均采用正倒镜分中，测设距离均采用往返测求平均的方法。

3. 全站仪坐标放样时，应先根据对中杆底部定出方向，然后顺杆向上照准棱镜观测距离。

六、提交成果

1. 极坐标放样数据计算表；

2. 极坐标放样检核表；

3. 全站仪坐标放样检核表。

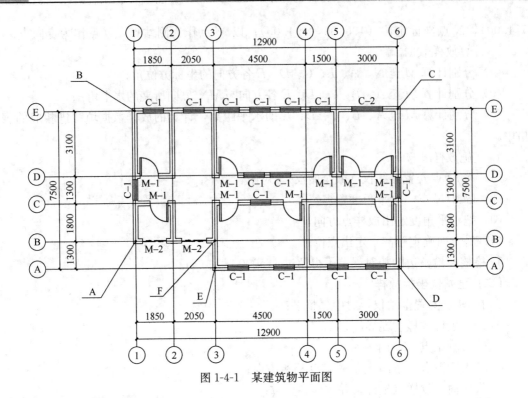

图 1-4-1　某建筑物平面图

项目五 场地平整土方量计算

一、技能目标

进一步巩固水准仪的操作技能，掌握方格网场地平整土方量计算的方法。

二、实训任务

布设 4×4 方格网（方格边长 10m），拟将方格网范围内原地面平整为一块水平场地，按填挖平衡的原则，计算设计高程，并计算填挖方量。

三、实训方法

（一）外业工作

1. 找一块有一定坡度的约 50m×50m 的开阔场地，布设 4×4 方格（方格边长 10m），并撒上白灰，如图 1-4-2 所示。

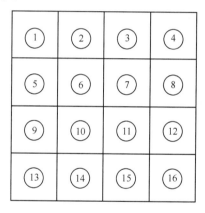

图 1-4-2　方格网示意图

2. 以场地附近的高程控制点作后视，安置水准仪，观测后视读数（读取两次取平均），计算视线高，用双仪高法分别测量各网点（5×5，共 25 个网点）的高程。

（二）内业计算

1. 将各方格编号，依次编为 1、2……16，并计算各方格的平均高程。

2. 根据各方格平均高程计算场地平均高程，即设计高程。

3. 绘制填挖边界线，也称零线。方法是在各条边上内插出 H_0 高程点，并连接成圆滑曲线。

4. 将各方格网点的地面高程减去设计高程 H_0，即得各方格网点的填、挖高度，注写在相应顶点的左上方，正号表示挖，负号表示填，并将 4 个角点（左上、右上、左下、右下）的填挖高度填写进计算表格。

5. 将方格分为三类，分别计算个方格网的填挖方量。

6. 分别将各方格的填方量、挖方量汇总，即得总填方量和总挖方量。

四、技术要求

1. 双仪高观测，两次读数差限差 3mm；
2. 填、挖方量误差限差为填挖总量的 1/20。

五、注意事项

1. 观测网点高程时，若网点与已知点高差过大，看不到前视标尺，需设置转点做后视，重新计算视线高；
2. 零线的绘制要尽可能准确。

六、提交成果

1. 场地平整高程测量原始记录；
2. 场地平整土方计算表。

项目六 地形图测绘

一、技能目标

能掌握全站仪碎部测量的方法测量地形图，绘制草图，用 Cass 或 AutoCAD 根据地形特征点坐标绘制地形图。

二、实训任务

选择一块场地（包括建筑物、道路、植被等地物、地形），先用全站仪采集各特征点的三维坐标，然后用 Cass 或 AutoCAD 根据地物特征点坐标和野外草图绘制地形图。

三、实训方法

1. 全站仪测站设置。在已知点安置全站仪，进入坐标测量功能，设置测站点坐标、后视点坐标，并确定后视方向。

2. 在地物特征点（房屋的角点、道路拐点等）立棱镜，测量其坐标，记录，同时绘制草图，并注记所测点的点号（与记录点号一致）。

3. 在 Cass 或 AutoCAD 中依次输入各地物特征点坐标，绘制地物轮廓，并加注记。

4. 图形的整饰。加上图名、图框、比例尺、绘图员等信息。

四、技术要求

1. 设站时全站仪对中误差允许偏差为 5mm；水准管气泡允许偏差 1 格。

2. 测站设置完成后，选择另一个已知点进行检核，检核点坐标允许偏差为 10mm。

五、注意事项

1. 碎部特征点选择要合理。

2. 若某些区域观测不到，可在控制点上用支导线法加密或自由设站。

六、提交成果

1. 地物特征点坐标测量记录表；

2. 纸质平面图。

第五部分　附　录

附录一　南方 NTS-310R 系列全站仪使用简要说明

一、部件名称

南方全站仪 NTS-310R 各部件名称如图 1-5-1 所示，显示屏与操作键如图 1-5-2 所示。

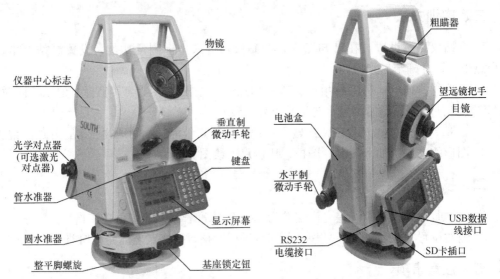

图 1-5-1　NTS-310R 各部件名称

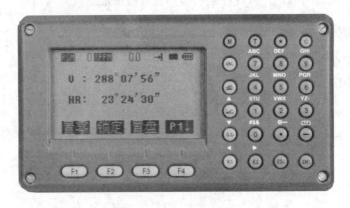

图 1-5-2　显示屏与操作键

二、操作键与显示符号

1. 操作键

按键	名 称	功 能
ANG	角度测量键	进入角度测量模式
◢	距离测量键	进入距离测量模式
◣	坐标测量键	进入坐标测量模式（▲上移键）
S.O	坐标放样键	进入坐标放样模式（▼下移键）
K1	快捷键1	用户自定义快捷键1（◀左移键）
K2	快捷键2	用户自定义快捷键2（▶右移键）
ESC	退出键	返回上一级状态或返回测量模式
ENT	回车键	对所做操作进行确认
M	菜单键	进入菜单模式
T	转换键	测距模式转换
★	星键	进入星键模式或直接开启背景光
⏻	电源开关键	电源开关
F1-F4	软键（功能键）	对应于显示的软键信息
0-9	数字字母键盘	输入数字和字母
—	负号键	输入负号，开启电子气泡功能（仅适用P系列）
·	点号键	开启或关闭激光指向功能、输入小数点

2. 显示符号

显示符号	内 容
V	垂直角
V%	垂直角（坡度显示）
HR	水平角（右角）
HL	水平角（左角）
HD	水平距离
VD	高差
SD	斜距
N	北向坐标
E	东向坐标
Z	高程
*	EDM（电子测距）正在进行
m/ft	米与英尺之间的转换
m	以米为单位
S/A	气象改正与棱镜常数设置
PSM	棱镜常数（以毫米为单位）
（A）PPM	大气改正值（A为开启温度气压自动补偿功能，仅适用于P系列）

三、功能键

1. 角度测量模式（ANG 键），共有三个界面菜单，如图 1-5-3 所示。

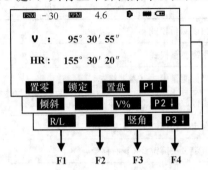

图 1-5-3　角度测量模式

页数	软键	显示符号	功 能
第 1 页 （P1）	F1	置零	水平角置为 $0°0'0''$
	F2	锁定	水平角读数锁定
	F3	置盘	通过键盘输入设置水平角
	F4	P1↓	显示第 2 页软键功能
第 2 页 （P2）	F1	倾斜	设置倾斜改正开或关，若选择开则显示倾斜改正
	F2	- - -	- - - - - - - - - - - -
	F3	V%	垂直角显示格式（绝对值/坡度）的切换
	F4	P2↓	显示第 3 页软键功能
第 3 页 （P3）	F1	R/L	水平角（右角/左角）模式之间的转换
	F2	- - -	- - - - - - - - - - - -
	F3	竖角	高度角/天顶距的切换
	F4	P3↓	显示第 1 页软键功能

2. 距离测量模式 ⬛ 键，共有两个界面菜单，如图 1-5-4 所示。

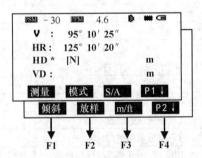

图 1-5-4　距离测量模式

页数	软键	显示符号	功　　能
第1页 （P1）	F1	测量	启动测量
	F2	模式	设置测距模式为 单次精测/连续精测/连续跟踪
	F3	S/A	温度、气压、棱镜常数等设置
	F4	P1↓	显示第2页软键功能
第2页 （P2）	F1	偏心	进入偏心测量模式
	F2	放样	距离放样模式
	F3	m/f	单位米与英尺转换
	F4	P2↓	显示第1页软键功能

3. 坐标测量模式（⦢键），共有三个界面菜单，如图1-5-5所示。

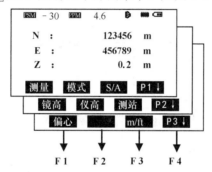

图1-5-5　坐标测量模式

页数	软键	显示符号	功　　能
第1页 （P1）	F1	测量	启动测量
	F2	模式	设置测距模式为 单次精测/连续精测/连续跟踪
	F3	S/A	温度、气压、棱镜常数等设置
	F4	P1↓	显示第2页软键功能
第2页 （P2）	F1	镜高	设置棱镜高度
	F2	仪高	设置仪器高度
	F3	测站	设置测站坐标
	F4	P2↓	显示第3页软键功能
第3页 （P3）	F1	偏心	进入偏心测量模式
	F2	---	----------------
	F3	m/f	单位 m 与 ft 转换
	F4	P3↓	显示第1页软键功能

4. 坐标放样模式（S.O 键），共有两个界面菜单。

页数	软键	显示符号	功　能	
第 1 页 （P1）	F1	测站点	可以直接由键盘输入点的坐标，也可以调用已保存在内存的坐标文件中的点坐标	
	F2	后视点		
	F3	放样点		
第 2 页 （P2）	F1	选择文件	可以直接调用已保存在内存中的坐标文件，也可以通过查找后再调用坐标文件	
	F2	新点	F1：极坐标法	测量一个新点作为测站点进行放样
			F2：后方交会法	
	F3	格网因子	设置格网因子（用于坐标格网和地面距离的换算）	

四、星键模式

NTS-310R 系列：

按下星键后出现如下界面：

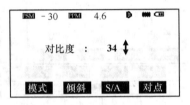

1. 模式。通过按 F1 （模式）键，显示以下界面：

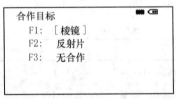

有三种测量模式可选：按［F1］选择合作目标是棱镜，按［F2］选择合作目标是反射片，按［F3］选择无合作目标。选择一种模式后按［ESC］键即回到上一界面。

2. 要在此界面下开关背光，只需再按星键。

3. 对比度调节：通过按［▲］或［▼］键，可以调节液晶显示对比度。

4. 照明：通过按［F1］（照明）键开关背景光与望远镜照明，或按星键也能开关背景光与望远镜照明。

5. 倾斜：通过按［F2］（倾斜）键，按 F3 或 F4 选择开关倾斜改正，然后按 ENT 确认。

6. S/A：通过按［F3］（S／A）键，可以进入棱镜常数和温度气压设置界面。

7. 对点：如仪器带有激光对点功能，通过按［F4］（对点）键，按［F1］或［F2］选择开关激光对点器。

五、点号模式

NTS-310R 系列全站仪具有激光指向功能。

在非数字、字母输入界面下按点号键，打开激光指向功能，再按一下，关闭激光指向功能。

1. 设置温度和气压

预先测得测站周围的温度和气压。例：温度＋25℃，气压 1017.5hPa。

操作过程	操 作	显 示
①进入距离测量模式	按 ◢ 键	PSM -30　PPM　4.6 V : 95° 10′ 25″ HR : 125° 10′ 20″ HD : 235.641 m VD : 0.029 m 测量　模式　S/A　P1↓
②进入气象改正设置。预先测得测站周围的温度和气压	按 F3 键	气象改正设置 PSM　　0 PPM　　6.4 温度　　27.0　℃ 气压　　1013.0　hPa 棱镜　PPM　温度　气压
③按 F3（温度）键执行温度设置	按 F3 键	气象改正设置 PSM　　0 PPM　　6.4 温度　　27.0　℃ 气压　　1013.0　hPa 回退　返回
④输入温度，按 ENT 键确认。按照同样方法对气压进行设置。回车后仪器会自动计算大气改正值 PPM	输入温度＊1)	气象改正设置 PSM　　0 PPM　　3.4 温度　　25.0　℃ 气压　　1017.5　hPa 棱镜　PPM　温度　气压

2. 设置大气改正

全站仪的发射光的光速随大气的温度和压力而改变，本仪器一旦设置了大气改正值即可自动对测距结果实施大气改正。

气压：1013hPa。

温度：20℃。

大气改正的计算：

$$PPM = 273.8 - 0.2900P / (1 + 0.00366T)$$

P 为气压，单位 hPa；若使用的气压单位是 mmHg 时，按 1mmHg＝ 1.333hPa 进行换算。T 为温度（单位℃）。

　　直接设置大气改正值的方法。测定温度和气压，然后从大气改正图上或根据改正公式求得大气改正值（PPM）。

操作过程	操 作	显 示
①由距离测量或坐标测量模式按 F3	F3	气象改正设置　　　　　　　〓〓〓 ▭ 　PSM　　　　　　　0 　PPM　　　　　　　6.4 　温度　　　　　　27.0　℃ 　气压　　　　1013.0　hPa 　棱镜　PPM　温度　气压
②按 F2 ［PPM］键，设置大气改正值	F2	气象改正设置　　　　　　　〓〓〓 ▭ 　PSM　　　　　　　0 　PPM　　　　　　　6.4 　温度　　　　　　27.0　℃ 　气压　　　　1013.0　hPa 　回退　返回
③输入数据，按 ENT 回车键确认。	输入数据	气象改正设置　　　　　　　〓〓〓 ▭ 　PSM　　　　　　　0 　PPM　　　　　　7.8 　温度　　　　　　27.0　℃ 　气压　　　　1013.0　hPa 　回退　返回

3. 设置反射棱镜常数

　　南方全站的棱镜常数的出厂设置为 −30，若使用棱镜常数不是 −30 的配套棱镜，则必须设置相应的棱镜常数。一旦设置了棱镜常数，则关机后该常数仍被保存。

操作过程	操 作	显 示
①由距离测量或坐标测量模式按 F3（S/A）键	F3	气象改正设置　　　　　　　〓〓〓 ▭ 　PSM　　　　　　　0 　PPM　　　　　　　6.4 　温度　　　　　　27.0　℃ 　气压　　　　1013.0　hPa 　棱镜　PPM　温度　气压
②按 F1（棱镜）键	F1	气象改正设置　　　　　　　〓〓〓 ▭ 　PSM　　　　　　　0 　PPM　　　　　　　6.4 　温度　　　　　　27.0　℃ 　气压　　　　1013.0　hPa 　回退　返回
③输入棱镜常数改正值 *1)，按回车键确认。	输入数据	气象改正设置　　　　　　　〓〓〓 ▭ 　PSM　　　　　　−30 　PPM　　　　　　　6.4 　温度　　　　　　27.0　℃ 　气压　　　　1013.0　hPa 　回退　返回

4. 设置垂直角倾斜改正

当倾斜传感器工作时，由于仪器整平误差引起的垂直角自动改正数显示出来，为了确保角度测量的精度，倾斜传感器必须选用（开），其显示可以用来更好的整平仪器，若出现"X补偿超限"，则表明仪器超出自动补偿的范围，必须人工整平。

NTS-310B/R系列全站仪对垂直角读数进行补偿。当仪器处于一个不稳定状态或有风天气，垂直角显示将是不稳定的，在这种状况下您可打开垂直角自动倾斜补偿功能。

用软件设置倾斜改正。可选择测角界面第二页上的自动补偿的功能，此设置在关机后不被保留。

六、角度、距离、坐标测量和程序测量

1. 角度测量

水平角或垂直角测量，确认处于角度测量模式。

操作过程	操 作	显 示
①照准第一个目标 A	照准 A	PSM -30 PPM 4.6 V : 88° 30′ 55″ HR : 346° 20′ 20″ 置零 锁定 置盘 P1↓
②设置目标 A 的水平角为 0°00′00″ 按 F1（置零）键和 F4（确认）键	F1 F4	PSM -30 PPM 4.6 V : 88° 30′ 55″ HR : 0° 00′ 00″ 置零 锁定 置盘 P1↓ PSM -30 PPM 4.6 水平角置零 >OK? [否] [是]
③照准第二个目标 B，显示目标 B 的 V/H	照准目标 B	PSM -30 PPM 4.6 V : 93° 25′ 15″ HR : 168° 32′ 24″ 置零 锁定 置盘 P1↓

水平角起始读数的设置，确认处于角度测量模式。

操作过程	操作	显示
①照准目标	照准	PSM -30 PPM 4.6 V ： 95° 30′ 55″ HR： 133° 12′ 20″ 置零 锁定 置盘 P1↓
②按 F3 （置盘）键	F3	PSM -30 PPM 4.6 水平角设置 HR = 0.0000 回退
③通过键盘输入所要求的水平角＊1），如：150° 10′ 20″，则输入150.1020，按（ENT）回车确认；随后即可从所要求的水平角进行正常的测量	150.1020 F4 ENT	PSM -30 PPM 4.6 水平角设置 HR = 150.102 0 回退 PSM -30 PPM 4.6 V ： 95° 30′ 55″ HR： 150° 10′ 20″ 置零 锁定 置盘 P1↓

2. 距离测量

确认处于测距模式。

操作过程	操作	显示
①照准棱镜中心	照准	PSM -30 PPM 4.6 V ： 95° 30′ 55″ HR： 155° 30′ 20″ 置零 锁定 置盘 P1↓
②按 ◢ 键，距离测量开始	◢	PSM -30 PPM 4.6 V ： 95° 30′ 55″ HR： 155° 30′ 20″ SD： [N] m 测量 模式 S/A P1↓
③显示测量的距离＊4）—＊7） 再次按 ◢ 键，显示变为水平距离（HD）和高差（VD）	◢	PSM -30 PPM 4.6 V ： 95° 30′ 55″ HR： 155° 30′ 20″ HD： [N] m VD： m 测量 模式 S/A P1↓

3. 坐标测量

输入测站点坐标、仪器高、棱镜高和后视坐标方位角后，用坐标测量功能可以测量目标点的三维坐标。

坐标测量的步骤：

（1）测站设置

操作过程	操　作	显　示
①在坐标测量模式下，按 F4 （P1↓）键，转到第二页功能	F4	PSM -30　PPM　4.6 N:　　　　2012.236　m E:　　　　2115.309　m Z:　　　　　　3.156　m 测量　模式　S/A　P1↓ 镜高　仪高　测站　P2↓
②按 F3 （测站）键	F3	PSM -30　PPM　4.6 N:　　　　　0.000　m E:　　　　　0.000　m Z:　　　　　0.000　m 回退
③输入 N（X）坐标，按 ENT 回车确认	输入数据 ENT	PSM -30　PPM　4.6 N:　　6396_　　　　m E:　　　　　0.000　m Z:　　　　　0.000　m 回退
④按同样方法输入 E（Y）和 Z（H）坐标，输入数据后，显示屏返回坐标测量显示	输入数据 ENT	PSM -30　PPM　4.6 N:　　　　6396.321　m E:　　　　　12.639　m Z:　　　　　　0.369　m 回退 PSM -30　PPM　4.6 N:　　　　6432.693　m E:　　　　117.309　m Z:　　　　　0.126　m 镜高　仪高　测站　P2↓

（2）仪器高设置

操作过程	操　作	显　示
①在坐标测量模式下，按 F4 （P1↓）键，转到第2页功能	F4	PSM -30　PPM　4.6 N:　　　　2012.236　m E:　　　　2115.309　m Z:　　　　　　3.156　m 测量　模式　S/A　P1↓ 镜高　仪高　测站　P2↓

续表

操作过程	操作	显示
②按 F2 （仪高）键，显示当前值	F2	输入仪器高 仪高：　　　0.000　　m 回退
③输入仪器高，按回车键确认，返回到坐标测量界面	输入仪器高 ENT	PSM －30　PPM　4.6 N：　　　12.236　m E：　　　115.309　m Z：　　　12.126　m 镜高　仪高　测站　P2↓

（3）棱镜高设置

操作过程	操作	显示
①在坐标测量模式下，按 F4 （P1↓）键，进入第2页功能	F4	PSM －30　PPM　4.6 N：　　　2012.236　m E：　　　1015.309　m Z：　　　3.156　m 测量　模式　S/A　P1↓ 镜高　仪高　测站　P2↓
②按 F1 （镜高）键，显示当前值	F1	输入棱镜高 镜高：　　　2.000　　m 回退
③输入棱镜高，按回车键确认，返回到坐标测量界面	输入棱镜高 ENT	PSM －30　PPM　4.6 N：　　　360.236　m E：　　　194.309　m Z：　　　12.126　m 镜高　仪高　测站　P2↓

（4）后视点设置

如下三种后视点设置方法可供选用：

1）利用内存中的坐标数据文件设置后视点；

2）直接键入坐标数据；

3）直接键入设置角。

每按一下 $\boxed{F4}$ 键，输入后视定向角方法与直接键入后视点坐标数据依次更变。

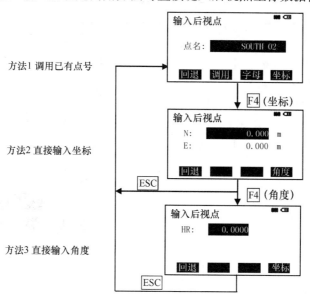

4. 程序测量

（1）悬高测量

为了得到不能放置棱镜的目标点高度，只需将棱镜架设于目标点所在铅垂线上的任一点，然后进行悬高测量，示意图见图 1-5-6。

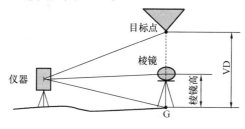

图 1-5-6 悬高测量

有棱镜高输入的情形。

操作过程	操 作	显 示
①按 $\boxed{M}$ 键	$\boxed{M}$	菜单 (1/2) **F1:**数据采集 **F2:**测量程序 **F3:**内存管理 **F4:**设置 ▼
②按 $\boxed{F2}$ 键，进入测量程序	$\boxed{F2}$	测量程序 (1/2) **F1:**悬高测量 **F2:**对边测量 **F3:**面积测量 ▼ **F4:**Z坐标测量

续表

操作过程	操 作	显 示
③按 F1 （悬高测量）键	F1	测量程序 **F1:输入镜高** **F2:无需镜高**
④按 F1 键	F1	PSM -30　PPM　4.6 悬高测量-1 <第一步> 镜高：_.　　　　0.000 m 回退
⑤输入棱镜高	输入 棱镜高 ENT	PSM -30　PPM　4.6 悬高测量-1 <第一步> 镜高：1.25_　　　　m 回退
⑥照准棱镜	照准 P	PSM -30　PPM　4.6 悬高测量-1 <第二步> HD:　　　　　　m 测量
⑦按 F1 （测量）键 测量开始显示仪器至棱镜之间的水平距离（HD）	F1	PSM -30　PPM　4.6 悬高测量-1 <第二步> HD*　　　123.650　m 测量　　　　　设置
⑧按 F4 （设置）键，棱镜的位置被确定	F4	PSM -30　PPM　4.6 悬高测量-1 VD:　　　12.792　m 镜高　平距
⑨照准目标 K 显示垂直距离（VD）	照准 K	PSM -30　PPM　4.6 悬高测量-1 VD:　　　19.282　m 镜高　平距

（2）对边测量

测量两个目标棱镜之间的水平距离（dHD)、斜距（dSD)、高差（dVD)和水平角（HR)，如图 1-5-7 所示，也可直接输入坐标值或调用坐标数据文件进行计算。

对边测量模式有：MLM-1（A-B，A-C)：测量 A-B，A-C，A-D……

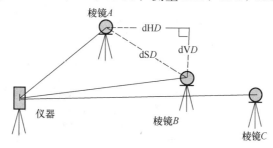

图 1-5-7 对边测量

操作过程。

操作过程	操 作	显 示
①按 M 键	M	菜单 (1/2) **F1**: 数据采集 **F2**: 测量程序 **F3**: 内存管理 **F4**: 设置 ▼
②按 F2 键，进入测量程序	F2	测量程序 (1/2) **F1**: 悬高测量 **F2**: 对边测量 **F3**: 面积测量 **F4**: Z 坐标测量 ▼
③按 F3 （对边测量）键	F2	选择一个文件 FN：1 回退 调用 字母 跳过
④输入文件名	输入 文件名	选择一个文件 FN：ABC_ 回退 调用 字母 跳过

续表

操作过程	操　作	显　示
⑤按 ENT 回车键确认	F2	对边测量 F1: MLM1[A -B　A-C] F2: MLM2[A　-B　A-C]
⑥按 F1 键	F1	PSM -30　PPM　4.6 MLM1[A -B　A-C] <第一步> HD:　　　　　　　m 测量　镜高　坐标
⑦照准棱镜 A，按 F1 （测量）键显示仪器至棱镜 A 之间的平距（HD)	照准 A F1	PSM -30　PPM　4.6 MLM1[A-B　A-C] <第一步> HD*　　　129.632m 测量　镜高　坐标　设置
⑧按 F4（设置）键，棱镜的位置被确定，自动进入到第二步 B 点测量界面	F4	PSM -30　PPM　4.6 MLM1[A-B　A-C] <第二步> HD :　　　　　　m 测量　镜高　坐标
⑨照准棱镜 B，按 F1 （测量）键显示仪器到棱镜 B 的平距（HD)	照准 B F1	PSM -30　PPM　4.6 MLM1[A-B　A-C] <第二步> HD*　　　252.699 m 测量　镜高　坐标　设置
⑩按 F4 （设置）键，显示棱镜 A 至 B 之间的方位角（HR）平距（dHD)、高差（dVD)、斜距（dSD)	F4	MLM1[A -B　A-C] HR :　　　95°30′55″ dHD:　　　139.698 m dVD:　　　56.982 m dSD:　　　151.913 m 　　　　　　　　下点
⑪测量 A-C 之间的距离，按 F4 （下点）*1)	F4	PSM -30　PPM　4.6 MLM1[A-B　A-C] <第一步> HD:　　　　　　　m 测量　镜高　坐标

续表

操作过程	操　作	显　示
⑫照准棱镜 C，按 F1（测量）键显示仪器到棱镜 C 的平距（HD）	照准棱镜 C F1	PSM -30　PPM　4.6 MLM1[A-B　A-C] 〈第二步〉 HD*　　　156.933　m 测量　镜高　坐标　设置
⑬按 F4（设置）键，显示棱镜 A 至 C 之间的方位角（HR）平距（dHD）、高差（dVD）、斜距（dSD）	F4	MLM1[A-B　A-C] HR :　　15°30′15″ dHD:　　　235.699 m dVD :　　　10.023 m dSD :　　　235.912 m 　　　　　　　　　下点
⑭测量 A-D 之间的距离，重复操作步骤⑪—⑬		

（3）面积测量

用测量数据计算面积。

操作过程	操　作	显　示
①按 M 键	M	菜单　　　　　　（1/2） F1: 数据采集 F2: 测量程序 F3: 内存管理 F4: 设置 ▼
②按 F2（测量程序）键，进入测量程序	F2	测量程序　　　　（1/2） F1: 悬高测量 F2: 对边测量 F3: 面积测量 F4: Z坐标测量 ▼
③按 F4（面积测量）键	F4	面积测量 F1: 文件数据 F2: 测量
④按 F2（测量）键	F2	PSM -30　PPM　4.6 数据个数　　　　0 S =　　　　　　　　　m² 测量

续表

操作过程	操作	显　示
⑤照准棱镜，按 $\boxed{F1}$ （测量）键，进行测量 * 1)	照准 P $\boxed{F1}$	PSM － 30　PPM　4.6 N:　　112.258　m E:　　6.369　m Z:　　1.032　m 测量　　　　　确认
⑥按 $\boxed{F4}$ （确认）键	$\boxed{F4}$	PSM － 30　PPM　4.6 数据个数　　1 S =　　　　m² 测量
⑦照准下一个点，按 $\boxed{F1}$ （测量）键，测三个点以后显示出面积	照准 $\boxed{F1}$	PSM － 30　PPM　4.6 数据个数　　3 S =　　125.693　m² 测量

* 1) 仪器自动处于连续测量模式。

七、数据采集

数据采集菜单的操作流程，如图 1-5-8 所示。

八、施工放样

1. 在测角模式下水平角测设（略）。

2. 在测距模式下距离测设（略）。

3. 在放养模式下坐标放样。

操作步骤：

（1）建立已知点和放样点的文件

按【M】键进入菜单模式，按［F3］：内存管理，进入 2/3 页，按［F1］：输入坐标，输入新的文件名或调用老文件，回车，输入点名、编码，再输入坐标，回车，继续下一个点，输入完毕后按【ESC】退出。

（2）设置测站点（见坐标测量的测站点设置）

（3）设置后视点（见坐标测量的后视点设置）

（4）实施放样

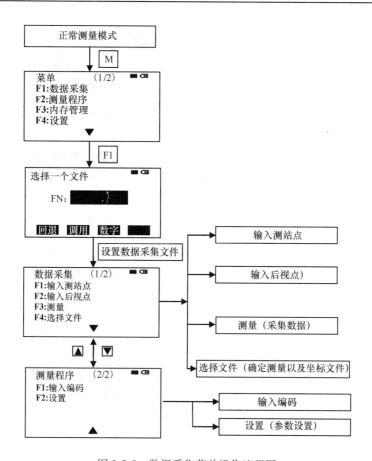

图 1-5-8 数据采集菜单操作流程图

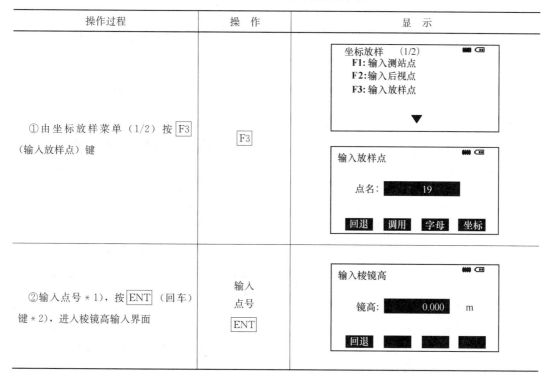

操作过程	操 作	显 示
①由坐标放样菜单（1/2）按 F3（输入放样点）键	F3	
②输入点号＊1），按 ENT（回车）键＊2），进入棱镜高输入界面	输入点号 ENT	

操作过程	操 作	显 示
③按同样方法输入反射镜高，当放样点设定后，仪器就进行放样元素的计算。 　HR：放样点的方位角计算值 　HD：仪器到放样点的水平距离计算值	输入 镜高 ENT	PSM -30　PPM　4.6 放样参数计算 HR：　155°30′20″ HD：　　　122.568　m 　　　　　　　　　　继续
④照准棱镜，按 F4 继续键。 　HR：放样点方位角 　dHR：当前方位角与放样点位的方位角之差＝实际水平角－计算的水平角 　当 dHR＝0°00′00″时，即表明放样方向正确	照准	PSM -30　PPM　4.6 角度差调为零 　HR：　155°30′20″ 　dHR：　0°00′00″ 　　　距离　坐标　换点
⑤按 F2 （距离）键 　HD：实测的水平距离 　dHD：对准放样点尚差的水平距离 　dz＝实测高差－计算高差	F1	PSM -30　PPM　4.6 　HD：　　169.355　m 　dH：　　 −9.322　m 　dZ：　　　0.336　m 测量　角度　坐标　换点
⑥按 F1 （模式）键进行精测	F1	PSM -30　PPM　4.6 　HD*　　169.355 　dH：　 −9.322　m 　dZ：　　 0.336　m 测量　角度　坐标　换点
⑦当显示值 dHR、dHD 和 dZ 均为 0 时，则放样点的测设已经完成＊3)		PSM -30　PPM　4.6 　HD*　　169.355　m 　dH：　　 0.000　m 　dZ：　　 0.000　m 测量　角度　坐标　换点 PSM -30　PPM　4.6 角度差调为零 　HR：　155°30′20″ 　dHR：　0°00′00″ 　　　距离　坐标　换点
⑧按 F3 （坐标）键，即显示坐标值，可以和放样点值进行核对	F3	PSM -30　PPM　4.6 　N：　　 236.352　m 　E：　　 123.622　m 　Z：　　　 1.237　m 测量　角度　　　换点

续表

操作过程	操 作	显 示
⑨按 F4 （换点）键，进入下一个放样点的测设	F4	输入放样点 点名：████████ 回退　调用　字母　坐标

九、内存管理

内存管理菜单操作：

（1）按 M 键，仪器进入菜单（1/2）模式；

（2）按 F3 （内存管理）键，显示内存管理菜单（1/3）。

操作流程如图 1-5-9 所示。

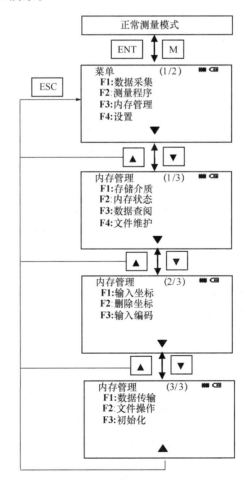

图 1-5-9　内存管理操作流程图

十、数据通信

数据传输方式提供了两种方式（RS-232 和 USB）。

数据通信的菜单：

F1：通过 RS-232 电缆连接仪器与 PC 进行数据的传送。

F2：通过 USB 连接线连接仪器与 PC 进行数据的传送。

通过 RS-232 传送数据，RS-232 数据通信的菜单：

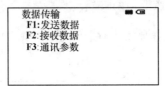

注意：在进行数据通信时，首先要检查通信电缆连接是否正确，微机与全站仪的通信参数设置是否一致。

（1）发送数据

发送测量数据文件。

操作过程	操作	显示
①由主菜单（1/2）按 F3 （内存管理）键	F3	内存管理　　　（1/3） **F1**: 存储介质 **F2**: 内存状态 **F3**: 数据查阅 **F4**: 文件维护 ▼
②按 ［▼］（↓）键两次。	［▼］	内存管理　　　（3/3） **F1**: 数据传输 **F2**: 文件操作 **F3**: 初始化 ▲

续表

操作过程	操 作	显 示
③按 F1 （数据传输）键	F1	数据传输方式 **F1**:通过 RS-232 **F2**:通过 USB
④按 F1 （通过 RS-232）键	F1	数据传输 **F1**:发送数据 **F2**:接收数据 **F3**:通讯参数
⑤按 F1 （发送数据）键	F1	发送数据 **F1**:测量数据 **F2**:坐标数据
⑥选择发送数据类型，可按 F1 至 F2 中的一个键 例： F1 （测量数据）	F1	选择一个文件 FN： FN 01 回退 调用 数字
⑦输入待发送的数据文件的文件名 按 ENT （回车）键＊1）2）	输入 FN ENT	
⑧按 F4 （是）键，＊3）发送数据 显示屏返回到菜单	F4	发送测量数据 9 <发送数据> 停止

（2）接收数据

坐标数据文件和编码数据可由计算机装入仪器内存。

例：接收坐标数据文件。

操作过程	操作	显示
①由主菜单（1/2）按 F3 （内存管理）键	F3	内存管理　　　　（1/3） F1: 存储介质 F2: 内存状态 F3: 数据查阅 F4: 文件维护 ▼
②按 ［▼］（↓）键两次。	［▼］	内存管理　　　　（3/3） F1: 数据传输 F2: 文件操作 F3: 初始化 ▲
③按 F1 （数据传输）键	F1	数据传输方式 F1: 通过 RS-232 F2: 通过 USB
④按 F1 （通过 RS-232）键	F1	数据传输 F1: 发送数据 F2: 接收数据 F3: 通讯参数
⑤按 F2 （接收数据）键	F2	接收数据 F1: 坐标数据 F2: 编码数据 F3: 水平定线数据 F4: 垂直定线数据
⑥选择待接收的数据类型 例： F1 （坐标数据）	F1	选择一个文件 FN: FN 01 回退　　　数字

续表

操作过程	操 作	显 示
⑦输入待接收的新文件名 按 ENT （回车）键 ＊1	ENT	接收坐标数据 ＞OK ？　　　　　　［否］［是］
⑧按 F4 （是）键＊2 接收数据 接收完毕显示屏返回到菜单	F4	＜接收数据 …＞ 停止

（3）通信参数的设置

操作过程	操 作	显 示
①由主菜单（1/2）按 F3 （内存管理）键	F3	内存管理　　　　　　（1/3） F1:存储介质 F2:内存状态 F3:数据查阅 F4:文件维护 ▼
②按 ［▼］（↓）键两次	［▼］	内存管理　　　　　　（3/3） F1:数据传输 F2:文件操作 F3:初始化 ▲
③按 F1 （数据传输）键	F1	数据传输方式 F1:通过 RS-232 F2:通过 USB
④按 F1 （通过 RS-232）键	F1	数据传输 F1:发送数据 F2:接收数据 F3:通讯参数

操作过程	操 作	显 示
⑤按 F3 （通讯参数）键	F3	通讯参数 F1: 波特率 F2: 字符校验 F3: 通讯协议
⑥分别按 F1 F2 F3，可以分别对波特率、字符校验和通信协议进行设置。＊1)	F1 F2 F3	波特率选择 波特率:　[9 600]b/s 　　　　　　　减　增
		字符校验 F1: 7 位偶校验 F2: 7 位奇校验 F3: [8 位无校验]
		通讯协议 F1: 有应答 F2: [无应答]
⑦分别选定所选参数，按 ENT 回到通讯参数设置界面	ENT	通讯参数 F1: 波特率 F2: 字符校验 F3: 通讯协议

＊1) 波特率有 1200、2400、4800、9600、19200、38400、57600、115200 可供选择，按 F3 （减）、 F4 （增）进行选择。

＊2) 取消设置可按 ESC 键，此设置关机后被保存。

十一、文件操作

1. 文件从 SD 卡导入到当前工作的内存

操作过程	操 作	显 示
①在内存管理（3/3）中，按 F2 键进入到文件操作菜单	F2	文件操作 F1: 文件从SD卡导入到 　　当前工作的内存 F2: 文件从当前工作的 　　内存导出到SD卡

续表

操作过程	操　作	显　示
②按 F1 键进入到导入界面	F1	选择一个文件 →FN 01　　.TXT　2K 　FN 02　　.TXT　2K 　FN 04　　.TXT　3K 　　　　　　上页　下页
③选择一个文件名，按 ENT 回车确认	ENT	导入文件类型 **F1:** 坐标文件。 **F2:** 水平定线文件。 **F3:** 垂直定线数据。
④按 F1 F2 F3 选择一种导入文件类型	F1、 F2、F3	选择一个文件 　FN:　FN 06 回退　调用　字母
⑤为导入文件设置一个文件，按 ENT 键进行确认	ENT	（　　　3） <正在转换>
⑥完成转换后自动返回到文件操作界面		文件操作 **F1:** 文件从SD卡导入到 　当前工作的内存 **F2:** 文件从当前工作的 　内存导出到SD卡

2. 文件从当前工作的内存导出到 SD 卡

操作过程	操　作	显　示
①在内存管理（3/3）中，按 F2 键进入到文件操作菜单	F2	文件操作 **F1:** 文件从SD卡导入到 　当前工作的内存 **F2:** 文件从当前工作的 　内存导出到SD卡

续表

操作过程	操　作	显　示
②按 F2 键进入到导出界面	F2	导出文件类型 **F1:** 测量文件。 **F2:** 坐标文件。
③按 F1 、F2 选择一个导出文件类型	F1 F2	选择一个文件 FN: FN 06 回退　调用　字母
④选择一个导出文件，按 ENT 回车确认	ENT	文件输出类型 **F1:***.DAT **F2:***.TXT
⑤按 F1 F2 选择任意一种文件输出类型	F1 F2	新建一个文件 FN: FN 06 .TXT 回退　　字母
⑥输入一个新的文件名，按 ENT 回车开始进行转换	ENT	（ 3 / 3 ） <正在转换 …>

十二、主要技术指标

距离测量部分（可见激光）。

类型	红色激光
载波	0.670um
测量系统	基础频率 60MHz
EDM 类型	同轴
最少显示	1mm

激光光斑 　　　　　　　约 7×14mm/20m（仅无合作模式）

　　　　　　　　　　约 10×20mm/50m

精度：

有合作模式　　　　　　　　　　　　　　　　表 1-5-1

测距方式	精度标准差	测量时间
棱镜精测	$3\text{mm}+2\times10^{-6}$	<1.8s
棱镜跟踪	$5\text{mm}+2\times10^{-6}$	<1.4s
IR 反射片	$5\text{mm}+2\times10^{-6}$	<1.2s

无合作模式　　　　　　　　　　　　　　　　表 1-5-2

测距方式	精度标准差※	测量时间
无合作精测	$5+2\times10^{-6}$	<1.2s
无合作跟踪	$10+2\times10^{-6}$	<0.8s

　　※光强信号间断、强烈热闪烁、光路内的移动物体等都会影响精度。在测量玻璃、液面等能透射和折射的物体时，也会影响精度。

　　测程：

有合作模式　　　　　　　　　　　　　　　　表 1-5-3

大气条件	标准棱镜	反射片
5km	1000m	300m
20km	3000m	800m

无合作模式　　　　　　　　　　　　　　　　表 1-5-4

大气条件	无反射镜（白色）※	无反射器灰度 0.18
物体在强光下强烈热闪烁	80m	50m
物体在阴影中或阴天	120m	70m

　　注：※用来衡量反射光强度的柯达灰度标准点。

附录二　拓普康 DL-500 系列 DL-501 电子水准仪

一、仪器部件（图1-5-10）

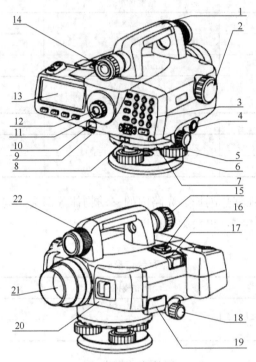

图 1-5-10　部件图

1—提柄；2—调焦手轮；3—键盘；4—测量键；5—脚螺旋；6—底板；7—水平度盘设置环；8—水平度盘；9—防水多用端口；10—遥控器光束探测窗；11—目镜调焦旋钮；12—目镜；13—显示屏；14—瞄准镜；15—瞄准镜目镜调焦旋钮；16—圆水准器；17—圆水准器观察镜；18—水平微动手轮（双侧）；19—SD卡槽和 USB 口端口护盖；20—电池盒护盖；21—物镜；22—瞄准镜轴调整螺旋

二、操作键与功能（图1-5-11）

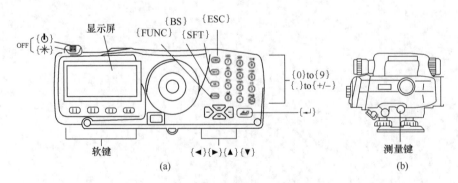

图 1-5-11　按键图

键　符	键　名	功　　能
⏻	开关	开机
⏻ + ☀	关机	关机：同时按下开机键和背光开关键
☀	背光开关	打开或关闭屏幕和键盘背光
测量	测量键	对准标尺自动调焦并开始测量
F1～F4	软键	选取功能键对应功能
FUNC	软键	功能键菜单翻页
SFT	字母、数字键	数字和字母大小写输入模式切换
0～9	字母、数字键	在数字输入模式下，输入按键对应的数字或上方符号在字母输入模式下，顺序输入按键上方对应的字母
.	小数点键	在数字输入模式下，输入小数点
+/−	正负号键	在数字输入模式下，输入正负号
◀ ▶	左右移动键	左右移动光标或改变设置选项
▲ ▼	上下移动键	上下移动光标或改变设置选项
ESC	取消键	取消数据输入操作，或返回前一显示界面
BS	删除键	删除左侧字符
⏎	确认键	选取或确认所输入文字或数值或内容

三、基本操作

仪器的操作与自动安平水准仪大致相同，包括安置、粗平、瞄准、读数、关机等。

（1）安置仪器：将仪器固定在架头，使其高度适中。

（2）粗平：按"左手法则"旋转脚螺旋，使圆水准器气泡居中。

（3）安置水准尺：条形码水准尺应使尺上的圆水准气泡居中，以保证标尺竖直；标尺应设立在通视无障碍物遮挡的地方，避免阳光直射条码尺面。

（4）瞄准：将望远镜照准标尺，进行目镜和物镜的调焦，使十字丝和水尺影像均非常清楚，并消除视差。

（5）读数：按【测量】键开始测量，测量完成后屏幕上显示出标尺读数值和视距值。

（6）关机：同时按下开机键和背光开关键即可关机。

四、模式操作

（1）测量模式下的测量

在此模式下可对标尺进行观测，获得标尺读数值和视距值。

步骤：1）打开仪器电源；2）照准标尺后按【测量】键，开始测量，测量完成后屏幕显示出标尺读数值和视距值，如图1-5-12所示。

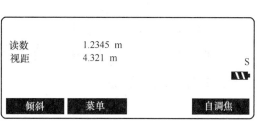

图1-5-12　显示屏显示读数

（2）高差测量

高差测量用于两点间相对高差的测定。如图 1-5-13 所示，从已知水准点出发，仪器沿水准路线向指定点逐站观测，各站所测高差之和即为已知水准点和指定点间的高差。

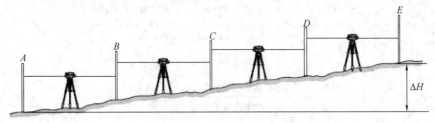

图 1-5-13　水准测量

步骤：选取路线

1）在<主菜单>下选取"测量菜单"。

2）在<测量菜单>下选取"高差测量"。

3）在<高差菜单>下选取"路线设置"。

4）屏幕显示当前选取的路线。

按［列表］键列出路线名表，将光标移至待选路线名后按［◀━━］键选取。

5）按［OK］键确认。

步骤：后前前后观测（BFFB）

1）在<主菜单>下选取"测量菜单"。

2）在<测量菜单>下选取"高差测量"。

3）在<高差菜单>下选取"高差测量"。

4）在测站上架设仪器。

5）需要时可用预测量功能进行前、后视距观测以确认前后视距大致相等后按［OK］键。

6）照准后视标尺，按［测量］键进行后视第 1 次读数。

7）检查测量结果后按［OK］键确认。

8）照准前视标尺，按［测量］键进行前视第 1 次读数。

9）检查测量结果后按［OK］键确认。

10）按［测量］键进行前视第 2 次读数，检查测量结果后按［OK］键确认。

11）照准后视标尺，按［测量］键进行后视第 2 次读数，检查测量结果后按［OK］键确认。

12）屏幕显示测站测量结果。按［OK］键进入下一测站测量界面。

13）将仪器迁至下一测站并架设于前、后视标尺中间。

14）重复步骤 8 至 15 进行测站观测。

15）完成最后测站观测并检查测量结果后按［结束］键。

五、文件选取与删除

1. 选取文件

步骤：选取文件

（1）在＜主菜单＞下选取"内存管理"。

（2）在＜管理菜单＞下选取"文件管理"。

（3）在＜文件菜单＞下选取"文件选取"。

（4）按［列表］键。将光标移至所需文件名后按 ［◄━］ 键选取。

2. 删除文件

步骤：删除文件

（1）在＜主菜单＞下选取"内存管理"。

（2）在＜管理菜单＞下选取"文件管理"。

（3）在＜文件菜单＞下选取"文件删除"。

（4）将光标移至所需文件名上后按 ［◄━］ 键删除。

（5）按［YES］键确认，所选文件中的数据被清除后返回文件表显示界面。

六、数据输出

1. 输出文件数据（向计算机输出文件数据）

（1）用通信电缆 DOC129 连接仪器与计算机。

（2）在＜主菜单＞下选取"内存管理"。

（3）在＜管理菜单＞下选取"文件管理"。

（4）在＜文件菜单＞下选取"通讯输出"。

（5）选取输出格式"CSV1"或"CSV2"。

（6）将"输出方式"设为"Com"。

（7）按［OK］键。

（8）将光标移至待输出文件名上后按 ［◄━］ 键。

（9）仪器开始向计算机输出数据。

（10）当显示"输出完毕"后按［ESC］键返回原显示界面。

2. 输出路线数据（向计算机输出路线数据）

（1）用通信电缆 DOC129 连接仪器与计算机。

（2）在＜主菜单＞下选取"内存管理"。

（3）在＜管理菜单＞下选取"路线管理"。

（4）在＜路线菜单＞下选取"通讯输出"。

（5）选取输出格式"CSV1"或"CSV2"。

（6）将"输出方式"设为"Com"。

（7）按［OK］键。

（8）将光标移至待输出路线名上后按 ［◄━］。

（9）按［OK］键，仪器开始向计算机输出数据。

（10）当显示"输出完毕"后按［ESC］键返回原显示界面。

七、仪器参数设置

1. 观测条件设置（图 1-5-14）

设置项及其选项（＊：出厂设置）。

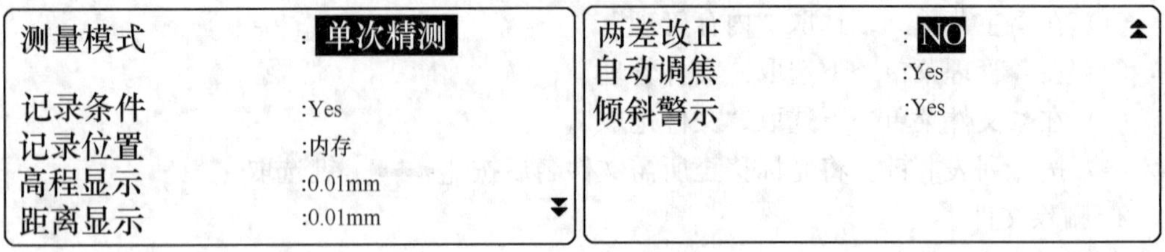

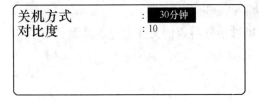

图 1-5-14 观测条件设置

测量模式：单次精测＊/ 重复精测/ 均值精测/连续速测。

平均次数：1～20（仅在测量模式设为均值精测时显示）。

记录条件：Yes＊/ No。

记录位置：内存＊/ SD（仅在记录条件设为 Yes 时显示）。

高程显示：0.01mm＊/0.1mm/1mm。

距离显示：0.001m＊/0.01m/0.1m。

两差改正：No＊/K＝0.142/K＝0.20。

自动调焦：Yes＊/ No。

图 1-5-15 仪器设置

倾斜警示：Yes＊/ No。

2. 仪器设置（图 1-5-15）

设置项及其选项（＊：出厂设置）。

关机方式：30 分钟＊/ 手工。

对比度：0～15（10＊）。

八、技术指标

1. 望远镜

长度：280mm，有效孔径：45mm，放大倍率：32X，成像：正像，分辨率：3″，视场角：1°20′（2.3m/100m），最短焦距：1.5m，视距乘常数：1：100，视距加常数：0。

2. 瞄准镜（只用于 DL-501 增强型）

长度：130mm，有效孔径：22mm，放大倍率：4.5X，成像：正像，分辨率：3°，最短焦距：7m。

3. 自动补偿器

类型：磁阻尼摆式补偿器，补偿范围：±12′，补偿精度：±0.3″。

4. 测量

水平度盘：直径：103mm；刻度：1°；测量范围[*1]：一般气象条件下，高程：0.0375～1.9305m（使用 BIS20 标尺），0.0375～2.9725m（使用 BIS30/30A 标尺），0～4m（使用 BGS40 标尺），0～5m（使用 BGS50 标尺）；距离：电子读数：1.6～100m，人工读数：1.5m 以上；最小显示值：高程：0.00001m/0.0001m/0.001m（可选），距离：0.001m/0.01m/0.1m（可选）。

测量精度[*1]：高程：每千米往返测高差中数标准差，电子读数：±0.2mm（使用 BIS30A 标尺，仅用于 DL-501 增强型），±0.3mm（使用 BIS20/30 标尺），±1.0mm（使用 BGS40/50 标尺）；人工读数：±1.0mm（使用 BGS40/50 标尺）；距离：电子读数，小于±10mm（距离：10m 以内），小于±（0.1％×D）（距离：10～50m），小于±（0.2％×D）（距离：50～100m）；距离测量值，单位米。

测量模式：单次精测/重复精测/均值精测/连续速测（可选）。

测量时间 $_{*3}$：单次或重复精测：小于 2.5s，均值精测：测量次数×小于 2.5s；连续速测：小于 1s。

附录三 拓普康脉冲全站仪 GPT-3100N 系列

一、各部件名称

全站仪各部件名称见图 1-5-16、图 1-5-17。

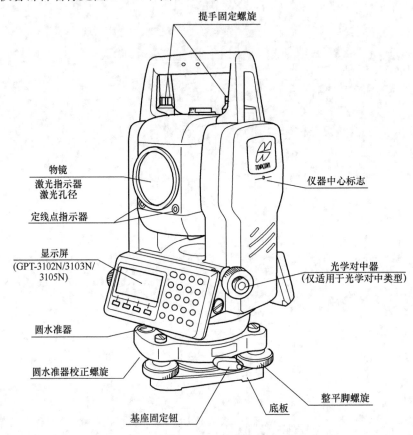

图 1-5-16 全站仪各部件名称

二、操作键、功能键与显示符号

1. 操作键

键	名称	功 能
★	星键	星键模式用于如下项目的设置或显示：（1）显示屏对比度；（2）十字丝照明；（3）背景光；（4）倾斜改正；（5）定线点指示器；（6）设置音响模式
∠	坐标测量键	坐标测量模式
◢	距离测量键	距离测量模式
ANG	角度测量键	角度测量模式

续表

键	名称	功 能
POWER	电源键	电源开关
MENU	菜单键	在菜单模式和正常测量模式之间切换，在菜单模式下可设置应用测量与照明调节、仪器系统误差改正
ESC	退出键	返回测量模式或上一层模式 从正常测量模式直接进入数据采集模式或放样模式 也可以作为正常测量模式下的记录键
ENT	确认输入键	在输入值之后按此键
F1-F4	软键（功能键）	对应于显示的软键功能信息

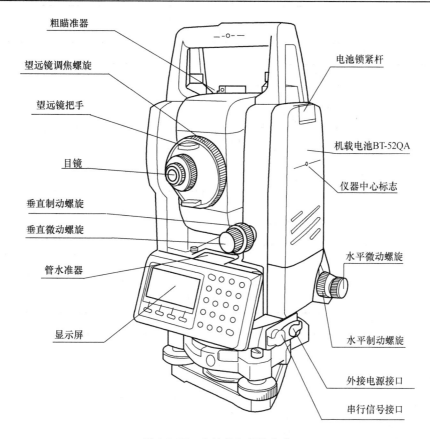

图 1-5-17　全站仪各部件名称

2. 功能键

角度测量模式

页数	软键	显示符号	功 能
1	F1	置零	水平角置为 $0°00'00''$
	F2	锁定	水平角读数锁定
	F3	置盘	通过键盘输入数字设置水平角
	F4	P1 ↓	显示第 2 页软键功能

页数	软键	显示符号	功　　能
2	F1	倾斜	设置倾斜改正开或关，若选择开，则显示倾斜改正值
	F2	复测	角度重复测量模式
	F3	V%	垂直角百分比坡度（%）显示
	F4	P2 ↓	显示第 3 页软键功能
3	F1	H-蜂鸣	仪器每转动水平角 90°是否要发出蜂鸣声的设置
	F2	R/L	水平角右/左计数方向的转换
	F3	竖角	垂直角显示格式（高度角/天顶距）的切换
	F4	P3 ↓	显示下一页（第一页）软键功能键

距离测量模式

页数	软键	显示符号	功　　能
1	F1	测量	启动测量
	F2	模式	设置测距模式粗测/精测/跟踪
	F3	NP/p	无/有棱镜模式切换
	F4	P1 ↓	显示第 2 页软键功能
2	F1	偏心	偏心测量模式
	F2	放样	放样测量模式
	F3	S/A	设置音响模式
	F4	P2 ↓	显示第 3 页软键功能
3	F1	m/f/i	米、英尺或者英寸单位的变换
	F2	P3 ↓	显示第 1 页软键功能

坐标测量模式

页数	软键	显示符号	功　　能
1	F1	测量	开始测量
	F2	模式	设置测量模式，精测/粗测/跟踪
	F3	NP/p	无/有棱镜模式切换
	F4	P1 ↓	显示第 2 页软键功能
2	F1	镜高	输入棱镜高
	F2	仪高	输入仪器高
	F3	测站	输入测站点（仪器站）坐标
	F4	P2 ↓	显示第 3 页软件键
3	F1	偏心	偏心测量模式
	F2	m/f/i	米、英尺或者、英寸单位的变换
	F3	S/A	设置音响模式
	F4	P3 ↓	显示第 1 页软键功能

3. 显示符号

显示	内 容	显示	内 容
V%	垂直角（坡度显示）	*	EDM 正在进行
HR	水平角（右角）	M	以米为单位
HL	水平角（左角）	F	以英尺与英寸为单位
HD	水平距离	NP	切换棱镜/无棱镜模式
VD	高差	⊕	激光发射标志
SD	倾斜距离		
N	北向坐标		
E	东向坐标		
Z	高程		

三、星键模式

键	显示符号	功 能
F1	⚙	显示屏背景光开/关
F2	NP/P	无棱镜/棱镜模式切换
F3	▯	激光指示器打开/闪烁/关闭
F4	 LASER	激光指示器开/关
F1	-----	------------------------
F2	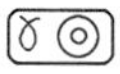 ⊙	设置倾斜改正，若设置为开，则显示倾斜改正值
F3	●●	定线点指示器开/关
F4	 ppm	显示 EDM 回光信号/大气改正值和棱镜常数值
▲或▼	 ◑↕	调节显示屏对比度（0～9 级）
◀或▶	 ●⊰	调节十字丝照明亮度（1～9 级） 十字丝照明开关和显示关开关是联通的

四、角度、距离和坐标测量

1. 角度测量

在角度测量模式下，照准第一个目标 A，设置目标 A 的水平角为 $0°00'00''$ 按［F1］（置零）键和［是］键，或通过输入角度进行设置，按［F3］（置盘）键，输入所要求的水平角，按［是］键，照准第二个目标 B，显示目标 B 的 V/H。

2. 距离测量

在测距离模式下，照准棱镜中心，按〔◥◣〕键，距离测量开始。显示测量的距离 VD、SD、HD。

3. 坐标测量

测站点设置：按〔F4〕键，进入第 2 页功能；按〔F3〕（测站）键，输入 N、E、Z 坐标；输入数据后，显示屏返回坐标测量界面。仪器高设置：在坐标模式下按〔F4〕键，进入第 2 页功能；按〔F2〕（仪高）键，显示当前值，输入仪器高。棱镜高设置：在坐标模式下，按〔F4〕键，进入第 2 页功能；按〔F1〕（镜高）键，显示当前值，输入棱镜高。后视点设置：在坐标模式下，按〔F4〕键，进入第 3 页功能；按〔F4〕（后视）键显示当前坐标值，输入后视点 N、E 坐标。测量未知点坐标：照准目标，按〔F1〕（测量）键，开始测量，显示测量结果。

五、放样

步骤：按〔MENU〕键，进入菜单 MENU 1/3 模式；按〔F2〕（放样）键，显示放样菜单 1/2；按〔F1〕（输入），输入一个新文件名，按〔F4〕（回车）；选定显示的文件名，按〔F1〕（测站点输入），输入点号和坐标，按〔F4〕（回车）；按〔F2〕（后视）键，输入点号和 NE/AZ，按〔F4〕（回车）键；照准后视点，按〔F4〕（回车）；按〔F3〕（放样）键，输入点号和坐标，按〔F4〕（回车）；按〔F1〕输入棱镜高，按〔F4〕（回车）；显示放样点的水平角计算值 HR 和仪器到放样点的距离计算值 HD，按〔F1〕（角度）键，旋转仪器照准部使 dHR=0°00′00″，水平制动螺旋拧紧，照准棱镜，按〔F1〕（距离）键，显示 dHD 的大小；若 dHD 大于 0，则指挥棱镜向近处走；若 dHD 小于 0，则指挥棱镜向远处走；当显示值 dHR、dHD 和 dZ 均为 0 时，则放样点的测设已经完成；按〔F3〕（坐标）键，即显示坐标值；按〔F4〕（继续）键，进行下一个放样点的测设点号和坐标。

六、数据采集

步骤：按下〔MENU〕键，仪器进入主菜单 1/3 模式；按〔F1〕（数据采集）键，输入文件名，按〔F4〕（回车）键确定。测站点设置：按〔F1〕（测站点输入）键设置测站点，输入 N、E、Z 坐标，仪器高，输入数据后，按〔F4〕（回车）键。后视点设置：按〔F2〕（后视）键，按〔F1〕（输入）键，输入点号、NE/AZ 数据，按〔F4〕（回车）键确认，按〔F3〕（是）键确认；按同样方法，输入点编码、反射镜高；按〔F3〕（测量）键，照准后视点，选择一种测量模式并按相应的软键，显示屏返回到数据采集菜单 1/2。数据采集：按〔F3〕（前视/侧视）键，按〔F1〕（输入）键，输入点号后，按〔F4〕（ENT）确认；按同样方法输入编码，棱镜高。按〔F3〕（测量）键，照准目标点，按〔F1〕到〔F3〕中的一个键，输入下一个镜点数据并照准该点，按〔F4〕（同前）键，按前一测量方式进行测量，直到结束后，按〔ESC〕键即可结束数据采集模式。

七、程序测量

1. 悬高测量

步骤：按〔MENU〕键，再按〔F4〕键，进入第 2 页菜单，按〔F1〕键（程序），按〔F1〕键（悬高测量），按〔F1〕键，输入棱镜高，照准棱镜，按〔F1〕键（测量），测量开始，显示仪器至棱镜之间的水平距离（HD），测量完毕，照准目标，显示垂直距离（VD）。

2. 面积测量

用测量数据计算面积，步骤：按［MENU］键后，再按［F4］键显示主菜单2/3，按［F1］键（程序），按［F4］键，进入程序菜单2/2，按［F1］（面积）键，按［F2］（测量）键，按［F1］或［F2］键，选择是否使用坐标格网因子，照准棱镜，按［F1］（测量）键，照准下一个点，按［F1］（测量）键。当测量3个点以上时，面积即可显示。

八、数据通信

1. 发送文件

步骤：由主菜单1/3按［F3］（存储管理）键，按［F4］键两次，选择数据文件格式（GTS 或 SSS 格式），按［F1］（数据通信）键，按［F1］键，选择发送数据类型，可按［F1］至［F4］中的一个键，按［F1］（输入）键，输入待发送的文件名，按［F4］（ENT）键，按［F3］（是）键，发送数据，显示屏返回到菜单。

2. 接收数据

步骤：由主菜单1/3按［F3］（存储管理）键，按［F4］键两次，按［F2］（初始化）键，选择待初始化的数据类型，可按［F1］至［F3］中的一个键，确认待删除的数据，可按［F4］（是）键进行初始化，显示屏返回到菜单。

3. 通信参数项目

项目	可选参数	内 容
F1：协议	［ACK/NAK］，［无］	设置联络方式
F2：波特率	1200，2400，4800，9600，19200，38400	设置传送速度 1200，2400，4800，9600，19200，38400
F3：字符/校验	［7/偶校验］［7/奇校验］［8/无校验］	设置数据位与奇偶校验位
F4：停止位	1，2	设置停止位1位或2位

九、技术指标

1. 望远镜

长度	150mm	视场角	1°30′
物镜	45mm（EDM：50mm）	分辨率	2.8″
放大倍率	30X	最短视距	1.3m
成像	正像	十字丝照明	带照明

2. 测量精度（有棱镜）

测量模式		测量精度	最小读数	测量时间
精测	0.2mm	±（2mm＋2ppm＊D）m.s.e	0.2mm	大约1.5s
	1mm		1mm	大约1.1s

测量模式		测量精度	最小读数	测量时间
粗测	1mm	±（7mm＋2ppm＊D）m.s.e	1mm	大约 0.8s
	10mm		10mm	
跟踪测量		±（10mm＋2ppm＊D）m.s.e	10mm	大约 0.5s

3. 测角精度

GPT-3102N	2″	GPT-3104N	5″
GPT-3103N	3″	GPT-3105N	7″